JN232933

有機分子触媒の新展開
New Development of Organocatalyst

監修　東京大学大学院 教授
柴﨑 正勝
Supervisor : Masakatsu Shibasaki

シーエムシー出版

有機合成化学研究の大きな流れ

　筆者の有機化学研究歴は40年近くになろうとしている。この40年を振り返ってみたい。有機化学あるいは有機合成化学にも流行がある。流行と書くと若干低次元に感じられると思われるので，多くの研究者が集中する研究分野と置き換えるべきかもしれない。1970年代はプロスタグランジンという標的物質が研究の中心に置かれていたように思う。その理由は，プロスタグランジンの必要量の確保が医薬品をはじめとする生命科学全体にとって極めて重要であったからである。プロスタグランジンを目指して数多くの反応が開発され，ステロイドと並んで20世紀の有機合成化学の発展に多大なる貢献をしたと言える。

　プロスタグランジン研究とほぼ平行して数多くの研究者が参画した分野に，金属の特性を活用する新触媒反応の開発があげられる。クロスカップリング反応や触媒的不斉還元がその中心に位置づけられると思われる。その後，触媒的不斉C-C結合反応の開発あるいは触媒的不斉C-X (X＝O, N, S..)結合生成反応へと展開していく。また，この時期にはマクロライド系天然物あるいはポリエーテル天然物に多くの研究者が興味を示し，活発な研究が展開された。最近になるとメタセシスを利用する有機合成，あるいは水中での有機合成反応の開発等が中心的研究課題の一つのように思われる。

　しかし，2000年を契機とする有機分子触媒の研究ほど一気に多くの研究者が参画し，また，参画しつつある分野を筆者は知らない。これにはいくつかの理由が考えられる。20世紀後半の有機合成化学の素晴らしい発展は，反応収率および反応の選択性（主に立体選択性）に焦点があてられていた。しかし，この間にTrost教授を中心とするatom economyの概念や環境調和型有機合成へ向けた興味が有機合成化学者の間で徐々にではあるが増大してきていた。大変興味深いことには，有機触媒は1970年代に決定的な発見があったにもかかわらず，約30年間研究の表舞台には登場しなかった。2000年の研究論文を契機として，研究者の興味の熟成が大爆発を起こしたのである。もう一つの理由は，多くの有機合成化学者が参画しやすい分野である為であろう。もちろん優れた研究成果を出すには，大変なエネルギーが必要であるが……。この爆発はまだ始まったばかりとも考えられ，本書が更なる大爆発の起爆剤になる事を願っている。

2006年10月

柴﨑　正勝

監修：東京大学大学院　薬学系研究科　教授　柴﨑正勝

執筆者一覧（執筆順）

柴﨑　正勝	東京大学大学院　薬学系研究科　教授
大嶋　孝志	大阪大学大学院　基礎工学研究科　助教授
丸岡　啓二	京都大学大学院　理学研究科　化学専攻　教授
荒井　秀	千葉大学大学院　薬学研究院　助教授
小川知香子	科学技術振興機構　小林プロジェクト　研究員
小林　修	東京大学大学院　薬学系研究科　教授
中島　誠	熊本大学　大学院医学薬学研究部　教授
畑山　範	長崎大学大学院　医歯薬学総合研究科　教授
椴山　儀恵	シカゴ大学　化学科
山本　尚	シカゴ大学　化学科　教授
林　雄二郎	東京理科大学　工学部　工業化学科　教授
石原　一彰	名古屋大学大学院　工学研究科　化学・生物工学専攻　教授
折山　剛	茨城大学　理学部　教授
小槻日吉三	高知大学　理学部　教授
竹本　佳司	京都大学　薬学研究科　教授
石川　勉	千葉大学大学院　薬学研究院　薬品製造学研究室　教授
長澤　和夫	東京農工大学大学院　共生科学技術研究院　助教授

五月女宜裕	東京大学大学院　薬学系研究科　助手	
寺田　眞浩	東北大学　大学院理学研究科　化学専攻　教授	
秋山　隆彦	学習院大学　理学部　化学科　教授	
笹井　宏明	大阪大学　産業科学研究所　教授	
滝澤　忍	大阪大学　産業科学研究所　助手	
松井嘉津也	大阪大学　産業科学研究所　特任助手	
鈴木　啓介	東京工業大学大学院　理工学研究科　教授	
瀧川　紘	東京工業大学大学院　理工学研究科　博士課程在学中	
三上　雅史	ダイソー㈱　ファインケミカル事業部　主席	
石井　裕	ダイソー㈱　研究開発本部　研究所　主任研究員	
今田　泰嗣	大阪大学　大学院基礎工学研究科　助教授	
直田　健	大阪大学　大学院基礎工学研究科　教授	
岩渕　好治	東北大学大学院　薬学研究科　教授	
根東　義則	東北大学大学院　薬学研究科　教授	
御前　智則	京都大学大学院　理学研究科　講師　（研究機関研究員）	
田辺　陽	関西学院大学　理工学部　化学科　教授	
戸嶋　一敦	慶應義塾大学　理工学部　応用化学科　教授	

目　　次

第1章　総論―有機分子触媒の展望　　柴﨑正勝　……　3

【不斉合成編】

第2章　多点認識型有機分子触媒の開発　　柴﨑正勝，大嶋孝志

1　はじめに …………………………… 7
2　新規多点認識型不斉相間移動触媒（TaDiAS）の設計 …………… 8
3　光学活性α-アミノ酸の合成（不斉アルキル化反応，不斉Michael付加反応） ………………………………… 9
4　触媒の回収・再利用 ……………… 11
5　Aeruginosin 298-Aおよび誘導体の不斉合成への応用 ……………… 12
6　光学活性α,β-ジアミノ酸の合成（不斉Mannich型反応） ……………… 13
7　(+)-Cylindricine Cの短工程合成ルートの開発（エノンに対する触媒的不斉Michael付加反応） ……………… 14
8　おわりに …………………………… 16

第3章　デザイン型キラル相間移動触媒を用いる実用的不斉合成プロセスの開拓　　丸岡啓二

1　はじめに …………………………… 19
2　光学活性α-モノアルキルアミノ酸の合成 ………………………………… 20
3　光学活性α,α-ジアルキルアミノ酸の合成 ………………………………… 21
4　スピロ型キラル相間移動触媒の単純化 ………………………………… 22
5　直截的な不斉アルドール合成 …… 24
6　ペプチド類の末端官能基化 ……… 24
7　リサイクル可能なフルオラスキラル相間移動触媒のデザイン …………… 25
8　β-ケトエステル類の不斉アルキル化 ………………………………… 26
9　ニトロアルカンの不斉共役付加 … 26
10　キラル相間移動触媒の単純化 …… 27
11　ラセン型キラル相間移動触媒を用いるかさ高いα-アルキルアミノ酸の合成 ………………………………… 28

I

12 不斉エポキシ化反応 ………… 29	14 不斉ニトロアルドール合成 ……… 30
13 マロン酸エステルの不斉共役付加反応 ……………………………… 29	15 おわりに ………………………… 31

第4章 キラル相間移動触媒を用いる不斉マイケル反応の開発　　荒井　秀 …… 33

第5章 中性配位型有機触媒の開発　　小川知香子，小林　修

1 中性配位型有機触媒（Neutral-Coordinate Organocatalyst：NCO）の定義 ………………………………… 42	2.4 キラルスルホキシドの探索 …… 46
	2.5 光学活性ホモアリルアミンへの誘導および絶対立体配置の決定 …… 48
2 新規 NCO の開発 ……………… 43	3 ホスフィンオキシドを NCO とする N-アシルヒドラゾンのアリル化反応の開発 ………………………………… 49
2.1 N-アシルヒドラゾンのアリルトリクロロシランを用いるアリル化反応における新規 NCO の探索 …… 43	
2.2 スルホキシドの構造と活性の相関関係 ……………………………… 44	4 キラル NCO を用いる効率的 α-アミノ酸誘導体合成法の開発 ………… 52
2.3 反応条件の最適化 …………… 44	5 結び …………………………… 57

第6章 N-オキシド・ホスフィンオキシドを触媒とする不斉合成反応　　中島　誠

1 はじめに ……………………… 59	2.4 トリクロロシリルエノールエーテルの不斉アルドール反応 ………… 66
2 N-オキシドを触媒とする不斉反応 ………………………………… 60	3 ホスフィンオキシドを触媒とする不斉反応 …………………………… 66
2.1 アリルトリクロロシランによるアルデヒドの不斉アリル化反応 …… 60	3.1 アリルトリクロロシランによるアルデヒドの不斉アリル化反応 …… 67
2.2 ワンポット法による不斉アリル化関連反応 ………………………… 64	3.2 四塩化ケイ素を用いた meso-エポキシドの不斉開環反応 ………… 68
2.3 四塩化ケイ素を用いた meso-エポキシド不斉開環反応 ………… 65	3.3 トリクロロシリルエノールエーテル

の不斉アルドール反応 ………… 68 ／ 4　おわりに ……………………… 69

第 7 章　シンコナアルカロイドを用いる不斉 Baylis-Hillman 反応　畑山　範

1　はじめに ………………………… 71
2　β-ICD-HFIPA 法 ……………… 72
3　活性エステル HFIPA …………… 73
4　β-ICD の合成法 ………………… 74
5　β-ICD の構造と触媒活性 ……… 76
6　反応機構 ………………………… 77
7　キラル α-アミノアルデヒドの反応
　　…………………………………… 79
8　不斉アザ Baylis-Hillman 反応 … 81
9　β-ICD-HFIPA 法を活用する天然物合成 …………………………… 82
　9.1　Mycestericin E の合成 ……… 82
　9.2　Epopromycin B の合成 ……… 82
10　おわりに ……………………… 83

第 8 章　キラルブレンステッド酸を用いるニトロソアルドール反応　椴山儀恵，山本　尚

1　はじめに ………………………… 85
2　エナミンを求核剤とする位置選択的ニトロソアルドール反応 ………… 87
　2.1　エノラート等価体としてのエナミン
　　…………………………………… 87
　2.2　位置選択性の発現 …………… 88
　2.3　ブレンステッド酸による位置選択性の制御と反応促進効果 ……… 89
3　キラルブレンステッド酸触媒を用いる立体選択的ニトロソアルドール反応
　　…………………………………… 91
　3.1　キラルブレンステッド酸とアキラルエナミン ……………………… 91
　3.2　キラルカルボン酸を触媒とするエナンチオ選択的 O-ニトロソアルドール反応 …………………………… 92
　3.3　キラルアルコールを触媒とするエナンチオ選択的 N-ニトロソアルドール反応 …………………………… 96
4　位置選択的かつ立体選択的ニトロソディールズ・アルダー型環状化合物合成への応用 ……………………… 98
　4.1　連続型ニトロソアルドール・マイケル反応 ………………………… 98
　4.2　光学活性トリスアリールシリルビナフトールを触媒とする N-ニトロソアルドール・マイケル反応 …… 100

第9章 プロリン誘導体を用いたアルドール反応の新展開　　林　雄二郎

1 有機触媒を用いる直接的不斉アルドール反応について …………… 106
2 反応のメカニズム ………… 108
3 触媒の改良 ………………… 109
4 反応の適用範囲 …………… 113
5 不斉の起源との関連 ……… 116
6 水中での不斉触媒アルドール反応 …………………………… 117
　6.1 アルドール反応における水の役割 …………………………… 117
　6.2 有機溶媒を用いない，水のみを溶媒とする不斉触媒アルドール反応 … 118
7 おわりに …………………… 120

第10章 酸・塩基複合型高活性キラル有機分子触媒の設計　　石原一彰

1 はじめに …………………… 126
2 不斉 Diels-Alder 触媒の設計 …… 126
3 不斉アシル化触媒の設計 ………… 131
4 不斉アルキル付加触媒の設計 …… 133
5 おわりに …………………… 136

第11章 プロリン誘導体を有機分子触媒として用いる速度論的分割　　折山　剛

1 はじめに …………………… 137
2 アルコールの不斉アシル化 ……… 138
　2.1 ラセミ第二級アルコールの速度論的分割 …………………… 138
　2.2 ラセミ第一級アルコールの速度論的分割 …………………… 140
　2.3 対称ジオール類の不斉アシル化による非対称化 …………… 142
3 その他の官能基変換による速度論的分割 …………………… 143
4 炭素―炭素結合生成反応を伴う速度論的分割 ………………… 145

第12章 プロリン誘導体を用いる不斉合成反応　　小槻日吉三

1 はじめに …………………… 148
2 Mannich 反応 ……………… 148
3 Michael 付加反応 ………… 150
4 α-オキシ化反応 …………… 153
5 α-アミノ化反応 …………… 154
6 α-スルフェニル／セレニル化反応 …………………………… 155
7 α-ハロゲン化反応 ………… 156

8 環化付加反応 ……………… 157	9.2 エポキシ化反応 ……………… 159
9 その他の反応 ……………… 158	9.3 還元反応 ……………………… 159
9.1 C-C結合形成反応 ……… 158	

第13章　チオ尿素系不斉有機分子触媒の創製　　竹本佳司

1　はじめに ……………………… 167
2　ウレア触媒を用いたニトロンへの求核付加反応 ……………………… 168
　2.1　TMSCNの付加反応 ……… 168
　2.2　ケテンシリルアセタールの付加反応 ……………………………… 169
3　多機能性ウレア触媒を用いた不斉反応 ………………………………… 169
　3.1　多機能性チオウレア触媒の合成 ……………………………… 169
　3.2　ニトロオレフィンへの1,3-ジカルボニル化合物の不斉マイケル反応 ……………………………… 170
　3.3　ダブルマイケル反応を用いた4-ニトロシクロヘキサノン誘導体の不斉合成 …………………………… 172
　3.4　不飽和イミドへの活性メチレン化合物の不斉マイケル反応 ……… 173
　3.5　イミンとニトロアルカンの不斉aza-Henry反応 ……………………… 175
4　おわりに ……………………… 178

第14章　機能性グアニジン触媒の創成　　石川　勉

1　はじめに ……………………… 180
2　有機合成ツールとしてのグアニジン型化合物 ……………………… 181
　2.1　構造的分類，合成例 ……… 181
　2.2　キラルグアニジン ………… 183
　2.3　不斉合成への応用 ………… 183
　　2.3.1　有機塩基としての利用 …… 183
　　2.3.2　キラルテンプレートとしての利用 ……………………………… 188
3　おわりに ……………………… 188

第15章　環状／鎖状グアニジン有機触媒による不斉炭素―炭素結合形成反応　　長澤和夫，五月女宜裕

1　はじめに ……………………… 191
2　五環性グアニジン触媒（環状グアニジン化合物）の創製と不斉アルキル化反応の開発 ………………………… 191
　2.1　環状グアニジン触媒の設計と合成 ……………………………… 191

2.2 環状グアニジン触媒を用いる不斉アルキル化反応 ………… 193
3 グアニジン／チオウレア型有機触媒（鎖状グアニジン化合物）の創製と不斉ヘンリー反応の開発 ………… 195
3.1 鎖状グアニジン触媒の設計と合成 ………… 195
3.2 グアニジン／チオウレア型有機触媒 9 を用いるエナンチオ選択的ヘンリー反応 ………… 197
3.3 グアニジン／チオウレア型有機触媒 9a を用いるジアステレオ選択的ヘンリー反応 ………… 199
3.4 グアニジン／チオウレア型有機触媒 9a を用いるエナンチオ―ジアステレオ選択的ヘンリー反応 ……… 200
4 おわりに ………… 202

第16章 有機分子触媒による不斉 Friedel-Crafts 反応　　寺田眞浩

1 はじめに ………… 204
2 イミニウムイオン形成による求電子剤の活性化 ………… 205
2.1 アミン触媒による α,β-不飽和カルボニル化合物の活性化 ………… 205
2.2 イミニウムイオン形成に基づく不斉 1,4-Friedel-Crafts 反応 ………… 205
3 水素結合を介した求電子剤の活性化 ………… 208
3.1 キラル Brønsted 酸触媒 ………… 208
3.2 キラルリン酸触媒の設計開発 … 209
3.3 不斉リン酸触媒による不斉 1,2-アザ Friedel-Crafts 反応 ………… 211
3.4 キラルチオ尿素触媒による不斉 Friedel-Crafts 反応 ………… 213
3.5 キラルスルホンアミド触媒による不斉 Friedel-Crafts 反応 ………… 216
4 電子豊富多重結合の活性化を経る不斉 Friedel-Crafts 反応 ………… 216
5 おわりに ………… 217

第17章 キラルブレンステッド酸触媒を用いた不斉合成反応　　秋山隆彦

1 序 ………… 220
2 研究の背景 ………… 220
3 触媒のデザイン ………… 221
4 マンニッヒ型反応 ………… 222
5 ヒドロホスホニル化反応 ………… 223
6 ヘテロ Diels-Alder 反応 ………… 224
7 他のリン酸誘導体 ………… 225
8 反応機構に関する考察 ………… 226
9 関連する研究成果 ………… 227
10 結語 ………… 229

第18章　酸—塩基型不斉有機分子触媒による aza-Morita-Baylis-Hillman反応　　笹井宏明，滝澤　忍，松井嘉津也

1　はじめに ………………………… 231
2　二重活性化能を有する有機分子触媒の開発 ……………………………… 235
3　アミノピリジル基を有する酸—塩基型不斉有機分子触媒の開発 ………… 236
4　動的軸性キラリティーを活用する酸—塩基型不斉有機分子触媒の開発 … 238
5　おわりに ………………………… 242

第19章　アゾリウム塩を用いる極性転換反応　　鈴木啓介，瀧川　紘

1　はじめに ………………………… 243
2　チアゾリウム塩を用いるベンゾイン生成反応 …………………………… 244
3　トリアゾリウム塩を用いるベンゾイン生成反応 ………………………… 246
4　交差ベンゾイン生成反応 ……… 248
　4.1　二種類のアルデヒド間での反応 ……………………………………… 248
　4.2　アルデヒドと電子求引性基によって活性化された二重結合との反応 …………………………………… 249
　4.3　アシルアニオン等価体とイミン，イミニウムとの分子間反応 ……… 251
　4.4　アルデヒドとケトンとの分子内反応 ……………………………… 252
5　分子内酸化還元反応を伴う分子変換 ………………………………………… 253
6　おわりに ………………………… 256

第20章　シンコナアルカロイド類を触媒とするアミノ酸誘導体の速度論的光学分割反応の工業化　　三上雅史，石井　裕

1　はじめに ………………………… 259
2　シンコナアルカロイド類を触媒とするアミノ酸誘導体の速度論的光学分割反応の工業化 ……………………… 260
　2.1　不斉有機触媒の台頭 ………… 260
　2.2　シンコナアルカロイド誘導体を利用した不斉合成反応 ………… 261
　2.3　シンコナアルカロイド類を触媒とするアミノ酸誘導体の速度論的光学分割反応と環状酸無水物の非対称化反応 …………………………………… 261
　2.4　シンコナアルカロイド触媒の改良 ……………………………………… 264
　2.5　プロパルギルグリシンの速度論的光学分割 ……………………… 266
3　おわりに ………………………… 267

【非不斉反応編】

第21章　フラビン分子触媒によるグリーン酸化反応　　今田泰嗣, 直田　健

1　はじめに ………………………… 271
2　過酸化水素を用いる酸化反応 …… 272
3　分子状酸素を用いる酸化反応 …… 276
　3.1　アミン, スルフィドの酸素酸化反応
　　　　………………………………… 276
　3.2　分子状酸素によるBaeyer-Villiger反応 ……………………………… 278
4　分子状酸素によるオレフィンの水素化反応 ………………………………… 280
5　おわりに ………………………… 282

第22章　有機ニトロキシルラジカル型高活性アルコール酸化触媒 1-Me-AZADOの開発　　岩渕好治

1　はじめに ………………………… 284
2　研究の背景：TEMPOの酸化 …… 284
3　ニトロキシルラジカルの化学 …… 285
4　アルコール酸化能の発見とTEMPO酸化の発展 ……………………… 286
5　TEMPO酸化の特性と反応機構 … 287
6　有機ニトロキシルラジカルの安定性 ………………………………… 288
7　アザアダマンタン型ニトロキシルラジカルの潜在的機能性 …………… 289
8　アザアダマンタン型ニトロキシルラジカルの構造―活性相関 ………… 292
9　おわりに ………………………… 293

第23章　有機超強塩基触媒を用いる分子変換反応　　根東義則

1　はじめに ………………………… 296
2　脱プロトン化反応 ……………… 297
3　ケイ素化求核剤の触媒的活性化 … 299
　3.1　酸素―ケイ素結合の活性化 … 300
　3.2　系内にケイ素化剤を添加する求核置換反応の新触媒システム ……… 303
　3.3　芳香族ケイ素化合物の触媒的活性化 ………………………………… 305
　3.4　触媒的Peterson型縮合反応 … 306
4　おわりに ………………………… 308

第24章　アミン触媒の特徴を活かした汎用反応の実用的合理化

御前智則, 田辺　陽

1　はじめに …… 309
2　アミン触媒を用いるアルコールの効率的スルホニル化 …… 309
　2.1　発端 …… 309
　2.2　立体的嵩高さの小さい第三級アミンが有効 …… 310
3　アミン触媒の特性を活かした実用的エステル化・アミド化・チオエステル化反応 …… 311
　3.1　はじめに …… 311
　3.2　Me_2NSO_2Cl/Me_2NR（R＝Me, Bu）縮合剤を用いるエステル化・アミド化 …… 312
　3.3　p-TsCl/N-methylimidazole 縮合剤を用いるエステル化・アミド化・チオエステル化 …… 312
　3.4　水溶媒中でエステル化・アミド化：TMEDA/N-methylimidazole のシナジー作用 …… 314
　3.5　アンモニウムトリフラート触媒（PFPAT）を用いる接触的エステル化・チオエステル化・マクロラクトン化反応 …… 315
4　アルコール・ケトンの効率的シリル化におけるアミン触媒 …… 316
　4.1　TBAF 触媒を用いる接触的シリル化 …… 316
　4.2　O-シリルベンズアミド（Si-BEZA）/$PyH^+ \cdot OTf^-$ 触媒を用いる接触的シリル化 …… 317
　4.3　$TiCl_4$-AcOEt or CH_3NO_2 錯体を用いる効率的脱 TBS 化 …… 317
　4.4　シラザン／塩基触媒（NaH または DBU）を用いるケトンのシリル化：エノールシリルエーテルの触媒的合成 …… 318
5　Ti-Claisen 縮合を機軸とする効率的アシル化反応におけるアミン触媒の効果 …… 319
　5.1　はじめに …… 319
　5.2　交差型 Ti-Claisen 縮合の開発とその応用 …… 319
　5.3　不斉交差型 Ti-Claisen 縮合への展開 …… 320
　5.4　α,α-ジアルキル置換エステルの Claisen 縮合 …… 321
6　おわりに …… 322

第25章　有機酸触媒含有イオン液体を用いた糖質の合成反応

戸嶋一敦

1　はじめに …… 325
2　グリコシル化反応に適した有機酸触媒

	含有イオン液体の調製 …………… 327		性を活用したグリコシル化反応 … 331
3	有機酸触媒含有イオン液体の環境調和性を活用したグリコシル化反応 … 329	5	有機酸触媒含有イオン液体を用いたC-グリコシル化反応 ………………… 334
4	有機酸触媒含有イオン液体のデザイン	6	おわりに ……………………………… 336

第1章　総論─有機分子触媒の展望

柴﨑正勝[*]

　20世紀から21世紀への移行時，2000年に発表された List, Lerner, Barbas によりプロリンを用いる直接的触媒的不斉アルドール反応，MacMillan らにより発表された有機分子を用いる触媒的不斉 Diels-Alder 反応を契機として，有機分子触媒に関する研究が有機合成化学研究で一大潮流となっている．本書の出版が計画された理由でもある．本書に記載されている素晴らしい反応例あるいは現状における問題点は今後の有機分子触媒の発展に大きな貢献をすると信じる．

　まず有機分子触媒に関する筆者の現状認識から述べさせていただく．2000年当時までの触媒反応，特に不斉触媒反応に関する議論は，金属触媒と酵素を活用する反応の有用性の比較等が中心であった．そこで得られていた結論は，二つの反応パターンは21世紀においても相補的に活用されるはずである，であった．事実，本書の20章でも議論されているように，㈱ダイソーは光学活性エピクロロヒドリンの工業的製法を酵素法から Jacobsen の金属触媒法へと変更している．逆のケースに関する事例を筆者は知らないが，おそらく存在するであろう．2006年の現在，上記二つの大きなストラテジーに加え，様々な反応で有機分子触媒の工業的活用に関する可能性が議論の対象になりつつある．有機分子触媒の素晴らしさ，また可能性に関して疑問の余地はない．しかしながら，有機分子触媒のみが一人歩きしているような論文が目立ちすぎる感があるので直接的触媒的不斉アルドール反応を例として少々コメントさせていただく．1970年代に，Hoffman-La Roche の Hajos と Parrish，また Shering AG の Ender, Sauer, Wiechert は独立にプロリンを触媒とする不斉分子内アルドール反応を見いだした．

L-Proline 3 mol %
DMF, room temp., 20 h
100% yield
93% ee

　本結果は素晴らしい成果であり，メタセシスやクロスカップリング反応にも匹敵する反応と評価する事ができる．極めて大きな成果であるが，筆者を含めほとんどの有機合成化学者にとって

---

* Masakatsu Shibasaki　東京大学大学院　薬学系研究科　教授

は，特殊な反応例と捉えられたと考えられる。ほぼ同時期に向山アルドール反応が開発され，立体選択性の予測が容易である事等の理由で不斉補助基を利用する不斉反応への展開あるいは不斉ルイス酸触媒を活用する向山型触媒的不斉アルドール反応に研究者の関心が集中したと考える事ができる。結果としてノーベル賞級の数々の素晴らしい研究成果が得られ，20世紀後半，特に1980年頃から2000年にかけての有機合成化学の一大潮流となった。

この素晴らしい研究の流れに一石を投じたのが，1997年に *Angew. Chem.* 誌上に発表した筆者らのグループの研究報告（直接的触媒的不斉アルドール反応）だと自負している。代表例を以下に示すが，不斉触媒は希土類のLa，アルカリ金属およびビナフトールから成るheterobimetallic触媒である。本反応は分子間直接的触媒的不斉アルドール反応の世界初のexampleである。当時List, Barbas, Lernerはクラス I アルドラーゼに関する研究に焦点を絞って研究を実施していたが，筆者らの論文を契機にプロリンに焦点をあてた研究にシフトして2000年に最初の論文をJACS誌上で発表した。以下に代表例を示す。

この研究の流れは，List自身から筆者が聞いたものであり，有機分子触媒を活用する分子間直接的触媒的不斉アルドール反応の開発の真実の流れである。この論文を契機としてアルドール反応で膨大な数の論文が発表されている。論文の書き方は大きく二つに分けられる。List, Lerner,

第1章　総論—有機分子触媒の展望

Barbas の 2000 年の JACS から書き始めるスタイル，筆者らの *Angew. Chem.* から書き始めるスタイルである。どちらが科学者の倫理観上優れているかは読者の判断にお任せするが……。この分野はエステルを活用する研究に焦点が移ってきている。Evans，Shair，筆者らの研究である。エステルを活用する直接的触媒的不斉アルドール反応で有機分子触媒が適用出来るか大変興味深い。現時点では大変な困難が予想される。

　最後に有機分子触媒の展望について述べさせていただく。現在の素晴らしい研究成果は，当然のことではあるが，有機分子触媒が適用出来る反応系に焦点があてられた結果である。今後の最大の問題は，適用度の難易度が上がった反応系でいかなる展開が成されるかであろう。本問題の克服に相当の努力が必要とされると思われる。

　結論として，有機分子触媒の研究に焦点を当てた研究に集中する場合でも金属触媒の力量，酵素反応の力量を常に考えながら研究を行うことが大変重要であり，有機分子触媒のさらなる発展にも繋がると信ずる。

不斉合成 編

第2章　多点認識型有機分子触媒の開発

柴﨑正勝[*1], 大嶋孝志[*2]

1　はじめに

　医薬品，農薬，機能性材料などの機能性分子を大量・容易に，しかも必要なエナンチオマーのみを実用レベルで供給することは，21世紀の有機化学における最も重要な研究課題の一つである。光学活性体として目的物を得る方法として，アトムエコノミー，環境調和性，反応コストなどの観点から，極微少量の不斉源を用いて大量の光学活性化合物を合成しうる不斉触媒反応が最も理想的である。我々の研究室では，実用的な触媒的不斉炭素―炭素結合形成反応の開発を目指し研究を行い，これまでに，種々の金属を含有する不斉金属触媒の開発に成功し，様々な高選択的な触媒的不斉反応を実現するとともに，天然物の不斉全合成や工業スケールの反応への展開を行ってきた[1]。我々の触媒の特徴は，一つの触媒中にLewis酸性，Lewis塩基性，Brønsted塩基性などの機能を有する部位を有し（多機能性），不斉空間内の最適な位置に求核剤および求電子剤などの複数の基質を同時に位置固定かつ活性化する多点認識型の触媒であることである。そこで我々は，この"多点認識"というコンセプトのさらなる展開として，"多点認識型有機分子触媒"の開発に着手した。生体内に金属酵素と金属を含有しない酵素があるように，金属触媒と有機分子触媒にもそれぞれ特徴があり，それぞれを適材適所で使い分けることが大切である。有機分子触媒の一般的長所としては①空気存在下や含水溶媒下においても反応を行うことができ，反応操作が簡便であること，②触媒が比較的安価であり，酵素や金属触媒よりも安定であること，そのため③簡便に触媒の回収・再利用を行うことができること，などを挙げることができる。これまでに様々な不斉有機触媒反応が開発されているが，我々はその中で不斉相間移動触媒反応に特に興味を持った[2]。それはKOHなどの強塩基存在下でのエノラートのアルキルハライドによる不斉アルキル化反応といった，一般に金属触媒が苦手とする反応を相間移動触媒が実に効果的に促進させるからである。そこで本稿では，最近我々が行った分子内に二つの認識点を有する新規二点認識型不斉相間移動触媒（TaDiAS）の創製[3]と種々の生物活性天然物の効率的全合成への応用[4～6]について，最近の結果を含めて紹介する。

---

*1　Masakatsu Shibasaki　東京大学大学院　薬学系研究科　教授
*2　Takashi Ohshima　大阪大学大学院　基礎工学研究科　助教授

2 新規多点認識型不斉相間移動触媒（TaDiAS）の設計

相間移動触媒反応は，一般に含水溶媒中，解放系で反応を行うことができるため，特殊な反応装置や反応操作を必要とせず，反応コストの面からも工業プロセスに適した反応であり，また最近，地球環境に優しい触媒反応としても注目を集めている。その不斉反応への展開として，シンコナアルカロイド由来の不斉相間移動触媒を用いる indanone 誘導体の不斉アルキル化反応が Merck 社の研究者によって報告され，さらにグリシン Schiff 塩基の不斉アルキル化反応が O'Donnell らによって報告されるに至り，光学活性 α-アミノ酸の有用な合成手段として広く認知されるようになった。また最近になって，人工的にデザインされた骨格を有する優れた触媒もいくつか報告されるようになった（詳しくは第 3 章以降参照）。我々の触媒開発のコンセプトは以下の 3 点であった。

① 二点認識型触媒

まず，分子内の適当な位置に二つの認識点（この場合四級アンモニウム塩）を配置し，それらが協同的に不斉空間内にアニオンを位置固定することを想定した。

② 触媒の多様性

金属触媒の場合，中心金属を変えることで容易に触媒のチューニングが可能である。特に，我々がこれまで検討を行ってきた希土類金属とアルカリ金属とからなる複合金属触媒の場合，市販の 16 種類の希土類元素と Li から K までの 3 種のアルカリ金属の組み合わせにより，不斉配位子を変えることなく触媒の不斉空間の大きさ，Lewis 酸性，Brønsted 塩基性を微妙に調整することが可能であり，このことが本触媒系の大きな成功の理由の一つであると考えられる[1]。一方，有機分子触媒はこのようなアプローチが事実上不可能であるため，有機分子自身に高い多様性が必要であると考えた。

③ 触媒構造の柔軟性

一般性の高い不斉触媒を開発するために，剛直な触媒構造ではなく，反応系中で不斉空間を調整できうる柔軟性を触媒構造に持たせることが必要であると考えた。以上を基本コンセプトとし，さらに予備的検討と全合成研究で培った経験から，安価に，大量に，そして様々な誘導体を簡単に合成できる触媒として，図 1 に示す酒石酸由来の触媒 TaDiAS (Tartrate-derived DiAmmonium Salt) (1)を設計した[3]。本触媒は，分子力場計算を用いたシミュレーションにより，グリシン Schiff 塩基のエノラートが二つの四級アンモニウムカチオンの間に位置固定された理想的なイオン対が安定に存在することが示唆され（二点認識型触媒），また，ケタール部位（R^1, R^2），芳香環部位（Ar），カウンターアニオン部位（X）の 3 カ所を，3 次元的に最適化することが可能である（多様性）。本触媒の合成は極めて簡便である。両エナンチオマーとも安価に入手可能な酒

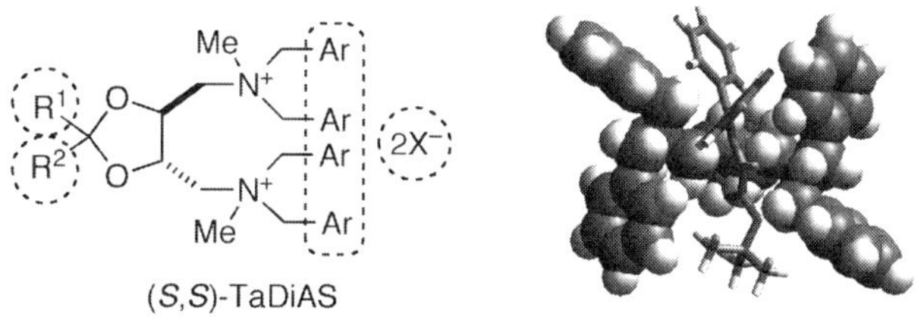

第 2 章　多点認識型有機分子触媒の開発

(S,S)-TaDiAS

(S,S)-**1a**: R^1 = t-Bu, R^2 = Me, Ar = C_6H_4-4-OMe, X^- = I^-
(S,S)-**1b**: R^1 = t-Bu, R^2 = Me, Ar = C_6H_4-4-OMe, X^- = BF_4^-
(S,S)-**1c**: R^1 = R^2 = Pr, Ar = C_6H_4-4-Me, X^- = I^-
(S,S)-**1d**: R^1 = R^2 = Pr, Ar = C_6H_4-4-Me, X^- = BF_4^-
(S,S)-**1e**: R^1 = R^2 = $CH_2CH_2C_6H_4$-4-F, Ar = C_6H_4-4-Me, X^- = BF_4^-

図1　二点認識型触媒 TaDiAS の構造（左図）と分子力場計算により推定された TaDiAS とグリシン Schiff 塩基のエノラートとのイオン対の構造（右図）

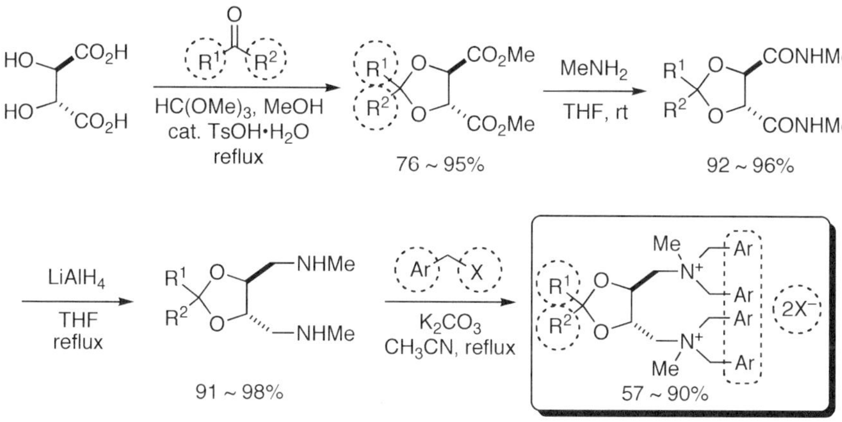

図2　多様性を有する TaDiAS の合成法

石酸を出発原料とし，安価な試薬と 4 工程の簡便な反応操作によって，多種多様な触媒を大量スケールで合成することができる（図 2）[3, 6]。これまでに 100 種を超える触媒を合成し，その内 4 種の触媒が現在和光純薬工業より市販されている。

3　光学活性 α-アミノ酸の合成（不斉アルキル化反応，不斉 Michael 付加反応）

様々なケタール部位および芳香環部位を有する触媒ライブラリーを構築できたことから，まず，グリシン Schiff 塩基 2 の不斉アルキル化反応における触媒のスクリーニングを行った。触媒のスクリーニングには，氷冷下 50% KOH 水溶液—トルエン—塩化メチレンという条件を用いたが，

図3 グリシン Schiff 塩基の触媒的不斉アルキル化反応

本反応系は水や空気の混入を気にする必要がなく，試験管にすべての反応基質を加え氷冷下数時間撹拌させるだけで反応が完結するため，特別な実験装置なしで一度に数多くの反応の検討を行うことができ，触媒ライブラリーのスクリーニングには非常に適している。ケタール部位および芳香環部位の最適化を行ったところ，C_2 対称性を持たない触媒 **1a** が最も良い結果を与えることが分かった。続いて図3に示す最適化条件で基質一般性を調べたところ，様々な求電子剤との反応が 90 % ee を超える選択性で進行することが分かった[3]。同様にして，不斉 Michael 付加反応の検討を行ったところ，不斉アルキル化反応とは逆のエナンチオ面選択性で反応が進行し，この場合は C_2 対称性を有する触媒 **1c** が最も良い結果を与えることが分かった[3]。しかしながら，触媒活性が十分満足のいくものではなかったので，さらなる検討を行った結果，劇的なカウンターアニオン効果を見いだすことができた[4]。カウンターアニオンを I$^-$ (**1c**) からハードなアニオンである BF$_4^-$ (**1d**) に変更すると，触媒量を 1/10 に，用いる塩基の量を 1/100 にしても依然 4 倍以上の速さで反応は進行し，不斉収率も向上することが分かった。その結果，最適条件下では最高 86 % ee の選択性で Michael 付加体 **4** を得ることができるようになった（図4）。

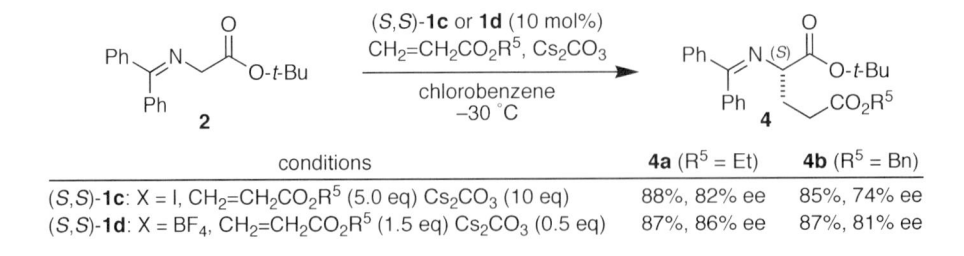

conditions	**4a** (R^5 = Et)	**4b** (R^5 = Bn)
(S,S)-**1c**: X = I, CH$_2$=CH$_2$CO$_2$R^5 (5.0 eq) Cs$_2$CO$_3$ (10 eq)	88%, 82% ee	85%, 74% ee
(S,S)-**1d**: X = BF$_4$, CH$_2$=CH$_2$CO$_2$R^5 (1.5 eq) Cs$_2$CO$_3$ (0.5 eq)	87%, 86% ee	87%, 81% ee

図4 グリシン Schiff 塩基の触媒的不斉 Michael 付加反応

第2章　多点認識型有機分子触媒の開発

　この様な劇的なカウンターアニオンの効果はこれまで報告されておらず，また，同じ不斉触媒を用いた場合に不斉アルキル化反応と不斉Michael付加反応によって得られてくる化合物の絶対配置が逆転するという現象も初めての報告であり，分子内に二つの認識点を有する本触媒に特徴的な反応性であると考えられる。二つの認識点はエナンチオ選択性の発現には必須であり，二つのアミンのうち一方のみを四級アンモニウム塩とした触媒では全く不斉が誘起されないことが分かっている。さて，このカウンターアニオン効果は，大過剰の強塩基（CsOH）存在下での不斉アルキル化反応においても観測され，触媒 1b を用いることでこれまで反応性の低さが問題であった α, α-ジアルキルアミノ酸の不斉合成も可能となった[4]。

4　触媒の回収・再利用

　先に，有機分子触媒の長所として，触媒を回収・再利用できる点を上げたが，実際に触媒を回収・再利用したという報告は少ない。例えば，シンコナアルカロイド由来の不斉相間移動触媒の場合，塩基性の反応条件下で徐々に分解してしまうため，触媒を回収することは困難である。我々が開発した触媒 TaDiAS も四級アンモニウム塩の β 位に水素が存在するため，強塩基性条件下 Hoffmann 脱離反応が進行する懸念があったが，実際には極めて安定であることが分かった。不斉アルキル化反応の終了後，水とエーテルを加えて後処理を行うと，水層と有機層との間に白色物質が析出することが分かった（図5）。得られた白色物質を調べてみると触媒 1a そのものであることが分かった。触媒 1a はカラム精製によって定量的に回収することが可能であるが，より簡便な触媒の回収方法を求め種々検討を行ったところ，反応の後処理後さらに撹拌を続けると，ほとんどすべての白色物質が反応容器のガラス壁面に付着するため，生成物を含む有機層と水層を分液ロートに移し替えるだけで触媒を容易に分離することができるようになった。ガラス壁面に付着した白色物質を酢酸エチルで一度溶解し，ろ紙濾過によって無機塩を分離することで，90

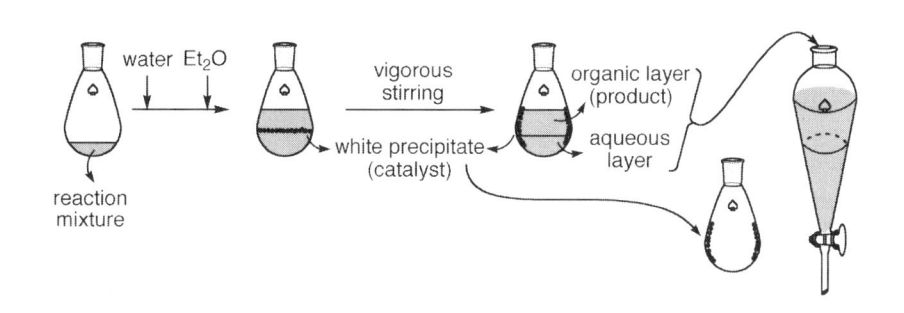

図5　触媒回収の模式図

％程度の収率でほぼ純粋な触媒 1a を回収することができる[4]。また，回収した触媒を用いて再度不斉アルキル化反応を行ったところ，触媒活性，選択性とも全く同じ結果を与えた。本触媒が強塩基性条件下でもなぜこのように安定であるかに関しては，後に示す X 線結晶構造解析の結果[5]や分子軌道計算の結果から，四級アンモニウム塩と β-水素の二面角が約 55 度であり，Hoffmann 脱離に適さない立体配座が安定であるためと考えている。

5 Aeruginosin 298-A および誘導体の不斉合成への応用

　高い基質一般性を有する実用的な光学活性 α-アミノ酸合成法の開発は，天然物およびその誘導体の不斉合成への適応も可能とした（図6）[4]。Aeruginosin 類は村上らによってアオコから単離された天然ペプチドであり，二環性アミノ酸部位（Choi）と 3-(4-hydroxyphenyl) lactic acid 部位（Hpla）という特殊なアミノ酸を有し，また非天然の D-Leu が含まれるなどの特徴を有している[7]。Aeruginosin 類の中で Aeruginosin 298-A は強力なセリンプロテアーゼ阻害活性を有することが報告されており，医薬品としての応用も期待される化合物である。これまでに Bonjoch ら[8a]，Wipf ら[8b] によって光学活性なアミノ酸を出発原料とする全合成が達成されているが，我々

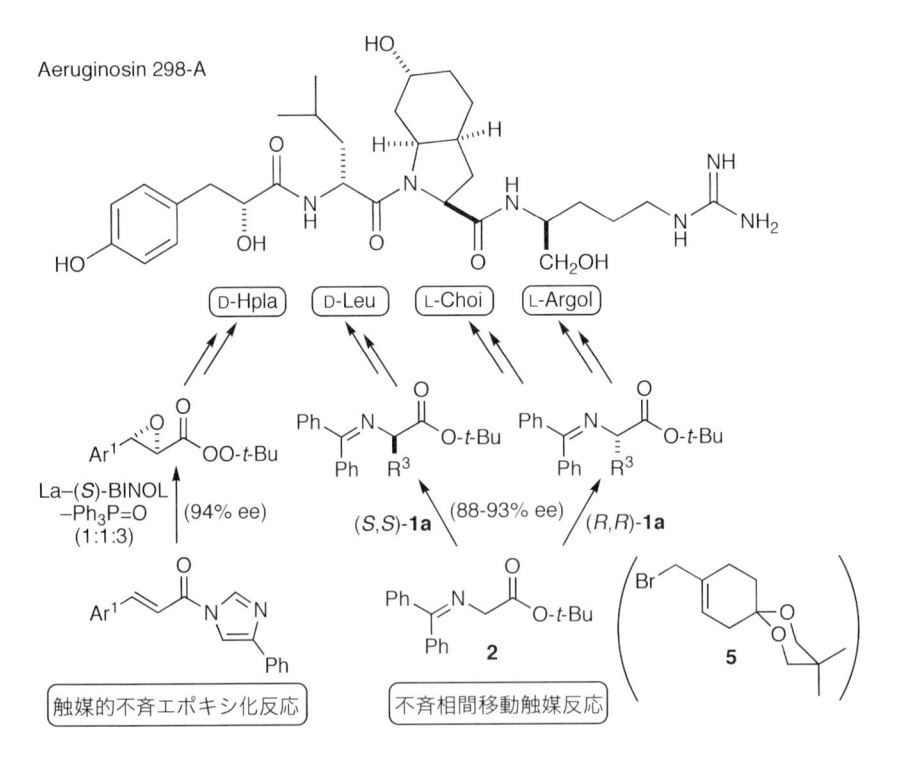

図6　Aeruginosin 298-A の触媒的不斉全合成

第 2 章 多点認識型有機分子触媒の開発

は構造活性相関研究を視野に入れ，天然物のみならずその誘導体も容易に合成できる，一般性の高い柔軟な合成ルートの確立を目的とし検討を行った。D-Hpla 部位は先に我々が報告していた不斉 La 触媒による基質一般性の高い α,β-不飽和イミダゾライドの触媒的不斉エポキシ化反応で[9]，残り 3 つのアミノ酸部位（D-Leu, L-Choi, L-Argol）は不斉相間移動触媒反応で合成することとした。最も合成の困難であった L-Choi 部位であるが，求電子剤として 5 を用い，得られた化合物をメタノール中 4 N 塩酸と処理することでドミノ型の環化反応が進行し，二環式化合物を効率よく合成することができた。また誘導体に関しては，我々の合成法はエナンチオマーを含めて多種多様な天然および非天然光学活性アミノ酸を容易に合成できることから，その組み合わせは無限であるが，今回は Aeruginosin の構造的な特徴となっている Hpla および Choi 部位を固定し，他の 2 つのアミノ酸部位を変換することとした。触媒的不斉エポキシ化反応および不斉相間移動触媒反応で合成した各部位から，まず左ジペプチド（Hpla-Leu 部位）と右ジペプチド（Choi-Argol 部位）を合成し，最後に両フラグメントを HATU を用いてカップリング反応を行い，最終的に Aeruginosin 298-A および 9 つの誘導体の合成を達成した[4]。北海道大学の沖野助教授にご協力いただき，これらの化合物のトリプシンに対する阻害活性評価を行った結果，Argol 部位の構造だけでなく立体配座が活性の発現に非常に重要であることが分かった。

今後，計算化学的手法も取り入れ，さらなる誘導体の論理的なデザインと合成を通して構造活性相関研究を行い，メディシナルケミストリーに貢献したいと考えている。

6　光学活性 α,β-ジアミノ酸の合成（不斉 Mannich 型反応）

本触媒はその多様性を生かすことで他の触媒的不斉反応にも柔軟に対応することができる。ここでは最近我々が行ったイミンに対する不斉 Mannich 型反応による光学活性 α,β-ジアミノ酸の合成を紹介する[5]。光学活性 α,β-ジアミノ酸は有用なキラル合成素子であるため，その潜在需要は非常に高いものの，アキラルな原料から直接的かつ触媒的に合成する方法は極めて限られており，ごく最近 Jørgensen ら[10a]，丸岡ら[10b]によるグリシン Schiff 塩基の不斉 Mannich 型反応のみである。これらの反応は高いエナンチオ選択性は実現していたものの，基質一般性およびジアステレオ選択性に問題を残していた。そこで TaDiAS を触媒として用いて種々検討したところ，基質として Boc で保護されたイミン 6 を用いると，極めて高いジアステレオ選択性で反応が進行することを見いだした（図 7）。しかしながら，これまでに合成していた触媒ではエナンチオ選択性が十分満足のいくレベルに達しなかったため，次に触媒構造のチューニングを行った。今回，触媒 1d の X 線結晶構造解析に成功したため，触媒のイオン対の立体配座に関するいくつかの知見を得ることができた。まず，カウンターアニオンである BF_4^- は，二つの四級アンモニウムカチ

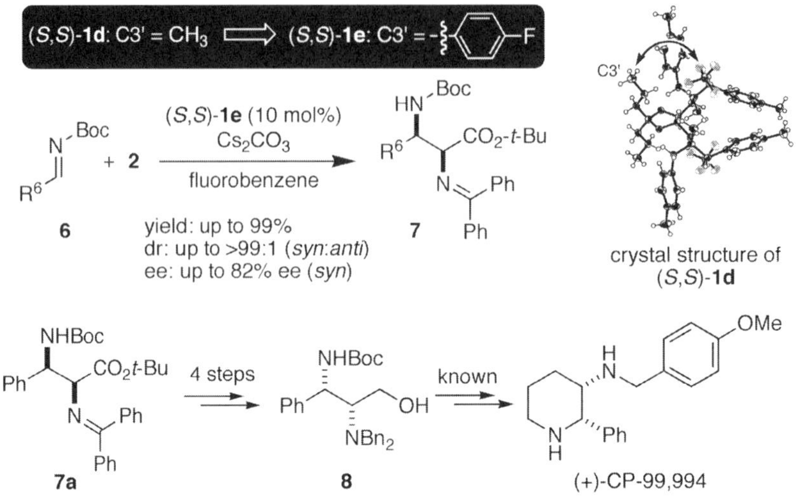

図7 グリシンSchiff塩基の触媒的不斉Mannich型反応と(+)-CP-99,994の形式合成

　オンのほぼ中間に位置し，計算化学での予想に近いC_2対称な不斉空間が構築されていること，そして，アセタール側鎖上に存在するアルキル基が，ジオキソラン環に対して垂直方向に伸び，カウンターアニオンとも相互作用できうる位置にあることが分かった。そこで，C3'位あるいはC4'位に立体的に嵩高い置換基を導入することで，不斉空間をチューニングできないかと考え検討を行った結果，C3'への芳香環の導入が効果的であり，触媒 1e（R＝C_6H_4-4-F）を用いた時に最も高い不斉収率を得ることができ，低温で反応を行うことで82％ eeにて目的のα,β-ジアミノ酸誘導体7を合成することができた。続いて基質一般性の検討を行ったところ，いずれの基質を用いた場合にも反応は極めて高いsyn選択性で進行することが分かった[5]。不斉収率に関してはまだ満足のいくものではないが，生成物の結晶性が高いため，多くの場合において再結晶によって光学的に純粋な生成物を得ることができる。得られたα,β-ジアミノ酸誘導体7は，diphenylmethylene基をクエン酸で処理することで，また，Boc基を2 N塩酸溶液で処理することで容易に除去することができるため，合成化学的有用性は高く，（+）-CP-99,994の合成中間体8 [11]などへと効率的に変換することができた。

7 （+）-Cylindricine Cの短工程合成ルートの開発（エノンに対する触媒的不斉Michael付加反応）

　目的とする化合物をできうる限り短工程で効率的に合成しようと考えるとき，反応系中で複数の反応が連続して進行するドミノ型の反応は極めて有効である[12]。先に述べたAeruginosin 298-

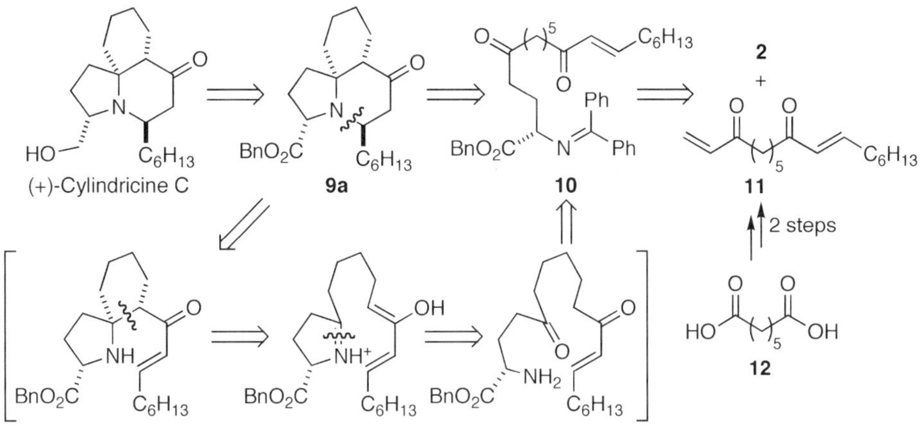

第 2 章　多点認識型有機分子触媒の開発

図 8　(+)-Cylindricine C の逆合成解析

　A の合成においても，L-Choi 部位はドミノ型反応を用いて効率的に合成されている。今回，不斉相間移動触媒による不斉 Michael 付加反応とドミノ反応を組み合わせることで，三環性のアルカロイドである (+)-Cylindricine C を極めて短工程で合成することに成功したので以下に紹介する[6]。

　Cylindricine C はこれまでに複数のグループによってその不斉合成が達成されているものの，鍵となる三環性骨格の構築を段階的に行っているため，比較的長い合成ルートとなっている（9-14 工程）[13]。そこで我々は，三環性骨格をワンポットで一挙に構築すべく，図 8 に示す逆合成解析を行った。三環性の化合物 9a はケトンおよびエノン官能基を有する α-アミノ酸誘導体 10 の酸触媒によるドミノ型連続環化反応（diphenylmethylene 基の除去，イミニウムカチオン形成反応，Mannich 型反応，生じたアミンのエノンへの Michael 付加反応）で一挙に合成できると考えた。また，ドミノ反応の基質となる光学活性な 10 は，ジエノン体 11 に対するグリシン Schiff 塩基 2 の触媒的不斉 Michael 付加反応が，β-無置換エノン選択的かつエナンチオ選択的に進行すれば合成できると考えた。しかしながら，実際に反応を行ってみると，従来 Michael 付加反応のアクセプターに用いていた α,β-不飽和エステルに比べてジエノン体 11 は反応性が高く，触媒非関与の反応も進行してしまうため，これまでに合成していた TaDiAS を触媒として用いてもその不斉収率は 48％ ee にとどまった。そこで，先に成功していた触媒の X 線結晶構造解析の結果[5]を基に，さらなるアセタール側鎖の立体的なチューニングを行った。種々の誘導体を合成した結果，2,6-dibenzylcyclohexanone から誘導したアセタール側鎖を有する触媒 1f が最も高い選択性を与えることが分かり，最終的に不斉収率を 82％ ee に向上させることに成功した（図 9）。続いてもう一つの鍵反応である one-pot ドミノ反応について検討を行ったところ，CSA 存在下加熱

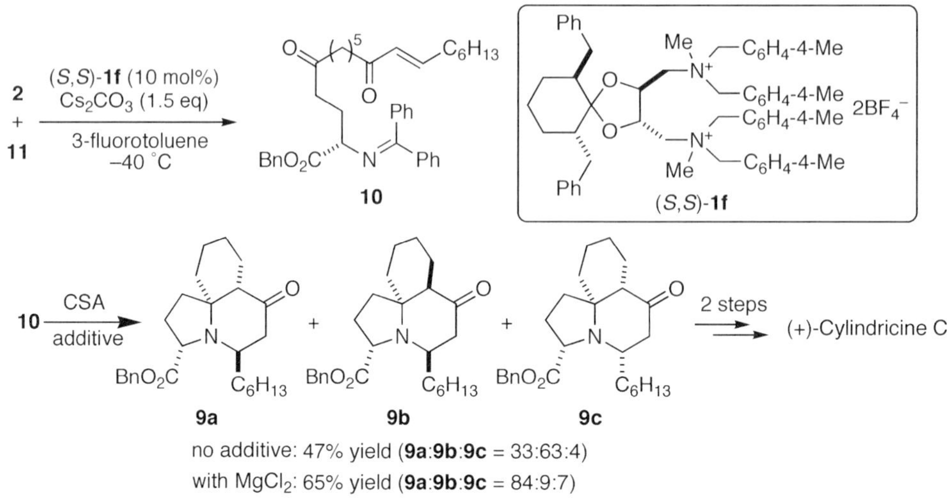

図9 触媒的不斉Michael付加反応とドミノ環化反応を鍵反応とする(+)-Cylindricine Cの不斉全合成

することで多段階の反応が一挙に進行し，目的とする三環性の化合物を得ることに成功した．得られた三環性の化合物は3種のジアステレオマー（9a-c）の混合物であったが，Mg塩を添加すると選択性が大幅に向上し，目的とする9aを主生成物として得ることに成功した．続いて4工程あるいは2工程の変換反応によって，(+)-Cylindricine Cの不斉全合成に成功した（出発原料となるジカルボン酸から全6工程）[6]．

現在さらなる効率化の検討とともに，立体構造の異なる種々の多環式アルカロイドの全合成を目指し検討を行っている．

8 おわりに

以上，最近我々が行った新規不斉相間移動触媒（TaDiAS）の創製とその応用について紹介した．本研究は相間移動触媒に関して何の経験的蓄積がない状態から試行錯誤を繰り返しながら行ったものであり，苦労をともにした学生諸氏に深く感謝したい．今回は多点認識型有機分子触媒として相間移動触媒に焦点を当てて検討を行ったが，今後，さらなる多機能化の検討を行い多点認識型有機分子触媒の特長を生かした触媒反応を開発し，環境調和性の高い工業プロセスの実現などを通して社会に貢献していきたいと考えている．

第2章　多点認識型有機分子触媒の開発

文　　献

1) 総説として：(a) M. Shibasaki, H. Sasai, T. Arai, *Angew. Chem., Int. Ed. Engl.*, **36**, 1237 (1997)；(b) M. Shibasaki, T. Iida, Y. M. A. Yamada, 有合化, **56**, 344 (1998)；(c) M. Shibasaki, N. Yoshikawa, *Chem. Rev.*, **102**, 2187 (2002)；(d) "Multimetallic Catalysts in Organic Synthesis" M. Shibasaki, Y. Yamamoto. eds., Wiley-VCH, Weinheim, (2004)；(e) T. Ohshima, *Chem. Pharm. Bull.*, **52**, 1031 (2004)
2) 総説として：(a) M. J. O'Donnell, "Catalytic Asymmetric Synthesis, 2nd ed." I. Ojima, ed., John Wiley & Sons, New York, (2000)；(b) T. Shioiri, S. Arai, "Stimulating Concepts in Chemistry" F. Vögtle, J. F. Stoddart, M. Shibasaki, eds., John Wiley & Sons, New York, (2000)；(c) A. Nelson, *Angew. Chem., Int. Ed. Engl.*, **38**, 1583 (1999)；(d) M. J. O'Donnell, *Aldrichimica Acta*, **34**, 3 (2001)；(e) K. Maruoka, T. Ooi, *Chem. Rev.*, **103**, 3013 (2003)
3) (a) T. Shibuguchi, Y. Fukuta, Y. Akachi, A. Sekine, T. Ohshima, M. Shibasaki, *Tetrahedron Lett.*, **43**, 9539 (2002)；(b) T. Ohshima, T. Shibuguchi, Y. Fukuta, M. Shibasaki, *Tetrahedron*, **60**, 7743 (2004)
4) (a) T. Ohshima, V. Gnanadesikan, T. Shibuguchi, Y. Fukuta, T. Nemoto, M. Shibasaki, *J. Am. Chem. Soc.*, **125**, 11206 (2003)；(b) Y. Fukuta, T. Ohshima, V. Gnanadesikan, T. Shibuguchi, T. Nemoto, T. Kisugi, T. Okino, M. Shibasaki, *Proc. Natl. Acad. Sci. USA*, **101**, 5433 (2004)
5) A. Okada, T. Shibuguchi, T. Ohshima, H. Masu, K. Yamaguchi, M. Shibasaki, *Angew. Chem. Int. Ed.*, **44**, 4564 (2005)
6) T. Shibuguchi, H. Mihara, A. Kuramochi, S. Sakuraba, T. Ohshima, M. Shibasaki, *Angew. Chem. Int. Ed.*, **45**, 4635 (2006)
7) M. Murakami, Y. Okita, H. Matsuda, T. Okino, K. Yamaguchi, *Tetrahedron Lett.*, **35**, 3129 (1994)
8) (a) N. Valls, M. López-Canet, M. Vallribera, J. Bonjoch, *J. Am. Chem. Soc.*, **122**, 11248 (2000)；(b) P. Wipf, J.-L. Mthot, *Org. Lett.*, **2**, 4213 (2000)
9) (a) T. Nemoto, T. Ohshima, M. Shibasaki, *J. Am. Chem. Soc.*, **123**, 9474 (2001)；(b) T. Nemoto, T. Ohshima, M. Shibasaki, 有合化, **60**, 94 (2002)；(c) T. Nemoto, S.-y. Tosaki, T. Ohshima, M. Shibasaki, *Chirality*, **15**, 306 (2003)；(d) T. Ohshima, T. Nemoto, S.-y. Tosaki, H. Kakei, V. Gnanadesikan, M. Shibasaki, *Tetrahedron*, **59**, 10485 (2003)
10) (a) L. Bernardi, A. S. Gothelf, R. G. Hazell, K. A. Jørgensen, *J. Org. Chem.*, **68**, 2583 (2003)；(b) T. Ooi, M. Kameda, J. Fujii, K. Maruoka, *Org. Lett.*, **6**, 2397 (2004)
11) S. Chandrasekhar, P. K. Mohanty, *Tetrahedron Lett.*, **40**, 5071 (1999)
12) 総説として：(a) J. D. Winkler, *Chem. Rev.*, **96**, 167 (1996)；(b) P. J. Parsons, C. S. Penkett, A. J. Shell, *Chem. Rev.*, **96**, 195；(c) K. C. Nicolaou, T. Montagnon, S. A. Snyder, *Chem. Commun.*, 551 (2003)；(d) J. C. Wasilke, S. J. Obrey, R. T. Baker, G. C. Bazan, *Chem. Rev.*, **105**, 1001 (2005)

13) (a) G. A. Molander, M. Ronn, *J. Org. Chem.*, **64**, 5183 (1999) ; (b) B. M. Trost, M. T. Rudd, *Org. Lett.*, **5**, 4599 (2003) ; (c) S. Canesi, D. Bouchu, M. A. Ciufolini, *Angew. Chem. Int. Ed.*, **43**, 4336 (2004) ; (d) T. Arai, H. Abe, S. Aoyagi, C. Kibayashi, *Tetrahedron Lett.*, **45**, 5921 (2004) ; (e) J. Liu, R. P. Hsung, S. D. Peter, *Org. Lett.*, **6**, 3989 (2004)

第3章 デザイン型キラル相間移動触媒を用いる実用的不斉合成プロセスの開拓

丸岡啓二[*]

　市販の光学活性ビナフトールから出発して，ビナフチル環をふたつ有するスピロ型光学活性アンモニウム塩をキラル相間移動触媒として新たにデザインした。この新規なキラル相間移動触媒は高活性，高エナンチオ選択性を有し，わずか 0.2～1 モル％用いるだけで，各種の天然型および非天然型 α-アルキル，α,α-ジアルキルアミノ酸，β-ヒドロキシ-α-アミノ酸や各種ペプチド類の実用的不斉合成プロセスを開拓した。また，β-ケトエステルの不斉アルキル化，各種基質の不斉共役付加，不斉ストレッカー反応，不斉エポキシ化や不斉ニトロアルドール合成などの触媒的不斉合成プロセスを確立できた。

1　はじめに

　近年，地球規模で広がる環境への負荷をできるだけ軽減し，いわゆる環境に優しい化学合成，環境に優しい分子・反応の設計を目指してより良い環境を作るためにグリーンケミストリーへの取り組みが進んでいる。このような観点から相間移動反応は，水溶液中，常温，常圧，開放系で行なえるため，極めて工業化しやすい反応システムである[1]。しかも，金属を使わないテトラアルキルアンモニウム塩を触媒として用いるため，地球環境にやさしい無公害型反応プロセスとなる。テトラアルキルアンモニウム塩（$R_4N^+X^-$）は，そのイオン構造のため通常水溶性であるが，そのアルキル基が長鎖になると脂溶性が高まり有機溶媒にも可溶となる。この特性を相間移動触媒として利用することにより，各種の反応を常温でしかも水の存在下で行うことが可能となり，同時に反応速度の大幅な増大が期待できるようになる。更に，実験操作が非常に簡便となるなど，様々な合成化学的利点から，その後の活発な研究につながっていった。しかしながら，不斉合成のための効率良いキラル相間移動触媒の調製は容易ではなかった。唯一の成功例がシンコナアルカロイド由来のキラル相間移動触媒であった。しかしながら，これらは常に触媒設計における制限や触媒自体がホフマン脱離による分解などの欠点を有していた。こういった問題の抜本的な解

---

[*] Keiji Maruoka　京都大学大学院　理学研究科　化学専攻　教授

決を計るため，① キラル源として両鏡像体が入手可能である，② 合理的な触媒設計の観点から C_2 対称軸を導入する，③ ホフマン脱離をひき起こす β-水素が無い系を構築する，という三大前提で次世代型のキラル相間移動触媒の創製に取組んだ。ここでは，市販の安価なキラル有機分子としてのビナフトールから独自の発想に基づいて第四級アンモニウム型キラル相間移動触媒 **1**，**6** などの設計と各種アミノ酸合成をはじめとする実用的不斉合成の最近の進展を紹介する[2]。

2 光学活性 α-モノアルキルアミノ酸の合成

β-ナフチル置換型のキラル相間移動触媒 **1a** を 1 モル％用いてグリシン tert-ブチルエステルのベンゾフェノンイミンの不斉ベンジル化反応を相間移動条件下で行うと，わずか 30 分後には

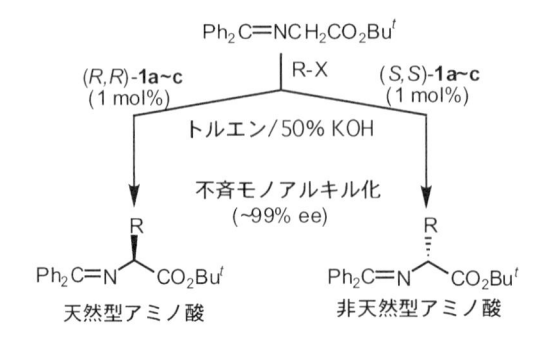

第3章　デザイン型キラル相間移動触媒を用いる実用的不斉合成プロセスの開拓

収率95%，光学収率96%でフェニルアラニン誘導体が得られる。また，3,5-ジフェニルフェニル基を持つキラル相間移動触媒 1b では，光学収率が98%に向上する。さらに3,4,5-トリフルオロフェニル基を導入したキラル相間移動触媒 1c は，グリシン誘導体の不斉アルキル化反応において高い一般性を有することがわかり，わずか1モル%の触媒存在下，通常の相間移動反応条件下でほとんどの場合，98〜99% ee という極めて高いエナンチオ選択性が認められた[3,4]。各々のアルキルハライドに対し，キラル相間移動触媒 1a〜c を用いた場合の結果を以下にまとめた。

本研究で編み出したスピロ型のキラル相間移動触媒 1 は C_2 対称軸を有しているため，出発となる光学活性ビナフトールを使い分けることによって，(R,R)型，(S,S)型いずれのキラル相間移動触媒をも合成できるため，天然型，非天然型アミノ酸も含め，各種のアミノ酸誘導体やそれらの関連体（アミノアルデヒド，アミノケトンやアミノアルコールなど）の不斉合成に極めて有効であることがわかる[5,6]。本法を利用すると，例えば，生理活性アミノ酸として，パーキンソン病の治療薬 L-ドーパ及びそのエステル類[7]，抗生物質 L-アザチロシン[8]，ACE阻害剤[5]などが容易に合成できる。

3　光学活性 α,α-ジアルキルアミノ酸の合成

光学活性 α,α-ジアルキルアミノ酸は天然に存在しないものの，ペプチドの修飾や酵素の阻害剤あるいは不斉合成における有用なキラル素子として高い潜在需要を持っている。従来は，光学活性 α-モノアルキルアミノ酸から化学量論的に α,α-ジアルキルアミノ酸へと変換されていた。

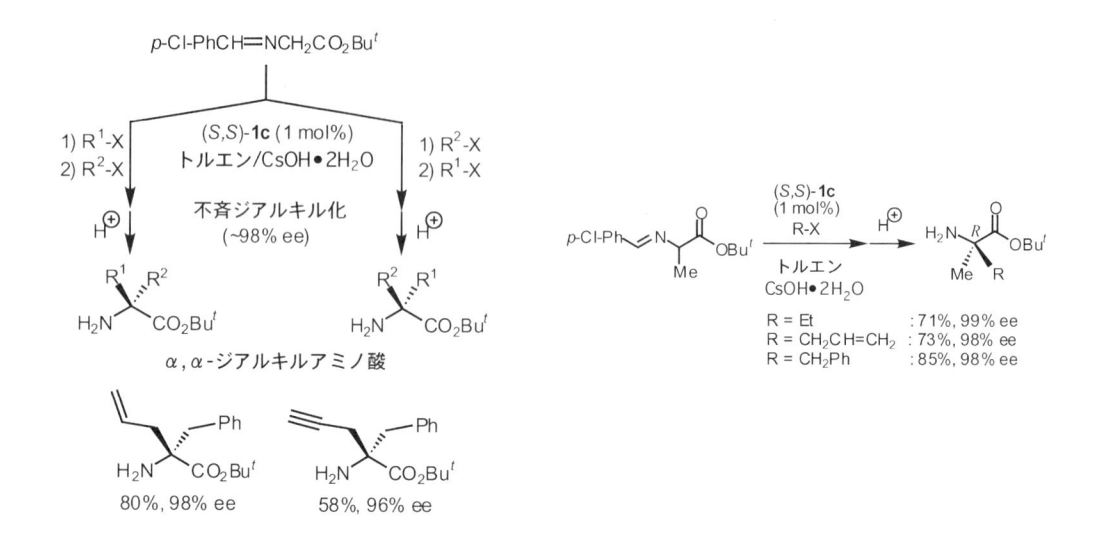

一方，より効率的な触媒法の開発も試みられたが，実用性の点からはほど遠いものがあった。こういった状況で，私どもの研究室では最も直截的な光学活性 α,α-ジアルキルアミノ酸の触媒的不斉合成プロセスの確立に取り組んだ。すなわち，グリシンから出発して，グリシンエステルのアルデヒドイミンに変換し，それをキラル相間移動触媒を用いた相間移動条件下，二種の異なるアルキルハライドを加えて同一容器内で連続的に不斉二重アルキル化反応を行なうものである。得られたジアルキル化体は酸処理によって，容易に光学活性 α,α-ジアルキルアミノ酸へと導ける[9]。この手法の利点は，同じ触媒を用いても，二種の異なるアルキルハライドの加える順序を入れ替えれば，両方のエナンチオマーが合成できることである。また，アラニンやバリン等の α-アルキルアミノ酸の不斉モノアルキル化によっても，高選択的に光学活性 α,α-ジアルキルアミノ酸が得られる[9]。

4 スピロ型キラル相間移動触媒の単純化

キラル相間移動触媒 1 に特徴的な，光学活性ビナフチル部位によって形成される N-スピロ環骨格は，高い反応性とエナンチオ選択性を獲得する上で必須の構造といえるが，キラルなビナフチルユニットを常に二つ必要とすることから，触媒をデザインする上での大きな障害となっていることも事実である。この問題に一つの解決を与えるため，アキラルなビフェニル骨格を有する新たな C_2 対称性キラルアンモニウム塩 2 を創製した[10]。

ビフェニル骨格上に β-ナフチル基を有するスピロ型の (S)-2a を触媒として用い，グリシンエステルのベンジル化反応を試みたところ，85％の収率で生成物が得られ，その光学純度は 87

第3章　デザイン型キラル相間移動触媒を用いる実用的不斉合成プロセスの開拓

(S)-**2a** : R^1 = β-Np, R^2 = H
(S)-**2b** : R^1 = 3,5-diphenylphenyl, R^2 = H
(S)-**2c** : R^1 = 3,5-diphenylphenyl, R^2 = Ph

homochiral (S)-**2a**
high activity and ee (R)

heterochiral (S)-**2a**
low activity and ee (R)

% ee（R）であった。ここで見られた高い反応性と選択性は，ビフェニル軸の回転により生じる高い触媒活性を有するホモキラル配座と活性の低いヘテロキラル配座間の速い平衡に起因し，実際の触媒作用のほとんどをホモキラルな **2a** が担っているものと考えられる。

　上記の解釈は，ヘテロキラルな (R,S)-**1c** を合成し，これを1モル％用いて同様にベンジル化反応を行った場合，反応は非常に遅く，しかも得られたアルキル化体の光学純度はわずか11％ ee であることからも支持される。このユニークな現象は，触媒のキラル源としては単純なビナフチル骨格ひとつで十分であり，反応に応じて必要な分子修飾は，それがより容易であるアキラルなビフェニル部位に対して行えばよいことを意味しており，多様な不斉反応の開発を指向した触媒の分子設計を行う上で極めて優れた戦略を提供することになる。

　実際，この概念に基づいた分子修飾により，かさ高い置換基を有する触媒 **2b** も容易に合成でき，これをベンジル化反応に適用することで，相当するベンジル化体が収率95％，92％ ee で得られる。更に，触媒 **2c** を用いることで，エナンチオ選択性は 95％ ee まで向上する[10]。

Ph$_2$C=N-CH$_2$-CO-OBu^t + PhCH$_2$Br
(S)-**2a** (1 mol%) or (R,S)-**1a** (1 mol%)
toluene
50% aq KOH
0 ℃

85%, 87% ee [18 h with (S)-**2a**]
47%, 11% ee [60 h with (R,S)-**1a**]

heterochiral (R,S)-**1a**

5 直截的な不斉アルドール合成

グリシンエステルとアルデヒドとのアルドール反応によって生成するβ-ヒドロキシ-α-アミノ酸は、生理活性ペプチドの重要なキラルユニットとして、また、不斉合成におけるキラル素子としても有用である。従来、こういったβ-ヒドロキシ-α-アミノ酸は、酵素、L-トレオニンアルドラーゼを用いて極微量合成されており、実用的見地からはほど遠いものであった。しかしながら、スピロ型キラル相間移動触媒 1d や 1e を 2 モル％存在下、トルエン／1％水酸化ナトリウム水溶液の二層系でグリシンエステルのシッフ塩基とアルデヒドを直接混合させることにより、アルドール反応が進行してβ-ヒドロキシ-α-アミノ酸エステルが高収率で生成した。その際、主生成物であるアンチ異性体が高エナンチオ選択的に得られる[11]。一般に、触媒 1e を用いると、より高いアンチ選択性および高エナンチオ選択性が得られている。

特に、1％水酸化ナトリウム水溶液の量をかなり少なくする（0.15 当量）とともに、触媒量（0.1 当量）の塩化アンモニウムを添加することにより、逆アルドール反応を抑えることができ、アンチ選択性およびエナンチオ選択性ともに再現性のある、しかも高い値が得られるようになった[12]。

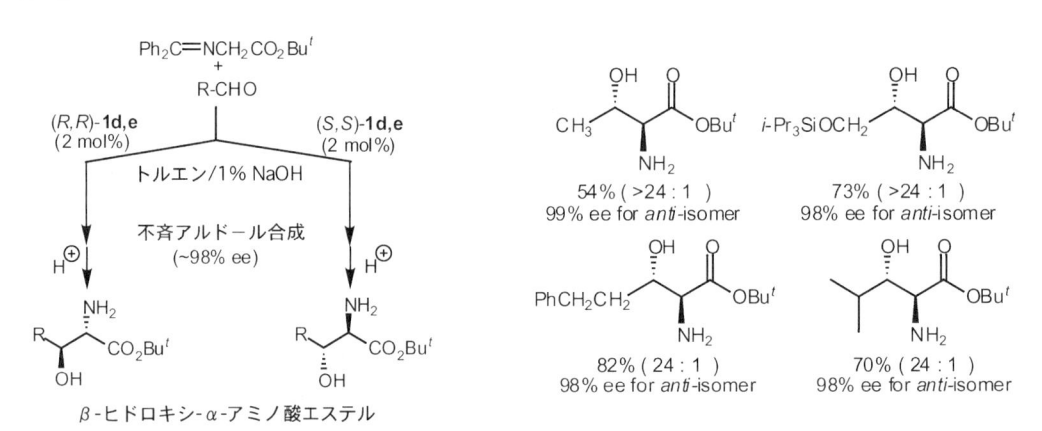

6 ペプチド類の末端官能基化

さて、これまでグリシンやα-置換アミノ酸の *tert*-ブチルエステルを出発とした不斉合成について述べてきたが、このような反応をアミドにも拡張できればペプチドの末端アルキル化も可能になり、本法の有用性がさらに広がることが期待される。試みにジペプチドのベンジル化を Bu$_4$NBr 存在下で行うと、ほとんど選択性が見られない。一方、キラルな触媒を用いると、触媒

第3章　デザイン型キラル相間移動触媒を用いる実用的不斉合成プロセスの開拓

(S,S)-**1f** : 98%, 86% de
(S,S)-**1g** : 97%, 97% de

DDDL-異性体
90%, 94% de

の絶対配置とジペプチドの絶対配置との相性が問題になる。ここでは，L体のアミノ酸を含む基質に対しては，(S,S)-1型触媒がマッチする。特に，3,5位にかさ高い tert-ブチル置換基をもつフェニル基を導入した(S,S)-1f やさらに伸張した(S,S)-1g を用いると選択性が 97% de まで向上する[13]。この触媒(S,S)-1g は，オリゴペプチド類の選択的末端アルキル化にも適用でき，高いジアステレオ選択性が発現することを見いだした。

7　リサイクル可能なフルオラスキラル相間移動触媒のデザイン

　環境調和型反応プロセスの開発という観点から，リサイクル可能なフルオラスキラル相間移動触媒3を設計し，その調製を行った。このリサイクル型触媒3をグリシン t-ブチルエステルベンゾフェノンイミンの不斉ベンジル化反応に適用したところ，十分な選択性（～92% ee）が得られることを見出した。また反応終了後，本触媒をフルオラス系溶媒への抽出によってほぼ定量的に回収し，再利用しても反応性，選択性の低下はほとんど認められなかった[14]。

8　β-ケトエステル類の不斉アルキル化

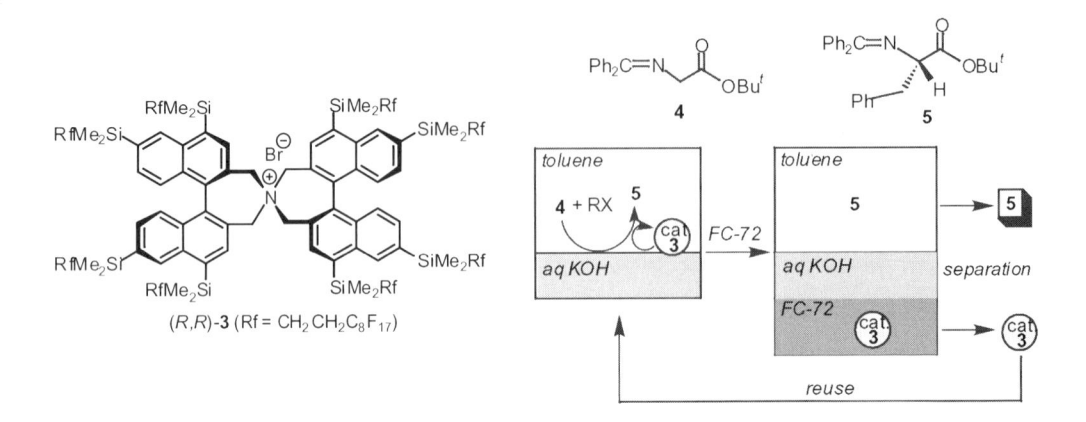

キラル相間移動触媒 1 はアミノ酸関連基質の不斉合成に極めて有用であるが，最近，その他の基質を用いても高いエナンチオ選択性を発現することが見いだされている。例えば，β-ケトエステルの不斉アルキル化がキラル相間移動触媒 1d の存在下，高エナンチオ選択的に進行する[15]。この不斉アルキル化反応は，不斉四級炭素の構築に有用な手法を提供する。

9　ニトロアルカンの不斉共役付加

光学活性 γ-アミノ酸合成を実現するひとつの手法として，ニトロアルカンと不飽和マロン酸エステルとの不斉共役付加反応が挙げられる。不斉アルドール合成で有効なキラル相間移動触媒 1e がこの不斉共役付加反応においても優れたエナンチオ選択性を発現することを見いだし，光学活性 γ-アミノ酸への不斉変換を選択性良く実現化することに成功した[16]。

この不斉合成手法を応用することにより，筋弛緩剤である (R)-バクロフェンやホスホジエス

第3章　デザイン型キラル相間移動触媒を用いる実用的不斉合成プロセスの開拓

(R)-バクロフェン　　(R)-ロリプラム

テラーゼ拮抗剤である(R)-ロリプラムなどの生理活性物質が短段階合成できた。

10　キラル相間移動触媒の単純化

さて，スピロ型キラル相間移動触媒1のデザインにおいて，これまでは二つの光学活性ビナフチル基を不斉源として用いてきた。このようなスピロ型キラル触媒1の単純化を試み，市販の第二級アミンから簡便に単純化触媒6を合成する方法を新たに開発し，この単純化触媒6で高エナンチオ選択性が発現されるかどうか，詳細に検討を行った。その結果，この触媒6をグリシン t-ブチルエステルのベンゾフェノンイミンの不斉アルキル化反応に適用したところ，触媒活性が極めて高いことが分かり，わずか0.01〜0.05モル％の触媒量でも反応が円滑に進行し，しかも優れたエナンチオ選択性が得られることを見出した[17]。また，アラニン誘導体の不斉アルキル化も同様の条件下で進行し，α,α-ジアルキルアミノ酸の実用的不斉合成が可能になった。

一方，より実用的な見地から，触媒の調製に必要な出発物質が容易にしかも安価に入手できる

ことは重要である。最近，入手容易な光学活性ヘキサメトキシビフェニルジカルボン酸から新たに高活性を有するキラル相間移動触媒 (S)-7 の調製に成功し，この触媒は (S)-6 と同様の触媒活性を発現することを見いだした[18]。

11　ラセン型キラル相間移動触媒を用いるかさ高い α-アルキルアミノ酸の合成

　このようなキラル相間移動触媒を用いた不斉アルキル化による人工アミノ酸合成の唯一の泣きどころは，かさ高い α-アルキルアミノ酸が合成しにくい点である。そこで，私どもはストレッカー反応に着目し，かさ高いイミン類の不斉シアノ化反応を行うことによって，かさ高い人工アミノ酸を合成しようと試みた。その際，実用的見地からシアン化カリウムを水溶液として用いた，相間移動条件下での不斉ストレッカー反応の開発に取り組んだ。ところが，既述のキラル相間移動触媒を用いても，なかなか満足な結果が得られなかった。そこで，不斉ストレッカー反応に有効なキラル触媒として，ビナフチル骨格の 3,3'位にオルト—ビアリール置換基を導入したキラル相間移動触媒 8a をデザインし，その X 線解析をしたところ，(R,R,R) 配置のラセン構造を有していることが分かった。この触媒とシアン化カリウム水溶液を用いて，スルホニルイミン（R = cyclohexyl）の触媒的不斉ストレッカー反応を試みたところ，高い選択性でシアノ化体が得られた（83％；89％ ee）。更に，キラル相間移動触媒 8b を用いると，エナンチオ選択性は 95

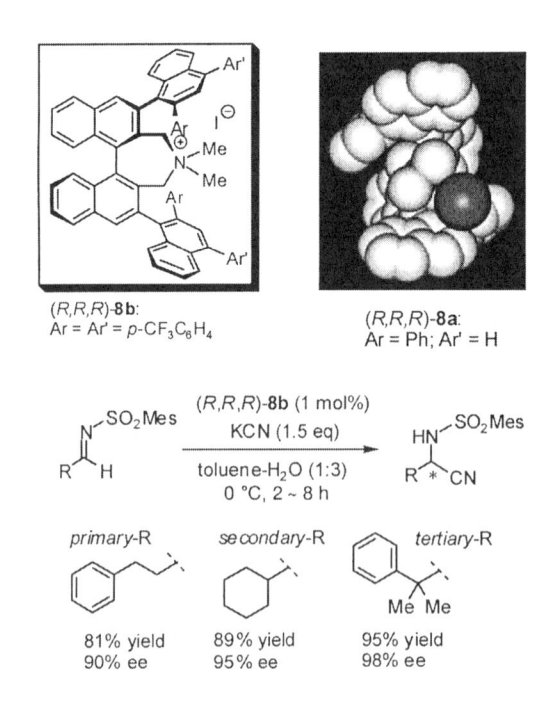

％ ee まで向上した[19)]。

12 不斉エポキシ化反応

キラル相間移動触媒を用いる不飽和カルボニル化合物の不斉エポキシ化反応は，従来，シンコナアルカロイド由来の相間移動触媒が使われていたが，基質がカルコン誘導体に限られていた。そこで，各種の不飽和ケトンに適用可能なキラル相間移動触媒のデザインを試み，その結果，ビフェニル部位にかさ高いアルコール残基を有する触媒 9 がカルコンの不斉エポキシ化で比較的良い選択性（66 ％ ee）を示した。そこで，さらに触媒の設計を検討したところ，ビフェニル部，ビナフチル部ともにかさ高い 3,5 - ジフェニルフェニル基を有するキラル相間移動触媒 10 が優れた選択性（96 ％ ee）を与え，また，カルコンのみならず，各種の不飽和ケトンに適用できることを見いだした[20)]。X 線解析から，触媒 10 は不斉エポキシ化の効率よい反応場を提供していることが分かった。

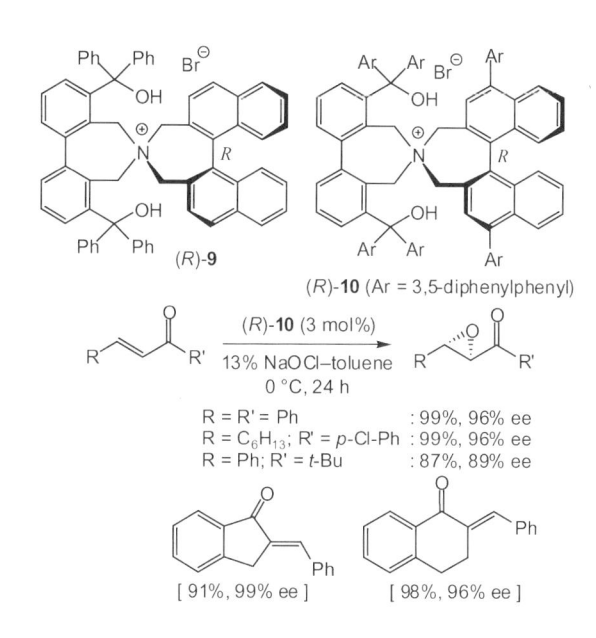

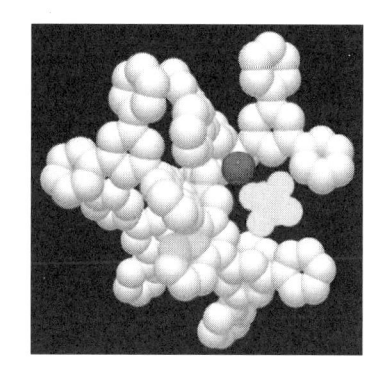

(R)-9

(R)-10 (Ar = 3,5-diphenylphenyl)

(R)-10 (3 mol%)
13% NaOCl–toluene
0 °C, 24 h

R = R' = Ph : 99%, 96% ee
R = C$_6$H$_{13}$; R' = p-Cl-Ph : 99%, 96% ee
R = Ph; R' = t-Bu : 87%, 89% ee

[91%, 99% ee]   [98%, 96% ee]

13 マロン酸エステルの不斉共役付加反応

キラル相間移動触媒 10 を，マロン酸エステル類の不飽和ケトンへの不斉共役付加反応に適用したところ，この系でも有効であることが分かり，高い選択性が得られた[21)]。

14 不斉ニトロアルドール合成

スピロ型キラルアンモニウムブロミド 1 をビフルオリド体 11 に変えることにより,新たなキラル有機分子触媒が誕生し,各種の触媒的不斉合成反応に活用できる。例えば,キラルアンモニウムビフルオリド 11 の存在下,シリルニトロナートとアルデヒドとの反応により,光学活性ニトロアルドール体がアンチ選択的に高収率で得られてくる[22]。この際,(S,S)-11d よりも (S,S)-11e 触媒の方が,より高いアンチ選択性および高エナンチオ選択性を発現する。

また,アルデヒドのなかでも,α,β-不飽和アルデヒドを用いると,シリルニトロナートの共役付加が高選択的に起こることを見いだした[23]。この際,キラルアンモニウムビフルオリド (S,S)-11f を選び,溶媒としてトルエンを用いると,アンチ選択的,高エナンチオ選択的に共役付加体が得られた。

第3章　デザイン型キラル相間移動触媒を用いる実用的不斉合成プロセスの開拓

15　おわりに

　以上，私どもが現在取り組んでいるキラル相間移動触媒を用いる触媒的不斉合成に関する最近の進展を紹介した。従来，汎用されてきたシンコナアルカロイド由来のキラルアンモニウム塩に比べ，光学活性ビナフトール由来のデザイン型キラル相間移動触媒 6 は，わずか 0.05 モル％で充分，不斉反応が行なえるという点は特筆すべきであろう。このキラル触媒 6 を用いる不斉合成研究を進めていくにつれて，相間移動反応の化学に関して色々な新しい知見が得られ，キラル触媒の更なる改良が行なわれているが，紙面の関係で割愛せざるを得ないのは残念である。

　触媒的不斉合成の分野において，近年，不斉炭素中心構築のための方法論は著しい進歩を遂げている。その中でも繁雑な操作を必要としない相間移動条件下での触媒反応は，実用化が極めて容易であり，工業的な面からも大いに注目されている。今後，相間移動条件下での高い一般性と実用性を兼ね備えた不斉合成反応が次々と開発され，それらが医薬品に代表される有用化合物の大量合成プロセスの確立に大きく寄与することが期待される。

文　　献

1) (a) Sasson, Y.; Neumann, R., Eds. Handbook of Phase Transfer Catalysis; Blackie Academic & Professional: London, 1997. (b) Halpern, M. E., Ed. Phase Transfer Catalysis; ACS Symposium Series 659; American Chemical Society: Washington, DC, 1997.
2) Maruoka, K.; Ooi, T. *Chem. Rev.*, **103**, 3013（2003）
3) Ooi, T.; Kameda, M.; Maruoka, K. *J. Am. Chem. Soc.* **121**, 6519（1999）
4) Ooi, T.; Takahashi, K.; Doda, K.; Maruoka, K. *J. Am. Chem. Soc.* **124**, 7640（2002）
5) Ooi, T.; Kameda, M.; Maruoka, K. *J. Am. Chem. Soc.* **125**, 5139（2003）
6) Maruoka, K. *J. Fluorine Chem.* **112**, 95（2001）
7) Ooi, T.; Kameda, M.; Tannai, H.; Maruoka, K. *Tetrahedron Lett.* **41**, 8339（2000）
8) Ooi, T.; Uematsu, Y.; Maruoka, K. *Advanced Synth. Cat.* **344**, 288（2002）
9) Ooi, T.; Takeuchi, M.; Kameda, M.; Maruoka, K. *J. Am. Chem. Soc.* **122**, 5228（2000）
10) Ooi, T.; Uematsu, Y.; Kameda, M.; Maruoka, K. *Angew. Chem. Int. Ed.* **41**, 1621（2002）
11) Ooi, T.; Taniguchi, M.; Kameda, M.; Maruoka, K. *Angew. Chem. Int. Ed.* **41**, 4542（2002）
12) Ooi, T.; Kameda, M.; Taniguchi, M.; Maruoka, K. *J. Am. Chem. Soc.* **126**, 9685

(2004)
13) Ooi, T.; Tayama, E.; Maruoka, K. *Angew. Chem. Int. Ed.*, **42**, 579 (2003)
14) Shirakawa, S.; Tanaka, Y.; Maruoka, K. *Org. Lett.* **6**, 1429 (2004)
15) Ooi, T.; Miki, M.; Taniguchi, M.; Shiraishi, M.; Maruoka, K. *Angew. Chem. Int. Ed.*, **42**, 3796 (2003)
16) Ooi, T.; Fujioka, S.; Maruoka, K. *J. Am. Chem. Soc.* **126**, 11790 (2004)
17) Kitamura, M.; Shirakawa, S.; Maruoka, K. *Angew. Chem. Int. Ed.*, **44**, 1549 (2005)
18) Han, Z.; Yamaguchi, Y.; Kitamura, M.; Maruoka, K. *Tetrahedron Lett.*, **46**, 8555 (2005)
19) Ooi, T.; Uematsu, Y.; Maruoka, K. *J. Am. Chem. Soc.* **128**, 2548 (2006)
20) Ooi, T.; Ohara, D.; Tamura, M.; Maruoka, K. *J. Am. Chem. Soc.* **126**, 6844 (2004)
21) Ooi, T.; Ohara, D.; Fukumoto, K.; Maruoka, K. *Org. Lett.* **7**, 3195 (2005)
22) Ooi, T.; Doda, K.; Maruoka, K. *J. Am. Chem. Soc.* **125**, 2054 (2003)
23) Ooi, T.; Doda, K.; Maruoka, K. *J. Am. Chem. Soc.* **125**, 9022 (2003)

第4章　キラル相間移動触媒を用いる不斉マイケル反応の開発

荒井　秀[*]

　相間移動触媒（Phase Transfer Catalyst: PTC）は，互いに混じり合わない2層間を自由に移動することによって，化学反応を促進させる微量添加物質の総称である。PTCを用いる反応は，含水系や温和な反応条件の設定などいわゆる実用性に富んだ分子変換ゆえに，近年一大領域を形成する有機触媒化学の分野でも重要な化学合成法に位置づけられている[1]。不均一系反応条件という物理的要因から総称されるPTCは両親媒性を示すものが多く，その構造は4級アンモニウム塩，クラウンエーテル，グアニジニウム塩，ペプチドなど多岐にわたる。中でも4級アンモニウム塩は化学的安定性，合成や取り扱いの容易さなどから最も汎用されてきたPTCであり，様々な不斉反応へ応用されてきた[2]。本稿ではキラル4級アンモニウム塩によって促進される不斉マイケル反応を中心に，筆者らが開発した不斉反応に焦点を絞って紹介する。

　筆者らは，高い基質一般性を有する触媒を創製する目的で，触媒構造の対称性に着眼し図1に示すスピロ型キラル4級アンモニウム塩を設計・合成した。触媒Aは，窒素カチオン中心を自由度の少ない5員環で強固に固定した特徴的な構造を有する。また，ユニークなD_2対称性のためピロリジン環上の側鎖はすべて等価となり，本質的に1つの側鎖でエナンチオ制御を行うことが期待できる。さらに，酸素原子から伸長可能な側鎖はアルキル化によって容易に導入でき，様々な誘導体合成が可能となる。Linkerを介して芳香族ユニットを導入できれば，基質分子とのπ-π相互作用も期待できる。スキーム1に示すとおり，安価な酒石酸ジエチルから常法に従い数工程

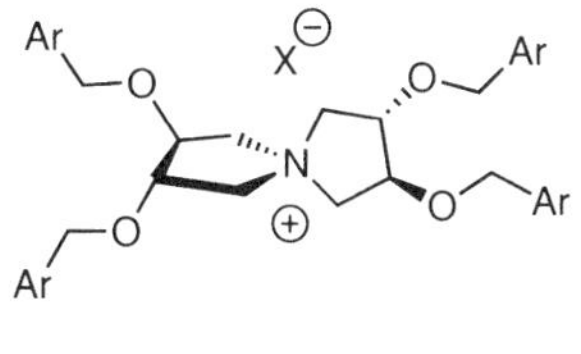

D_2-Symmetrical PTC

図1

---

[*]　Shigeru Arai　千葉大学大学院　薬学研究院　助教授

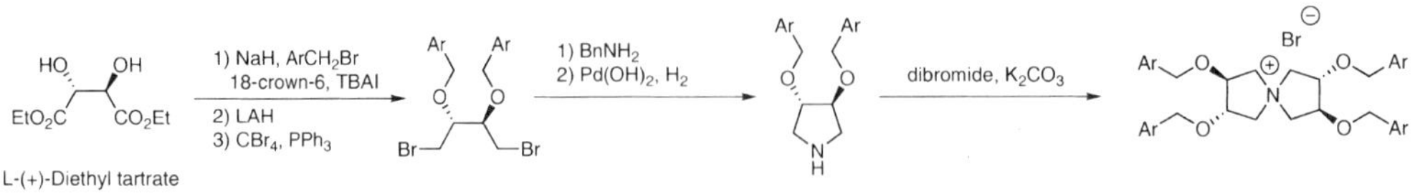

スキーム1

の官能基変換で得られるピロリジン誘導体と，途中で生成するジブロミドとのカップリングを経て触媒Aを短行程で合成した。

　グリシンシッフ塩基のエナンチオ選択的な炭素－炭素結合生成反応は，キラルアミノ酸誘導体への分子変換であり，重要な素反応である。特にO'Donnellによって見いだされた不斉アルキル化反応[2]は，最も実用的な光学活性アミノ酸合成法の1つとなっている。一方，シッフ塩基に不飽和カルボニル化合物を作用させれば，不斉炭素を構築しつつ酸素官能基化された炭素鎖を直接導入することになるため，アルキル化体と同様に生成物の付加価値は高い。特に不飽和エステルを触媒的不斉マイケル反応によって導入できれば，非天然型を含む多様な置換グルタミン酸誘導体の有用な合成手法となる。上記に立脚して，筆者らはまず独自に調製した触媒Aを用いて1aとアクリル酸エステルとの触媒的不斉マイケル反応を検討した。触媒Aは有機溶媒に対して十分な溶解性を示し，触媒量の水酸化セシウム存在下，1aとアクリル酸メチルが速やかに反応することがわかった。スキーム1中に，最適化した反応条件での触媒効果を精査した結果を記載

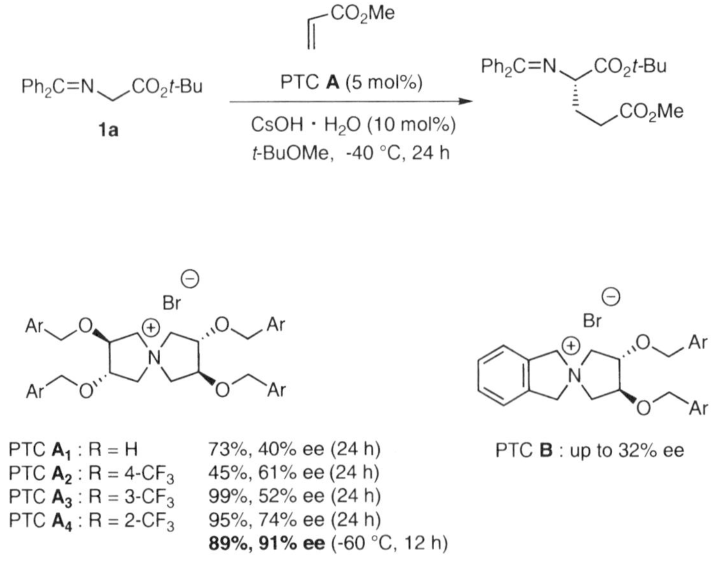

PTC A_1 : R = H　　　73%, 40% ee (24 h)
PTC A_2 : R = 4-CF_3　45%, 61% ee (24 h)
PTC A_3 : R = 3-CF_3　99%, 52% ee (24 h)
PTC A_4 : R = 2-CF_3　95%, 74% ee (24 h)
　　　　　　　　　　　89%, 91% ee (-60 °C, 12 h)

PTC **B** : up to 32% ee

スキーム2

第4章　キラル相間移動触媒を用いる不斉マイケル反応の開発

した。ベンゼン環上の置換基がエナンチオ選択的のみならず反応にも大きく影響を及ぼし，無置換では化学収率，ee ともに中程度だが，電子吸引基を導入すると反応が著しく加速される[3a]。置換位置も重要であり，中でも 2-トリフルオロメチル体が最も効果的で，$-60\ ℃$でも円滑に反応しエナンチオ選択性は 91% ee まで達した。窒素のカチオン中心から離れた自由度の高い側鎖が，エナンチオ選択性の発現に大きく影響するこの事実は，今後の触媒構造最適化に向けて重要な指針となる。なお，生成物 α 水素の塩基による引き抜きが考えられるが，低温条件では生成物のラセミ化は起こっていないことが確認されている。A と類似構造を有し，且つ C_2 対称な触媒 B を用いて同様な反応を行ってもエナンチオ選択性は低いことから，触媒 A 特有の構造がエナンチオ選択性発現に極めて重要であることがわかる。

また，基質の α 位に置換基を導入した基質を用いれば，キラル4置換炭素の構築にも適用できる[3b]。1a と同様，1b の系でも触媒 A_4 が最も効果的で，63% ee で対応する4置換グルタミン酸エステルを与えた。グリシンシッフ塩基を用いる不斉マイケル反応では，4置換炭素のエナンチオ選択的構築の報告例はない。そのため，本結果は今後の展開において重要な知見となる。また，得られた生成物は光学活性なピログルタミン酸エステルや α 位4置換プロリンなどの有用な含窒素ヘテロ環化合物に容易に導ける。なお，1a を用いる不斉マイケル反応では，アルカロイド由来の4級塩[4a]や，カチオン中心を2つ持つ酒石酸由来の4級塩[4b,c]並びにビナフチル骨格を有するビスアンモニウム塩[4d]なども有効である。

求核剤が不飽和カルボニル化合物に共役付加するとエノラートアニオン中間体を生じる。マイケル反応では，この中間体がプロトンを捕捉して生成物を与えるが，基質分子に脱離能を有する官能基をあらかじめ導入しておけば，マイケル付加によって生じるエノラートアニオンの分子内求核付加を基軸とする新しい分子変換が可能となる。

スキーム3

有機分子触媒の新展開

スキーム4

例えば，高い求核性を有するパーオキシドアニオンは，カルボニル基と共役した電子欠損型オレフィンにマイケル付加してエポキシドを与えることが知られている。得られる生成物の有用性から重要な分子変換と位置づけられており，キラル遷移金属触媒を用いる反応系でも積極的に研究されている[5]。筆者らは，天然物由来のキラルPTC存在下，安全かつ安価な過酸化水素水を直接用いる含水系不斉エポキシ化反応を詳細に検討した。シンコナあるいはキナアルカロイドは安価かつ大量に入手可能なキラルアミンであり，反応性の高いキヌクリジン窒素は容易に4級化できるため，対応するキラル4級塩は現在でも様々な不斉PTC反応で汎用されている。しかし研究開始当時は，キラルPTCによる高エナンチオ選択的な不斉エポキシ化反応はほとんど例がなかった。種々検討の結果，シンコニン由来の触媒が不飽和ケトンのエポキシ化に極めて有効であり，芳香環上の4位置換基によってエナンチオ選択性が劇的に変化することがわかった。主にニトロ基やトリフルオロメチル基などの電子吸引基の導入が効果的であったが，4-ヨウ素体では84％eeでカルコンが不斉エポキシ化された。芳香環を有する平面性の高い基質の場合には，良好なエナンチオ選択性で反応が進行し，対応するエポキシドを最高92％eeで与えた[6a]。過去の研究成果から，一般にベンジル誘導体が導入されたシンコナあるいはキナアルカロイド由来の4級塩は，平面性の高い反応基質において比較的高いエナンチオ選択性を与えることがわかっている。本系の場合，β位にアルキル基が置換された基質でも中程度ながらeeが発現しているの

スキーム5

第4章　キラル相間移動触媒を用いる不斉マイケル反応の開発

は興味深い。

キヌクリジン窒素上の置換基を種々検討した結果，ナフトキノン誘導体でも良好なエナンチオ選択性でエポキシ化が進行することも見いだした。この反応では，炭素－窒素結合の自由回転が妨げられるような比較的かさ高いベンジル基ユニットを導入したPTCが有効であった。詳細は不明だが，平面性の高い基質分子が触媒分子に適度にフィットするための空間配置が必須であることが示唆された。

なお，筆者らとほぼ同時期に，NaOClやKOClを酸化剤とするカルコン誘導体の不斉エポキシ化反応が報告されており[7a,b]，2級アリルアルコールの水酸基とオレフィンを順次酸化し，ワンポットで光学活性エポキシケトンを得るユニークな酸化反応も知られている[7c]。なお，この種の酸化反応では，デザイン型キラル4級塩も効果的に作用し極めて高いエナンチオ選択性と基質一般性を発現する[7d]。

α,β-エポキシカルボニル化合物は，有用分子への汎用性の高い中間体と位置づけられているため，不斉合成による光学活性体としての供給は重要であることは前述した。その合成法の別法として不斉Darzens反応がある。

Darzens反応は炭素－炭素結合生成と続く環化反応の2段階からなる反応であり，アルドール反応の類似型として古くから知られているが，achiralな基質を用いる触媒的不斉合成法は現在でも限られた例しか報告されていない。金属反応剤を用いた場合には，無機塩の生成が触媒サイクルの構築を妨げることも開発が遅れた主要因と考えられる。一方，アンモニウムエノラートを発生させて反応を促進させる場合には，生成物とともにアンモニウムハライドが再生されるために容易に触媒サイクルが構築しうる。筆者らは，アルカロイド由来のキラルPTC **C** 及び **D** を用いてα-クロロケトン[8a,b]，及びスルホン[8d,e]を用いて詳細に検討を行った。いずれの基質も用いる塩基に対して十分に酸性なα水素を有するために，生成するアルドール中間体は容易にエピ

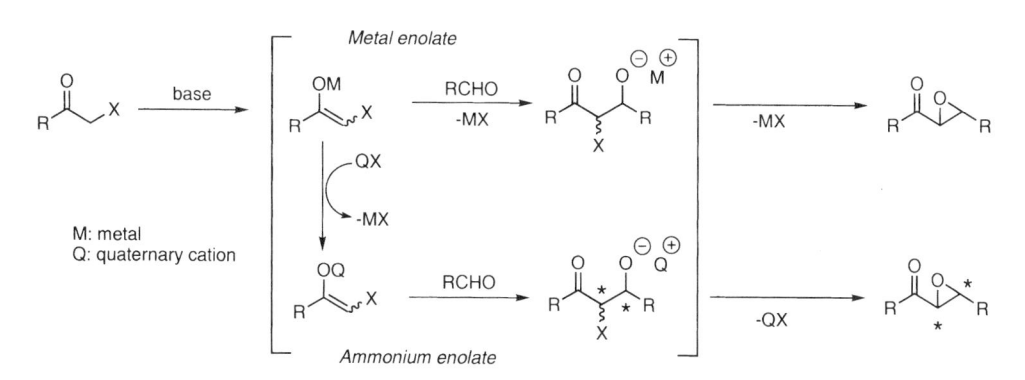

スキーム6

有機分子触媒の新展開

スキーム 7

メリ化を起こして，対応するエポキシドをトランス選択的に与える。クロロフェノンやフェニルスルホンを用いると，共役平面ユニットがPTCと効果的に相互作用し，良好なエナンチオ選択性で目的とするエポキシドが得られることも見いだした。テトラロン誘導体も有効な基質として作用し，最高 86% ee で目的物を与えた。

鎖上の α-クロロケトンを用いる触媒的不斉 Darzens 反応の時間経過を詳細に検討した結果，アルドール中間体の ee が生成物に比べて著しく低いことがわかった。この事実は，本反応でエナンチオ選択的な炭素−炭素結合が優先して起こっているのではなく，アルドール生成物が閉環するときに速度論的光学分割過程を経てエポキシ体に変換されていることを示している。これは別途合成したラセミ体アルドール中間体がレトロアルドール反応を起こし，なおかつ得られたエポキシ体が光学活性体であったことからも強く示唆される[8c]。すなわち，下記に示すようにキラ

スキーム 8

第4章　キラル相間移動触媒を用いる不斉マイケル反応の開発

スキーム 9

ル4級塩が1種のエナンチオマーだけを優先的に識別し，環化を促進していることを示唆しており，非常に興味深い知見である。

一方，アルカロイド由来のキラル PTC を用いる不斉反応では，キヌクリジン窒素上の置換基の種類によってエナンチオ選択性のみならず反応性までが大きく左右されることを見いだしていた。そこで側鎖上に不斉環境を直接導入したビスアンモニウム塩を合成して，触媒的不斉 Darzens 反応に与える影響を検討した。基質としてクロロカルボン酸誘導体を選び，反応を精査したところジフェニルアミドが最も効果的にグリシジル酸誘導体を与えた。平面性の高い基質の方がイオンペアを形成するときに立体反発が抑えられ，触媒との相互作用に有利と考えられる。反応は速やかに進行し，エポキシ体が良好なエナンチオ選択性で得られてくることがわかった。α-ハロエステルやアミドは対応するケトンよりも格段に酸性度が低いために，より強塩基を用いる必要がある。この時，塩基がキラル4級塩を介さずに直接基質の酸性プロトンを引き抜く場合が多く，高エナンチオ選択性の達成は困難とされてきた。本反応は，ジアステレオ選択性に問題を残すものの，カルボン酸誘導体を求核剤として用いる触媒的不斉 Darzens 反応の最初の成功例であり，PTC のさらなる可能性を示すものである[8f]。

マイケルアクセプター側に脱離基を導入して，連続反応をデザインすることも可能である。α-ブロモエノンは通常のエノンよりも活性であり，容易に求核剤と反応する。適切な炭素求核剤を用いれば，マイケル付加に続く分子内アルキル化が進行し，シクロプロパン化合物が得られる[9]。この反応は，2度の炭素－炭素結合生成反応が進行して立体選択的にシクロプロパン化合物を与える点が大きな特徴である。キラル PTC としてはシンコナアルカロイド由来の4級塩が有効であり，シアノ酢酸エステルやシアノスルホンが求核剤としてエナンチオ選択的に付加し，目的物を単一成績体として与えた[9a]。この場合もキヌクリジン窒素上の置換基が生成物のエナンチオ選

スキーム 10

択性に大きく影響を及ぼし，オルト位置換型もしくは電子吸引基導入型のキラル PTC が有効であった。

以上，キラル4級アンモニウム塩により促進される触媒的不斉マイケル反応，並びに共役付加を基軸とする不斉反応を中心に紹介した。紙面の制約から，他の多くの関連反応を割愛せざるを得なかったことをお断りしておく。最近，マイケル反応に限らずキラル PTC を用いる不斉化学合成の進展は目覚ましく，今後様々な骨格を有する新しいキラル PTC の開発と有用な不斉反応への展開が期待される。

文　　献

1) (a) Shioiri, T. Arai, S. "Stimulating Concepts in Chemistry," Ed. By Vogtle, F.: Stoddart, J. F.: Shibasaki, M. Wiely-VHC, Weinheim, 2000, pp. 123. (b) Berkessel. A.; Groger, H. "Asymmetric Organocatalysis" Wiely-VHC, Weinheim, 2005, pp. 45.
2) (a) Ooi, T. *Chem. Rev.* **103**, 3013 (2003) (b) Lygo, B.; Adrews, B. I. *Acc. Chem. Res.* **37**, 518 (2004) (c) O'Donnell, M. J. *Acc. Chem. Res.* **37**, 506 (2004)
3) (a) Arai, S.; Tsuji, R.; Nishida, A. *Tetrahedron Lett.* **43**, 9535 (2002) (b) Arai, S.; Takahashi, F.; Tsuji, R.; Nishida, A. *Heterocycles*, **67**, 495 (2006)
4) (a) Corey, E. J.; Noe, M. C.; Xu, F. *Tetrahedron Lett.* **39**, 5347 (1998)

第4章　キラル相間移動触媒を用いる不斉マイケル反応の開発

(b) Shibuguchi, T.; Fukuta, Y. Akachi, Y.; Sekine, A.; Ohshima, T.; Shibasaki, M. *Tetrahedron Lett.* **43**, 9539 (2002) (c) Ohshima, T.; Shibuguchi, T.; Fukuta, Y.; Shinbasaki, M. *Tetrahedron* **60**, 7743 (2004) (d) Arai, S.; Tokumaru, K.; Aoyama, T. *Chem. Pharm. Bull.* **52**, 646 (2004)

5) (a) Kakei, H.; Tsuji, R.; Ohshima, T.; Shibasaki, M. *J. Am. Chem. Soc.* **127**, 8962 (2005) (b) Tosaki, S.; Tsuji, R.; Ohshima, T.; Shibasaki, M. *J. Am. Chem. Soc.* **127**, 2147 (2005)

6) (a) Arai, S.; Tsuge, H.; Shioiri, T. *Tetrahedron Lett.* **39**, 7563 (1998) (b) Arai, S.; Oku, M.; Miura, M.; Shioiri, T. *Synlett* 198, 1201. (c) Arai, S.; Tsuge, H.; Oku, M.; Miura, M.; Shioiri, T. *Tetrahedron* **58**, 1623 (2002)

7) (a) Lygo, B.; Wainwright, P. G. *Tetrahedron Lett.* **39**, 1599 (1998) (b) Corey, E. J.; Zhang, F.-Y. *Org. Lett.* **1**, 1287 (1999) (c) Lygo, B.; To, D. C. M. *Chem. Commun.* 2360 (2002) (d) Ooi, T.; Ohara, D.; Tamura, M.; Maruoka, K. *J. Am. Chem. Soc.* **126**, 6844 (2004)

8) (a) Arai, S.; Shioiri, T. *Tetrahedron Lett.* **39**, 2145 (1998) (b) Arai, S.; Shirai, Y.; Hatano, K.; Shioiri, T. *Chem. Commun.* 49 (1999) (c) Arai, S.; Shirai, Y.; Ishida, T.; Shioiri, T. *Tetrahedron*, **55**, 6375 (1999) (d) Arai, S.; Ishida, T.; Shioiri, T. *Tetrahedron Lett.* **39**, 8299 (1998) (e) Arai, S.; Shioiri, T. *Tetrahedron* **58**, 1407 (2002) (f) Arai, S.; Tokumaru, K.; Aoyama, T. *Tetrahedron Lett.* **45**, 1845 (2004)

9) (a) Arai, S.; Nakayama, K.; Ishida, T.; Shioiri, T. *Tetrahedron Lett.* **40**, 4215 (1999) (b) Arai, S.; Nakayama, K.; Hatano, K.; Shioiri, T. *J. Org. Chem.* **63**, 9572 (1998)

第5章　中性配位型有機触媒の開発

小川知香子[*1], 小林　修[*2]

1　中性配位型有機触媒（Neutral-Coordinate Organocatalyst: *NCO*）の定義

カルボニル化合物やイミン類などの求電子化合物への求核付加反応は, 有機合成における最も基本的かつ重要な反応の一つである。これらの反応基質を活性化する手法としては, 主に求電子化合物をルイス酸により活性化する方法, およびルイス塩基により求核剤を活性化する方法が挙げられる。

さて, イミン類への求核付加反応は, 薬理学的に興味深い含窒素化合物を提供する重要な反応群の一つである。その不斉合成反応への展開は, 主にルイス酸触媒と光学活性配位子から調製される光学活性ルイス酸触媒[1], あるいは光学活性ブレンステッド酸触媒によるイミンの活性化を中心に行われてきたが, 原料のイミン等価体および生成物自身の塩基性により触媒が失活するため, この問題をいかに解決するかが反応開発の成否の重要な鍵を握る。一方で筆者らは, 塩基触媒を用いて求核剤を活性化する手法を見出した[2]。

N-アシルヒドラゾンは安定なイミン等価体であり, 対応するヒドラジンとカルボニル化合物から容易に調製される。また多くの場合, 固体として得られ, 長期間室温下でも保存が可能である。筆者らは N-アシルヒドラゾンに対するアリルトリクロロシランによるアリル化反応が, ジメチルホルムアミド（DMF）を溶媒中で反応基質を混ぜ合わせるだけで円滑に進行することを見出した[3]。

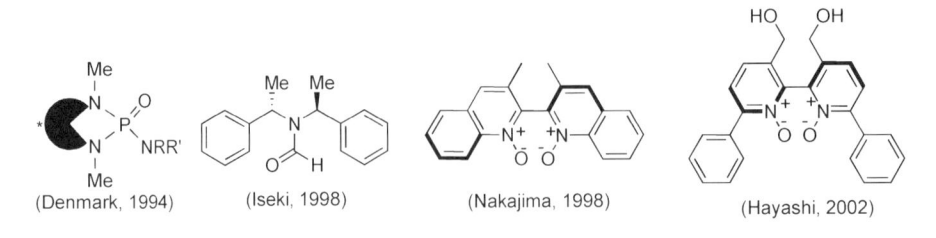

図1　光学活性中性配位型有機触媒

[*1]　Chikako Ogawa　科学技術振興機構　小林プロジェクト　研究員
[*2]　Shu Kobayashi　東京大学大学院　薬学系研究科　教授

第5章 中性配位型有機触媒の開発

一方,類似の反応として,筆者らはアルデヒドを求電子剤として用いるアリル化反応において,同じく DMF などが有効であることを見出しているが[4],その後,活発な触媒開発競争が行われ,Denmark らは HMPA 誘導体を,Iseki らはホルムアミド誘導体,Nakajima ら,Hayashi らはピリジン N-オキシド誘導体をそれぞれ報告し,不斉触媒化に成功している(図1)[5〜8]。

ここで,DMF,HMPA,ピリジンN-オキシドおよび上記に示すようなそれらの誘導体は,電荷的に中性のルイス塩基である。これらは反応基質に配位することで反応を促進することから,これまでに知られているフッ素アニオンやアルコキシドアニオンなどのルイス塩基と明確に区別するため,筆者らは「中性配位型有機触媒」(Neutral Coordinate-Organocatalyst; NCO)と定義した[9,10]。本章では,NCO を用いる C＝N への付加反応を中心に述べる。

2 新規 NCO の開発

2.1 N-アシルヒドラゾンのアリルトリクロロシランを用いるアリル化反応における新規 NCO の探索

アルデヒドのアリルトリクロロシランを用いるアリル化反応において有効に機能した NCO をはじめ,いくつかの Lewis 塩基を用いて詳細な探索を行った(図2)。すなわち,3-フェニルプロパナール由来の N-アシルヒドラゾンとアリルトリクロロシランの反応をモデル反応とし,塩化メチレン中,−78℃において,それぞれの Lewis 塩基を1当量ずつ添加し,活性の比較を行った。なお,プローブ実験を行い,反応基質を混ぜ合わせただけでは反応はほとんど進行しないことを確認した(Entry 1)。その結果,これまでに報告されている NCO(Entries 2-5)以外にも,数種類の化合物について NCO としての機能を見出すことができた(Entries 6, 8 and 9)。

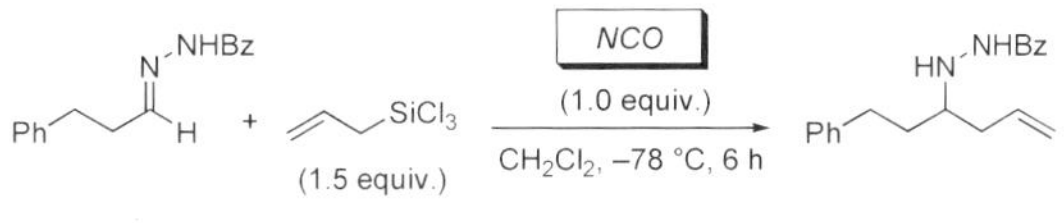

Entry	NCO	Yield (%)
1	−	9
2	DMF	47
3	Pyridine N-Oxide	36
4	HMPA	64
5	$Ph_3P=O$	72
6	DMSO	65
7	Sulfolane	9
8	N-Methylpyrrolidinone	49
9	$Me_2NCONMe_2$	38

図2 新規中性配位型有機触媒の探索

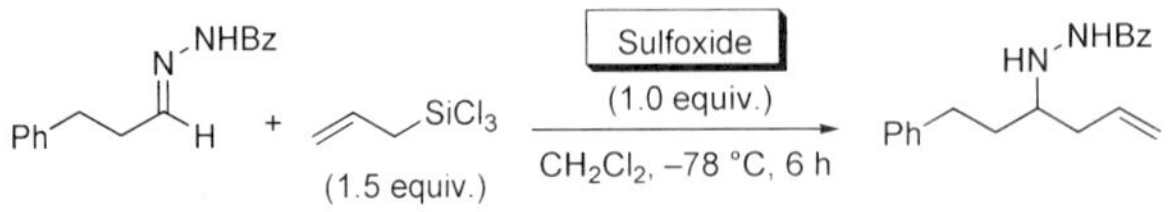

図3 スルホキシドの探索

Entry	Sulfoxide	Yield (%)
1	Ph$_2$SO	40
2	Bn$_2$SO	73
3	(テトラメチレン)SO	57
4	PhMeSO	57
5	DMSO	65

さて，これらの結果から筆者らは，①キラルスルホキシドを用いるエナンチオ選択的な反応の成功例が少ないこと[11]，②キラルスルホキシドが比較的容易に入手できること[12]を考慮に入れ，N-アシルヒドラゾンのアリルトリクロロシランを用いるアリル化反応における，新しいタイプの NCO としてスルホキシドを選択した。

2.2 スルホキシドの構造と活性の相関関係

有効に機能するスルホキシドの構造を探索すべく，種々のスルホキシドを用いて検討を行った（図3）。

その結果，電子吸引性の置換基を有するスルホキシドよりも（Entry 1），アルキル基のような電子供与性の置換基を有するスルホキシドの方が高い活性を示した（Entries 2-4）。

2.3 反応条件の最適化

そこで次にアルキル基を有する代表的なスルホキシドである DMSO を用いて，当量の最適化を行った（図4）。

その結果，3当量の DMSO を用いた場合に最も効果的に機能し，ほぼ定量的に生成物を得ることができた。

さて，これらの結果に基づき，次に光学活性スルホキシドを用いるエナンチオ選択的アリル化反応の検討を開始した。まず入手容易なキラルスルホキシドである (R)-メチル p-トリルスルホキシド（**CS-1**）を3当量用いて検討を行ったところ，比較的良好な収率およびエナンチオ選択性で生成物を得ることができたが，回収後の **CS-1** は光学純度が低下していることがわかった（図5，Entry 1）。この原因として，反応系中に微量の水が混入し，それがアリルトリクロロシ

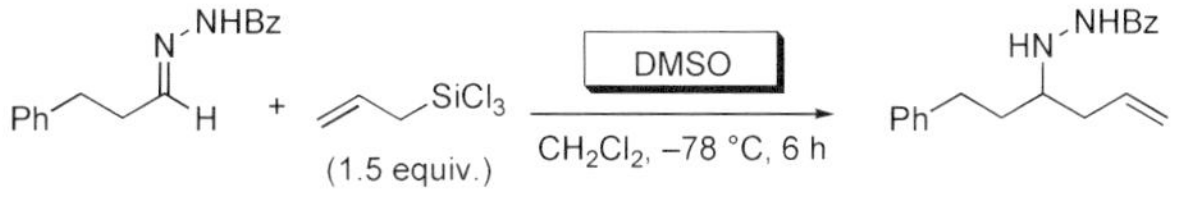

第 5 章　中性配位型有機触媒の開発

図 4　スホキシドの等量の最適化

Entry	DMSO (equiv.)	Yield (%)
1	0.2	24
2	2.0	85
3	3.0	99
4	5.0	86
5	10.0	33

ランと反応して塩酸が発生した可能性が考えられる。一般に，キラルスルホキシドは酸性条件下で容易にラセミ化を起こすことが知られており，本反応において良好な選択性で生成物を得るためには，酸の捕捉剤の添加が有効であると考えた[13]。そこで酸を補足する種々の添加剤を用いて検討したところ，2-メチル-2-ブテンが最も効果的であった（図 5，Entries 3）。

しかしながら 2-メチル-2-ブテンは分子量が小さく沸点も低いので，0.1 当量の添加では再現性に関する問題があった。そこで，2-メチル-2-ブテンの当量の最適化を行ったところ，1 当量以上添加した場合，CS-1 は 99％ee で回収されたが，生成物のエナンチオ選択性が低下してし

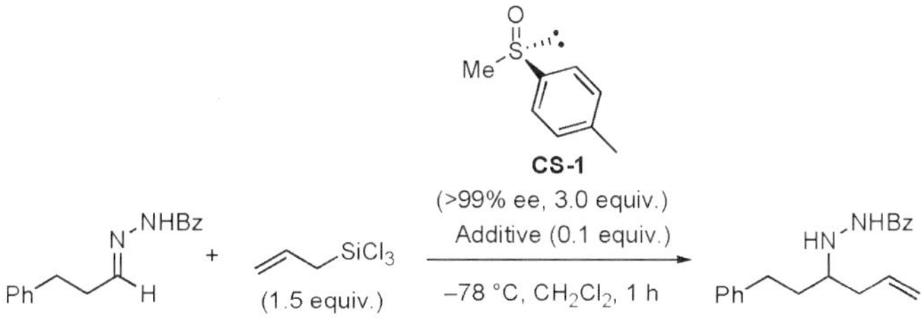

Entry	Additive	Yield (%)	Ee (%)	Rec. CS-1 (% Ee)
1	none	73-85	76-85	93-96
2	^{i}Pr$_2$EtN	77	81	81
3	2-Methyl-2-butene	73-81	89-94	98
4	PS-amine[a]	74	85	87
5	Pyridine	83	79	90

a) PS-amine

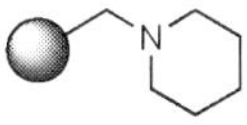

図 5　酸補足剤の探索

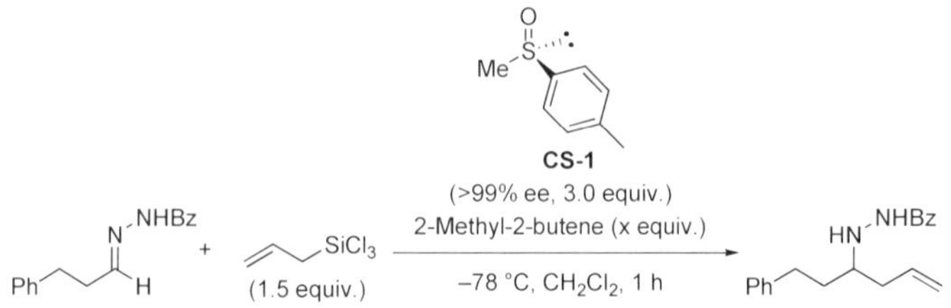

有機分子触媒の新展開

Entry	2-Methyl-2-butene (x equiv.)	Yield (%)	Ee (%)	Rec. CS-1 (% Ee)
1	3.0	67	71	99
2	1.0	84	81	99
3	0.5	73	93	97[a)]
4	0.1	73	89-94	98
5	0.05	77	76	91

a) By using 5 equiv. of triethylamine in methanol solution for the quench, **CS-1** was recovered in 99% ee.

図6 2-メチル-2-ブテンの等量の最適化

まった（図6, Entries 1 and 2）。一方，0.5 当量の 2-メチル-2-ブテンを添加した際は再現性も良く，最も効果的に機能した（Entry 3）。この検討において回収された **CS-1** の光学純度は 97% ee であったが，反応停止にこれまで用いていた飽和炭酸水素ナトリウム水溶液ではなく，5 当量のトリエチルアミンを含むメタノール溶液を用いると，90% を超える回収率で光学純度をほとんど損なうことなく **CS-1** を回収することができることがわかった。

2.4 キラルスルホキシドの探索

最適化した条件下において，種々のキラルスルホキシドを用いる検討を行った（図7）。その結果，**CS-1** が最も良好な結果を与え，**CS-1** のメチル基をエチル基（**CS-2**），イソプロピル基（**CS-3**）へと替えたもの，あるいは，p-トリル基からo-トリル基（**CS-4**）やp-アニシル基（**CS-5**），o-アニシル基（**CS-6**）へと替えたキラルスルホキシドを用いる検討では，著しいエナンチオ選択性の低下を招いた。

そこで，**CS-1** を最適構造とし，N-アシルヒドラゾンの基質一般性の検討を行った（スキーム 8）。その結果，脂肪族アルデヒドから誘導した基質を用いた場合，良好なエナンチオ選択性をもって生成物が得られ（Entries 1-6），また芳香族アルデヒド由来のN-アシルヒドラゾン，あるいは α, β 位に三重結合を有する基質に関しては，中程度から比較的良好なエナンチオ選択性をもって生成物が得られた（Entries 7-10）。さらに，基質によっては通常の添加順序（Method A, 図8参照）ではなく，Method B に示すように用いる試薬の添加順序を変えることにより，

第 5 章　中性配位型有機触媒の開発

CS-1 (>99% ee)
73% yield
93% ee (R)

CS-2 (98% ee)
77% yield
50% ee (R)

CS-3 (91% ee)
74% yield
1% ee (S)

CS-4 (90% ee)
75% yield
30% ee (S)

CS-5 (88% ee)
91% yield
69% ee (S)

CS-6 (>99% ee)
79% yield
42% ee (S)

図 7　光学活性スルホキシドを用いる不斉アリル化反応

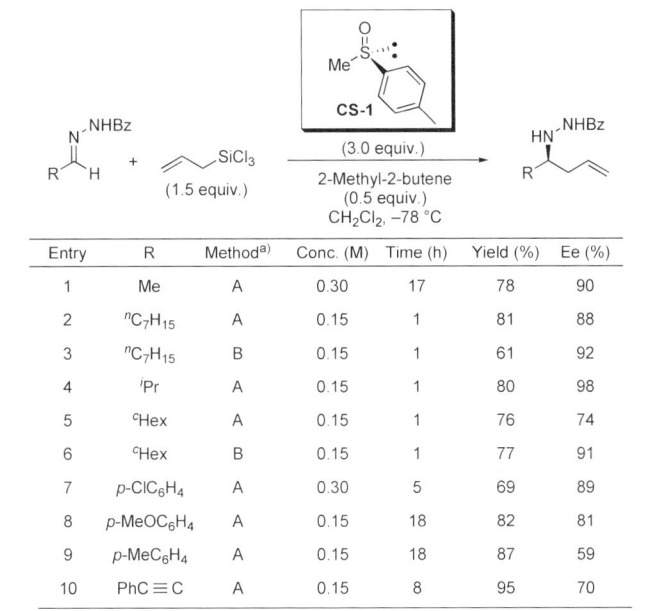

Entry	R	Method[a]	Conc. (M)	Time (h)	Yield (%)	Ee (%)
1	Me	A	0.30	17	78	90
2	$^nC_7H_{15}$	A	0.15	1	81	88
3	$^nC_7H_{15}$	B	0.15	1	61	92
4	^iPr	A	0.15	1	80	98
5	^cHex	A	0.15	1	76	74
6	^cHex	B	0.15	1	77	91
7	p-ClC$_6$H$_4$	A	0.30	5	69	89
8	p-MeOC$_6$H$_4$	A	0.15	18	82	81
9	p-MeC$_6$H$_4$	A	0.15	18	87	59
10	PhC≡C	A	0.15	8	95	70

a) Method A; Allylsilane was added to a solution of N-acylhydrazone, 2-methyl-2-butene, and **CS-1** in dichloromethane.
Method B; A solution of N-acylhydrazone in dichloromethane was added to a solution of allyltrichlorosilane, 2-methyl-2-butene, and **CS-1** in dichloromethane.

図 8　CS-1 を用いるベンゾイルヒドラゾンへの不斉アリル化反応

エナンチオ選択性の改善が見られた (Entries 3 and 6)。このような結果を与える要因は, 現段階では明らかではないが, Method A と B ではアリルトリクロロシランとキラルスルホキシドが混合する際の濃度が異なるので, これがより適した不斉環境を提供できるか否かに影響して

いる可能性がある。しかしながら Method B は，N-アシルヒドラゾンを塩化メチレン溶液として反応系に添加するために，基質の溶解性が問題となり，結晶性に優れた基質に関しては適用することができなかった。

2.5 光学活性ホモアリルアミンへの誘導および絶対立体配置の決定

得られた光学活性ホモアリルヒドラジドは，ヨウ化サマリウムを作用させることにより，容易に対応するホモアリルアミンへと誘導することができた。また，アリル化反応で得られた生成物の絶対立体配置は，文献既知のホモアリルアミン，あるいは，既知のホモアリルアルコールから誘導した化合物との比較によって決定した（図9）[14]。

さて，次に種々の N-アシルヒドラゾンへのエナンチオ選択的クロチル化反応における基質一般性の検討の結果を示した（図10）。脂肪族アルデヒド由来の N-アシルヒドラゾンを基質とした場合，比較的円滑に反応が進行し，(Z)-クロチルトリクロロシランからは anti 体が，(E)-クロチルトリクロロシランからは syn 体の生成物がそれぞれ高いジアステレオ選択性をもって得られ，またそれらのエナンチオ選択性も比較的良好であった（Entries 1-6）。しかしながら，芳香族アルデヒド由来の N-アシルヒドラゾンのクロチル化は，非常に進行しにくく，特に (E)-クロチルトリクロロシランを用いる検討において，生成物が全く得られなかった（Entry 8）。

以上のように，筆者らは N-アシルヒドラゾンに対するアリルトリクロロシランを用いるエナンチオ選択的なアリル化反応および，クロチル化反応の検討において，**CS-1** が有効に機能することを見出した。しかしながら，本反応系にはいくつかの問題点が残されている。すなわち，①

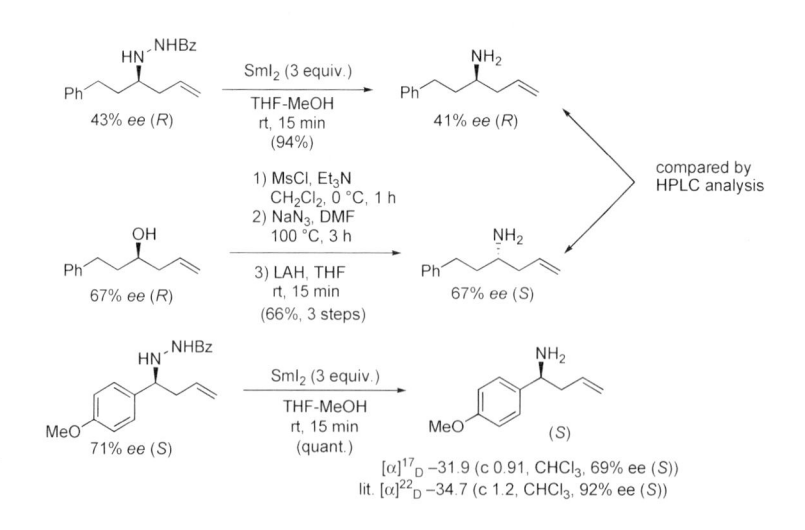

図9　絶対立体配置の決定

第5章　中性配位型有機触媒の開発

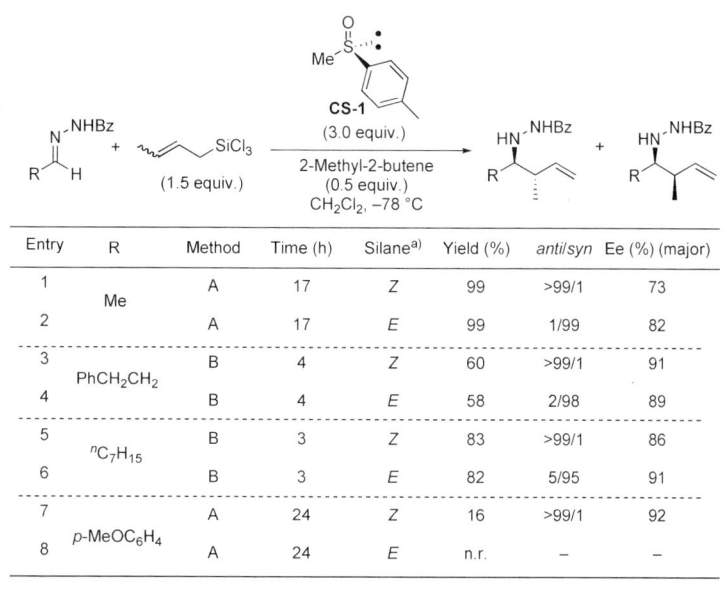

Entry	R	Method	Time (h)	Silane[a]	Yield (%)	anti/syn	Ee (%) (major)
1	Me	A	17	Z	99	>99/1	73
2	Me	A	17	E	99	1/99	82
3	PhCH$_2$CH$_2$	B	4	Z	60	>99/1	91
4	PhCH$_2$CH$_2$	B	4	E	58	2/98	89
5	^{n}C$_7$H$_{15}$	B	3	Z	83	>99/1	86
6	^{n}C$_7$H$_{15}$	B	3	E	82	5/95	91
7	p-MeOC$_6$H$_4$	A	24	Z	16	>99/1	92
8	p-MeOC$_6$H$_4$	A	24	E	n.r.	–	–

a) Z-Isomer (>99% Z) or E-isomer (98% E) was used.

図10　ベンゾイルヒドラゾンへの不斉クロチル化

不斉源であるCS-1を3当量必要とする点，②CS-1が酸性条件において不安定であるために酸の捕捉剤の添加が必須である点，③芳香族アルデヒド由来のN-アシルヒドラゾンに対するクロチル化反応が非常に進行しにくい点，である。これらの問題点を解決すべく，更なる詳細な検討を行った。

3　ホスフィンオキシドをNCOとするN-アシルヒドラゾンのアリル化反応の開発

スルホキシドをNCOとした際の問題点を解決し得る新たなNCOを用いる反応へと展開することにし，先のNCOの探索において良好な結果が得られていたホスフィンオキシドに着目した（図2）[15]。まず，種々のホスフィンオキシドを用いて，その構造と活性の比較を行った（図11）。

その結果，トリフェニルホスフィンオキシドが最も有力なNCOであることがわかったが（Entry 1），用いる基質によっては十分な収率で，生成物を得ることができなかった（Entries 7-9）。そこで次に，トリフェニルホスフィンオキシドの当量と収率の関係を詳細に調べた（図12）。

その結果，トリフェニルホスフィンオキシドの当量を0.5当量から3当量まで変化させたところ，収率は徐々に改善し，2当量と3当量ではほとんど差のない結果が得られてきた。以上の結果から，2分子のトリフェニルホスフィンオキシドあるいはそれ以上の分子がアリルトリクロロ

図11 ホスフィンオキシドの探索

Entry	R^1	R^2	Phosphine Oxide	Yield (%)
1		H	Ph$_3$P=O	72
2		H	^{n}Bu$_3$P=O	57
3	PhCH$_2$CH$_2$	H	Cy$_3$P=O	4
4		H	(o-Tol)$_3$P=O	5
5		Cl	Ph$_3$P=O	79
6		CF$_3$	Ph$_3$P=O	67
7		H	Ph$_3$P=O	3
8	Ph	H	^{n}Bu$_3$P=O	12
9		OMe	Ph$_3$P=O	24

シランの活性化に寄与していることが示唆された。なお，類似の反応であるアルデヒドへのアリルトリクロロシランを用いるアリル化反応において，Denmark らは2分子の NCO が反応の遷移状態に関与していると提唱している[5]。

以上の結果を参考に，1分子内に2つのP=Oユニットを有する化合物，すなわち，ビスホスフィンオキシドに着目し，まずメチレン鎖のスクリーニングを行った（図13）。

その結果，n = 3 の場合，すなわち 1,3-ジフェニルホスフィノプロパンジオキシド（DPPP Dioxide）を用いた場合に最も良好な結果を得ることができた。

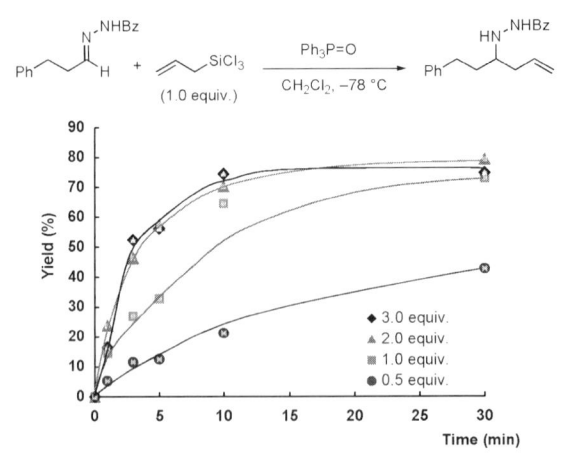

図12 ホスフィンオキシドの等量の変化による収率への影響

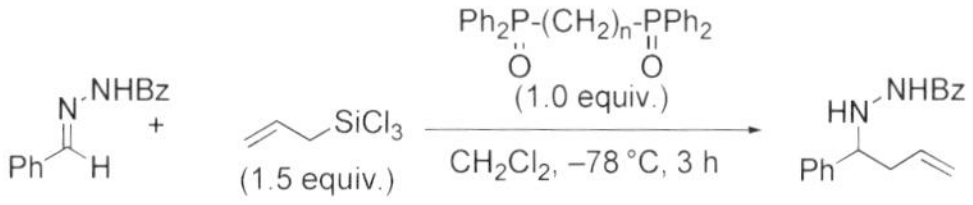

第 5 章 中性配位型有機触媒の開発

n	1	2	3	4	5	6	3[a]
Yield (%)	6	15	71	3	23	24	45

a) 50 mol% of phosphine oxide was used.

図 13 ビスホスフィンオキシドのアルキル鎖の効果

そこで，DPPP Dioxide を新たな NCO とする N-アシルヒドラゾンのアリル化反応の検討を行った（図 14）。比較のために DMSO を用いた場合の結果も記した。多くの基質に関し，反応は比較的円滑に進行し，クロチル化反応においては Z-トリクロロシランからは *anti* 体の生成物が，E-トリクロロシランからは *syn* 体の生成物が，それぞれ選択的に得られた。この立体特異性は DMF 溶媒を用いた場合の結果，および，スルホキシドを NCO として用いた場合の結果と同じであった。また，スルホキシドを用いる系では反応性の低かった，芳香族アルデヒド由来の N-アシルヒドラゾンに対するクロチル化反応においては，収率の改善が見られた（Entries 5 and 6）。さらに，シンナムアルデヒド由来の N-アシルヒドラゾンを基質とした場合，スルホキシドではアリル化反応さえ全く反応を促進できなかったのに対し，DPPP Dioxide を用いた場合は 90 % という高い収率をもって生成物を与えた（Entry 10）[16]。

また，ホスフィンオキシドは一般に酸性条件においても安定であり，本反応系では，酸の捕捉剤の添加は必要ないこともわかった。

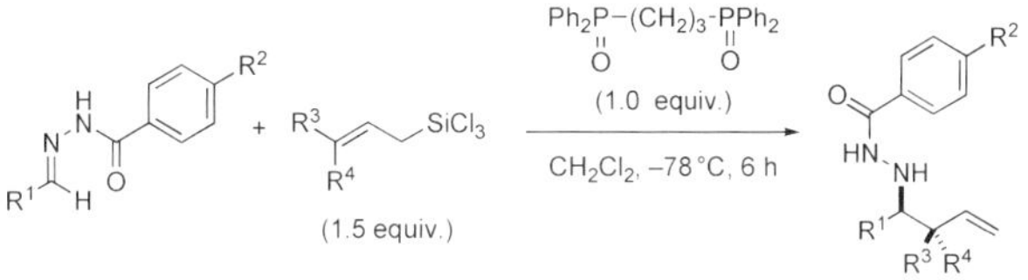

Entry	R^1	R^2	R^3	R^4	Yield (%)	syn/anti
1			H	H	quant.[a]	–
2	PhCH$_2$CH$_2$	H	Me	H	88	98/2
3			H	Me	quant.	<1/>99
4			H	H	87 (87)[b]	–
5	Ph	OMe	Me	H	16 (3)[b]	80/20
6			H	Me	60 (9)[b]	<1/>99
7			H	H	92	–
8	PhC≡C	H	Me	H	83	99/1
9			H	Me	55	15/85
10			H	H	90 (n.r.)[b]	–
11	(E)–PhCH=CH	H	Me	H	85	99/1
12			H	Me	23	15/85

a) For 1 h. b) DMSO was used as an NCO.

図 14 DPPP-Dioxide を用いるアシルヒドラゾンへのアリル化

4 キラル NCO を用いる効率的 α-アミノ酸誘導体合成法の開発

α-イミノエステルへのアリル化反応は，得られる生成物の様々な官能基変換が可能であるために，種々のα-アミノ酸誘導体を提供する有用な合成反応の一つである。しかしながら，エナンチオ選択的アリル化反応の成功例は極めて少ない。さらに，立体選択的なクロチル化反応の成功例はない。そこで筆者らは NCO を用いる反応系をさらに拡張するために，次なるステップとしてα-ヒドラゾノエステルとアリルトリクロロシランを用いる反応を選択し，キラル NCO による効率的な α-アミノ酸誘導体合成法の開発に着手した。

エチルグリオキシレート由来の N-ベンゾイルヒドラゾンを基質とし，**CS-1** を NCO とするエナンチオ選択的アリル化反応の検討を行ったところ，非常に低いエナンチオ選択性でしか生成物を得ることができなかった（図15, Entry 1）。本基質の場合，エステル部分のカルボニル基とベンゾイル基のカルボニル基がアリルトリクロロシランのケイ素原子に対して配位競合をしてしまい，不斉環境に悪影響を与えていることが考えられる。そこで，エステル部分のカルボニル基の配位を抑制することを目的に，立体的に配位が不利になることが予測される基質を用いて検討を行った（Entries 2 and 3）。

しかしながら，同程度のエナンチオ選択性でしか生成物を得ることができなかった。前述したように，すでに筆者らは **CS-1** を NCO として用いた場合，NCO の当量の変化が生成物のエナンチオ選択性に大きく反映されることを見出している。そこで，本反応系における **CS-1** の当量変化によるエナンチオ選択性の変化を観察すべく以下の検討を行った（図16）。

その結果，**CS-1** の当量を 0.2 当量から 3.0 当量まで変化させても，エナンチオ選択性にはほとんど影響がなく，いずれの検討においても，20 % ee 程度でしか生成物を得ることができなかっ

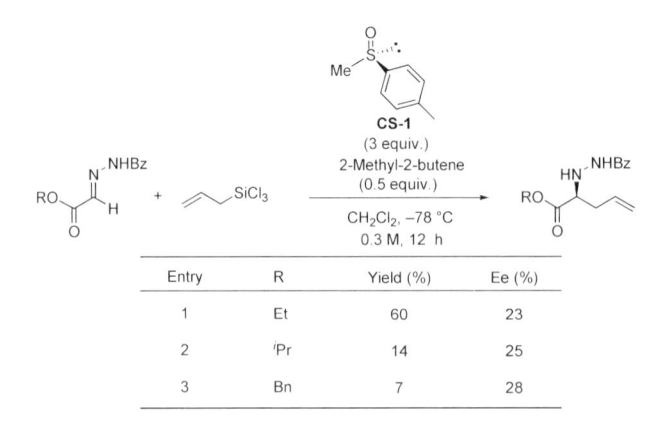

Entry	R	Yield (%)	Ee (%)
1	Et	60	23
2	^{i}Pr	14	25
3	Bn	7	28

図15 α-ヒドラゾノエステルへのアリル化（1）

第5章 中性配位型有機触媒の開発

た。そこで筆者らはこれらの結果からエチルグリオキシレート由来の N-ベンゾイルヒドラゾンを基質とした場合，CS-1 は適した不斉環境を構築できないと判断し，次なるキラル NCO として，骨格的に全く異なり，かつスルホキシドよりも安定な化合物である BINAP Dioxide を選択した。

まず種々の触媒量の BINAP Dioxide 誘導体を用いて検討を行った。その結果，(R)-p-Tol-BINAP Dioxide を用いた場合，0.05 当量であってもこれまでで最も良好な結果が得られた（図17, Entry 1）。そこで NCO の当量を増加したところ，0.5 当量を用いた検討において中程度の収率ながら 96 % ee という非常に高いエナンチオ選択性をもって生成物を得ることができた（Entry 4）。試料の供給を考慮し，以下の検討では (S)-BINAP Dioxide を用いることにする。

次に収率の改善を目指し，反応条件の最適化を行った（図18）。その結果，NCO の増量に伴い収率およびエナンチオ選択性ともに改善が見られた。前者に関しては NCO の当量に顕著に依存し，2.0 当量用いたときにほぼ反応が完結した。後者に関しては，NCO を 0.5 当量から 2.0 当量まで変化させても，ほぼ同程度の結果が得られた（Entries 5-9）。

そこで次に，最適条件下で基質一般性の検討を行った（図19）。その結果，アリル化だけでなくクロチル化（Entries 2 and 3），メタリル化（Entry 4）においても高い立体選択性をもって生成物を得ることができた。

さて，エチルグリオキシレート由来の N-アシルヒドラゾンへの E-クロチルトリクロロシランを用いるクロチル化反応によって得られた生成物は，(S)-BINAP-Dioxide をキラル NCO とした場合，比較的入手が困難である D-alloisoleucine の前駆体となる。従来の alloisoleucine の合成手法としては，大量合成の展開の可能な手法がいくつかあるが，実用面という観点では改善の

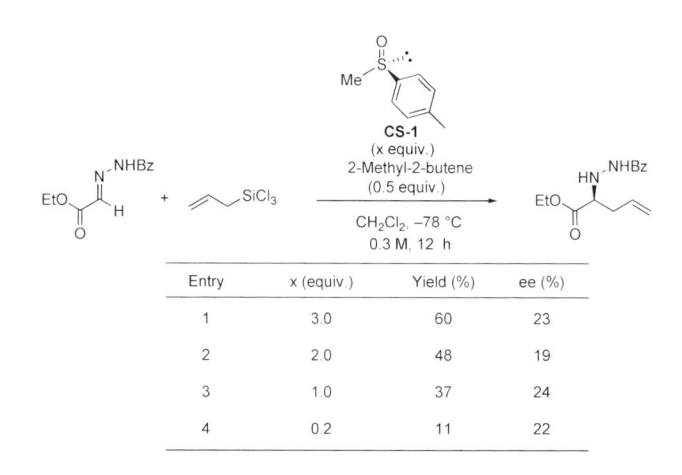

Entry	x (equiv.)	Yield (%)	ee (%)
1	3.0	60	23
2	2.0	48	19
3	1.0	37	24
4	0.2	11	22

図16　α-ヒドラゾノエステルへのアリル化 (2)

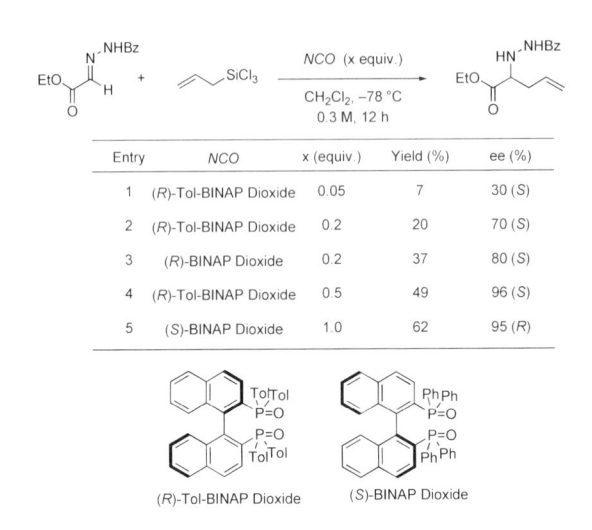

図17 光学活性中性配位型有機触媒の探索

Entry	NCO	x (equiv.)	Yield (%)	ee (%)
1	(R)-Tol-BINAP Dioxide	0.05	7	30 (S)
2	(R)-Tol-BINAP Dioxide	0.2	20	70 (S)
3	(R)-BINAP Dioxide	0.2	37	80 (S)
4	(R)-Tol-BINAP Dioxide	0.5	49	96 (S)
5	(S)-BINAP Dioxide	1.0	62	95 (R)

図18 反応条件の最適化

Entry	x	Conc. (M)	Yield (%)	ee (%)
1	none	0.30	trace	–
2	0.2	0.30	11	56
4	0.4	0.30	38	69
5[a]	0.5	0.30	49	−95
6	1.0	0.30	62	96
7	1.0	0.15	72	95
8	1.5	0.15	75	97
9	2.0	0.15	91	98

[a] (R)-p-Tol-BINAP Dioxide was used.

必要がある[17]。そこで，本反応系が実用的な α-アミノ酸誘導体合成手法であることを示すために，以下の合成計画を立てた（図20）。

まず，アリル基の還元反応の検討を種々のパラジウム触媒を用いて行った（図21）。その結果，通常のパラジウム／炭素を用いた場合，原料は消失するが収率が中程度に留まってしまった（Entries 1 and 2）。この原因として，用いる原料と生成する還元体のどちらもヒドラジド基を有しているために，パラジウム／炭素への吸着が起こったことが考えられる。そこで，ごく最近当研究室において開発された新しいタイプのパラジウム触媒である Polymer-Incarcerated Pd

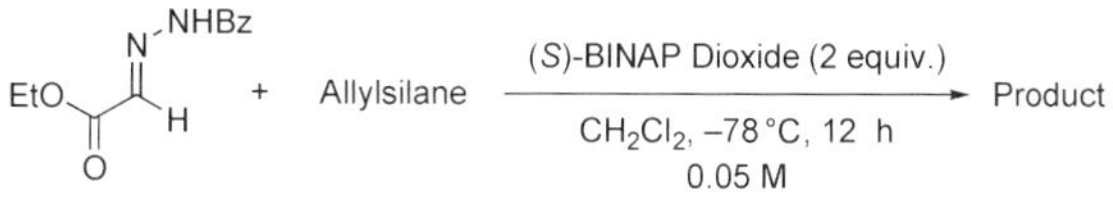

第5章　中性配位型有機触媒の開発

Entry	Allylsilane (1.5 equiv.)	Product	Yield (%)	syn/anti	Ee (%)
1	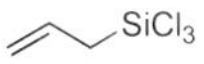 allyl-SiCl$_3$	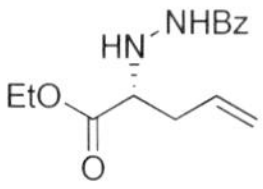	91	–	98
2	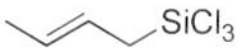 crotyl(E)-SiCl$_3$	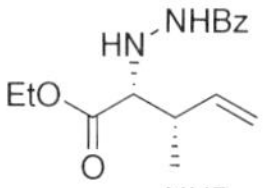	92	98/2	>99
3	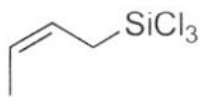 crotyl(Z)-SiCl$_3$	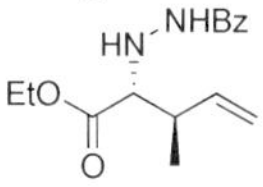	96	<1/>99	96
4	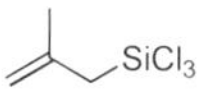 methallyl-SiCl$_3$	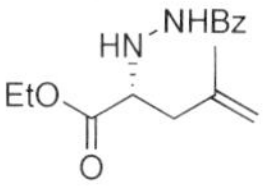	67 (83)[a]	–	93 (94)[a]
5[b]	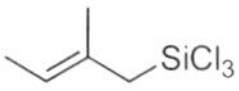	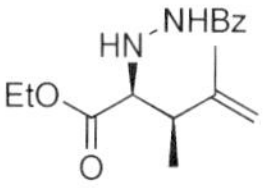	80	98/2	96
6[b]	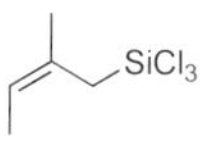	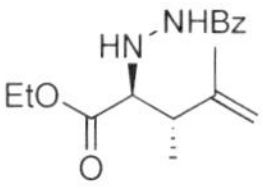	80	<1/>99	81
7[b]	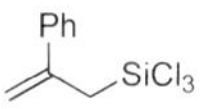 Ph-substituted-SiCl$_3$	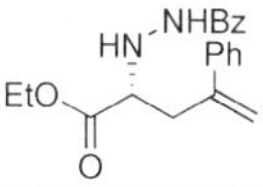	50	–	95

[a] Reaction for 6 h.　[b] (R)-p-Tol-BINAP dioxide was used.

図19　基質一般性の検討

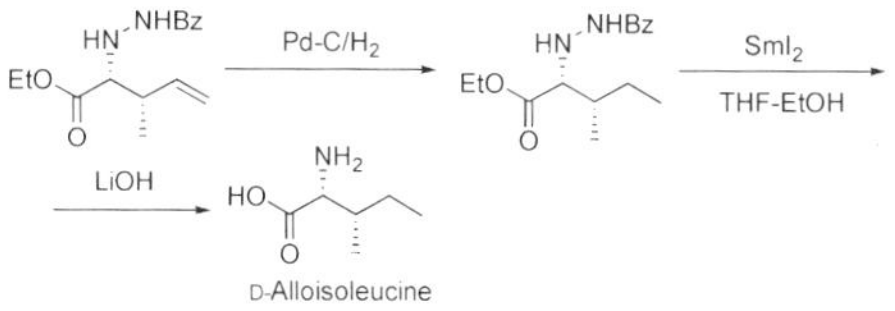

図20　D-Alloisoleucine 合成ルート

(PI-Pd) を用いて検討を行った (Entries 4, 5 and 6)[18]。その結果, パラジウム／炭素を用いた場合と比較し, 若干ではあるが収率の改善が見られた。一般にパラジウム／炭素を水素還元の触媒とする場合, 特に大量スケールの検討においては, 触媒の生成物への混入が問題となる場合がある。そこで, 本反応では PI-Pd を最適触媒とすることにした。

図21 水素添加の検討

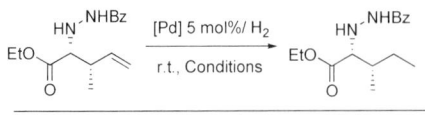

Entry	[Pd]	Conditions	Yield (%)
1	Pd-C (10%)	AcOEt, 12 h	69
2	Pd-C (10%)	AcOEt, HCl, 12 h	messy[c]
3	Pd-C (10%)	EtOH, 12 h	52
4[a]	PI-Pd (normal)	EtOH, 12 h	63 (48)
5[a]	PI-Pd (normal)	EtOH, 168 h	84
6[b]	PI-Pd (reversed)	EtOH, 12 h	70

a) 0.668-0.707 mmol/g
b) 0.399 mmol/g
c) The reaction system turned to be very complicated.

続いて，窒素—窒素結合の切断を行った。常法に従い，ヨウ化サマリウムを用いて検討を行い，引き続き加水分解反応を直接行った（図22）。

その結果，比較的良好な収率をもって生成物が得られた。標品のNMRと比旋光度との比較により，生成物の絶対立体配置は$2R$, $3S$であり，この結果から，エチルグリオキシレート由来のN-アシルヒドラゾンへのE-クロチルトリクロロシランを用いるクロチル化反応によって得られた生成物の相対立体配置は，予想通りsynであることが分かった。以上のように，キラルNCOを用いるα-ヒドラゾノエステルへのエナンチオ選択的アリル化反応は，効率的なα-アミノ酸合成法を提供するものであることを明らかにした[19]。

図22 D-alloisoleucineへの誘導

第5章　中性配位型有機触媒の開発

5　結び

　中性配位型有機触媒を用いるC＝Nへの付加反応を中心とする合成反応について概説した。中性配位型有機触媒は通常，溶媒としても用いることができる不活性な化合物であるが，ある種の求核剤に特異的に配位し，極めて高い触媒活性を示す。従って，多くの官能基を有する化合物や酸，塩基にセンシティブな化合物の官能基変換に有効である。今後，適用できる求核剤の開発，触媒的不斉合成反応への展開が期待される。

文　　　献

1) Kobayashi, S., Ishitani, H. *Chem. Rev.*, **99**, 1069（1999）
2) Sugiura, M., Kobayashi, S. *Angew. Chem. Int. Ed.*, **44**, 5176（2005）
3) a) Kobayashi, S., Hirabayashi, R. *J. Am. Chem. Soc.*, **121**, 6942（1999）；
   b) Hirabayashi, R., Ogawa, C., Sugiura, M., Kobayashi, S. *J. Am. Chem. Soc.*, **123**, 9493（2001）
4) Kobayashi, S., Nishio, K. *J. Org. Chem.*, **59**, 6620（1994）
5) HMPA誘導体：a) Denmark, S. E., Fu, J. *J. Am. Chem. Soc.*, **122**, 12021（2000）；
   b) Denmark, S. E., Fu, J. *J. Am. Chem. Soc.*, **123**, 9488（2001）
6) ホルムアミド誘導体：Iseki, K., Mizuno, S., Kuroki, Y., Kobayashi, Y. *Tetrahedron*, **55**, 997（1999）
7) ピリジン *N*-オキシド誘導体：a) Nakajima, M., Saito M., Shiro, M., Hashimoto, S. *J. Am. Chem. Soc.*, **120**, 6419（1998）； b) Shimada, T., Kina, A., Ikeda, S., Hayashi, T. *Org. Lett.*, **124**, 2477（2002）； c) Malcov, A. V., Ornishi, M., Pernazza, D., Muir, K. W., Langer, V., Meghani, P., Kocovsky, P. *Org. Lett.*, **4**, 1047（2002）； d) Malcov, A. V., Mark, Bell., Ornishi, M., Pernazza, D., Massa, A., Herrmann, P., V., Meghani, P., Kocovsky, P. *J. Org. Chem.*, **68**, 9659（2003）；
   e) Malcov, A. V., Dufokcova, D., Farrugia, L., Kocovsky, P. *Angew. Chem. Int. Ed.*, **42**, 3674（2003）； f) Malcov, A. V., Bell, M., Vassieu, M., Bugatti, V., Kocovsky, P. *J. Mol. Catal. A*, **196**, 179（2003）
8) アルデヒドへのアリル化に関する総説：a) Denmark, S. E., Fu, J. *Chem. Rev.*, **103**, 2763（2003）； b) Dilman, A. D., Loffe, S. L. *Chem. Rev.*, **103**. 733（2003）；
   c) Kennedy, J. W. J., Hall, D. G. *Angew. Chem. Int. Ed.*, **42**, 4732（2003）
9) a) Kira, M., Kobayashi, M., Sakurai, H. *Tetrahedron Lett.*, **28**, 4081（1987）；
   b) Kira, M., Sato, K., Sakurai, H. *J. Am. Chem. Soc.*, **110**, 4599（1988）； c) Sato, K., Kira, M., Sakurai, H. *J. Am. Chem. Soc.*, **111**, 6429（1989）； d) Sakurai, H. *Synlett*,

1 (1989) ; e) Kira, M., Sato, K., Sakurai, H. *J. Am. Chem. Soc.*, **112**, 257 (1990) ; f) Sakurai, H., Kira, M., Ochiai, M. *Chem. Lett.*, 87 (1972)

10) Kobayashi, S., Ogawa, C., Konishi, H., Sugiura, M. *J. Am. Chem. Soc.*, **125**, 9493 (2003)

11) a) Hiroi, K. *J. Synth. Org. Chem. Jpn.*, **60**, 646 (2002) ; b) Hiroi, K., Suzuki, Y., Kawgishi, R. *Tetrahedron Lett.*, **40**, 715 (1999)

12) a) Fernandez, I., Khiar, N., Roca, A., Benabra, A., Alcudia, A., Espartero. J. F., Alcudia, F. *Tetrahedron Lett.*, **40**, 2029 (1999) ; b) Solladié, G., Hutt, J., Girardin, A. *Synthesis*, 173 (1987)

13) a) Mislow, K., Simmons, T., Mellilo, J.T., Ternay, A. L. Jr. *J. Am. Chem. Soc.*, **86**, 1452 (1964) ; b) Modena, G., Quintily. U., Scorrano, G. *J. Am. Chem. Soc.*, **94**, 202 (1972)

14) a) (R)-1-phenylhex-5-en-3-ol was prepared according to the literature procedure, see: Zhang, L. C., Sakurai, H., Kira, M. *Chem. Lett.*, 129 (1997) ; The HPLC conditions and the assignment of the absolute configuration of the alcohol, see: Kinnaird, J. W. A., Ng, P. Y., Kubota, K., Wang, X., Leighton, J. L. *J. Am. Chem. Soc.*, **124**, 7920 (2002) ; b) Chen, G-M., Ramachandran, P. V., Brown, H. C. *Angew. Chem. Int. Ed.*, **38**, 825 (1999)

15) Short, J. D., Attenoux, S., Berrisford, D. J. *Tetrahedron Lett.*, **38**, 2351 (1997)

16) Ogawa, C., Konishi, H,, Sugiura, M., Kobayashi, S. *Org. Biomol. Chem.*, **4**, 446 (2004)

17) a) Oppolzer, W., Tamura, O. *Tetrahedron Lett.*, **31**, 991 (1990) ; b) Bakke, M., Ohta, H., Kazmaier, U., Sugai, T. *Synthesis*, **9**, 1671 (1999) ; c) Portonovo, P., Liang, B., Joullie, M. *Tetrahedron Asym.*, **10**, 1451 (1999) ; d) Wang, X., Xu, M., Chen, J., Pan, Y., Shi, Y. *Synth. Commun.*, **30**, 2253 (2000) ; e) Oppolzer, W., Pedrosa, R., Moretti, R. *Tetrahedron Lett.*, **27**, 831 (1986) ; f) Oppolzer, W., Tamura, O., Deeberg, J. *Helv. Chim. Acta*, **75**, 1965 (1992) ; g) L-William, P., Monerris, P., Gonzalez, I., Jou, G., Giralt. E. *J. Chem. Soc., Perkin Trans. 1*, 1969 (1994) ; h) Noda, H., Sakai, K., Murakami, H. *Tetrahedron Asym.*, **13**, 2649 (2002)

18) Akiyama, R., Kobayashi, S. *J. Am. Chem. Soc.*, **125**, 3412 (2003)

19) Ogawa, C., Sugiura, M., Kobayashi, S. *Angew. Chem. Int. Ed.*, **43**, 6491 (2004)

第6章　N-オキシド・ホスフィンオキシドを触媒とする不斉合成反応

中島　誠[*]

1　はじめに

「塩基」は「酸」と並ぶ代表的な活性化剤であることから，不斉塩基を触媒とする反応例は枚挙に暇がない。しかしそこに登場する塩基触媒のほとんどは，プロトンを引き抜く「Brønsted塩基」として機能するアミンや金属アルコキシドであった。ところが最近，「Lewis塩基」としての機能を期待した，触媒の求核性を活かした塩基触媒反応が注目されている。ピリジン N-オキシドやホスフィンオキシドは，非プロトン性極性溶媒としてよく用いられる DMF，DMSO，HMPA と同様に，酸素原子とそれに隣接する原子との結合の分極に由来する高い求核性を持つため，トリクロロケイ素化合物のケイ素原子を求核攻撃して高活性な高配位シリカートを与える（図1）。こうした高配位シリカートを中間体とする Lewis 塩基触媒反応は，類似の化学変換を促すルイス酸触媒反応とは異なる特徴を持つことから，近年注目を浴びている[1]。本稿では，筆者の研究室で行われた N-オキシドおよびホスフィンオキシドを触媒とする反応を中心に，これらの Lewis 塩基を触媒とした不斉合成反応の進展について述べる。

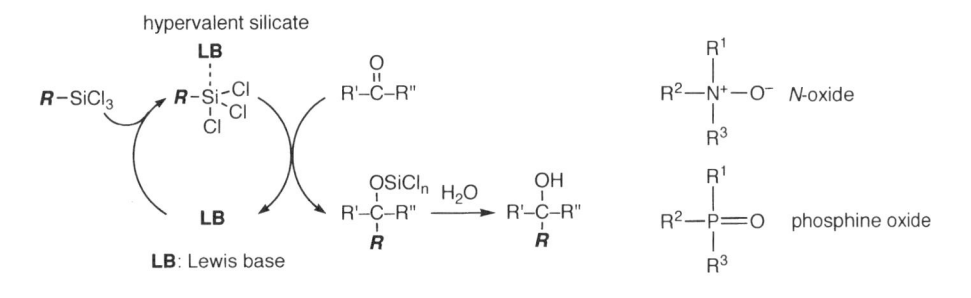

図1　高配位シリカートの生成とその典型的な反応様式

---

[*]　Makoto Nakajima　熊本大学　大学院医学薬学研究部　教授

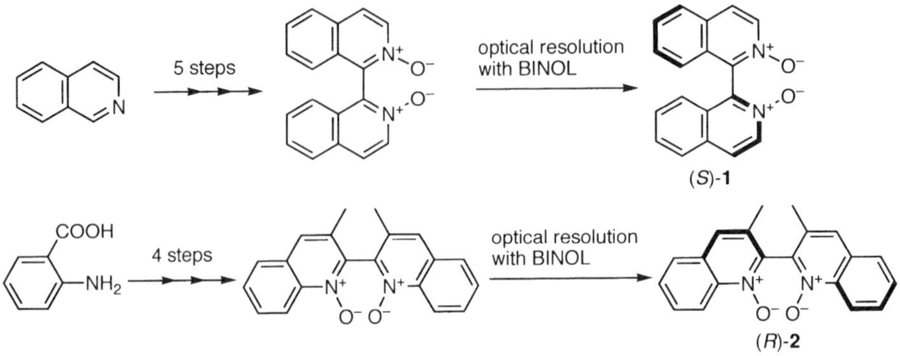

図2　新規軸不斉 N-オキシドの合成

2　N-オキシドを触媒とする不斉反応

　第三級アミンの酸化体である N-オキシドは，前世紀から知られている歴史の古い化合物であり，複素環化学におけるその変換反応の有用性は，落合らを始めとする多くの日本の有機化学者により提示されている[2]。しかし，それ以外の N-オキシドの用途は，四酸化オスミウムを触媒とするジヒドロキシル化や，コバルトカルボニル錯体の分解等における酸化剤に限られていた。
　われわれは，レニウム錯体を触媒とするエポキシ化反応の開発研究において，ピリジン N-オキシドがその配位子として機能することを偶然見出したことから[3]，配位子としての N-オキシド化合物に興味を抱いた。N-オキシドは，Brønsted 塩基性が低く（ピリジン N-オキシド誘導体の共役酸の pK_a はおよそ1），一般に中性化合物に分類されるが，高い求核性をもつことから，求核触媒としての可能性を秘めていた[4]。事実，ニコチンジオキシドを触媒とするキサンテートの不斉転位反応が一例報告されている[5]。
　われわれは，N-オキシドを触媒とした不斉反応を開発すべく，不斉配位子の基本骨格として高い評価を受けている軸不斉ビナフチル骨格に N-オキシドを組み込んだ 1 および 2 を設計した（図2）。軸不斉 N-オキシド化合物の合成は文献上ほとんど例がなく，光学活性体の合成は容易ではなかったが，ビナフトールとの水素結合錯体を用いた光学分割[6]を経て合成することができた。これらの化合物は，酸塩基条件下，光学的に安定な化合物であり，吸湿性もない取り扱い容易な化合物である[7]。

2.1　アリルトリクロロシランによるアルデヒドの不斉アリル化反応

　小林らは，アリルトリクロロシランによるアルデヒドのアリル化反応が，DMF や HMPA などの Lewis 塩基を反応剤として進行することを見出した（式(1)）[8]。本反応は，Lewis 塩基がケ

第6章 N-オキシド・ホスフィンオキシドを触媒とする不斉合成反応

$$R^1CHO + \underset{R^2}{\overset{R^3}{\diagup}}SiCl_3 \xrightarrow{\textbf{LB}} \left[\begin{array}{c} R^2 \underset{R^1}{\overset{R^3}{\diagdown}} \\ H \end{array} \underset{\textbf{LB}}{\overset{O\cdots}{\diagdown}} SiCl_n \right] \longrightarrow \underset{R^2}{\overset{OH}{\underset{R^3}{\diagdown}}} R^1 \quad (1)$$

LB: Lewis base

イ素を攻撃して生成する高配位シリカートを含む6員環いす型遷移状態を経由するため，E-体の原料からは anti-体，Z-体からは syn-体というように，アリル化剤の幾何異性を反映した立体化学を持つ生成物を与える。これが Lewis 酸を触媒とするアリル金属試薬によるアリル化反応と異なる有用な特徴である。これを契機に，Denmark ら[9]，伊関ら[10]はキラルなホスホロアミド触媒とした不斉アリル化反応の検討を行ったが，その反応性は低く，高い選択性が得られる低温下では，反応完結には長時間を要した。

筆者らは，アミン N-オキシドの高い求核性に着目して，ベンズアルデヒドとアリルトリクロロシランの反応の検討を開始したところ，イソキノリン N-オキシドが本反応の触媒となることを見出し（表1，エントリー1），さらにキラルなジオキシド **1** や **2** を用いることにより，反応速度が増すとともに，中程度の不斉誘起が観測されることを見出した（エントリー2，3）。しかし，ホスホロアミドを用いた Denmark や伊関らの反応例に違わず，その反応性は低く，高い選択性を得るために反応温度を $-78\,^\circ\mathrm{C}$ に低下させた場合，触媒は 100 モル％を用いても反応完結に1日を要した（エントリー4）。そこで反応を加速すべく種々の添加剤を検討した結果，ジイソプロピルエチルアミンを添加すると反応が著しく加速され，10 モル％の触媒を用いても $-78\,^\circ\mathrm{C}$ にて進行し，高いエナンチオ選択性で目的物が得られることがわかった（エントリー9）。なお，

表1 N-オキシドを触媒とするベンズアルデヒドの不斉アリル化反応

entry	catalyst (mol %)	additive	conditions	yield, %	ee, %
1	IQNO (20)	none	rt, 12 h	72	-
2	(S)-**1** (10)	none	rt, 2 h	82	52
3	(S)-**2** (10)	none	rt, 2 h	90	71
4	(S)-**2** (100)	none	-78 °C, 24 h	91	88
5	(S)-**2** (10)	^{i}Pr$_2$NEt	rt, 5 min	90	71
6	(S)-**2** (10)	2,6-lutidine	rt, 10 min	87	69
7	(S)-**2** (10)	Et$_3$N	rt, 2 h	86	65
8	(S)-**2** (10)	pyridine	rt, 6 h	64	65
9	(S)-**2** (10)	^{i}Pr$_2$NEt	-78 °C, 6 h	88	88

IQNO: isoquinoline N-oxide

表2 N-オキシドを触媒とする各種アルデヒドの不斉アリル化反応

$$RCHO + \text{allyl-SiCl}_3 \xrightarrow[^{i}Pr_2NEt~(5.0~eq),~CH_2Cl_2,~-78°C,~6~h]{(S)\text{-}\mathbf{2}~(10~mol~\%)} R\text{-}CH(OH)\text{-}CH_2\text{-}CH=CH_2$$

entry	R	yield, %	ee, %
1	Ph	85	88
2	2-MeC$_6$H$_4$	69	89
3	4-MeOC$_6$H$_4$	91	92
4	3,4,5-(MeO)$_3$C$_6$H$_2$	77	87
5	4-CF$_3$C$_6$H$_4$	63	71
6	1-Naphthyl	68	88
7	(E)-PhCH=CH	87	80
8	(E)-C$_7$H$_{15}$CH=CH	74	81
9	^{c}Hex	27	28

ルチジンのように嵩高いアミンの添加は反応を加速したが（エントリー6），トリエチルアミンやピリジンには加速効果はなかった（エントリー7, 8）。

ジイソプロピルエチルアミンを添加した同条件下での各種アルデヒドの不斉付加反応の結果を表2に示す。残念ながら非共役アルデヒドでは化学収率，不斉収率とも満足のいくものではなかったが（エントリー9），芳香族アルデヒドおよび共役アルデヒドを基質とすると高い不斉収率が得られた（エントリー1-8）。特に4-メトキシベンズアルデヒドの場合，その不斉収率は92% ee に達し（エントリー3），Lewis塩基を触媒とするアリル化反応として当時の最高水準のエナンチオ選択性を記録した[11]。

各種置換様式を持つアリル化剤の反応結果を表3に示す。ケイ素β位に置換基を持つ場合は不斉収率が低下するものの（エントリー4），その他の場合には良好な不斉収率で対応する付加体が得られた。E-クロチルトリクロロシランからanti-付加体が，またZ-クロチルトリクロロシラ

表3 N-オキシドを触媒とする各種アリルシランの不斉アリル化反応

entry	R^1	R^2	R^3	E : Z	yield, %	anti : syn	ee, %
1	Me	H	H	97 : 3	68	97 : 3	86
2	H	Me	H	1 : 99	64	1 : 99	84
3	Me	Me	H	-	52	-	78
4	H	H	Me	-	70	-	49

第6章　N-オキシド・ホスフィンオキシドを触媒とする不斉合成反応

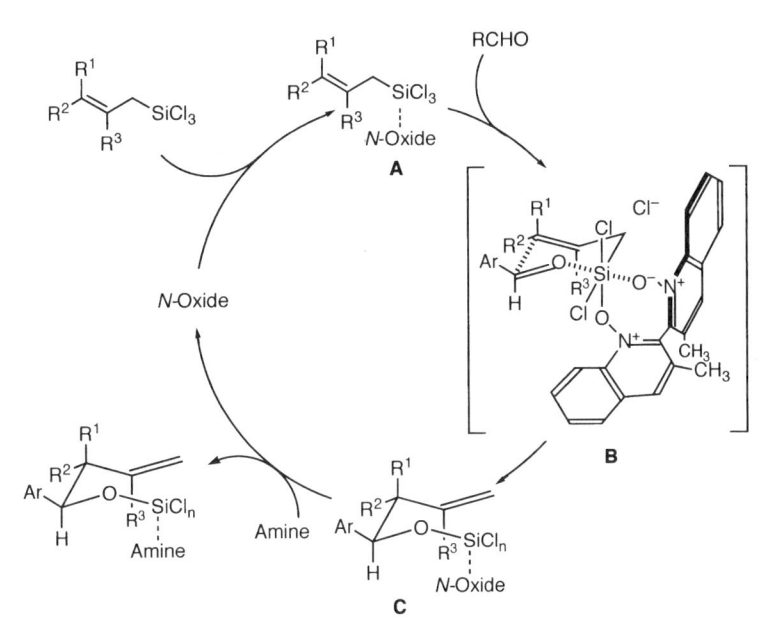

図3　想定されるアリル化反応の機構

ンから syn-付加体が立体特異的に得られた（エントリー1，2）。これは Lewis 塩基を触媒とするアリル化反応の特徴であり，本反応が6員環いす型遷移状態を経て進行することを強く示唆している。

アリルトリクロロシランは湿気により一部分解して塩化水素を発生する可能性がある。アミンの添加は，当初その酸の中和を目的としたものであったが，あらためてアミンによる反応加速の機構を解明するために，反応の各段階をサンプリングして ^{1}H-NMR 測定を行った。すると，アミン非存在下で観測される反応溶液中の N-オキシド 2 のシグナルパターンが，アミンの添加により，ケイ素への配位前のシグナルパターンに戻ることが分かった。これは，図3のように考えると説明できる。まず，アリルシランと N-オキシドがシリカート錯体 A を形成する。塩化物イオンが脱離し6員環いす型遷移状態 B を経て生成したシリルエーテル C のケイ素に結合したままの N-オキシドを，アミンが配位子交換により解離させ，N-オキシドを再生させることにより触媒サイクルが成立する。立体障害の小さなアミンの添加による反応加速が観測されなかったのは，これらのアミンのケイ素への強い配位が，N-オキシドのシリカート錯体の生成を阻害したためと考えられる。

本反応は，キラルな N-オキシドを触媒とした不斉合成の初めての成功例であり，有機合成化学における N-オキシドの触媒としての有用性を提示したものである。その後，類似の化合物を用いてアリル化反応における反応性や選択性の向上の検討が多くの研究者により行われた[12〜14]。

図4 不斉アリル化反応に用いられるその他のN-オキシド

その代表例を図4に示す。林らは軸不斉N-オキシドの効率的な合成法を開発してN-オキシド誘導体のスクリーニングを行い，3を触媒とした場合，わずか0.01 mol％の添加でも良好な結果が得られることを見出した[12]。また，MalkovおよびKočovskýらは，テルペン由来の4および一連のN-オキシド化合物を合成して不斉アリル化反応を行い，高いエナンチオ選択性を獲得したとともに，立体反応経路解明に向けて多くの知見を提供した[13]。その他，トリオキシド5や脂肪族オキシド6等，様々なN-オキシドが設計・合成されている[14]。

2.2 ワンポット法による不斉アリル化関連反応

上記反応におけるアリルトリクロロシランは，対応する塩化アリルから合成し，蒸留精製して用いていた。ところがアリルトリクロロシランは，水と容易に反応して重合体と塩化水素を生成するため，場合によって蒸留は容易でないこともあった。そこでわれわれは，塩化アリルからアリルトリクロロシラン調製後，これを単離することなく，溶媒変換の後，そのまま同じ容器にN-オキシドとアルデヒドを加えてワンポットでアリル化反応を行っても，化学収率，不斉収率に遜色はないことを見出した[15]。本法は，特にアリルトリクロロシラン誘導体が熱や酸に不安定な場合にその威力を発揮する。

以下にその一例を挙げる。小林らはプロパルギルおよびアレニルトリクロロシランを塩化プロパルギルから作り分け，そこにワンポットでアルデヒドと反応させてそれぞれホモアレニルおよ

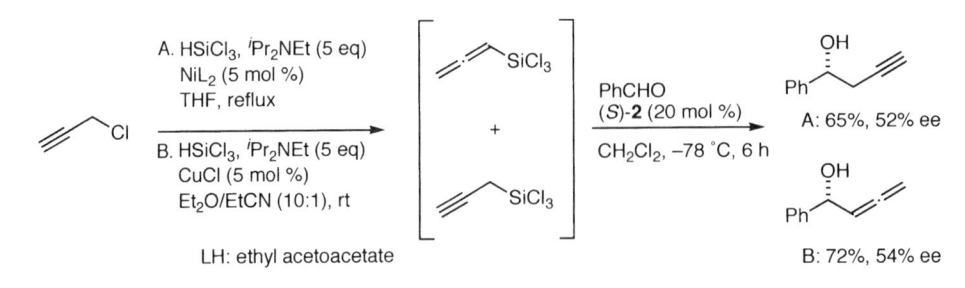

図5 ワンポット法による不斉プロパルギル化およびアレニル化反応

第6章　N-オキシド・ホスフィンオキシドを触媒とする不斉合成反応

びホモプロパルギルアルコールを合成する方法を開発しているが[16]，中間体であるトリクロロシランは蒸留すると平衡混合物になってしまうため，これらを別々に単離するのは困難である。そこで小林らの条件で作り分けたプロパルギルおよびアレニルトリクロロシランの溶液にアルデヒドとN-オキシド 2 を加えると，収率・選択性にまだ改善の余地を残すものの，それぞれ光学活性ホモアレニルおよびホモプロパルギルアルコールが選択的に得られた（図5）[17]。これはアレニルトリクロロシランの不斉付加反応の初めての例である。

2.3　四塩化ケイ素を用いた meso-エポキシドの不斉開環反応

アリル化反応と同条件で，アルデヒドの代わりにエポキシドを用いると，塩化物イオンがエポキシドを攻撃してクロロヒドリンが得られた。これはまさしく，先のアリル化反応の機構においてN-オキシドがケイ素に配位することにより塩化物イオンが脱離していることを裏付けるものであるが，得られたクロロヒドリンの不斉収率は低いものであった。同じ時期，Denmark らは塩化物イオン源として四塩化ケイ素を用いて，キラルな HMPA 誘導体を触媒とすると良好な不斉収率でクロロヒドリンが得られることを報告した[18]。さらに，Fu らは面不斉な N-オキシドを用いて高い選択性を得ている[19]。両者とも単座配位の触媒を用いていたため，機構的な興味から，われわれも四塩化ケイ素を用いて検討を開始した。

本反応ではビキノリンジオキシド 2 ではなくビイソキノリンジオキシド 1 が良好な結果を与え，cis-スチルベンオキシドを基質とした場合，その不斉収率は 90 % ee に達した（表4，エントリー1）[20]。また，ブテンジオールオキシド誘導体を基質とした場合は，選択性はやや下がるものの，それまでの Lewis 塩基触媒開環反応より良好な結果が得られた（エントリー 2，3）。また，モノオキシド 7 や 8 では反応はほとんど進行しなかったことから，二つのオキシド酸素の配位が重要であることが分かるが，機構の詳細は不明である。

表4　N-オキシドを触媒とした meso-エポキシドの不斉開環反応

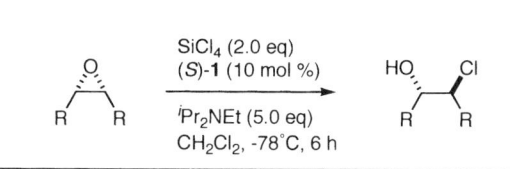

entry	R	yield, %	ee, %
1	Ph	95	90
2	CH_2OCH_2Ph	98	74
3	$CH_2O(CH_2)_3Ph$	95	70

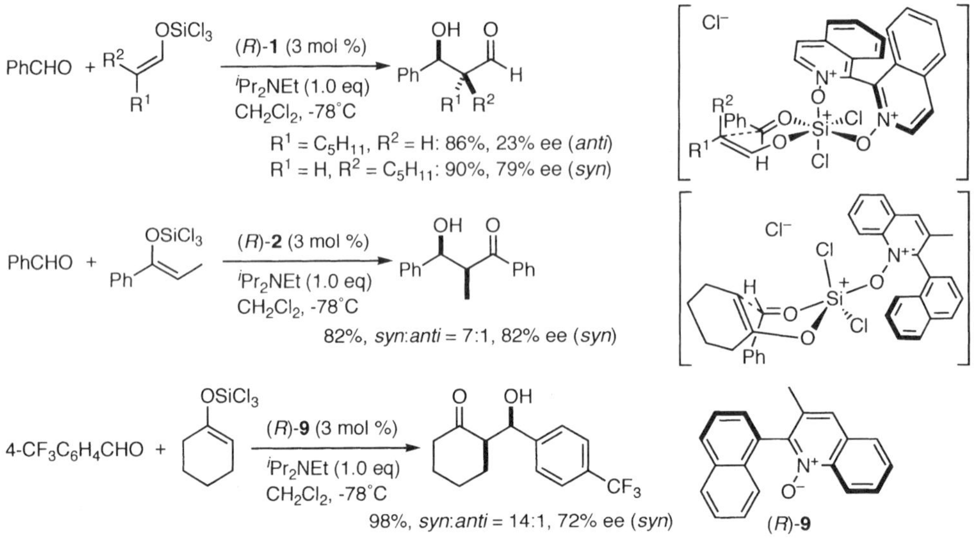

図6 N-オキシドを触媒とするトリクロロシリルエノールエーテルの不斉アルドール反応

2.4 トリクロロシリルエノールエーテルの不斉アルドール反応

アリルトリクロロシランのメチレン基を酸素原子に置き換えたトリクロロシリルエノールエーテルは，同様の機構でアルドール反応を起こすと考えられる。Denmark らはキラルなホスホロアミドを用いたトリクロロシリルエノールエーテルのアルドール反応を精力的に展開している[21]。われわれも N-オキシド 1 や 2 を用いて検討を行ったところ，anti-体の不斉収率は悪いものの，E-体からは anti-体が，Z-体からは syn-体が立体特異的に得られた（図6）。Lewis 酸触媒のアルドール反応では実現できないこのジアステレオ選択性は，上記のアリル化反応同様，6員環いす型遷移状態を経て進行すると考えることにより説明できる。しかしシクロヘキサノンから誘導したトリクロロシリルエノールエーテルを用いた場合，ジアステレオ選択性は，N-オキシドの構造により大きく変化した[22]。同様の現象は，ホスホロアミドを用いた Denmark らも観察しており，彼らの説明に従えば，ジオキシドを用いると6配位シリカートを経由して anti-体が得られるのに対し，嵩高いモノオキシド 9 を用いると5配位シリカートを経由して syn-体が得られたと考えることができる。

3　ホスフィンオキシドを触媒とする不斉反応

ホスフィンオキシドは，低い Brønsted 塩基性と高い求核性をもつ化合物であり，N-オキシドと類似の反応性が期待されるが，それを触媒とする反応例の報告はなかった。しかしキラルな

第6章 N-オキシド・ホスフィンオキシドを触媒とする不斉合成反応

ホスフィンオキシド化合物は，キラルなホスフィン配位子の合成中間体であることから，既知化合物が多く，様々なタイプのキラルホスフィンオキシドが入手可能である。そこでまず，最も一般的な不斉リン配位子である BINAP の前駆体である BINAPO (**10**) の触媒としての可能性を探った。

3.1 アリルトリクロロシランによるアルデヒドの不斉アリル化反応

ホスフィンオキシドは，求核性が N-オキシドより若干低いため，類似の反応系における触媒としての反応性が N-オキシドより低いことが危惧された。事実，N-オキシドを用いれば室温5分で終了するベンズアルデヒドのアリル化反応は，同様の条件下で BINAPO (**10**) を用いると，反応完結に丸一日を要した。そこでさらなる添加剤の検討を行ったところ，ジイソプロピルエチルアミンに加えヨウ化テトラブチルアンモニウム (1.2 当量) を添加することにより，10 モル％の BINAPO (**10**) で反応を進行させることに成功した (表5，エントリー1)[23]。なお，同時期に小林らは化学量論量の BINAPO (**10**) を用いたイミンの不斉アリル化に成功している[24]。

各種アリル化剤を用いた結果を表5に示す。予想通り，E-体からは *anti*-体が (エントリー2)，Z-体からは *syn*-体が得られたが，*syn*-体は不斉収率は極端に低下した (エントリー3)。一方，これまでの Lewis 塩基触媒では選択性が悪かったメタリル置換体で最もよい選択性が得られること (エントリー4) が本反応の特徴である。そこで各種アルデヒドのメタリル化反応を検討したところ，ベンズアルデヒド誘導体ではどれもほぼ同様選択性が得られ，最もよい結果を与えたジメチルベンズアルデヒドの反応を −23℃ で行うと，79 % ee で目的物が得られた (エントリー9)。

表5 ホスフィンオキシドを触媒とする不斉アリル化反応

entry	R^1	R^2	R^3	R^4	E : Z	conditions	yield, %	*anti* : *syn*	ee, %
1	Ph	H	H	H	-	rt, 4 h	92	-	43
2	Ph	Me	H	H	97 : 3	rt, 4 h	87	97 : 3	46
3	Ph	H	Me	H	23 : 77	rt, 2 h	92	22 : 77	4
4	Ph	Me	Me	H	-	rt, 4 h	63	-	4
5	Ph	H	H	Me	-	rt, 1 h	73	-	66
6	4-ClC$_6$H$_4$	H	H	Me	-	rt, 2 h	77	-	65
7	4-MeOC$_6$H$_4$	H	H	Me	-	rt, 1 h	75	-	55
8	3,5-(CH$_3$)$_2$C$_6$H$_3$	H	H	Me	-	rt, 2 h	67	-	71
9	3,5-(CH$_3$)$_2$C$_6$H$_3$	H	H	Me	-	-23℃, 72 h	70	-	79

3.2 四塩化ケイ素を用いた meso-エポキシドの不斉開環反応

ホスフィンオキシドも meso-エポキシドの不斉開環反応に適用できる。BINAPO (**10**) を触媒とすると，cis-スチルベンオキシドからは 90% ee という高い選択性で対応するクロロヒドリンが得られた[25]。また通常 Lewis 塩基触媒では選択性が得られにくい環状オレフィンのエポキシドの開環反応でも，中程度の選択性が得られた（式(2)）。

$$\text{エポキシド} + \text{SiCl}_4\,(1.5\,\text{eq}) \xrightarrow[\text{CH}_2\text{Cl}_2,\,-78°\text{C}]{(S)\text{-}\mathbf{10}\,(10\,\text{mol}\%),\ ^i\text{Pr}_2\text{NEt}\,(1.5\,\text{eq})} \text{クロロヒドリン} \quad (2)$$

R = Ph: 94%, 90% ee
R,R = –(CH$_2$)$_4$–: 81%, 50% ee

3.3 トリクロロシリルエノールエーテルの不斉アルドール反応

トリクロロエノールエーテルの不斉アルドール反応は，N-オキシドを触媒とした時と同様，原料の幾何異性と生成物の立体化学に良い相関が得られた。シクロヘキサノンから誘導されるトリクロロシリルエノールエーテルと各種アルデヒドに対するアルドール反応の結果を表 6 に示す。脂肪族アルデヒドでは反応性は低かったものの（エントリー 1），立体選択性に関してはおおむね良好な結果を与えた。まだ詳細な機構は不明だが，syn : anti の生成比の面では，嵩高いアルデヒドが有利で（エントリー 3，4），エナンチオ選択性の面では，電子求引基を持つアルデヒドが有利であった（エントリー 7-9）。ニトロベンズアルデヒドの反応では，25：1 の比で得られた anti-付加体の不斉収率は 96 % に達した（エントリー 9）[26]。

表 6 ホスフィンオキシドを触媒とするトリクロロシリルエノールエーテルの不斉アルドール反応

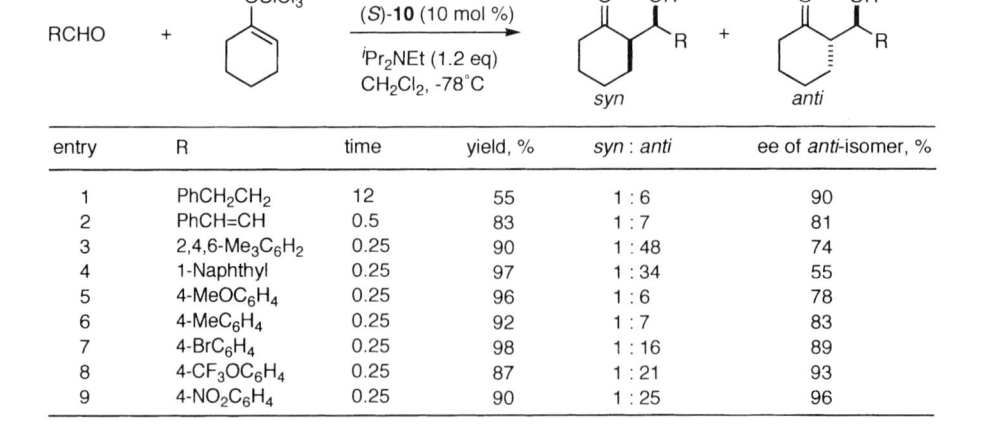

entry	R	time	yield, %	syn : anti	ee of anti-isomer, %
1	PhCH$_2$CH$_2$	12	55	1 : 6	90
2	PhCH=CH	0.5	83	1 : 7	81
3	2,4,6-Me$_3$C$_6$H$_2$	0.25	90	1 : 48	74
4	1-Naphthyl	0.25	97	1 : 34	55
5	4-MeOC$_6$H$_4$	0.25	96	1 : 6	78
6	4-MeC$_6$H$_4$	0.25	92	1 : 7	83
7	4-BrC$_6$H$_4$	0.25	98	1 : 16	89
8	4-CF$_3$OC$_6$H$_4$	0.25	87	1 : 21	93
9	4-NO$_2$C$_6$H$_4$	0.25	90	1 : 25	96

第 6 章　N-オキシド・ホスフィンオキシドを触媒とする不斉合成反応

　アルドール反応はカルボニル化合物とエノラートの反応であるため，一般には，エノラート等価体としてのシリルエノールエーテルがアルドール供与体として用いられている。最近，シリルエノールエーテルを用いない，2つのカルボニル化合物から直接アルドール反応を行う試みが注目されている[27]。塩基存在下，ケトンと四塩化ケイ素から系内でシリルエノールエーテルが生成し，それがそのままアルデヒドと反応すれば，形式上，直接的不斉アルドール反応が実現できるはずである。われわれはごく最近，ジイソプロピルエチルアミン，四塩化ケイ素と触媒量のBINAPO（10）存在下，シクロヘキサノンとアルデヒドが反応してアルドール生成物が得られる可能性を見出しており，現在，化学収率や立体選択性の向上を目指し検討を続けている。

4　おわりに

　以上，N-オキシドおよびホスフィンオキシドを触媒とした不斉反応を，筆者の研究室におけるものを中心に述べた。反応剤あるいはその原料となるトリクロロシランは，多くの人には馴染みの少ないものかもしれないが，実は半導体原料として用いられる大変安価で身近な化合物である。また何よりも興味深いのは，これらの不斉反応が，N-オキシドやホスフィンオキシドなど従来触媒としてはほとんど利用されることのなかった化合物を，不斉反応の檜舞台に登場させたことである。しかしどの反応にはどのようなタイプの触媒が有用かなど，これらの触媒反応の統一的理解はいまだ得られていない。今後，有機オキシド化合物の体系的な研究が進み，それを基盤とした新しい有機触媒が世に送り出されるのを期待する。

文　　献

1） (a) Dalko, P. I.; Moisan, L. *Angew. Chem. Int. Ed.*, **43**, 5138 (2004) (b) Rendler, S.; Oestreich, M. *Synthesis*, 1727 (2005) (c) Orito, Y.; Nakajima, M. *Synthesis*, 1391 (2006)
2） Ochiai, E. *J. Org. Chem.*, **18**, 534 (1953)
3） Nakajima, M.; Sasaki, Y.; Iwamoto, H.; Hashimoto, S. *Tetrahedron Lett.*, **39**, 87 (1998)
4） Chelucci, G.; Murineddu, G.; Pinna, G. A. *Tetrahedron: Asymmetry*, **15**, 1373 (2004)
5） Marchetti, M.; Melloni, G. *Tetrahedron: Asymmetry*, **6**, 1175 (1995)
6） Toda, F.; Mori, K.; Stein, Z.; Goldberg, I. *Tetrahedron Lett.*, **30**, 1841 (1989)
7） Nakajima, M.; Sasaki, Y.; Shiro, M.; Hashimoto, S. *Tetrahedron: Asymmetry*, **8**, 341

(1997)
8) Kobayashi, S.; Nishio, K. *Tetrahedron Lett.*, **34**, 3453 (1993)
9) Denmark, S. E.; Coe, D. M.; Pratt, N. E.; Griedel, B. D. *J. Org. Chem.*, **59**, 6161 (1994)
10) Iseki, K.; Kuroki, Y.; Takahashi, M.; Kobayashi, Y. *Tetrahedron Lett.*, **37**, 5149 (1996)
11) Nakajima, M.; Saito, M.; Shiro, M.; Hashimoto, S. *J. Am. Chem. Soc.*, **120**, 6419 (1998)
12) Shimada, T.; Kina, A.; Ikeda, S.; Hayashi, T. *Org. Lett.*, **4**, 2799 (2002)
13) Malkov, A. V.; Ornisi, M.; Pernazza, D.; Muir, K. W.; Langer, V.; Meghani, P. Kočovský, P. *Org. Lett.*, **4**, 1047 (2002)
14) (a) Wong, W.-L.; Lee, C.-S.; Leung, H.-K.; Kwong, H.-L. *Org. Biomol. Chem.*, 1967 (2004) (b) Traverse, J. F.; Zhao, Y.; Hoveyda, A. H.; Snapper, M. L. *Org. Lett.*, **7**, 3151 (2005)
15) Nakajima, M.; Saito, M.; Hashimoto, S. *Chem. Pharm. Bull.*, **48**, 306 (2000)
16) Kobayashi, S.; Nishio, K. *J. Am. Chem. Soc.*, **117**, 6392 (1995)
17) Nakajima, M.; Saito, M.; Hashimoto, S. *Tetrahedron: Asymmetry*, **13**, 2449 (2002)
18) Denmark, S. E.; Barsanti, P. A.; Wong, K.-T.; Stavenger, R. A. *J. Org. Chem.*, **63**, 2428 (1998)
19) Tao, B.; Lo, M. M.-C.; Fu, G. C. *J. Am. Chem. Soc.*, **123**, 353 (2001)
20) Nakajima, M.; Saito, M.; Uemura, M.; Hashimoto, S. *Tetrahedron Lett.*, **43**, 8827 (2002)
21) (a) Denmark, S. E.; Winter, S. B. D.; Su, X.; Wong, K.-T. *J. Am. Chem. Soc.*, **118**, 7404 (1996) (b) Denmark, S. E.; Stavenger, R. A.; Su, X.; Wong, K.-T.; Nishigaichi, Y. *Pure Appl. Chem.*, **70**, 1469 (1998) (c) Denmark, S. E.; Stavenger, R. A. *Acc. Chem. Res.*, **33**, 432 (2000)
22) Nakajima, M.; Yokota, T.; Saito, M.; Hashimoto, S. *Tetrahedron Lett.*, **45**, 61 (2004)
23) Nakajima, M.; Kotani, S.; Ishizuka, T.; Hashimoto, S. *Tetrahedron Lett.*, **46**, 157 (2005)
24) Ogawa, C.; Sugiura, M.; Kobayashi, S. *Angew. Chem. Int. Ed.*, **43**, 6491 (2004)
25) Tokuoka, E.; Kotani, S.; Matsunaga, H.; Ishizuka, T.; Hashimoto, S.; Nakajima, M. *Tetrahedron: Asymmetry*, **16**, 2391 (2005)
26) Kotani, S.; Hashimoto, S.; Nakajima, M. *Synlett*, 1116 (2006)
27) (a) Yamada, A. M. A.; Yoshikawa, N.; Sasai, H.; Shibasaki, M. *Angew. Chem. Int. Ed. Engl.*, **36**, 1871 (1997) (b) Trost, B. M.; Ito, H. *J. Am. Chem. Soc.*, **122**, 12003 (2000) (c) List, B.; Lerner, R. A.; Barbas, C. F. *J. Am. Chem. Soc.*, **122**, 2395 (2000)

第 7 章　シンコナアルカロイドを用いる不斉 Baylis-Hillman 反応

畑山　範*

1　はじめに

　Baylis-Hillman 反応とは，3 級アミン存在下アクリル酸エステルのような電子求引基で活性化されたアルケンとアルデヒドが反応して付加体を与える反応である。Baylis-Hillman 反応が発表される以前に，ホスフィンを触媒とする同様の反応が森田らによって開発されていたことから，この反応を Morita-Baylis-Hillman 反応と呼ぶ場合もある。本反応は 3 種の反応剤を混合して放置するだけで進行し，アトムエコノミーに優れ，合成化学的に有用な生成物を与えることから，近年，その不斉反応への展開が精力的に行われている。反応機構としては，アミン求核触媒による可逆的な Michael-aldol-retro Michael 反応過程を経る触媒サイクルが提唱されており，律速段階はエノラートがアルデヒドを攻撃する段階か触媒が脱離する段階であることが示唆されている（図 1）。しかし，平衡は大きく出発物に偏っており，反応は一般に非常に遅く，例えば，

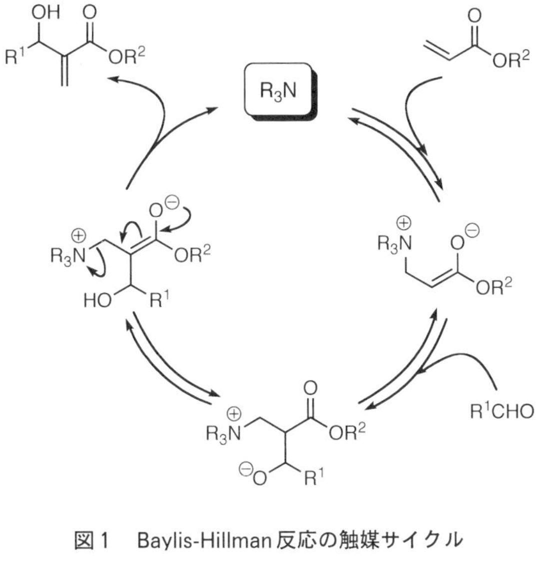

図 1　Baylis-Hillman 反応の触媒サイクル

---

*　Susumi Hatakeyama　長崎大学大学院　医歯薬学総合研究科　教授

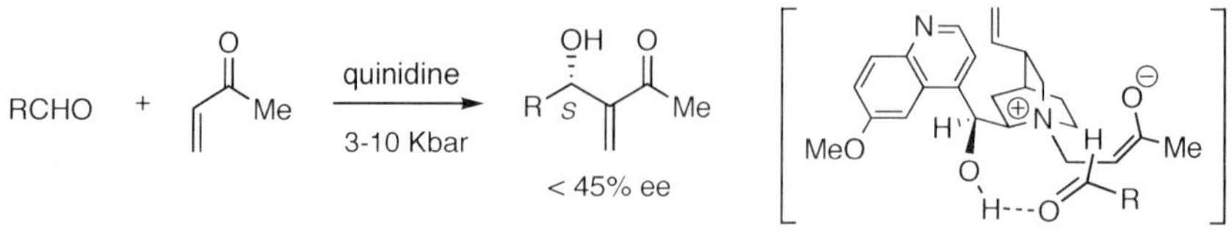

図2 Markóの水素結合モデル

アセトアルデヒドとアクリル酸メチルエステルの DABCO 触媒下の反応の場合, 反応終結には 1 週間を要し, さらに基質が立体的に嵩高くなると, 1ヶ月以上経っても数パーセントしか生成物を与えない例も知られている。従って, 不斉 Baylis-Hillman 反応を開発するにあたって, 効果的な不斉反応場の構築とともに, 反応加速についても同時に考慮しなければならない[1]。

Markó ら[2]はアルデヒドとメチルビニルケトンとの Baylis-Hillman 反応において, シンコナアルカロイドであるキニジンを触媒として超高圧下反応することによって反応加速と不斉反応場の構築を実現し, 最初の触媒的不斉 Baylis-Hillman 反応に成功した。その際, エナンチオ選択性は高々 45％ ee ではあるが, S 配置の付加体が優先して得られる理由として, キニジン水酸基からの水素結合が関与する不斉発現機構を提唱している (図2)。我々は, Markó らの報告をヒントに, 適当な位置に水酸基をもつキラルな求核触媒を用いれば, 水素結合によるアルドール反応過程の遷移状態あるいは双性イオン中間体の安定化に起因する反応加速と反応場の固定に基づく不斉誘導が可能と考え, キニーネやキニジンを原料に水酸基を有する 20 種以上の様々なキヌクリジン誘導体を合成し, Baylis-Hillman 反応に対する触媒活性を調べた。加えて, 超高圧に代わるより現実的な反応加速法として, アクリル酸エステルのアルコール部に電子求引性基を導入し, アルケンの求電子性を上げることも併せて検討した。その結果, β-イソクプレイジン (β-ICD) とフッ素原子で活性化されたアクリル酸ヘキサフルオロイソプロピル (HFIPA) を組み合わせた β-ICD-HFIPA 法を見出し, 高エナンチオ純度の生成物を与える触媒的不斉 Baylis-Hillman 反応の開発に初めて成功した[3]。以下, その開発の経緯について概説する。

2　β-ICD-HFIPA 法

β-ICD-HFIPA 法は, アルデヒドに対して β-ICD を 0.1 当量, HFIPA を 1.3 当量用い DMF 中 −55℃ で行う (表1)。脂肪族アルデヒドの反応では, 立体的に嵩高いピバルアルデヒド以外, いずれも 97％ ee 以上の非常に高いエナンチオ純度で R-エステル体が得られる。しかし, ジオキサノン体が副生するため, その化学収率が中程度にとどまる。興味深いことに, ジオキサノン体はエステル体と逆の S 配置であり, そのエナンチオマー過剰率は 38％ ee 〜 78％ ee となる。

第7章 シンコナアルカロイドを用いる不斉 Baylis-Hillman 反応

表1 β-ICD 触媒下のアルデヒドと HFIPA の Baylis-Hillman 反応（β-ICD-HFIPA 法）

			yield (%), config. (% ee)		
entry	R	time (h)	ester	dioxanone	net ee
1	$PhCH_2CH_2$	17	38, R (98)	21, racemate	R (54)
2	$PMBOCH_2CH_2$	23	58, R (99)	14, S (38)	R (72)
3	$(CH_3)_2CHCH_2$	4	58, R (99)	18, S (78)	R (57)
4	$(CH_3)CH$	16	36, R (99)	25, S (70)	R (30)
5	c-Hex	19	36, R (99)	22, S (65)	R (37)
6	t-Bu	72	0	0	——
7	Ph	48	75, R (97)	0	R (97)
8	p-(NO_2)Ph	2	57, R (95)	17, R (49)	R (84)
9	p-(MeO)Ph	72	27, R (97)	0	R (97)
10	(E)-PhCH=CH	19	64, R (94)	0	R (94)
11	1-naphtyl	120	23, R (97)	0	R (97)
12	2-naphtyl	58	82, R (97)	0	R (97)

芳香族アルデヒドの場合は，反応性の高い p-ニトロベンズアルデヒドを除いて，ジオキサノン体の生成は認められず，いずれも 94% ee 以上のエナンチオ純度で R-エステル体が生成してくる。本法によって，反応性の低い p-メトキシベンズアルデヒドや 1-ナフチルアルデヒド以外，比較的高い収率で高エナンチオ純度のエステル体を得ることができる。

3　活性エステル HFIPA

ポリマー合成等に用いられる関係からフッ素原子をアルコール部にもつ一連のアクリル酸エステルが市販されており，入手が容易である[4]。そこで，β-ICD 触媒下 p-ニトロベンズアルデヒドとの反応を指標に，それらの反応性を系統的に調べた（表2）。その結果，フッ素化されたアクリル酸エステルはいずれもアクリル酸メチルに比較して大幅な加速効果をもたらし，アクリル

表2 フッ素化アクリル酸エステルの効果

ArCHO + CH$_2$=CHCOOR (1.3 equiv.) →[β-ICD (0.1 equiv.), DMF] エステル生成物 (Ar–CH(OH)–C(=CH$_2$)–COOCH(CF$_3$)$_2$) + dioxanone

Ar = p-(NO$_2$)Ph

entry	R	temp. (°C)	time (h)	yield (%), config. (% ee) ester	yield (%), config. (% ee) dioxanone
1	CH$_3$	20	36	69, S (8)	0
2	CH$_2$CF$_3$	−55	72	43, S (3)	6, S (6)
3	CH(CF$_3$)$_2$	−55	2	57, R (95)	17, R (49)
4	CH$_2$CF$_2$CF$_3$	−55	72	50, S (2)	8, S (4)
5	CH$_2$CF$_2$CF$_2$CF$_3$	−55	72	53, racemate	4, R (3)

酸エステルのアルコール部に電子求引性基を導入すれば，Baylis-Hillman 反応が期待どおり加速されることがわかった．特に興味深いことに，HFIPA が単に反応加速ばかりでなく，エナンチオ選択性の面でも優れた効果をもたらすことがわかり，ヘキサフルオロイソプロピル基の枝分かれ構造がエナンチオ選択性発現に重要な役割を演じていることが示唆された．

4　β-ICD の合成法

Hoffman らは，キニジンを KBr 存在下リン酸中加熱すると，1,2-ヒドリドシフトを経て β-ICD が得られるという非常に興味深い環化異性化反応を見出していた[5]．しかし，彼らの条件では，β-ICD に加え，環サイズが一つ大きい 3 と 4 や未だエーテルメチル基の付いたままの 1 や 2 や 5 など複雑な混合物が得られる．そこで，KBr を 3 当量から 10 当量に増やし，10 日間と長時間反応させたところ，平衡の中で最も安定な β-ICD に収束することを見出した（図 3）．この方法によって，キニジンから 1 段階で 61 ％の収率で β-ICD を合成する簡便な方法を確立できた．当初，β-ICD は MeOH-H$_2$O より再結晶してそのまま使用していたが，結晶には MeOH と H$_2$O が 1 分子ずつ付着しており，反応条件下，HFIPA を徐々に分解し，触媒毒となるアクリル酸を発生することが最近わかった．今では，β-ICD については，反応直前に共沸乾燥によって MeOH と H$_2$O を除いたものを用いており，その方法によって触媒活性を格段に向上させることができる．

X 線結晶解析と DMF-d$_7$ 中で測定した NOESY の結果から，β-ICD は結晶および溶液のいず

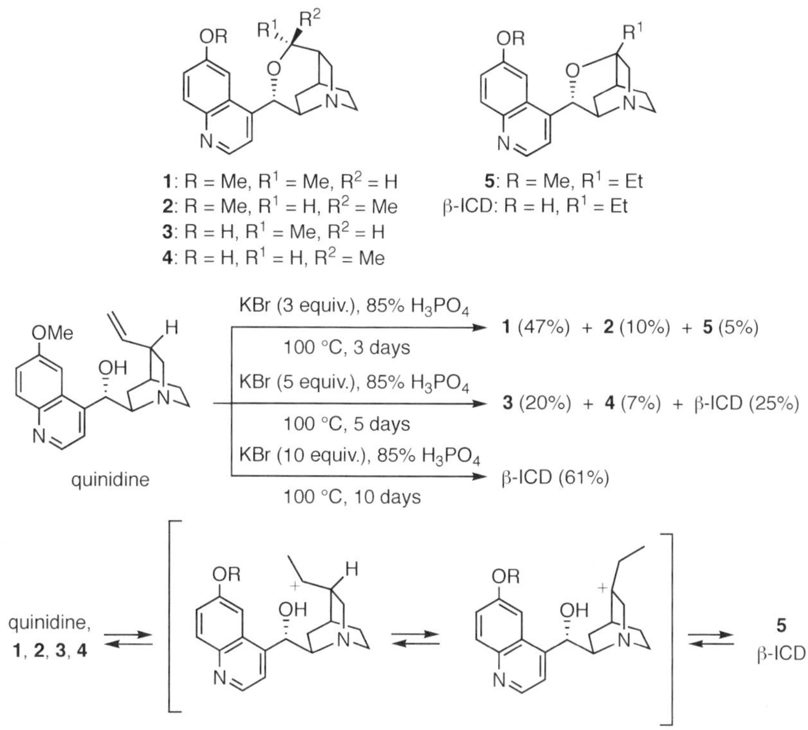

第 7 章　シンコナアルカロイドを用いる不斉 Baylis-Hillman 反応

1: R = Me, R^1 = Me, R^2 = H
2: R = Me, R^1 = H, R^2 = Me
3: R = H, R^1 = Me, R^2 = H
4: R = H, R^1 = H, R^2 = Me

5: R = Me, R^1 = Et
β-ICD: R = H, R^1 = Et

図 3　キニジンからの β-ICD の合成

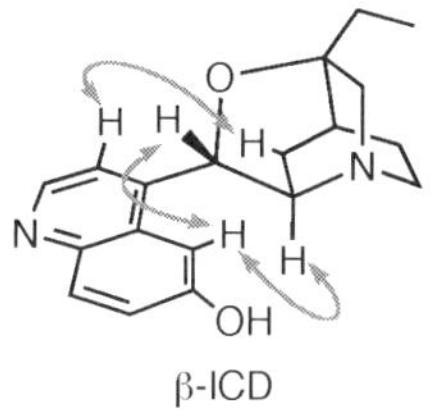

図 4　^{1}H NMR（DMF-d_7）中で観測される顕著な NOE

れの状態でも，キヌクリジン窒素の非共有結合電子対とフェノール性水酸基が同方向に向いている構造をとっていることがわかり，この両者の絶妙な空間的位置関係が，β-ICD の触媒活性発現に重要な役割を演じていることは間違いがない（図 4）。

5　β-ICD の構造と触媒活性

アルデヒドを p-ニトロベンズアルデヒドに，アクリル酸エステルを HFIPA に固定し，キニジンから合成した種々の 3 級アミン類の触媒能を調べた（表 3）。その結果，β-ICD のフェノール性 OH がメチルエーテルとなった **5** やそれを除いた **6** の場合，反応を触媒するが，エナンチオ選択性はほとんど示さなかった。さらに，β-ICD のエーテル環構造を除いた化合物 **8** と **9** についても，触媒活性が低く，エナンチオ選択性もほとんど認められなかった。一方，β-ICD と同様に，フェノール性水酸基とかご型構造を併せもつ **3**，**4**，**7** も β-ICD には若干劣るが触媒として機能することがわかった。これらの結果から，β-ICD の不斉触媒としての活性には，フェノール性水酸基とかご型エーテル環構造が必須であり，キヌクリジン環 3 位近傍の置換基はあまり触媒活性に影響しないことがわかる。β-ICD および **3**，**4**，**7** において観測された顕著な反

表 3　β-ICD 誘導体の触媒活性

entry	catalyst	time (h)	yield (%), config. (% ee) ester	yield (%), config. (% ee) dioxanone
1	β-ICD	2	57, R (95)	17, R (49)
2	**3**	1	59, R (89)	19, R (38)
3	**4**	1	51, R (89)	18, R (26)
4	**5**	2	trace	31, R (13)
5	**6**	3	trace	25, R (3)
6	**7**	7	41, R (90)	20, R (35)
7	**8**	3	0	26, R (4)
8	**9**	3	0	27, R (2)

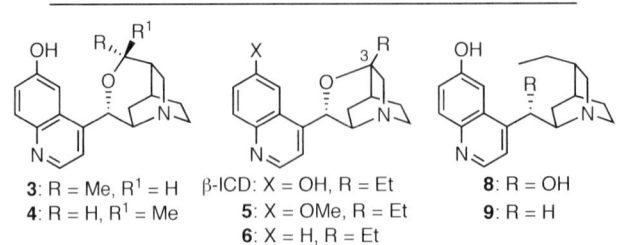

3: R = Me, R^1 = H
4: R = H, R^1 = Me
β-ICD: X = OH, R = Et
5: X = OMe, R = Et
6: X = H, R = Et
7: X = OH, R = OTIPS
8: R = OH
9: R = H

第7章　シンコナアルカロイドを用いる不斉 Baylis-Hillman 反応

応加速については，かご型エーテル環形成によりキヌクリジン核の求核性窒素原子近傍の立体障害が緩和されたものと考えている。

6　反応機構

　Aggarwal ら[6]は，重水素標識体を用いる詳細な速度論実験より，β-ICD-HFIPA 法の様なプロトン源としてアルコールが反応系内に存在する場合，双性イオン中間体からオキシアニオン部分とアルコールと α 水素が関与する遷移状態を経て触媒が脱離する E1cB 反応機構を提唱している（図5）。そこで，このような遷移状態をとり得る双性イオン中間体について，Macro Model 8.5（MMFF）による分子力場計算に基づき検討した結果，R = Ph の場合，11 と 12 がほぼ同じポテンシャルエネルギーであり，他の中間体より 3 kcal/mol 以上安定であることがわかった。従って，アルドール反応後，反応系中に 11 と 12 が双性イオン中間体として優位に存在すると考えられる。

　以上の点を考慮に入れ β-ICD-HFIPA 法の反応機構を考察すると，以下のように考えられる。β-ICD が HFIPA に Michael 付加して双性イオンエノラート 10 を形成する。次に，エノラート 10 がアルデヒドとアルドール反応を起こし，双性イオン中間体 11 と 12 が生成する。ここで，続く β-ICD の脱離が Aggarwal らの提唱している E1cB 機構で進行すると仮定すると，双性イオン 11 は，13（X = R, Y = H）を経由して速やかに脱離を受け R 配置のエステルを与える。一方，双性イオン 12 は，13（X = H, Y = R）をとる際，アルデヒドの置換基 R とエステル部分とに立体反発を生じるため，速やかに脱離できない。その間，オキシアニオンがもう1分子のアルデヒドと反応して S 配置のジオキサノンを与える（図6）。

　それでは何故，芳香族アルデヒドの場合，エナンチオ選択性（net ee）がほぼ完璧で，一方，脂肪族アルデヒドの場合は中程度なのであろうか（表1）。また，HFIPA の枝分かれ構造がエナンチオ選択性発現に何故大きく影響するのであろうか（表2）。分子力場計算によると，E エノラートと Z エノラートのエネルギー差は 6 kcal/mol 以上であり，E 型が優先して形成されていると考えることができる。その E エノラートは，si 面に CF_3 が，re 面にキヌクリジン環と

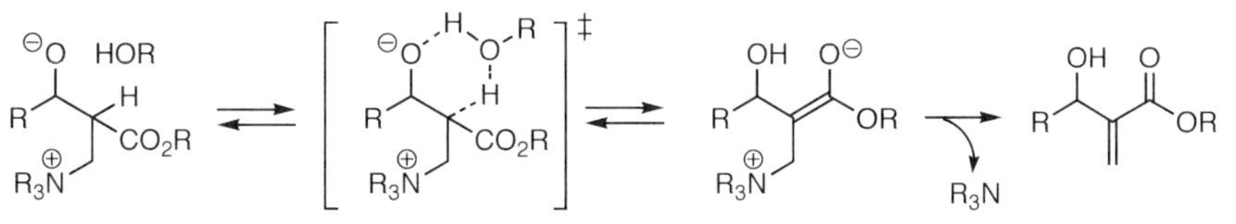

図5　Aggarwal らの E1cB 機構

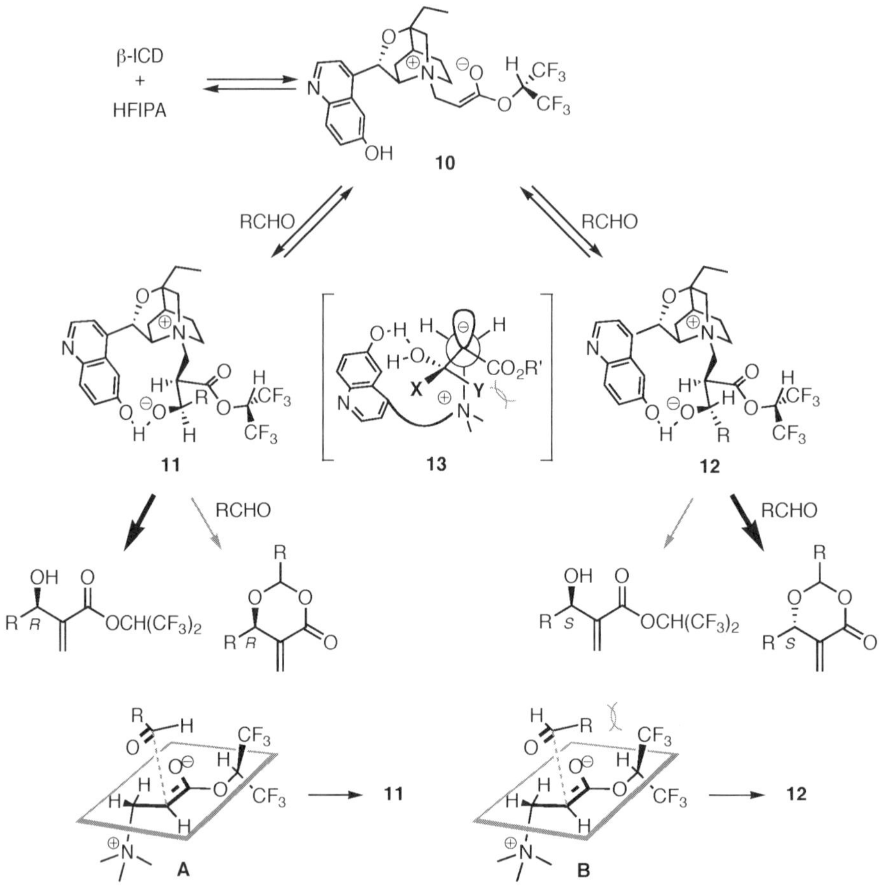

図6 β-ICD-HFIPA法のエナンチオ選択性発現の機構

CF₃が突き出た構造をとっており，HFIPAの枝分かれ構造がアルドール反応段階のエナンチオ面選択性に重要な役割を演じていることが想像できる．すなわち，Eエノラートに対するアルデヒドの接近は立体反発の少ない si 面からアンチペリプラナーに起こると仮定すると，遷移状態AのほうがBよりCF₃の立体反発を受けない分有利となる．芳香族アルデヒドは，その平面性が故に，このようなCF₃との立体反発を避けることが難しく，Aを経由して R 配置の生成物を与える11が選択的に生成する．一方，脂肪族アルデヒドは，置換基を遠ざけることによってCF₃との立体反発から逃れることが可能であり，Bを経由して S 配置の生成物を与える12も生成し，その分 R 選択性は下がる．このような状況において，求電子性の低い芳香族アルデヒドでは，アルドール反応の段階で一部生成した双性イオン12からのジオキサノンの生成が遅くなり，平衡を通して出発物に戻り，最終的に，双性イオン11を経て R 配置のエステルが高エナンチオ選択的に生成したと考えることができる．一方，求電子性の高い脂肪族アルデヒドの場合，

第7章 シンコナアルカロイドを用いる不斉 Baylis-Hillman 反応

双性イオン 11 から の R 配置のエステルの生成に加え，12 からの S 配置のジオキサノンの生成が比較的速く進行し，エナンチオ選択性（net ee）は低くなる。また，その高い求電子性のために，双性イオン 11 からも一部 R 配置のジオキサノンが生成するため，その分ジオキサノンのエナンチオ純度は低くなる。この様な考え方によって，芳香族アルデヒドの中で，求電子性の高い p-ニトロベンズアルデヒドだけがジオキサノンを与えたことについても説明できる。

7 キラル α-アミノアルデヒドの反応[7]

DABCO を用いるキラル α-アミノアルデヒドとアクリル酸エステルの Baylis-Hillman 反応は低収率かつ低ジアステレオ選択的であり，しかもラセミの付加体を与える[8]。ラセミ化に関しては，最近，Coelho ら[9]が超音波照射下で反応を行う条件を見出し，解決している。しかし，そのジアステレオ選択性に関しては未解決のままである。このような状況において，上記のように β-ICD-HFIPA 法が低温下行えることから，キラル α-アミノアルデヒドでもラセミ化することなく高ジアステレオ選択的に反応が進行するのではないかと期待した。この点に関しては，L- あるいは D-アミノ酸から合成した α-アミノアルデヒドのいずれも，ほとんどラセミ化することなく付加体を与えることがわかった。しかし，そのジアステレオ選択性ならびに反応性には大きな差があった。すなわち，L 体の N-Boc-ロイシナール，バリナール，アラニナールのような鎖状の基質では，syn 体のエステルが優先的に得られ，N-Boc-ロイシナール，バリナールに関してはジオキサノン体を考慮しても，97 %de 以上の高い syn 選択性で反応が進行している。一方，対応する D 体のアミノアルデヒドでは，エステル体は高い選択性で anti 体を与えるが，syn 体のジオキサノン体の副生を伴い，その分トータルのジアステレオ選択性（net de）は低下する。以上の結果から，鎖状の基質において，触媒 β-ICD は L 体とマッチ，D 体とミスマッチという関係が成り立つ。興味深いことに，環状構造を有する N-Boc-プロリナールや N-Boc-Garner アルデヒドではマッチ－ミスマッチの関係が逆転する。すなわち，L 体の場合，net de および収率ともに低下し，一方 D 体の場合，長時間は要するものの，anti 体のみが高ジアステレオ選択的に得られてくる（表 4）。

鎖状 N-Boc-アミノアルデヒドに関するマッチ－ミスマッチの状況は，アミノアルデヒド基質が分子内水素結合を含む環状コンホメーションをとることで発現したものと考えられる。すなわち，L 型基質の場合，アルドール反応の段階で立体選択的に進行し，優先的に 11 型の双性イオン中間体となる。この中間体から容易に触媒の脱離が起こり，syn 体のエステルが高選択的に得られたものと解釈できる。置換基が小さなアラニナール（R = Me）で net de が低下した理由として，アルドール反応の立体選択性が中程度となり，それを反映して，ロイシナールやバリナー

表4 キラル N-Boc-α-アミノアルデヒドの反応

	entry	R	R'	time (h)	yield (%) (syn:anti)		config. (net de %)
					ester	dioxanone	
L	1	(CH$_3$)$_2$CHCH$_2$	H	46	77 (100:0)	4 (75:25)	syn (97)
	2	(CH$_3$)$_2$CH	H	46	83 (100:0)	3 (100:0)	syn (100)
	3	CH$_3$	H	17	63 (100:0)	18 (21:79)	syn (66)
	4	–(CH$_2$)$_3$–		96	10 (100:0)	40 (0:100)	anti (60)
	5	–CH$_2$OC(CH$_3$)$_2$–		96	11 (94:6)	31 (13:87)	anti (32)
D	6	(CH$_3$)$_2$CHCH$_2$	H	96	45 (0:100)	19 (69:31)	anti (60)
	7	(CH$_3$)$_2$CH	H	96	10 (5:95)	18 (76:24)	syn (2)
	8	CH$_3$	H	96	37 (0:100)	15 (50:50)	anti (75)
	9	–(CH$_2$)$_3$–		96	73 (0:100)	8 (0:100)	anti (100)
	10	–CH$_2$OC(CH$_3$)$_2$–		73	67 (0:100)	9 (0:100)	anti (100)

L: match, D: mismatch, L: mismatch, D: match

ルに比較して anti の配置をもつジオキサノンが多く生成したものと解釈できる。一方，D体の場合，アルドール反応の段階あるいは触媒の脱離の段階で不利な立体反発を受けるため，結果的に二つのアプローチが競合し，総収率および net de が低下したものと考えられる。環状のアルデヒドの場合，Felkin-Anh モデルに従うモードで反応が進行しているものとすると，L体の場合，Felkin-Anh アプローチが触媒 β-ICD とミスマッチとなる。逆にD体の場合，基質と触媒が指向する立体選択性がマッチするため，L体に比べ高い反応性とジアステレオ選択性が発現したものと考えられる。

第7章 シンコナアルカロイドを用いる不斉 Baylis-Hillman 反応

8 不斉アザ Baylis-Hillman 反応[10]

β-ICD-HFIPA 法の合成化学的有用性をさらに開拓する目的で，様々なイミン基質を用いる触媒的不斉アザ Baylis-Hillman 反応を検討した．その結果，ジフェニルホスフィノイルイミンが良好な結果を与え，しかも生成物は結晶性であり，再結晶によりそのエナンチオ純度を 93 % ee 以上に向上できることを見いだした（表5）．興味深いことに，この反応では，アルデヒドの場合とは逆に S 配置の化合物が優位に生成する．イミンの場合，R 配置の生成物を与える **14** にはジフェニルホスフィノイル基と Ar 部に大きな立体障害が存在し，**14** はこのような立体障害が小さい **15** にくらべて明らかに不利となる．その結果，最終的に S 配置の生成物がより多く生成し，S 選択性が観察されたものと説明できる．最近，Shi ら[11]および Adolfsson ら[12]も β-ICD を用いる芳香族トシルイミンとアクリル酸メチルの Baylis-Hillman 反応を報告している．その際，彼らは，X 線結晶解析に基づき付加体の絶対配置を R と決定したが，上記の結果より，その絶対配置の決定は誤りであるという結論に至った．

ジフェニルホスフィノイル基は酸性条件下で容易に除去できるので，本法は芳香族イミンに限られるが，光学的に高純度な α-メチレン-β-アミノ酸誘導体の合成法として有用である．

表5 ホスフィノイルイミンの Baylis-Hillman 反応

entry	Ar	time (h)	yield: (% ee)	after recrystallization net yield: (% ee)
1	Ph	120	90%: (67)	55%: (95)
2	*p*-(MeO)Ph	96	42%: (73)	32%: (96)
3	*p*-(NO$_2$)Ph	2	97%: (54)	57%: (93)
4	1-naphtyl	48	79%: (72)	40%: (100)
5	2-naphtyl	120	16%: (ND)	not examined

ND = not determined

9 β-ICD-HFIPA 法を活用する天然物合成

最後に，β-ICD-HFIPA 法の合成化学的な有用性を示す目的で行った生理活性天然物の合成を紹介する。

9.1 Mycestericin E の合成[13]

Mycestericin E は，藤多ら[14]によって見いだされた強力な免疫抑制活性を示す化合物である。鍵となる長鎖アルデヒド 16 の Baylis-Hillman 反応は高エナンチオ選択的に進行し，95% ee 以上のエナンチオ選択性で R 配置のエステル 17 を与えた。この際，やはり S 配置のジオキサノン 18 が低いエナンチオ純度で副生した。17 から立体選択的エポキシ化，エステルの還元，シリル化，イミダート化を行いエポキシ体 19 へと導いた。さらに，19 にエポキシトリクロロアセチミダートの環化反応を適用し立体選択的に窒素官能基を導入後，20 の水酸基の酸化および脱保護を経て（−）-mycestericin E の合成を達成した（図7）。

9.2 Epopromycin B の合成[7]

Epopromycin B は，竜田ら[15]によって単離された植物細胞壁合成阻害物質であり，プロテアソーム阻害活性を示す一群の α,β-エポキシケトン構造を有する化合物との類似性から，最近にわかに注目を集めている化合物である。まず，N-Fmoc-L-ロイシナール 21 に β-ICD-HFIPA

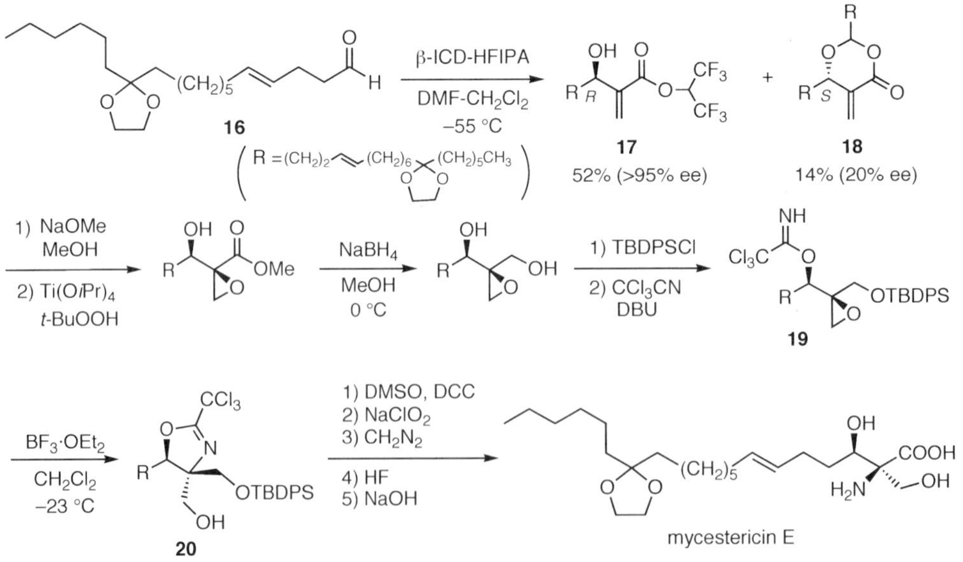

図7　Mycestericin E の合成

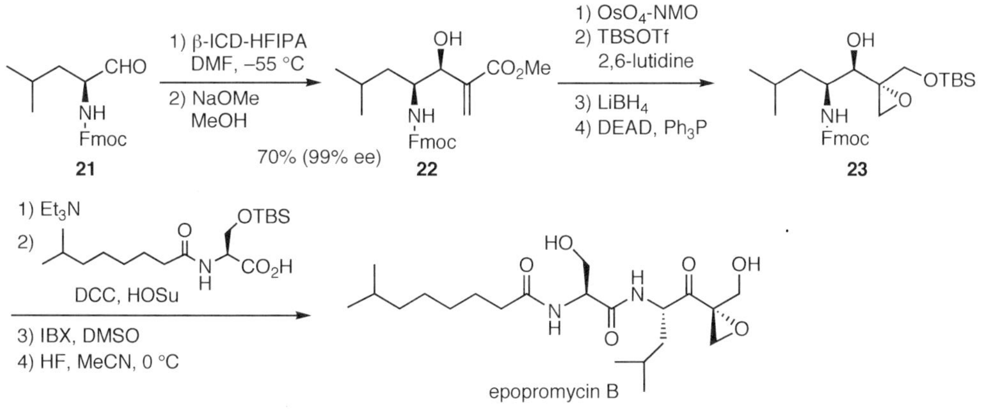

第 7 章　シンコナアルカロイドを用いる不斉 Baylis-Hillman 反応

図 8　Epopromycin B の合成

法を適用後，メタノリシスによってほぼエナンチオ純粋な 22 を合成した。続いて，22 を立体選択的ジヒドロキシ化，保護，エステル部の還元，光延反応を経て既知の鍵中間体 23 に導いた。ここにおいて，Dober ら[16]が既に 23 より epopromycin B の合成に成功しているので，その形式合成を達成したことになる（図 8）。

10　おわりに

β-ICD-HFIPA 法は高エナンチオ選択的な触媒的不斉 Baylis-Hillman 反応の初めての成功例である。上記の実験結果に基づき，水素結合が鍵となる不斉発現機構を提唱しているが，今のところ想像の域を出ない。今後，実用に適う触媒的不斉 Baylis-Hillman 反応を開発するには，β-ICD-HFIPA 法の詳細な反応機構研究が必要と考える。

文　　献

1) D. Basavaiah, A. J. Rao, and T. Satyanarayana, *Chem. Rev.*, **103**, 811 (2003); 岩渕好治, 畑山範, 有機合成化学協会誌, **60**, 729 (2002)
2) I. E. Markó, P. R. Giles, and N. J. Hindley, *Tetrahedron*, **53**, 1015 (1997)
3) Y. Iwabuchi, M. Nakatani, N. Yokoyama, and S. Hatakeyama, *J. Am. Chem. Soc.*, **121**, 10219 (1999); A. Nakano, S. Kawahara, S. Akamatsu, K. Morokuma, M. Nakatani, Y. Iwabuchi, K. Takahashi, J. Ishihara, and S. Hatakeyama,

Tetrahedron, **62**, 381 (2006); A. Nakano, K. Takahashi, J. Ishihara, and S. Hatakeyama, *Heterocycles*, **66**, 371 (2005); A. Nakano, M. Ushiyama, Y. Iwabuchi, and S. Hatakeyama, *Adv. Synth. Catal.*, **347**, 1790 (2005)

4) J. Ishihara and S. Hatakeyama, e-EROS Encyclopedia of Reagents for Organic Synthesis, John Wiley & Sons Ltd., vol. 6 (2004)
5) W. Braje, J. Frackenpohl, P. Langer, and H. M. R. Hoffmann, *Tetrahedron*, **54**, 3495 (1998)
6) V. K. Aggarwal, S. Y. Fulford, and G. C. Lloyd-Jones, *Angew. Chem. Int. Ed.*, **44**, 1706 (2005)
7) Y. Iwabuchi, T. Sugihara, T. Esumi, and S. Hatakeyama, *Tetrahedron Lett.*, **42**, 7867 (2001)
8) T. Manickum and G. H. P. Roos, *S. Afr. J. Chem.*, **47**, 1 (1994)
9) F. Coelho, G. Diaz, C. A. M. Abella, and W. P. Almeida, *Synlett*, 435 (2006)
10) S. Kawahara, A. Nakano, T. Esumi, Y. Iwabuchi, and S. Hatakeyama, *Org. Lett.*, **5**, 3103 (2003)
11) M. Shi and Y.-M. Xu, *Angew. Chem. Int. Ed.*, **41**, 4507 (2002)
12) D. Balan and H. Adolfsson, *Tetrahedron Lett.*, **44**, 2521 (2003)
13) Y. Iwabuchi, M. Furukawa, T. Esumi, and S. Hatakeyama, *Chem. Commun.*, 2030 (2001)
14) S. Sasaki, R. Hashimoto, M. Kikuchi, K. Inoue, T. Ikumoto, R. Hirose, K. Chiba, Y. Hoshino, T. Okumoto, and T. Fujita, *J. Antibiot.*, **47**, 420 (1994)
15) K. Tsuchiya, S. Kobayashi, T. Nishikiori, T. Nakagawa, and K. Tatsuta, *J. Antibiot.*, **50**, 261 (1997)
16) M. R. Dobler, *Tetrahedron Lett.*, **42**, 215 (2001)

第8章 キラルブレンステッド酸を用いる
ニトロソアルドール反応

椛山儀恵[*1]，山本　尚[*2]

1　はじめに

19世紀末，Bayerによるニトロソベンゼンの最初の合成報告以来[1]，ニトロソ基は窒素原子および酸素原子を分子内に導入するために有用な官能基として広く知られている。1899年，EhrlichとSachsはパラニトロソジメチルアニリンが活性メチレン化合物とすみやかに反応することを見いだし，ニトロソ化合物の有機合成上の有用性を示唆する草創的役割を果たした（式(1)）[2]。

20世紀初めより，ニトロソ化合物の物性に関する研究が盛んに行われ，その特異的な性質について数多く報告されている。例えば，1905年にニトロソ化合物は，青または緑色の単量体構造と無色の二量体構造の平衡状態で存在することが明らかとなった[3]。この報告が発端となり，ニトロソ化合物の物性や構造が詳細に検討された。1950年代以降になると，X線構造解析により様々な配位形態をもつニトロソ・金属錯体が発見される[4]。

ニトロソ化合物は，19世紀の終わりにその有機合成上の有用性が示されたものの，カルボニル化合物，イミノ化合物およびジアゾ炭酸エステルなどの求電子剤に比べ，酸触媒存在下での立体選択的な触媒反応に関する研究がほとんど報告されていなかった。これは，上述のニトロソ化合物の特異的な性質と反応性のためかもしれない。

---

* 1　Norie Momiyama　シカゴ大学　化学科
* 2　Hisashi Yamamoto　シカゴ大学　化学科　教授

筆者らは，当初，反応報告例そのものが少ない，ニトロソベンゼンとエノラート類のアルドール型の求核付加反応（以下，ニトロソアルドール反応）に焦点を絞り検討を開始した。その結果，芳香族ニトロソ化合物がニトロソアルドール反応のアミノ化剤として幅広く有用であることを見いだした（式(2)）[5]。さらに，シリルエノールエーテルを求核剤に用い本反応をルイス酸触媒存在下で行うと，無触媒反応の場合とは異なり，ニトロソベンゼンがオキシ化剤として機能することを突き止めた（式(3)）[6]。この酸素選択性の発現に関する詳細な機構は，未だ不明であるが，上述したニトロソ基の特異的な性質に由来するものと考えている。

その後，筆者らは，選択的に調製したキラルBINAP-銀触媒を用いて，触媒的高エナンチオ選択的ヒドロキシルアミノ化反応（N-ニトロソアルドール反応）およびアミノオキシ化反応（O-ニトロソアルドール反応）に初めて成功した（式(4)，(5)）[7,8]。特に，筆者らは，得られた光学活性O-ニトロソアルドール付加体がメタノール中硫酸銅や酢酸銅を作用させることで，光学活性α-ヒドロキシケトンに容易に変換できることを明らかにし（式(6)），不斉O-ニトロソアルドール反応が，カルボニル化合物のα位の触媒的高エナンチオ選択的オキシ化法として極めて有用であることを示した。

第8章 キラルブレンステッド酸を用いるニトロソアルドール反応

R = Bu	X = OTf	91 %ee	O-/N- = >99/1
Bu	OAc	87	72/28
Me	OTf	99	>99/1
Me	OAc	97	>99/1

本章では，第二世代触媒反応系として筆者らが見いだしたキラルブレンステッド酸を触媒に用いるニトロソアルドール反応を中心に，その発見に至る過程，不斉触媒反応の開発などについて概説する。

2 エナミンを求核剤とする位置選択的ニトロソアルドール反応

2.1 エノラート等価体としてのエナミン

1960年代，Storkはエナミンをエノラートアニオン等価体として利用し，いくつかの天然物合成を達成した。アルキル化，アシル化，あるいはマイケル付加反応など幅広く用い，有機合成におけるエナミンの有用性を確立する，先駆的な役割を果たした[9]。

Lewisらは，1972年，モルホリンエナミンとニトロソベンゼンとの反応が0度から室温で進行し，α-ヒドロキシアミノケトンを与えることを報告している（式(7)）[10]。筆者らが知る限り，Lewisらの研究は，満足のゆく収率ではないもののα-ヒドロキシアミノケトンを単離精製した，最初の報告例である。しかし，Lewisらの報告の後，満足できる化学収率や基質一般性の検討等，詳細な報告は全くされていなかった。

2.2 位置選択性の発現

そこで筆者らは，位置選択性の発現の有無も含め，エナミンを求核剤として用いるニトロソアルドール反応について詳細な検討を開始した。まず，Lewisの実験操作および反応条件に基づき，無触媒で，ニトロソベンゼンとエナミンとの反応を行った。注目すべきことは，エナミンのアミン部分の違いにより，位置選択性が異なる点である（式(8)）[11]。つまり，モルホリンエナミンを用いた場合は，Lewisの報告と同様にN-ニトロソアルドール体が生成したが，ピロリジンエナミンを用いた場合は，低収率ではあるものの，O-ニトロソアルドール体が得られた。さらに，DMSOを溶媒に用いたNMR実験を通して，ニトロソベンゼンとピロリジンエナミンとの反応が，アミノオキシピロリジノシクロヘキセンとそのイミニウム塩を中間体として経由し進行していることが明らかとなった（式(9)）[11]。

NMR実験の結果を基に，観察された位置選択性に関する反応機構について筆者らは，次の2つの可能性を想定した。すなわち，第一の可能性として，ニトロソ基はπ電子受容体であること[12]，あるいは，窒素原子と酸素原子の電子双極性にほとんど差がないことが示唆されているため[13]，ピロリジンエナミンのオレフィンのβ位が特異的に酸素原子に求核攻撃し，アミノオキシエナミンを生成し，酢酸での消化によりイミニウム塩を与える。これが加水分解し，O-ニトロソアルドール体を生成する。第二の可能性として，ピロリジンエナミンの窒素原子は高い求核性を有することが知られているため[14]，ピロリジンエナミンの窒素原子がニトロソベンゼンの窒素原子に求核攻撃し，アミン・ニトロソベンゼン複合体を形成する。この中間体のオキシアニオンがオレフィンのβ位の炭素原子へ転位し，イミニウム塩を与える。これはアミノオキシエナミンと平衡状態にあるため，酢酸あるいは水での加水分解を通して，O-ニトロソアルドール体が生

第8章 キラルブレンステッド酸を用いるニトロソアルドール反応

成する。

2.3 ブレンステッド酸による位置選択性の制御と反応促進効果

上述の実験結果に基づき,観察された位置選択性の制御と反応の促進についての検討に際し,筆者らはブレンステッド酸の触媒としての効果に着目した。

ニトロソ基の電子受容形式や分子間でのニトロソ基への水素結合について,いくつかの仮説および研究例が報告されている。例えば,1969年,Wajerらは基底状態のニトロソベンゼンのニトロソ基の弱塩基性に着目し,分子間でのニトロソ基への水素結合は,酸素原子に対してだけでなく窒素原子に対しても可能ではないかと予想した[15]。また,近年,Webbらは溶媒効果によって誘起されるニトロソベンゼンの窒素 NMR の遮蔽について,プロトン性溶媒中のプロトンがニトロソ基の窒素原子あるいは酸素原子に水素結合し,ニトロソ基の電子求引性を向上させるという仮説を提唱し,説明している[13]。

ニトロソ基の窒素原子への水素結合に関する報告例はないものの,ニトロソ基の酸素原子への水素結合に関するX線結晶構造解析が報告されている[16]。Polonskiらは,TADDOL の2つのヒドロキシル基のうちの一つの水素原子は,もう一つのヒドロキシル基の酸素原子と水素結合し,そのヒドロキシル基の水素原子はニトロソアミンのニトロソ基の酸素原子に対して水素結合を形成していることを明らかにした(図1)。

そこで筆者らは,位置選択性の制御と収率の向上を目指し,様々な酸性度を有するブレンステッド酸存在下,シクロヘキサノンから誘導したエナミンを用いるニトロソアルドール反応について種々検討を行った[17]。その結果を表1および表2にまとめる。ピロリジンエナミンを用いて反応

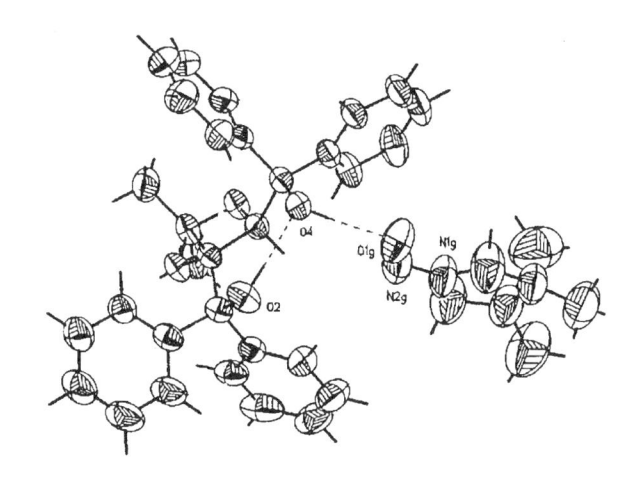

図1 TADDOL・ニトロソアミン複合体のX線結晶構造解析

有機分子触媒の新展開

表1 様々なブレンステッド酸によるO-ニトロソアルドール反応における反応促進効果

entry	Brønsted Acid	solvent	conditions	yield, %
1	none	toluene	-78 °C, 4 h	<1
2	TfOH	THF	-78 ~ -20 °C, 8 h	<1
3	TFA	THF	-20 °C, 1 h	43
4	AcOH	toluene	-78 °C, 1 h	52
5	AcOH	THF	-78 °C, 1 h	67
6	o-Ph(C$_6$H$_4$)CO$_2$H	THF	-78 °C, 1 h	60
7	MeOH	toluene	-78 °C, 8 h	<1

表2 様々なブレンステッド酸によるN-ニトロソアルドール反応における反応促進効果

entry	X	Brønsted Acid	yield (N- / O-), %
1	O	none	8 / <1
2	O	AcOH	26 / 5
3	O	MeOH	60 / <1
4	C	none	5 / <1
5	C	AcOH	30 / 16
6	C	MeOH	25 / <1

をトルエン溶媒中-78 °Cで行った場合，無触媒反応では目的とするニトロソアルドール体は全く生成しなかったのに対し，1等量酢酸存在下で反応を行うと，わずか一時間後，52%の収率でO-ニトロソアルドール体のみが選択的に得られた。同様の反応条件下，メタノールをブレンステッド酸として用いた場合は，O-およびN-両付加体とも観察されなかった。一方，N-ニトロソアルドール体の選択的合成は，モルホリンエナミンを求核剤とし，メタノールをブレンステッド酸として反応を行った場合に達成された。-78 °C，1時間で速やかにしかも副反応を起

こすことなく反応が進行し，完全な窒素選択性で N-ニトロソアルドール体を与えることが明らかとなった。

3 キラルブレンステッド酸触媒を用いる立体選択的ニトロソアルドール反応

3.1 キラルブレンステッド酸とアキラルエナミン

プロトンは最小の酸であり，ブレンステッド酸として化学反応における触媒作用が古くから示されている。しかしながら，ブレンステッド酸は，エノラートをプロトン化あるいは加水分解する可能性を伴うため，エノラート類を求核剤として用いる反応の求電子剤を活性化するのには不適当だと考えられてきた。上述の理由により，キラルブレンステッド酸の不斉合成への利用は非常に限られており，主な報告例は，キラルプロトン化剤としての利用であった。

例えば，1970年代，Saburi と Yoshikawa らは，キラルカンファスルホン酸がベンゼン溶媒中0℃で2-フェニルプロパナールから誘導されたピペリジンエナミンを速やかにプロトン化し，生成したアルデヒドは若干の不斉誘導を伴うことを初めて報告している（式(10)）[18]。また，ほぼ同時期に，Duhamel らは，酒石酸エステル存在下，ケトンあるいはアルデヒドから誘導したモルホリンエナミンへの不斉プロトン化をエーテル溶媒中，-60℃で行った場合，最高32％のエナンチオ選択性を与えることを示した（式(11)）[19]。

ごく最近，Akiyama らおよび Terada らにより，キラルビナフトールから誘導されたリン酸がマンニッヒ反応の非常に優れた不斉触媒であることが報告されたが（式(12)，(13)）[20, 21]，アキラルエナミンをエノラート等価体として用いる不斉アルドール型反応や，その不斉源としてキラルブレンステッド酸を利用する反応は，これまで全く報告されていない。さらに，カルボン酸やフェ

ノール，アルコールが反応性の高い金属エノラートやエナミンへの有効なプロトン化剤として機能するという Duhamel および Plaquevent の報告を考慮すると[22]，前述 2.3 項のブレンステッド酸による反応促進効果は，極めて稀有な例であり，これは，ニトロソ基の非常に高い電子求引性に起因するのかもしれない。

そこで筆者らは，ブレンステッド酸による位置選択性の制御と反応促進効果に着目し，キラルブレンステッド酸を用いるエナンチオ選択的かつ位置選択的ニトロソアルドール反応開発へ向け，検討を開始した。

3.2 キラルカルボン酸を触媒とするエナンチオ選択的 O-ニトロソアルドール反応[17]

エナンチオ選択的 O-ニトロソアルドール反応の開発に際し，前記 2.3 項の実験結果に基づいてシクロヘキサノンから誘導したピロリジンエナミンを求核剤として選択し，市販品で容易に入手可能である (S)-イブプロフェンをキラルブレンステッド酸として用い反応を行った。その結果，−78 ℃で，10 モルパーセントの触媒存在下，中程度の収率で O-ニトロソアルドール体のみが選択的に得られ，その不斉誘導はわずかであるが，35%のエナンチオ選択性を与えた（表 3，entry 1）。

エナンチオ選択性の向上を目指し，様々なキラルカルボン酸を検討した。その結果を表 3 に示す。興味深いことに，カルボン酸のα位が芳香環かつヒドロキシル基を有するキラルマンデル酸やグリコール酸を用いた場合に，収率およびエナンチオ選択性が向上することがわかった（表 3，entry 3，4，5）。

第8章 キラルブレンステッド酸を用いるニトロソアルドール反応

表3 様々なキラルカルボン酸触媒下でのO-ニトロソアルドール反応

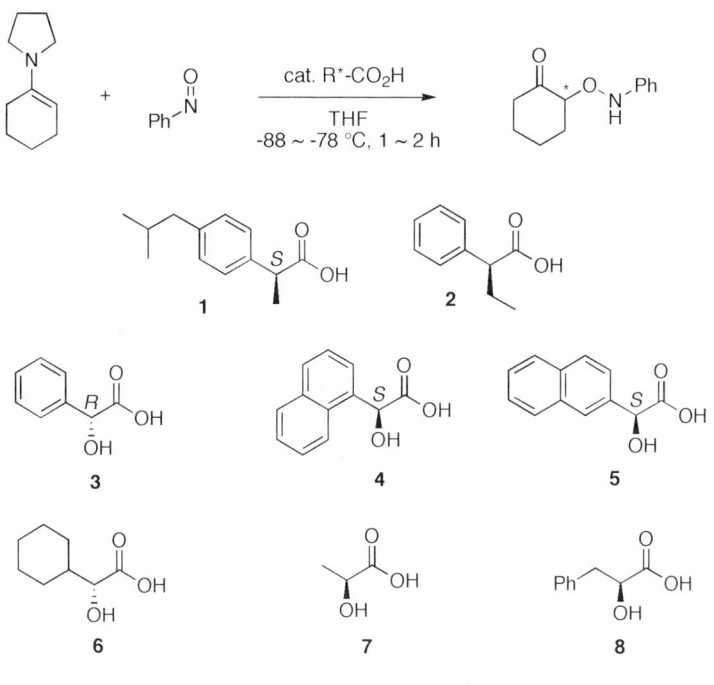

entry	R*-CO₂H (mol%)	yield, %	ee, %	(config.)
1	**1** (10)	62	35	(S)
2	**2** (10)	<1	--	
3	**3** (10)	83	50	(R)
4	**4** (5)	69	70	(S)
5	**5** (10)	87	50	(S)
6	**6** (10)	73	1	
7	**7** (10)	43	5	
8	**8** (10)	68	3	

続いて，最も高いエナンチオ選択性を与えたキラル1-グリコール酸を触媒として用い，反応溶媒の特定化とエナミンのアミン部分のエナンチオ選択性への影響について調査した（表4）。一般的に本反応では，THFよりもジエチルエーテルを溶媒に用いるほうが15〜20％程高いエナンチオ選択性を与え，アミン部分がピペリジン骨格を持つエナミンを用いた場合に，最高92％のエナンチオ選択性でO-ニトロソアルドール付加体のみを選択的に生成した。

基質一般性に関して十分な検討を行っていないが，4位に置換基を有するシクロヘキサノンから誘導したピペリジンエナミンが高い立体選択性で反応する。例えば，4位にジメチル基あるいはケタール基を有するシクロヘキシルエナミンの場合，エナンチオ選択性はそれぞれ90％ ee,

表4　O-ニトロソアルドール反応におけるアミン部分のエナンチオ選択性への影響

entry	enamine	cat. mol%	solvent	time, h	yield, %	ee, %
1	a	5	THF	1	55	70
2	b	30	THF	2	74	75
3	b	30	Et$_2$O	12	77	92
4	c	30	THF	4	76	75
5	c	30	Et$_2$O	12	89	91
6	d	30	THF	2	77	63
7	d	30	Et$_2$O	12	64	83

93％ ee と極めて高いものである。

　立体制御の機構についての不明な点は多いものの，キラルカルボン酸のα位の置換基を変えると立体選択性が変化することから，α位の置換基が立体制御に重要な役割を果たしていることが容易に推測できる。特に，マンデル酸あるいはグリコール酸のα位のフェニル基およびナフチル基が立体制御に中心的な役割を果たしていることが，各種キラルカルボン酸を用いた場合の反応の結果より決定的である（表3）。まず，α位に芳香環を持たないヒドロキシカルボン酸を触媒に用いるとエナンチオ選択性が極端に低下し，ほぼラセミ体の生成物を与える。イブプロフェンはマンデル酸と比べてα位のヒドロキシル基がメチル基であるという違いだけであるにもかかわらず，反応速度およびエナンチオ選択性ともに低下する。

　残念ながら，マンデル酸あるいはグリコール酸のニトロソベンゼンへの配位について，確固たる証拠は無いものの，反応の遷移状態を提案する上での手がかりが，キラルマンデル酸のX線結晶構造解析より得られるので，図2に示す。マンデル酸の分子間相互において，α位の水酸基のプロトンのカルボニルの不対電子への水素結合が確認される。したがって，ニトロソアルドール反応中では，マンデル酸あるいはグリコール酸のα位の水酸基プロトンによるカルボニル不対電子への分子内水素結合が，カルボン酸の酸性度の向上をもたらすのと同時に，高いエナンチオ

第8章 キラルブレンステッド酸を用いるニトロソアルドール反応

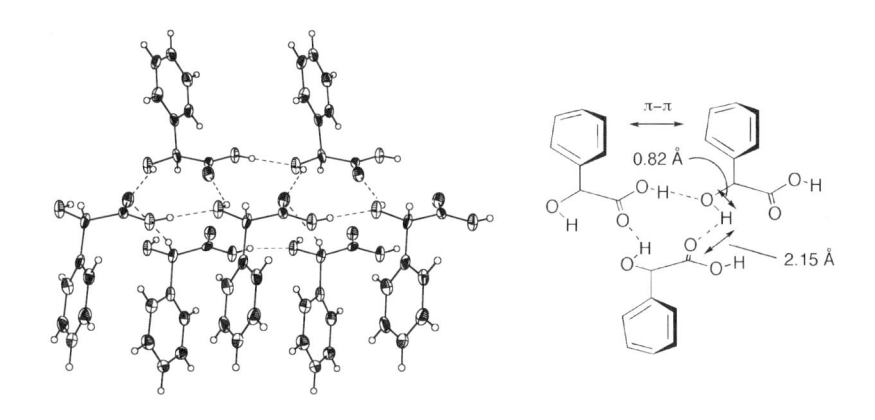

図2 マンデル酸のX線結晶構造解析

選択性を誘導する不斉場の構築に寄与していると考えられる。さらに，分子間でのニトロソベンゼンのフェニル基とマンデル酸あるいはグリコール酸のフェニル基のπ-π相互作用を通して，ニトロソベンゼンの片方のプロキラル面が遮蔽されると予想される。上述の様々なキラルカルボン酸によるエナンチオ選択性および反応性の差異とマンデル酸のX線結晶構造解析の分析を基に，不斉O-ニトロソアルドール反応の遷移状態モデルとして図3のような非環状型遷移状態が

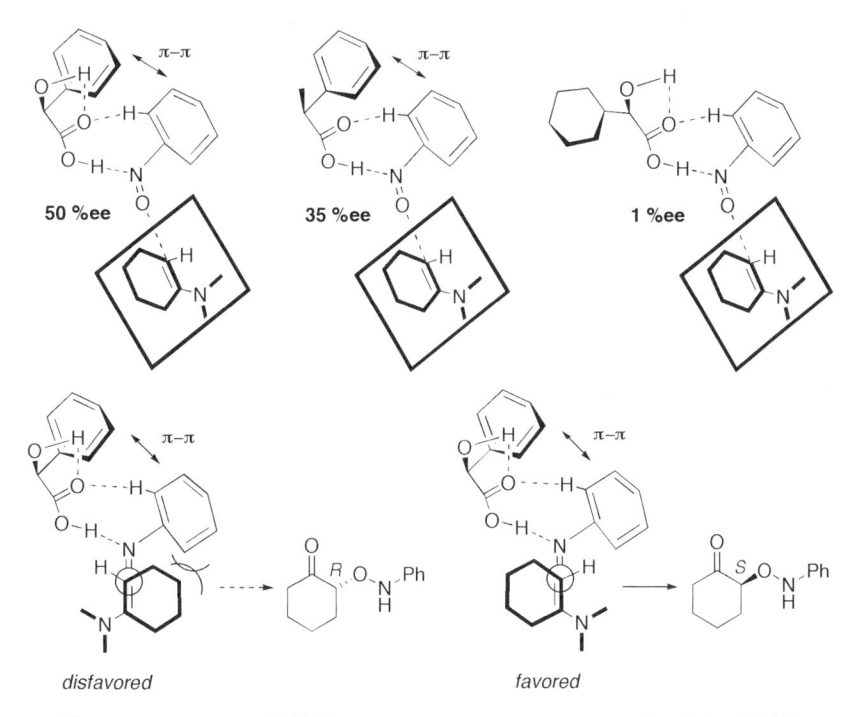

図3 キラルマンデル酸触媒によるO-ニトロソアルドール反応の推定遷移状態

考えられる。すなわち，(R)-マンデル酸を用いた反応の場合，芳香環同士のπ-π相互作用，α水酸基プロトンのカルボニル不対電子への水素結合およびニトロソベンゼンのフェニル基のαプロトンのカルボニル不対電子への水素結合を介して，ニトロソベンゼンのre面が遮蔽される。カルボン酸の酸性プロトンがニトロソ基の窒素原子へ配位し，エナミンのシクロヘキサンとニトロソベンゼンのフェニル基の立体障害のため，エナミンはsi面側から非環状遷移状態を通して，ニトロソ基の酸素原子に求核攻撃し，S体の絶対配置を有するO-ニトロソアルドール体を与える。

3.3 キラルアルコールを触媒とするエナンチオ選択的N-ニトロソアルドール反応[17]

前記2.3項のように，N-ニトロソアルドール付加体の合成は，モルホリンエナミンを求核剤としメタノールをブレンステッド酸触媒存在下反応を行った場合に，特異的に達成される。モルホリンエナミンを用いても，酢酸触媒存在下での反応では，N-付加体は低収率にとどまり，さらに，若干のO-付加体の生成が認められた。Wynbergらによるエナミンの加水分解に関する反応速度論実験から，モルホリンエナミンは高酸性条件下で加水分解されやすいことが示されている[23]。したがって，エナミンの加水分解を未然に防ぎ，高収率でN-ニトロソアルドール体の

表5 様々なキラルアルコールおよびビナフトールを触媒とするN-ニトロソアルドール反応

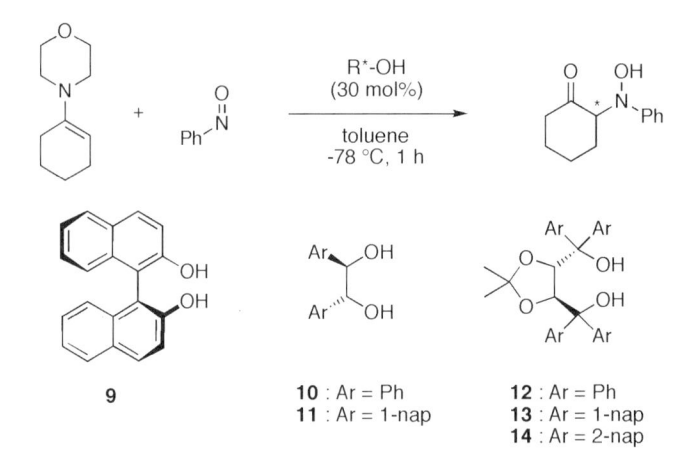

entry	R*-OH	yield, %	ee, %	(config.)
1	9	65	<1	
2	10	65	4	
3	11	72	7	
4	12	87	28	
5	13	92	80	(S)
6	14	65	43	

第8章 キラルブレンステッド酸を用いるニトロソアルドール反応

合成を行うには，低酸性度のブレンステッド酸を選択する必要があると推測される。さらに，アルコールの水酸基のプロトンがニトロソ基の酸素原子に配位することが報告されているため[16]，筆者らは，キラルアルコールあるいはフェノールをキラルブレンステッド酸として用いて反応を行えば，高い窒素選択性を維持しつつ，N-ニトロソアルドール体への立体選択性が得られるのではないかと考えた。

そこで筆者らは，市販で容易に入手可能ないくつかのキラルアルコールやビナフトール存在下，モルホリンエナミンを求核剤として選択し，検討を開始した。その結果を表5にまとめる。試行した全てのキラルアルコールおよびビナフトールに高い反応加速能力が認められた。しかしながら，光学収率を与えたのは，TADDOLのみであった。トルエン溶媒中−78℃で，1-ナフチル基を有するTADDOLを触媒として用いた場合に目的とするN-ニトロソアルドール体が92％の単離収率，80％のエナンチオ選択性で得られることがわかった。さらに，ピペリジンエナミンを用いた場合，ほんのわずかエナンチオ選択性が向上した。

以上の実験結果から，光学活性TADDOLのジアリール基の立体的なかさ高さと向きが，不斉N-ニトロソアルドール反応において高エナンチオ選択性を獲得する際にきわめて重要な役割を果たしていると理解できる。Polonskiらによる X 線結晶構造解析を考慮すると，図4に示す遷移状態モデルが提案される。(R,R)-TADDOL中の2つの水酸基が分子内水素結合した水酸基プロトンは，ブレンステッド酸としてニトロソ基の酸素原子に配位し，ニトロソベンゼンを活性化する。その際，ニトロソベンゼンのsi面はTADDOLのジアリール基によりほぼ完全に遮蔽さ

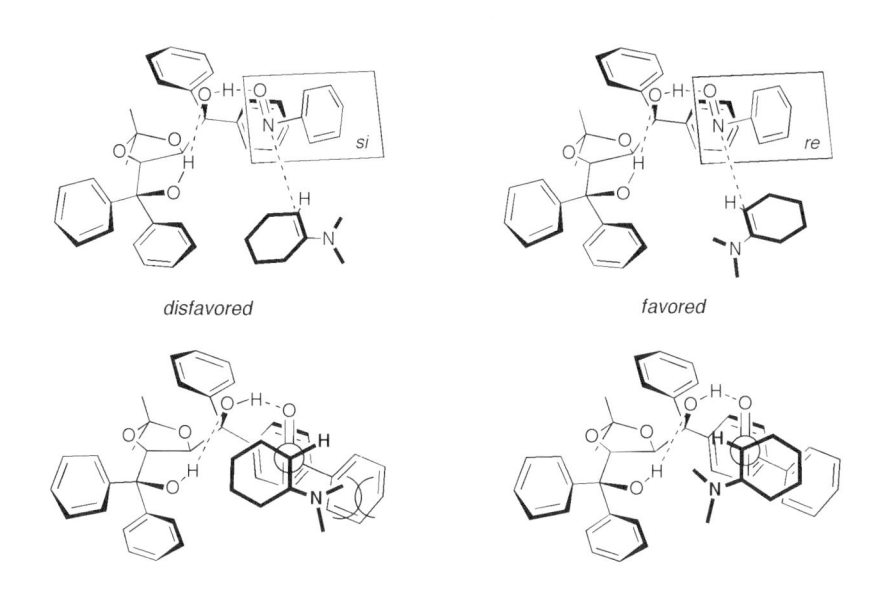

図4 TADDOLを触媒とするN-ニトロソアルドール反応の推定遷移状態

れ，したがってエナミンは空いているニトロソベンゼンの re 面側から非環状遷移状態を経てニトロソベンゼンを求核攻撃し，絶対配置が R の N-付加体を与える。

4 位置選択的かつ立体選択的ニトロソディールズ・アルダー型環状化合物合成への応用

4.1 連続型ニトロソアルドール・マイケル反応

ニトロソディールズ・アルダー反応は，一段階でアミノオキソ基を分子内に構築できる有用な化学反応として，天然物合成などに広く応用されてきた。また，不斉ニトロソディールズ・アルダー反応については，キラル補助基を用いた研究例がいくつか報告されている[24]。しかしながら，触媒的エナンチオ選択的ニトロソディールズ・アルダー反応の開発は，ニトロソ化合物の特異的な性質のために，非常に困難かつチャレンジングな研究課題とされてきた。

2003年，Ukaji と Inomata らは1等量のキラル酒石酸エステル・亜鉛触媒を用い，エナンチオ選択的なニトロソディールズ・アルダー反応を報告した（式(14)）[25]。その後，当研究室により触媒的エナンチオ選択的なニトロソディールズ・アルダー反応が高い化学収率，光学収率で初めて実現された（式(15)）[26]。触媒量の(S)-SEGPHOS・Cu(PF$_6$)(MeCN)$_4$ によるニトロソピリジンの窒素原子への配位が，ニトロソ二量体の生成を阻害し，かつ，5員環の堅固な遷移状態を保持

第8章　キラルブレンステッド酸を用いるニトロソアルドール反応

し，高い不斉誘導に寄与しているものと推測できる。

　続いて筆者らは，エナミンを用いるニトロソアルドール反応で得られた知見を基に，求核剤をエナミンからジエナミンにすることで，高エナンチオ的，完全ジアステレオ選択的ニトロソディールズ・アルダー型環状化合物の合成が可能になるのではないかと考えた。すなわち，キラルブレンステッド酸がニトロソ基の窒素原子あるいは酸素原子のどちらかに配位することによりニトロソ基が活性化され，ジエナミンと反応し，位置選択的に光学活性 α, β 不飽和アミノオキシ化体あるいはヒドロキシアミノ化体のどちらかを与える。続いて，生じたアミノオキシアニオンあるいはヒドロキシアニオンが β 位で分子内マイケル付加し，[4+2] 環化付加反応と同様の環状化合物が段階的に生成する（式(16)）。

この仮説に基づいて種々検討した結果，プロリンから誘導されたテトラゾール触媒存在下，α, β 不飽和ケトンをジエン前駆体として用いた場合，系中で発生するキラルジエナミンがニトロソベンゼンと反応し，完全ジアステレオおよびエナンチオ選択性で光学活性 3-オキサ-2-アザビシクロケトンを与えることがわかった（式(17)）[27]。パラフェノキシニトロソベンゼンを用いた場合に得られる光学活性環状化合物は，数ステップでアミノアルコールに変換できる（式(18)）。一方，このジアステレオマーである光学活性 2-オキサ-3-アザビシクロケトンの合成は，光学活性トリアリールシリルビナフトールをキラルブレンステッド酸触媒として，あらかじめ調製，蒸留したモルホリンジエナミンを用いることにより達成された。前者のテトラゾール触媒を用いるエナンチオ選択的 O-ニトロソアルドール・マイケル反応は本章の話題から若干外れるため，詳しくは原著論文および総説を参照されたい[27, 28]。次項にて，後者の光学活性シリルビナフトールをキラルブレンステッド酸触媒として用いるエナンチオ選択的 N-ニトロソアルドール・マイケル反応の開発，反応機構の立証について詳しく述べる。

4.2 光学活性トリスアリールシリルビナフトールを触媒とするN-ニトロソアルドール・マイケル反応[29]

N-ニトロソアルドール反応の実験結果を踏まえ，キラルブレンステッド酸として1-ナフチルTADDOLを用い，ニトロソベンゼンとモルホリンジエナミンの反応を試みた．目的とする環状化合物がジアステレオ選択的に得られたものの，12時間反応を試行したにもかかわらず反応は完結せず，単離収率36％，光学収率52％と満足のゆく結果は得られなかった（式(19)）．そこで筆者らは，アルコールのプロトン酸性よりも若干酸性度の高いフェノールに着目し，キラルビナフトールを触媒に用い，さらにビナフトールの3,3'位に適当な置換基を導入することで，化学収率および光学収率の向上が期待できると考えた．様々なキラルビナフトール存在下での，収率およびエナンチオ選択性について表6に示す．不斉誘導はビナフトールの3,3'位に導入された置換基の種類によりかなり影響を受ける．本反応の場合，3,3'位にトリメタキシリルシリル基を

第8章　キラルブレンステッド酸を用いるニトロソアルドール反応

(19)

表6　キラルビナフトール誘導体の3,3'位の置換基効果

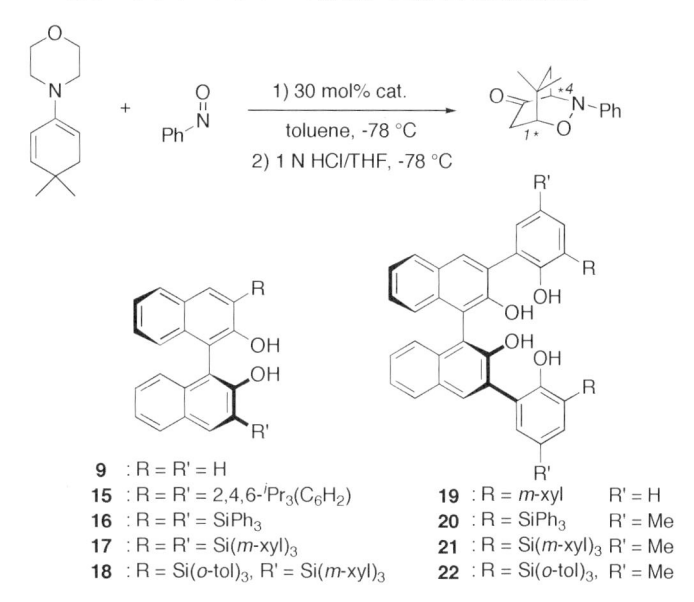

9 : R = R' = H
15 : R = R' = 2,4,6-^{i}Pr$_3$(C$_6$H$_2$)
16 : R = R' = SiPh$_3$
17 : R = R' = Si(m-xyl)$_3$
18 : R = Si(o-tol)$_3$, R' = Si(m-xyl)$_3$

19 : R = m-xyl　　R' = H
20 : R = SiPh$_3$　R' = Me
21 : R = Si(m-xyl)$_3$ R' = Me
22 : R = Si(o-tol)$_3$ R' = Me

entry	cat.	yield, %	ee, %	config.
1	9	78	28	(1S, 4R)
2	15	31	46	(1S, 4R)
3	16	45	52	(1S, 4R)
4	17	57	90	(1S, 4R)
5	18	74	25	(1S, 4R)
6	19	41	17	(1S, 4R)
7	20	63	70	(1R, 4S)
8	21	80	43	(1R, 4S)
9	22	60	20	(1R, 4S)

導入した場合，57％の単離収率および90％の光学収率と良好な結果が得られた。さらに，反応溶媒としてヘキサン・ジクロロメタン9：1の混合溶媒を用い，反応時間を12時間まで延長することにより，エナンチオ選択性の極端な低下を引き起こすことなく，93％という満足のゆく単離収率が得られた。

本反応はパラ位あるいはメタ位に置換基を有する芳香族ニトロソ化合物に対し高エナンチオ選択性を示す．一方，モルホリンジエナミンの調製，蒸留の難しさから，本反応の検討は4位にジメチル基あるいはジフェニル基を有するシクロヘキセノンから誘導されたジエナミンを用いる反応に限定される．大変興味深いことに，4位にジフェニル基を有するシクロヘキセノンから誘導されたモルホリンジエナミンを用いた場合，環化生成物は全く得られず，N-ニトロソアルドール付加体のみが低収率ながら中程度のエナンチオ選択性で得られた（式(20)）．

上記の結果に着目し，3,3'位にトリメタキシリルシリル基を有するキラルビナフトールの機能を詳細に調査するため，次のような比較実験を行った．4位にジフェニル基を有するモルホリンジエナミンとニトロソベンとの反応を無触媒，0℃で行ったところ，環化生成物が57％の単離収率で得られ，N-ニトロソアルドール付加体は全く得られなかった（式(21)）．一方，同様の反応を1等量のビナフトール誘導体存在下で行うと微量の環化体の生成を伴うものの，N-ニトロソアルドール付加体が70％の収率で得られた（式(22)）．これらの実験から3,3'位にトリメタキ

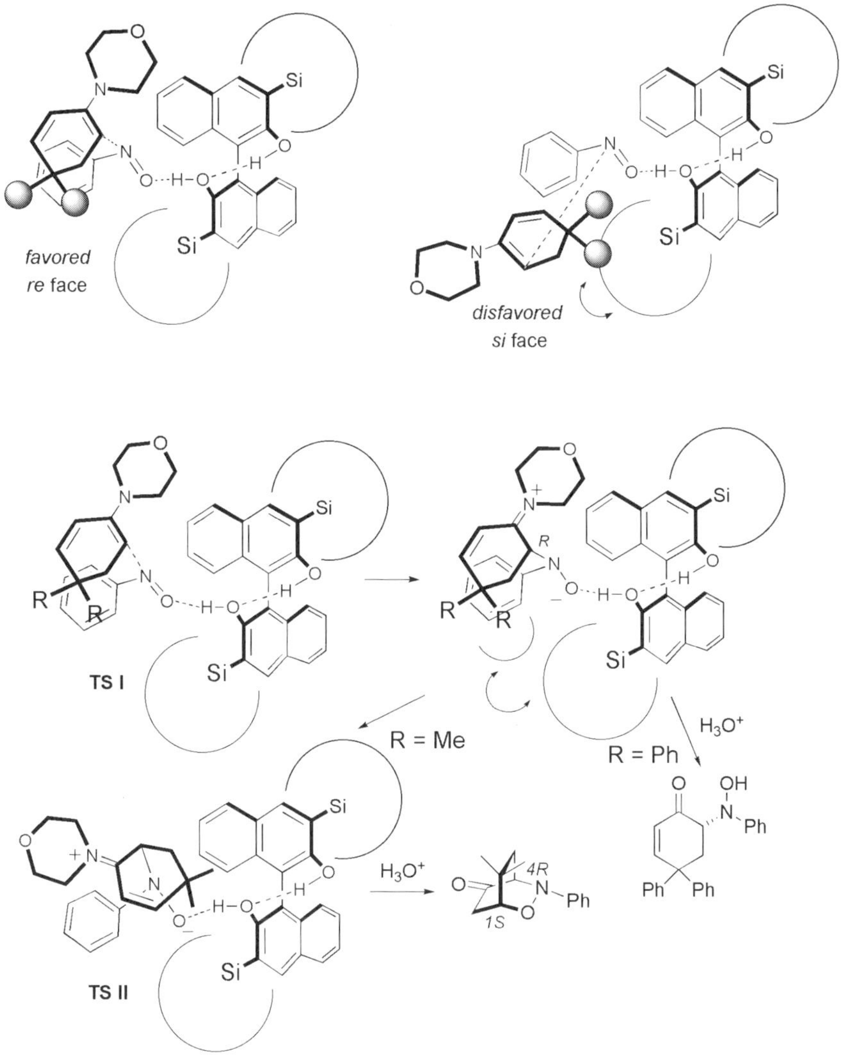

第8章 キラルブレンステッド酸を用いるニトロソアルドール反応

図5 キラルシリルビナフトール触媒を用いるN-ニトロソアルドール・マイケル反応における推定遷移状態および反応経路

シリルシリル基を有するキラルビナフトールは，N-ニトロソアルドール反応を触媒する能力を有するものの，協奏的［4+2］環化付加反応を触媒しない。さらに，無触媒で4位にジフェニル基を有するモルホリンジエナミンとニトロソベンとの反応を行い環化体の生成を確認後，その反応溶液に，トリメタキシリルシリル基を有するキラルビナフトールを加えても，N-ニトロソアルドール体の生成は認められなかった。この結果は，上記の反応によるN-ニトロソアルドール体の生成が逆マイケルや逆ディールズ・アルダー経路由来ではないことを明確にしている。以上の実験結果を総合すると，3,3'位にトリメタキシリルシリル基を有するキラルビナフトール触媒

を用いるジエナミンとニトロソベンゼンとの反応は，協奏的 [4+2] 環化付加反応ではなく，連続型 N-ニトロソアルドール・マイケル反応を経由して進行すると考えられる。

　本反応については，以下に示すような遷移状態が提案される（図5）。ビナフトールの2つの水酸基が分子内水素結合した水酸基プロトンは，ブレンステッド酸としてニトロソ基の酸素原子に配位子し，ニトロソベンゼンを活性化する。かさ高いトリアリールシリル基とシクロヘキシルジエナミンの4位の置換基との立体障害のためにジエナミンの si 面側からの求核攻撃は阻害される。結果として，ニトロソベンゼンの si 面側がビナフチル骨格により遮蔽され，ジエナミンは re 面側からニトロソベンゼンの窒素原子に求核攻撃し，N-ニトロソアルドール中間体を与える。4位がジメチル基の場合，60°時計と逆回りの立体配座の変化の後，分子内マイケル付加が起こり環化体を与える。一方，4位がジフェニル基の場合，ジフェニル基の立体的なかさ高さのために，60°時計と逆回りの立体配座の回転が阻害され，分子内マイケル付加が進行することなく N-ニトロソアルドール中間体への加水分解が起こり，N-付加体を生成する。

　以上，キラルブレンステッド酸を触媒として用いる不斉ニトロソアルドール反応について概説した。ニトロソ化合物は，冒頭でも述べたように，分子内に窒素原子あるいは酸素原子を効果的に導入する反応試薬として大きな魅力がある。今後，ニトロソベンゼンに限らず様々なニトロソ化合物が，さらに，ニトロソアルドール反応に限らず様々な不斉反応に用いられ，ヘテロ化合物の合成に応用されることが期待される。一方で，不斉ニトロソアルドール反応が，新規有機触媒を検討するモデル反応として活用され，より汎用性の高い有機触媒の開発の足掛かりとなれば，幸いである。

文　献

1) Baeyer, A. *Chem. Ber*., **7**. 1638-1640（1874）
2) Ehrlich, P.; Sachs, F. *Chem. Ber*., **32**, 2341-2346（1899）
3) Gowenlock, B. G.; Luttke, W. *Quart. Revs*., **12**, 321-340（1958）
4) Lee, J.; Chen, L.; West, A. H.; Richter-Addo, G. B. *Chem. Rev*., **102**, 1019-1066（2002）
5) Momiyama, N.; Yamamoto, H. *Org. Lett*., **4**, 3579-3582（2002）
6) Momiyama, N.; Yamamoto, H. *Angew. Chem. Int. Ed*., **41**, 2986-2988.; 3313（2002）
7) Momiyama, N.; Yamamoto, H. *J. Am. Chem. Soc*., **126**, 5360-5361（2004）
8) Momiyama, N.; Yamamoto, H. *J. Am. Chem. Soc*., **125**, 6038-6039（2003）; **126**, 6498（2004）
9) Hickmott, P. W. In The chemistry of enamine; Rappoport, Z., Ed; Wiley:

第8章 キラルブレンステッド酸を用いるニトロソアルドール反応

Chichester, 1994, p727-871.
10) Lewis, J. W.; Myers, P. L.; Ormerod, J. A. *J. Chem. Soc. Perkin Trans. 1*, **20**, 2521-2524（1972）
11) Momiyama, N.; Torii, H.; Saito, S.; Yamamoto, H. *Proc. Natl. Acad. Sci. U. S. A.*, **101**, 5374-5378（2004）
12) Al-Tahou, B. M.; Gowenlock, B. G. *Recueil*, **105**, 353-355（1986）
13) Witanowski, M.; Biedrzycka, Z.; Webb, G. A. *Magn. Reson. Chem.*, **35**, 262-266（1997）
14) Kempf, B.; Hampel, N.; Ofial, A. R.; Mayr, H. *Chem. Eur. J.*, **9**, 2209-2218（2003）
15) Engberts, J. B. F. N.; Wajer, T. A. J. W.; De Boer, T. J. *Recueil*, **88**, 795-800（1969）
16) (a) Olszewska, T.; Milewska, M. J.; Gdaniec, M.; Połoński, T. *Chem. Commun.*, 1385-1386（1999）(b) Olszewska, T.; Milewska, M. J.; Gdaniec, M.; Małuszynska, H.; Połoński, T. *J. Org. Chem.*, **66**, 501-506（2001）
17) Momiyama, N.; Yamamoto, H. *J. Am. Chem. Soc.*, **127**, 1080-1081（2005）
18) (a) Matsushita, H.; Noguchi, M.; Saburi, M.; Yoshikawa, S. *Bull. Chem. Soc. Jpn.*, **48**, 3715-3717（1975）(b) Matsushita, H.; Tsujino, Y.; Noguchi, M.; Saburi, M.; Yoshikawa, S. *Bull. Chem. Soc. Jpn.*, **51**, 201-204（1978）(c) Matsushita, H.; Tsujino, Y.; Noguchi, M.; Saburi, M.; Yoshikawa, S. *Bull. Chem. Soc. Jpn.*, **51**, 862-865（1978）
19) (a) Duhamel, L.; Plaquevent, J. C. *Tetrahedron Lett.*, **26**, 2285-2288（1977）
(b) Duhamel, L.; Plaquevent, J. C. *Bull. Soc. Chim. Fr.*, **3-4**, 69-74（1982）
20) Akiyama, T.; Itoh, J.; Yokota, K.; Fuchibe, K. *Angew. Chem. Int. Ed.*, **43**, 1566-1568（2004）
21) Uraguchi, D.; Terada, M. *J. Am. Chem. Soc.*, **126**, 5356-5357（2004）
22) Duhamel, L.; Duhamel, P.; Plaquevent, J. C. *Tetrahedron: Asymmetry*, **15**, 3653-3691（2004）
23) Mass, W.; Janssen, M. J.; Stamhuis, E. J.; Wynberg, H. *J. Org. Chem.*, **32**, 1111-1115（1967）
24) (a) Streith, J.; Defoin, A. *Synthesis*, 1107-1117（1994）(b) Vogt, P. F.; Miller, M. J. *Tetrahedron*, **54**, 1317-1348（1998）
25) Ding, X.; Ukaji, Y.; Fujinami, S.; Inomata, K. *Chem. Lett.*, **32**, 582-583（2003）
26) (a) Yamamoto, Y.; Yamamoto, H. *J. Am. Chem. Soc.*, **126**, 4128-4129（2004）
(b) Yamamoto, Y.; Yamamoto, H. *Angew. Chem. Int. Ed.*, **44**, 7082-7085（2005）
27) Yamamoto, Y.; Momiyama, N.; Yamamoto, H. *J. Am. Chem. Soc.*, **126**, 5962-5963（2004）
28) (a) Merino, P.; Tejero, T. *Angew. Chem. Int. Ed.*, **43**, 2995-2997（2004）
(b) Janey. J. M. *Angew. Chem. Int. Ed.*, **44**, 4292-4300（2005）(c) Yamamoto, H.; Momiyama, N. *Chem. Commun.*, 3514-3525（2005）(d) Guo, H.-C.; Ma, J.-A. *Angew. Chem. Int. Ed.*, **45**, 354-366（2006）
29) Momiyama, N.; Yamamoto, Y.; Yamamoto, H. submitted

第9章　プロリン誘導体を用いたアルドール反応の新展開

林　雄二郎[*]

1　有機触媒を用いる直接的不斉アルドール反応について[1)]

　アルドール反応は，合成中間体として重要なβ-ヒドロキシカルボニル化合物を生成する，有機化学的に最も重要な炭素―炭素結合生成反応の一つである。触媒量の不斉源を用い，その絶対立体配置を高度に制御する不斉アルドール反応に関して，これまで多くの研究が行われてきた。例えば，ケトンあるいはエステルを一旦単離可能なシリルエノールエーテル，ケテンシリルアセタールに導き，光学活性なルイス酸触媒を用いる，いわゆる向山アルドール反応の不斉触媒化はその一つである。優れた不斉ルイス酸触媒が開発され，高い不斉収率が実現されている。不斉触媒向山アルドール反応に関しては優れた総説[2)]を参考にしていただきたい。また，トリクロロシリルエノールエーテルあるいはケテントリクロロシリルアセタールに対し，光学活性なホスホラミド，N-オキシドのようなルイス塩基を作用させ，アルドール体を得る反応が報告されている[3)]。これらはいずれも優れた反応であるが，求核的なカルボニル化合物を一旦，シリルエノールエーテル等に導かなくてはならず，その生成に金属塩等が複製する。シリルエノールエーテル等を経由しない，より原子効率のよい直接的不斉アルドール反応の開発が望まれていた。

　1997年にShibasaki等はルイス酸とブレンステッド塩基機能を組み込んだheterobimetallic触媒を創製し，アルデヒドとケトンの直接的アルドール反応が高エナンチオ選択的に進行することを初めて明らかにした[4)]。本反応は，触媒のブレンステッド塩基により，金属エノラートが生成し，触媒のルイス酸的部位が求電子的カルボニルを活性化することにより，炭素―炭素結合が生成する。これは，クラスIIアルドラーゼの触媒作用と同様な機構と考えられている。Shibasaki等は触媒の改良を行い，α-ヒドロキシケトン，およびシクロペンタノンを求核剤とする直接的不斉触媒アルドール反応，さらに，直接的な不斉触媒 Aldol-Tischenko 反応に本反応を拡張している[5)]。また，2000年Trost等はキラルなZnの2核錯体がアルデヒドとケトンの直接的アルドール反応の優れた触媒であることを明らかにし，メチルケトンのみならず，α-ヒドロキシケトン，メチルビニルケトンを求核的なケトンした不斉触媒アルドール反応に展開している[6)]。有機金属触媒を用いる直接的不斉触媒アルドール反応も非常に進展の早い分野であり，Shibasaki

---

　*　Yujiro Hayashi　東京理科大学　工学部　工業化学科　教授

第9章 プロリン誘導体を用いたアルドール反応の新展開

等による優れた総説[5f]を参照していただきたい。

　一方，有機触媒を用いる直接的不斉触媒アルドール反応は，既に今から30年程前に報告された。1971年に，Hoffmann-La RocheのHajosとParrish[7]，またSchering AGのEder, Sauer, Wiechert[8]は独立にプロリンを触媒とする分子内アルドール反応を見いだした（式(1)）。得られるWieland-Miescherケトンを始めとする2環性化合物は天然物の合成に多用される光学活性中間体である。ケトンを対応するシリルエノールエーテルに導く必要のない実用的な手法であり，有機触媒を用いた先駆的な分子内アルドール反応である。触媒としてはプロリンよりもフェニルアラニンの方が良い結果を与えることがある。分子内アルドール反応には用いられていたが，その後2000年になるまで，有機触媒を用いたアルドール反応が分子間反応に適用されることはなかった。

　クラスⅠアルドラーゼの研究を行っていた，List, Barbas, Lernerは，先のShibasaki等のクラスⅡアルドラーゼ型heterobimetallic触媒に影響を受け，2000年プロリンがクラスⅠアルドラーゼと同様の触媒作用を有することを明らかにした。すなわち，アセトンと各種アルデヒドとの分子間の直接的不斉アルドール反応が触媒量のプロリン存在下進行することを見いだした（式(2)）[9]。反応はエナミンを経由する機構（後述）が考えられ，クラスⅠアルドラーゼの作用機構と同一と考えられている。アルデヒドとケトンをプロリン存在下混合するだけで反応が進行し，高い光学収率を有するアルドール付加体を与える，優れた反応である。厳密な無水，無酸素の反応条件が必要なく，安価なプロリンを触媒とすることから実用的な不斉触媒反応と言える。用いるアルデヒドにより不斉収率に差があり，脂肪族アルデヒドであるイソブチルアルデヒドを用いた場合は96% eeと優れた不斉収率が得られているが，芳香族アルデヒドであるベンズアルデヒドの場合には60% eeである。α-ヒドロキシアセトンを用いるとアンチ-1,2-ジオール体が高いジアステレオ，エナンチオ選択性で得られる[10]。この報告を契機としてプロリンおよびプロリン誘導体を用いる不斉触媒反応が爆発的に報告されるようになった。

$$\text{(1)} \quad 93\% \text{ ee}$$

(L-proline, CH$_3$CN)

$$\text{(2)} \quad 30 \text{ mol\% L-proline, DMSO-acetone}$$

R = 4-NO$_2$C$_6$H$_4$, 68%, 76% ee　　R = ^{i}Pr, 97%, 96% ee
R = Ph, 62%, 60% ee

なお，有機触媒を用いた直接的不斉触媒アルドール反応には4級アンモニウム塩を用いる相間移動触媒も含まれるが，ここではプロリン誘導体を用いた反応に限定して解説する。相間移動触媒を用いる反応に関しては総説[11]を参照していただきたい。

2 反応のメカニズム

プロリンを用いる分子内アルドール反応において，いくつかの反応機構が提唱されてきた。Hajos等は求電子的なカルボニルと触媒が反応し，N,O-ヘミアセタールを形成し，活性化されるメカニズムを提案した[7]。Agami等は，用いるプロリンのeeと生成物のeeの間に非線形性が

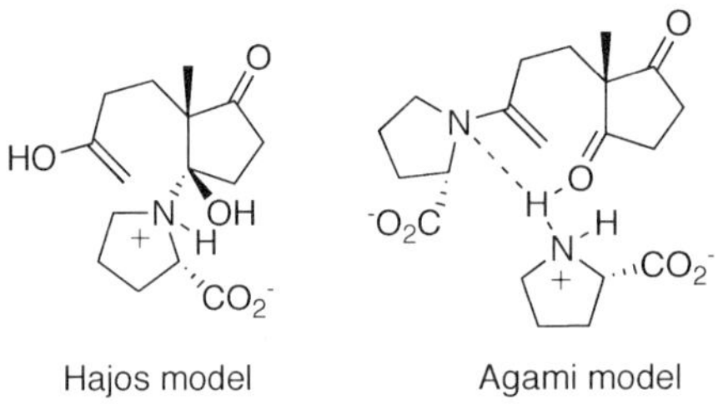

Hajos model　　Agami model

図1

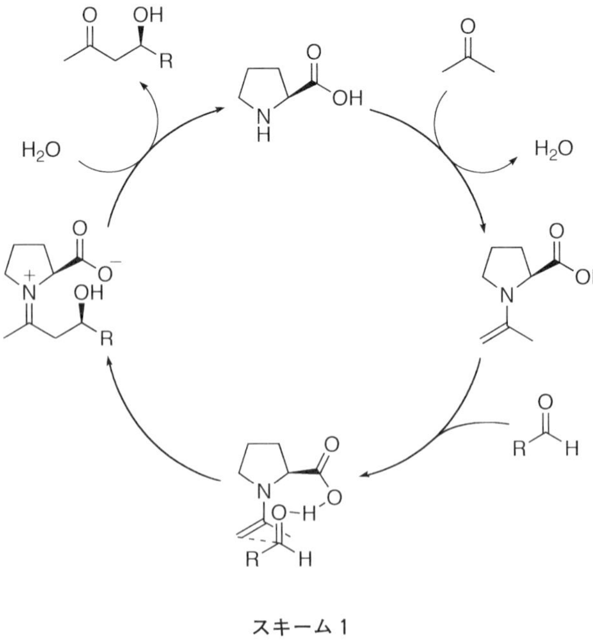

スキーム1

第9章 プロリン誘導体を用いたアルドール反応の新展開

観測されたことから，2分子のプロリンが関与する遷移状態モデルを提唱した[12]。Agami等は生成物のeeを，旋光度を用いて決定しており，非線形を観測したが，List等はHPLCを用いて生成物のeeを正確に求めた結果，用いるプロリンのeeと生成物のeeの間に線形性が見られること，濃度によりeeが変化しないこと，反応速度がプロリンの濃度に一次であること，$H_2^{18}O$存在下の実験により^{18}Oが特定のケトンの酸素に導入されること，等を明らかにした。さらにHouk等による計算による裏付けから，プロリン1分子が関与する反応機構を提唱した（スキーム1）[13]。この反応機構において，アセトンとプロリンからエナミンが生成する。エナミンがアルデヒドと反応する際に，エナミンのカルボン酸のプロトンがアルデヒドの非共有電子対に配位し，強固な9員環遷移状態を経由するため高い不斉収率が実現されたと考えられる。プロリンはエナミンの生成に関与するだけでなく，ブレンステッド酸としても作用している。なお，この反応機構は先に述べたクラスIアルドラーゼで提唱されている反応機構と同一である。しかし，最近，Blackmomd等により，用いるプロリンのeeと生成物のeeの間にAgami等が観測した非線形性が観測される場合のあることが報告された（後述）[14]。

3 触媒の改良

プロリンは両鏡像異性体とも安価に入手可能であり，プロリンを用いる不斉反応は実用的な反応と言える。しかし，先に述べたようにアルドール反応において必ずしも不斉収率が高くない場合が多い。また，一般に用いる触媒量が20〜30モル％と多く，実用的な合成手法となるためにはクリアしなければならない問題点がある。アルドール反応に関して，プロリンをベースにした，より優れた特性を有する不斉触媒の開発が盛んに研究され，多くの不斉有機触媒が開発，報告されている。ほとんどの触媒がプロリンをベースにしたもので，カルボン酸部位の改変が多い。テトラゾール，スルホンアミド，アミド部位を有するピロリジン誘導体が開発され，その反応性，不斉識別能が調べられている。以下アルドール反応における最近の触媒の改良について述べる。

カルボン酸部位をより酸性の高い，テトラゾールで置き換えたプロリン誘導体2がほぼ同時期にYamamoto[15]，Ley[16]，Arvidsson[17]により開発された。酸性を高めることにより，触媒の反応性の向上を期待したものである。なお，プロリンは有機溶媒に難溶性であるが，プロリン誘導体2は有機溶媒に可溶性である。Arvidsson等はこの触媒をアセトンとアルデヒド間のアルドール反応に適用したところ，プロリンに比べ高い反応性を示し，収率の向上は見られたものの，不斉収率に関してはプロリンとほぼ同等の結果であった。

Yamamoto等はテトラゾール触媒をケトンと水溶性クロラールとのアルドール反応に適用し，テトラゾール触媒がプロリンよりも反応性の高い触媒であることを見いだした（式(3)）。興味深

図2 Pyrrolidine- and imidazolidine-based catalysts

いことに本反応が進行するためには水が必須である（後述）[15a]。テトラゾール触媒 2 はアルドール反応のみならず，マイケル反応[16]，α-アミノオキシ化反応[15b]，O-nitroso/Michael[15c]反応等にも適用され，優れた結果が得られている。

Berkessel 等はプロリンのカルボン酸部位をスルホンアミドで置換した誘導体 3 がアセトンとニトロベンズアルデヒドのアルドール反応において 98％ee と非常に高い不斉収率を達成したと報告した[18]。しかし，反応例はこの 1 例のみであり，反応の一般性については不明である。

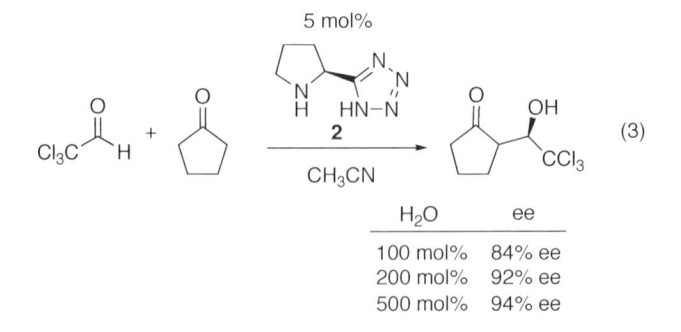

H_2O	ee
100 mol%	84% ee
200 mol%	92% ee
500 mol%	94% ee

(3)

第9章 プロリン誘導体を用いたアルドール反応の新展開

アミド部位を改変した触媒がいくつか報告されている。Gong等はキラルなβ-アミノアルコールから合成されるプロリンアミド誘導体が非常に高い不斉収率を与えることを見いだした。diphenylaminoethanol部位を有するプロリンアミド **4a** を用いたときに高い不斉収率を与えた。更に検討を行った結果，電子吸引性基であるエステルを有する **4b** を用いた場合，活性が向上し少ない触媒量で非常に高い光学収率で反応が進行することを見いだした[19]。水素結合を巧みに利用することにより剛直な遷移状態を実現し，優れた結果が得られたものと考えられる。アセトン，ブタノンを求核的なケトンとして用いた時は不斉収率が非常に高いが，シクロヘキサノンの場合は不斉収率が若干低い（79％ee）。プロリンを触媒とする反応の場合，用いる触媒量は20～30 mol％とかなり多いが，本反応においては2 mol％で反応が進行するという特徴を有している。さらに，最近Gong等はピリジン部位を有するプロリンアミド触媒 **5** がα-ケトカルボン酸を求電子剤とするアルドール反応のすぐれた触媒であることを報告した[20]。

Xiao等は1,2-ジアミノシクロヘキサン部位を有するプロリンアミド誘導体 **6** を合成し，**6** を酢酸存在下用いることにより，シクロヘキサノンとアルデヒドとのアルドール反応が92％eeの光学収率で進行することを見いだした[21]。

Zhao等は先のGongの触媒に改良を加えた，C_2対称性を有する触媒 **7** を合成し，アセトンとアルデヒドとのアルドール反応で90％eeを超える高い不斉収率を実現した[22]。

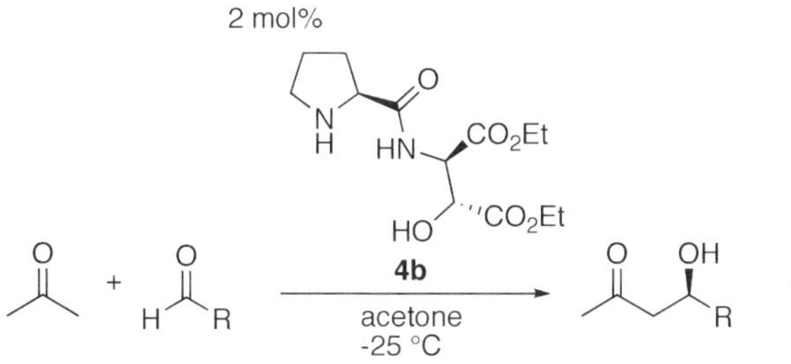

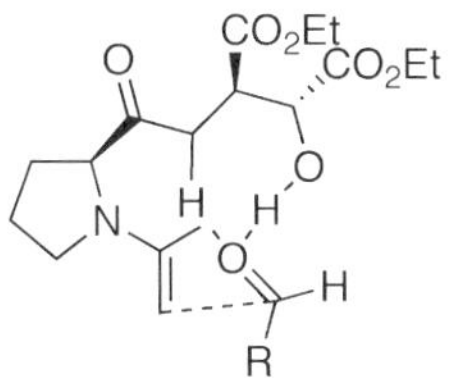

図3

Vincent 等はベンゾイミダゾール部位を有する触媒 8 を合成し，酸存在下アルドール反応を行っているが，不斉収率は 90% ee 以下である[23]。

Gryko 等はプロリンチオアミド 9 がアセトンとアルデヒドの不斉アルドール反応の優れた触媒であると報告している。9 はアセトンと p-シアノベンズアルデヒドとの反応において -78℃，10日という条件下反応し，収率は 21% であるが，不斉収率は 100% ee であると報告している。なお，-18℃，68時間では 83%，77% ee である[24]。

Wang 等はアルデヒド－ニトロオレフィン間の不斉触媒マイケル反応で優れた結果を与えたスルホンアミド触媒 10[25] が α,α-2置換アルデヒドを求核剤とするアルドール反応の優れた触媒であり，4級炭素を含む β-ヒドロキシアルデヒドが高い不斉収率で生成することを報告した[26]。

Davies 等は，プロリンに変え，β-アミノ酸である cispentacin (11) を Hajos 等により報告された分子内アルドール反応に適用したところ，式(5)に示すように基質によってプロリンよりも高い不斉収率が得られることを明らかにした[27]。

プロリンのカルボン酸部位をリン酸に置き換えた触媒 12 が Amedjkouh 等によって開発された。ケトンとアルデヒドとのアルドール反応において，プロリンではアンチ体が優先して生成するのに対し，12 ではジアステレオ選択性は高くはないものの，シン体が優先する。なお，不斉収率は 90% ee を超える[28]。

List[29]，Reymond[30]，Li[31]，Gong[32] のグループにより独立に，プロリンを含むペプチドがアルドール反応の触媒活性を有することが見いだされた。しかし，アセトンとアルデヒドとのアルドール反応において不斉収率は中程度である。最近，Cordova 等は環状ケトンとアルデヒドとのアルドール反応において，valine，alanine 等のアミノ酸，あるいは ala-ala 等のジペプチドを用いると高い不斉収率でアルドール体が生成することを報告した。本反応において 10 当量の水を添加することが高い不斉発現に必須である（後述）[33]。

(5)

cat.
proline   n=1   93% ee
cispentacin n=1 90% ee
proline   n=2   72% ee
cispentacin n=2 86% ee

第9章 プロリン誘導体を用いたアルドール反応の新展開

　Yamamoto[34]，Barbas[35]等はジアミンとプロトン酸を組み合わせた触媒が不斉アルドール反応の良好な触媒になることを報告している。両者ともに種々のジアミンを検討しているが，対アニオンは異なるものの，ともにジアミン13が優れたアミンであるという同一の結論に達している。また，添加するプロトン酸も不斉収率に影響を与える。Barbas等はジアミンをα,α-二置換のアルデヒドに適用し，四級炭素の構築に成功した。

　これまで述べてきた不斉有機触媒は，プロリンから誘導されるピロリジン骨格を有するものがほとんどであった。これに対し，丸岡らはビナフチル骨格を基本骨格とし，軸不斉を有する独自のアミノ酸触媒14を開発した。この触媒はアセトンと芳香族アルデヒドとの不斉アルドール反応において，非常に高い不斉収率を与える[36]。

　プロリンを固定化する研究が行われた。入手容易な4-ヒドロキシプロリンから出発し，ポリエチレングリコール鎖を有するプロリン誘導体[37]や，フルオラス相への固定化を目的とし長いポリフルオロ鎖を有するプロリン誘導体[38]が合成され，アルドール反応に適用された。また，多電解質にプロリンを静電相互作用により固定化した，不均一系触媒[39]，MCM-41上にプロリンを固体化した触媒[40]が開発されている。これらの不均一系有機触媒は，均一系有機触媒とあまり変わらない不斉収率を与え，回収性がよく，再利用可能であるという特徴を有する。

4　反応の適用範囲

　これまでケトンとアルデヒドとのアルドール反応を中心に解説してきた。求核的なケトンとして報告されているものの多くはアセトン，シクロヘキサノン，シクロペンタノン，ヒドロキシアセトンに限られている[9]。なお，ヒドロキシアセトンの場合，アンチ体が高ジアステレオ選択的に得られる[10]。

　一方，アルデヒド―アルデヒド間の不斉アルドール反応は，目的とするクロスアルドール反応の他に，セルフアルドール反応も進行するため，困難な反応とされていた。MacMillan等はアル

デヒド同士のクロスアルドール反応においてもプロリンが有効であることを報告した（式(6)）[41]。アルデヒド同士のセルフアルドール反応を防ぐために，求核的なアルデヒドをゆっくりと滴下すること，また，一方のアルデヒドを過剰量用いるといった反応条件が設定されている。先のプロリンを用いるケトン―アルデヒド間のアルドール反応では不斉収率が低い場合があったが，アルデヒド―アルデヒド間のクロスアルドール反応では一様に非常に高い不斉収率が実現された。

更に，MacMillan 等は不斉触媒 Diels-Alder 反応のために自らが開発したフェニルアラニンから導かれる有機触媒 **15** もアルデヒド―アルデヒド間のアルドール反応の優れた触媒になることを明らかにした（式(7)）[42]。反応終了時，Amberlyst-15 とメタノールを加えることにより，アルドール体を β-ヒドロキシジメチルアセタールとして単離することができる。

プロリンを触媒とする反応において，求核的なアルデヒドとして，α-アルコキシアルデヒドを用いることができる[43]。MacMillan 等は，本反応と，向山アルドール反応を組み合わせることで，種々の六単糖の短段階合成に成功した（式(8)）[44,45]。

この他にも糖質化合物を，有機触媒を用いて合成した例がいくつか報告されている。Enders 等は，生体内でジヒドロキシアセトンリン酸を用いるアルドール反応により，糖質化合物が合成されていることにヒントを得て，2,2-dimethyl-1,3-dioxan-5-one をアルドール供与体とする

第9章　プロリン誘導体を用いたアルドール反応の新展開

不斉触媒アルドール反応による糖質化合物の合成を報告した（式(9)）[46]。その後同様な 2,2-dimethyl-1,3-dioxan-5-one を用いるアルドール反応が Cordova[47]，Barbas[48]等によっても報告されている。また，3つのアルデヒド間で2回のアルドール反応を連続的に進行させ，光学活性なピラン環を合成する反応が Barbas[49]，Cordova[50]等により報告されている。

List 等はプロリンを用いるアルドール反応を，分子内の enol/exo アルドール反応に拡張し，非常に高い光学純度を有するシクロヘキサノール誘導体を効率的に合成した（式(10)）[51]。

Barbas 等はα-アミノアルデヒド，α-フルオロアセトンを求核的なアルデヒドおよびケトンとして用い，良好な不斉収率で医薬品中間体として重要な光学活性 anti-α-アミノ-β-ヒドロキシアルデヒド[52]，anti-α-フルオロ-β-ヒドロキシケトン[53]の合成を行った。

MacMillan 等はα位にチオアセタール部位を有するアルデヒドが優れた求電子性アルデヒドであり，高いジアステレオ，エナンチオ選択性でアルドール体を与えることを見いだした。生成物は種々の官能基を有しており，有用な合成中間体である[54]。

Iwabuchi 等はシロキシプロリンのアンモニウム塩が分子内アルドール反応の優れた触媒であることを見いだし，この反応を(−)-CP 55,940 の全合成に適用した（式(11)）[55]。

α-ケトホスホン酸を求電子剤とするアルドール反応が Zhao 等によって報告され，生物活性の期待される光学活性α-ヒドロキシホスホン酸が簡便に合成された[56]。

反応媒体としてイオン性液体を用いる例が Loh[57], Toma[58]等のグループにより独立に報告され,プロリンがイオン性液体に保持されるため,生成物の単離,および触媒の再利用の容易さが示された。

プロリンを用いたアルデヒドとケトンとのアルドール反応における高圧と不斉収率の関係が Kotsuki[59],および Hayashi[60]により独立に報告された。Hayashi 等は独自に開発した氷化高圧法[61]という高圧法をアルドール反応に適用することにより,常温,常圧よりも収率,不斉収率の向上を達成した。

以上のように,種々の有機触媒が開発され,アルドール反応に適用されている。用いる求核的なカルボニル化合物によって,例えば,ケトンかアルデヒドかによって,また,求電子的なアルデヒドが芳香族アルデヒドか脂肪族アルデヒドかによって,最適な有機触媒,反応条件は異なる。

反応条件においては,触媒の固定化,イオン性液体の利用が検討され,さらに,反応性の乏しい基質への高圧の利用等,様々な研究が行われている。

5 不斉の起源との関連

アミノ酸を用いる不斉触媒アルドール反応は不斉の起源の観点からも注目を集めている。地球上の不斉の起源の探索は科学の根源的な問題である。Frank は光学活性体の一方が自分自身を再生し,他方のエナンチオマーの生成を抑えるという,少量の不斉の偏りからの純粋な光学活性体の生成のモデルを提唱した[62]。このモデルの初の実験的な実現は,硤合らによるピリミジンアルカノールと $Zn(i\text{-}Pr)_2$ を用いる不斉自己増殖反応である[63]。

第9章 プロリン誘導体を用いたアルドール反応の新展開

スキーム2

アミノ酸であるプロリンがアルドール反応の優れた触媒になることが明らかにされた。アルドール反応は糖質化合物を合成する基本的な反応である。キラルなアミノ酸からアルドール反応によりキラルな糖が生成する。キラルな糖質化合物から，多くのキラルな有機化合物が生成する。キラルなアミノ酸は不斉触媒アルドール反応を介して，多くの不斉有機化合物を生み出した可能性が示唆されている。ではどのようにしてキラルなアミノ酸は生成したのであろうか？ 隕石中にアミノ酸が見いだされ，ある種のアミノ酸では光学収率は低いものの，キラルな化合物であることが報告されている[64]。キラルなアミノ酸の起源は地球外に求めることができる。不斉アルドール反応において正のnon-linear effectが観測されるのであれば，例えば，隕石中に含まれる光学収率の低いアミノ酸から光学収率の高い糖質化合物が合成されることになり，アミノ酸と糖質化合物の不斉が連結することになる。この点に関し，最近興味深い報告がなされた。

Balckmond等はDMSO中，薄い溶液中では用いるプロリンの光学純度とアルドール体の光学純度の間にlinearな関係が観察されるが，濃いプロリンの溶液において正のnon-linear effectが観測されることを報告した。プロリンの固体，溶液間の特異な平衡がその理由であり，この現象が不斉の起源に関わっていると述べている[14]。また，Hayashi等はクロロホルム溶媒中で低いeeのプロリンを用いても，溶液中に溶けているプロリンのeeは非常に高いことを見いだし，その理由をL-およびD-プロリンが溶液に溶け，ラセミ体であるDL-プロリンが結晶として析出するdissolution, precipitationによるものと説明している。この溶液中の高いeeが，不斉の起源に関与している可能性を指摘している[65]。

6 水中での不斉触媒アルドール反応

6.1 アルドール反応における水の役割

有機触媒を用いるアルドール反応は，反応機構のところで述べたように，カルボニル化合物とアミンが反応しエナミンと水が生成する。エナミンがアルデヒドと反応し，イミニウム塩を生じ，水により加水分解を受け，アルドール体が生成するというものである。

H$_2$O / mol%	Yield / %	anti:syn	ee / %
0	3	>20:1	65
100	22	>20:1	86
500	60	>20:1	98
1000	41	>20:1	92

水が反応に大きく関与しており，水の影響が詳しく調べられている。Yamamoto 等はシクロペンタノンとクロラールとの反応において，テトラゾール型触媒 2 を用いた時に，無水条件下では反応がほとんど進行しないのに対し，1当量の水存在下では反応が速やかに進行し，対応するアルドール体が高い光学収率で生成することを報告した。触媒量（20〜50 mol%）の水では不充分であり，500 mol%の水存在下で最大の加速効果が観測された。水による光学収率の影響はない[15a]。

一方，Piko 等はケトンとアルデヒドとのアルドール反応において，添加剤として塩基，酸等の影響を検討した結果，水を加えることにより反応が早くなることを見いだした。更に興味あることに鎖状ケトンでは観察されなかったが，環状ケトンを用いた際に，水を添加すると反応が加速されるだけでなく，光学収率が向上するという興味ある知見を報告している（式(12)）。用いる水の量は 300〜500 mol%が良い[66]。

アルドール反応に水を添加して実験を行うと不斉収率が向上する例がさらに数例報告されている[67]。

現時点では，いくつかの反応において水が反応を加速したり，光学収率を向上させる場合があることが報告されている段階である。それぞれの反応における水の役割はほとんど解明されていない。今後，水の役割が明らかになるものと考えられる。

6.2 有機溶媒を用いない，水のみを溶媒とする不斉触媒アルドール反応

水は有機溶媒と異なり，不燃性であり，安価であり，人体に無害であるといった優れた特徴を有している。従って Green Chemistry の観点から水を溶媒とする反応の開発が近年活発に展開されている[68]。不斉触媒アルドール反応においても，水を溶媒として用いる反応が検討されている。

シリルエノールエーテルを用いる不斉触媒向山アルドール反応ではキラルなルイス酸触媒を用いる。ルイス酸触媒は水によって分解すると考えられてきたが，Kobayashi 等は水存在下でも

第9章 プロリン誘導体を用いたアルドール反応の新展開

分解することなく，使用可能なキラルなルイス酸触媒を開発した[69]。Zn-プロリンからなる触媒は水溶媒中で反応が進行し，最大56％eeでアルドール付加体を与えた。しかし，アセトン-水の混合溶媒であり，溶媒量のアセトンを用いている[70]。

一方，有機触媒は一般に水に安定であり，先に述べたように水存在下でも反応は進行する。また，水存在下反応が加速される反応も見いだされている。しかし，有機溶媒を用いない水中の反応に関しては，これまで成功例がなかった。例えば，Barbas等は2002年にケトンとアルデヒドとのアルドール反応において，プロリンを触媒とし水中で反応を行うと，反応が進行しないこと，界面活性化剤であるSDSを添加すると反応が進行するもののラセミ体が得られることを報告した[71]。Janda等はnornicotineを触媒とする緩衝溶液中でのアルドール反応（10％DMSO存在下）を報告したが，その不斉収率は20％程度である[72]。Chengらはプロリンとアニオン性界面活性化剤を組み合わせることで，水中の反応が進行することを報告したが，光学収率に関する記載はない[73]。これに対し，2005年の暮れにBarbas，Hayashiのグループは独立に水中で進行する不斉触媒アルドール反応を報告した。

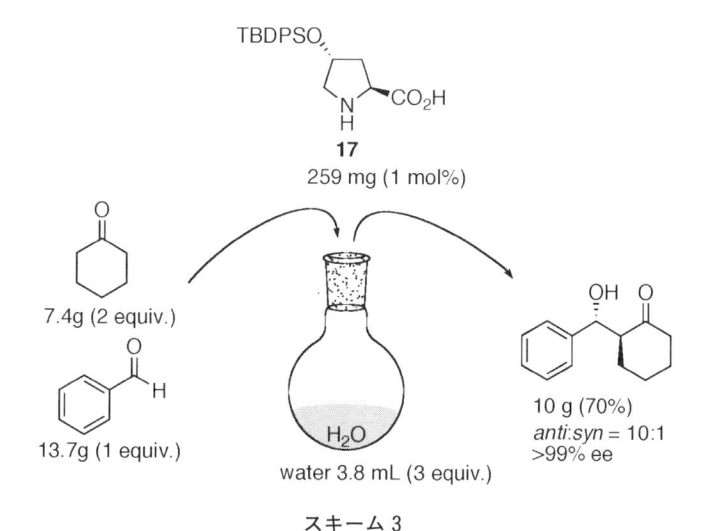

スキーム3

$$\text{(scheme for eq. 14)}$$

97%, 99% ee
anti:syn = 19:1

(14)

Barbas 等は長いアルキル鎖を有するジアミン触媒 16 が，CF$_3$CO$_2$H 共存下，ケトンとアルデヒドとの水中不斉アルドール反応の優れた触媒になることを報告した。ジアミン部位に脂溶性を供与することで，反応系は懸濁し，エマルジョンを形成する。反応は有機層で進行していると考えられる。なお，酸の添加は必須であり，添加しないとほぼラセミ体が得られる[74]（式(13)）。

一方，Hayashi 等は入手容易な 4-ヒドロキシプロリンから簡便に合成できるシロキシプロリン 17 がケトンとアルデヒドとの水中アルドール反応の優れた触媒であることを明らかにした。既にシロキシプロリンはカルボニル化合物の α-アミノオキシ化反応においてプロリンよりも高活性な触媒であることを明らかにしていたが[75]，この触媒が有機溶媒を用いない，水中でのアルドール反応において，高活性，高エナンチオ選択性を示すことを見いだした。無溶媒下，あるいは極性溶媒である DMF 中での反応に比べ，水中で反応を行うことにより，より高いジアステレオ，エナンチオ選択性でアルドール付加体が得られる。また，シロキシ基の置換基が TBS 基よりも脂溶性のより高い TBDPS 基の方が良好な結果が得られており，反応は触媒と反応基質であるアルデヒド，ケトンが形成する有機層で進行すると考えられる[76]（スキーム 3）。

さらに Hayashi 等は最近，直鎖のアルキル基をプロリンの 4 位に有する触媒 18 がアルデヒド―アルデヒド間の水中での不斉アルドール反応において優れた触媒であることを明らかにした。この反応においては，反応溶液は懸濁しており，反応は有機層内で効率的に進行していると考えられる[77]（式(14)）。

7　おわりに

最近の有機触媒を用いた不斉触媒アルドール反応の概略を紹介した。この分野の進展は著しく，新しい機能を有する不斉有機触媒が次々に開発されている。触媒量の低減化，より広い一般性を有する触媒の実現，より高いジアステレオ，エナンチオ選択性の実現，廃棄物を出さないより環境に優しいアルドール反応の実現等，まだまだ残された課題は多い。

第9章 プロリン誘導体を用いたアルドール反応の新展開

文　　献

1) (a) B. List, "Modern Aldol Reactions" ed. R. Mahrwald, Wiley-VCH, Weinheim, 2004, Vol 1, Chapter 4, pp 161-201; (b) B. List, *Tetrahedron*, **58**, 5573 (2002); (c) B. Alcaide, P. Almendros, *Angew. Chem. Int. Ed.*, **42**, 858 (2003); (d) B. List, *Acc. Chem. Res.*, **37**, 548 (2004)
2) "Modern Aldol Reactions" ed. R. Mahrwald, Wiley-VCH, Weinheim, 2004, Vol 2, Chapter 1, 2, 3, 4, 5
3) S. E. Denmark, S. Fujimori, "Modern Aldol Reactions" ed. R. Mahrwald, Wiley-VCH, Weinheim, 2004, Vol 2, Chapter 7, pp 229-326
4) Y. M. A. Yamada, N. Yoshikawa, H. Sasai, M. Shibasaki, *Angew. Chem. Int. Ed.*, **36**, 1871 (1997)
5) (a) N. Yoshikawa, Y. M. A. Yamada, J. Das, H. Sasai, M. Shibasaki, *J. Am. Chem. Soc.*, **121**, 4168 (1999); (b) N. Yoshikawa, N. Kumagai, S. Matsunaga, G. Moll, T. Ohshima, T. Suzuki, M. Shibasaki, *J. Am. Chem. Soc.*, **123**, 2466 (2001); (c) N. Kumagai, S. Matsunaga, T. Kinoshita, S. Harada, S. Okuda, S. Sakamoto, K. Yamaguchi, M. Shibasaki, *J. Am. Chem. Soc.*, **125**, 2169 (2003); (d) V. Gnanadesikan, Y. Horiuchi, T. Ohshima, M. Shibasaki, *J. Am. Chem. Soc.*, **126**, 7782 (2004); (e) Y. Horiuchi, V. Gnanadesikan, T. Ohshima, H. Masu, K. Katagiri, Y. Sei, K. Yamaguchi, M. Shibasaki, *Chem. Eur. J.*, **11**, 5195 (2005); (f) M. Shibasaki, S. Matusnaga, N. Kumagai, "Modern Aldol Reactions" ed. R. Mahrwald, Wiley-VCH, Weinheim, 2004, Vol 2, Chapter 6, pp 197-227
6) (a) B. M. Trost, H. Ito, *J. Am. Chem. Soc.*, **122**, 12003 (2000); (b) B. M. Trost, S. Shin, J. A. Sclafani, *J. Am. Chem. Soc.*, **127**, 8602 (2005) and the references cited therein.
7) (a) Z. G. Hajos, D. R. Parrish, German Patent DE 2102623, July 29, 1971; (b) Z. G. Hajos, D. R. Parrish, *J. Org. Chem.*, **39**, 1615 (1974)
8) (a) U. Eder, G. Sauer, R. Wiechert, German Patent DE 2014757, Oct 7, 1971; (b) U. Eder, G. Sauer, R. Wiechert, *Angew. Chem. Int. Ed.*, **10**, 496 (1971)
9) (a) B. List, R. A. Lerner, C. F. Barbas, III, *J. Am. Chem. Soc.*, **122**, 2395 (2000); (b) K. Sakthivel, W. Notz, T. Bui, C.F. Barbas, III, *J. Am. Chem. Soc.*, **123**, 5260 (2001)
10) W. Notz, B. List, *J. Am. Chem. Soc.*, **122**, 7386 (2000)
11) (a) K. Maruoka, T. Ooi, *Chem Rev.*, **103**, 3013 (2003); (b) T. Ooi, K. Maruoka, *Acc. Chem. Res.*, **37**, 526 (2004)
12) (a) C. Agami, F. Meynier, C. Puchot, J. Guilhem, C. Pascard, *Tetrahedron*, **40**, 1031 (1984); (b) C. Agami, C. Puchot, H. Sevestre, *Tetrahedron Lett.*, **27**, 1501 (1986); (c) C. Agami, *Bull. Soc. Chim. Fr.*, **3**, 499 (1988); (d) C. Puchot, O. Samuel, E. Dunach, S. Zhao, C. Agami, H. B. Kagan, *J. Am. Chem. Soc.*, **108**, 2353 (1986)
13) (a) C. Allemann, R. Gordillo, F. R. Clemente, P. H. Cheong, K. N. Houk,

Acc. Chem. Res., **37**, 558 (2004); (b) B. List, L. Hoang, H. J. Martin, *Proc. Natl. Acad. Sci.*, **101**, 5839 (2004); (c) F. R. Clemente, K. N. Houk, *Angew. Chem. Int. Ed.*, **43**, 5766 (2004)

14) M. Klussmann, H. Iwamura, S. P. Mathew, D. H. Wells, Jr., U. Pandya, A. Armstrong, D. G. Blackmond, *Nature*, **441**, 621 (2006)

15) (a) H. Torii, M. Nakadai, K. Ishihara, S. Saito, H. Yamamoto, *Angew. Chem. Int. Ed.*, **43**, 1983 (2004); (b) N. Momiyama, H. Torii, S. Saito, H. Yamamoto, *Proc. Natl. Acad. Sci. USA*, **101**, 5374 (2004); (c) Y. Yamamoto, N. Momiyama, H. Yamamoto, *J. Am. Chem. Soc.*, **126**, 5962 (2004)

16) (a) A. J. A. Cobb, D. M. Shaw, S. V. Ley, *Synlett*, **558** (2004); (b) A. J. A. Cobb, D. A. Longbottom, D. M. Shaw, S. V. Ley, *Chem. Commun.*, 1808 (2004); (c) A. J. A. Cobb, D. M. Shaw, D. A. Longbottom, J. B. Gold, S. V. Ley, *Org. Biomol. Chem.*, **3**, 84 (2005); (d) C. E. T. Mitchell, S. E. Brenner, S. V. Ley, *Chem. Commun.*, 5346 (2005); (e) K. R. Knudsen, C. E. T. Mitchell, S. V. Ley, *Chem. Commun.*, 66 (2006); (f) C. E. T. Mitchell, S. E. Brenner, J. Garcia-Fortanet, S. V. Ley, *Org. Biomol. Chem.*, **4**, 2039 (2006)

17) (a) A. Hartikka, P. I. Arvidsson, *Tetrahedron: Asymmetry*, **15**, 1831 (2004); (b) A. Hartikka, P. I. Arvidsson, *Eur. J. Org. Chem.*, 4287 (2005)

18) A. Berkessel, B. Koch, J. Lex, *Adv. Synth. Catal.*, **346**, 1141 (2004)

19) (a) Z. Tang, F. Jiang, X. Cui, L. Gong, A. Mi, Y. Jiang, Y. Wu, *Proc. Natl. Acad. Sci. U.S.A.*, **101**, 5755 (2004); (b) Z. Tang, Z-H. Yang, X-H. Chen, L-F. Cun, A-Q. Mi, Y-Z. Jiang, L-Z. Gong, *J. Am. Chem. Soc.*, **127**, 9285 (2005)

20) Z. Tang, L-F. Cun, X. Cui, A-Q. Mi, Y-Z. Jiang, L-Z. Gong, *Org. Lett.* **8**, 1263 (2006)

21) J-R. Chen, H-H. Lu, X-Y. Li, L. Cheng, J. Wan, W-J. Xiao, *Org. Lett.*, **7**, 4543 (2005)

22) S. Samanta, J. Liu, R. Dodda, C-G. Zhao, *Org. Lett.*, **7**, 5321 (2005)

23) E. Lacoste, Y. Landais, K. Schenk, J-B. Verlhac, J-M. Vincent, *Tetrahedron Lett.*, **45**, 8035 (2004)

24) (a) D. Gryko, R. Lipinski, *Adv. Synth. Catal.* **347**, 1948 (2005); (b) D. Gryko, R. Lipinski, *Eur. J. Org. Chem*. DOI: 10.1002/ejoc.200600219.

25) W. Wang, J. Wang, H. Li, *Angew. Chem. Int. Ed.*, **44**, 1369 (2005)

26) W. Wang, H. Li, J. Wang, *Tetrahedron Lett.* **46**, 5077 (2005)

27) S. G. Davies, R. L. Sheppard, A. D. Smith, J. E. Thomson, *Chem. Commun.* 3802 (2005)

28) P. Diner, M. Amedjkouh, *Org. Biomol. Chem.*, **4**, 2091 (2006)

29) H. J. Martin, B. List, *Synlett*, 1901 (2003)

30) J. Kofoed, J. Nielsen, J-L. Reymond, *Bioorg. Med. Chem. Lett.*, **13**, 2445 (2003)

31) L-X. Shi, Q. Sun, Z-M. Ge, Y-Q. Zhu, T-M. Cheng, R-T. Li, *Synlett*, 2215 (2004)

32) Z. Tang, Z-H. Yang, L-F. Cun, L-Z. Gong, A-Q. Mi, Y-Z. Jiang, *Org. Lett.*, **6**, 2285 (2004)

33) (a) P. Dziedzic, W. Zou, J. Hafren, A. Cordova, *Org. Biomol. Chem.*, **4**, 38 (2006);
(b) A. Cordova, W. Zou, P. Dziedzic, I. Ibrahem, E. Reyes, Y. Xu, *Chem. Eur. J.*, **12**, 5383 (2006)
34) (a) S. Saito, M. Nakadai, H. Yamamoto, *Synlett*, 1245 (2001); (b) M. Nakadai, S. Saito, H. Yamamoto, *Tetrahedron*, **58**, 8167 (2002); (c) S. Saito, H. Yamamoto, *Acc. Chem. Res.*, **37**, 570 (2004)
35) N. Mase, F. Tanaka, C. F. Barbas, III, *Angew. Chem. Int. Ed.*, **43**, 2420 (2004)
36) T. Kano, J. Takai, O. Tokuda, K. Maruoka, *Angew. Chem. Int. Ed.*, **44**, 3055 (2005)
37) (a) M. Benaglia, G. Celentano, F. Cozzi, *Adv. Synth. Catal.*, **343**, 171 (2001);
(b) M. Benaglia, M. Cinquini, F. Cozzi, A. Puglisi, G. Celentano, *Adv. Synth. Catal.*, **344**, 533 (2002)
38) F. Fache, O. Piva, *Tetrahedron: Asymmetry*, **14**, 139 (2003)
39) A. S. Kucherenko, M. I. Struchkova, S. G. Zlotin, *Eur. J. Org. Chem.*, 2000 (2006)
40) F. Calderon, R. Fernandez, F. Sanchez, A. Fernandez-Mayoralas, *Adv. Synth. Catal.*, **347**, 1395 (2005)
41) A. B. Northrup, D. W. C. MacMillan, *J. Am. Chem. Soc.*, **124**, 6798 (2002)
42) I. K. Mangion, A. B. Northrup, D. W. C. MacMillan, *Angew. Chem. Int. Ed.*, **43**, 6722 (2004)
43) A. B. Nothrup, I. K. Mangion, F. Hettche, D. W. C. MacMillan, *Angew. Chem. Int. Ed.*, **43**, 2152 (2004)
44) A. B. Northup, D. W. C. MacMillan, *Science*, **305**, 1752 (2004)
45) Review, see; E. J. Sorensen, G. M. Sammis, *Science*, **305**, 1725 (2004)
46) (a) D. Enders, C. Grondal, *Angew. Chem. Int. Ed.*, **44**, 1210 (2005); (b) D. Enders, J. Palecek, C. Grondal, *Chem. Commun.*, 655 (2006); (c) C. Grondal, D. Enders, *Tetrahedron*, **62**, 329 (2006); (d) review, U. Kazmaier, *Angew. Chem. Int. Ed.*, **44**, 2186 (2005)
47) I. Ibrahem, W. Zou, Y. Xu, A. Cordova, *Adv. Synth. Catal.* **348**, 211 (2006)
48) J. T. Suri, S. Mitsumori, K. Albertshofer, F. Tanaka, C. F. Barbas, III, *J. Org. Chem.*, **71**, 3822 (2006)
49) N. S. Chowdari, D. B. Ramachary, A. Cordova, C. F. Barbas, III, *Tetrahedron Lett.*, **43**, 9591 (2002)
50) J. Casas, M. Engqvist, I. Ibrahem, B. Kaynak, A. Cordova, *Angew. Chem. Int. Ed.*, **44**, 1343 (2005)
51) C. Pidathala, L. Hoang, N. Vignola, B. List, *Angew. Chem. Int. Ed.*, **42**, 2785 (2003)
52) R. Thayumanavan, F. Tanaka, C. F. Barbas, III, *Org. Lett.*, **6**, 3541 (2004)
53) G. Zhong, J. Fan, C. F. Barbas, III, *Tetrahedron Lett.*, **45**, 5681 (2004)
54) R. I. Storer, D. W. C. MacMillan, *Tetrahedron*, **60**, 7705 (2004)
55) (a) N. Itagaki, M. Kimura, T. Sugahara, Y. Iwabuchi, *Org. Lett.*, **7**, 4185 (2005);
(b) N. Itagaki, T. Sugahara, Y. Iwabuchi, *Org. Lett.*, **7**, 4181 (2005)
56) S. Samanta, C-G. Zhao, *J. Am. Chem. Soc.*, **128**, 7442 (2006)

57) T-P. Loh, L-C. Feng, H-Y. Yang, J-Y. Yang, *Tetrahedron Lett.*, **43**, 8741 (2002)
58) P. Kotrusz, I. Kmentova, B. Gotov, S. Toma, E. Solcaniova, *Chem. Commun.*, 2510 (2002)
59) Y. Sekiguchi, A. Sasaoka, A. Shimomoto, S. Fujioka, H. Kotsuki, *Synlett*, 1655 (2003)
60) Y. Hayashi, W. Tsuboi, M. Shoji, N. Suzuki, *Tetrahedron Lett.*, **45**, 4353 (2004)
61) (a) Y. Hayshi, 化学工業, **55**, 107 (2004); (b) Y. Hayashi, 化学と教育, **52**, 516 (2004)
62) F. C. Frank, *Biochim. Biophy. Acta.* **11**, 32 (1953)
63) (a) K. Soai, T. Shibata, H. Morioka, K. Choji, *Nature*, **378**, 767 (1995); (b) K. Soai, T. Shibata, I. Sato, *Acc. Chem. Res.*, **33**, 382 (2000); (c) K. Soai, I. Sato, T. Shibata, *Chem. Record*, **1**, 321 (2001); (d) K. Soai, T. Shibata, I. Sato, *Bull. Chem. Soc. Jpn.* **77**, 1063 (2004)
64) S. Pizzarello, M. Zolensky, K. A. Turk, *Geochim. Cosmochim. Acta*, **67**, 1589 (2003)
65) Y. Hayashi, M. Matsuzawa, J. Yamaguchi, S. Yonehara, Y. Matsumoto, M. Shoji, D. Hashizume, H. Koshino, *Angew. Chem. Int. Ed.*, **45**, 4593 (2006)
66) (a) A. I. Nyberg, A. Usano, P. M. Pihko, *Synlett*, 1891 (2004); (b) P. M. Pihko, K. M. Laurikainen, A. Usano, A. I. Nyberg, J. A. Kaavi, *Tetrahedron*, **62**, 317 (2006)
67) (a) Z. Tang, Z.-H. Yang, L.-F. Cun, L.-Z. Gong, A.-Q. Mi, Y.-Z. Jiang, *Org. Lett.*, **6**, 2285 (2004); (b) J. Casas, H. Sunden, A. Cordova, *Tetrahedron Lett.*, **45**, 6117 (2004); (c) D. E. Ward, V. Jheengut, *Tetrahedron Lett.*, **45**, 8347 (2004); (d) I. Ibrahem, A. Cordova, *Tetrahedron Lett.*, **46**, 3363 (2005); (e) M. Amedjkouh, *Tetrahedron: Asymmetry*, **16**, 1411 (2005); (f) A. Cordova, W. Zou, I. Ibrahem, E. Reyes, M. Engqvist, W.-W. Liao, *Chem. Commun.*, 3586 (2005); (g) Y.-S. Wu, Y. Chen, D.-S. Deng, J. Cai, *Synlett*, 1627 (2005); (h) P. Dziedzic, W. Zou, J. Hafren, A. Cordova, *Org. Biomol. Chem.*, **4**, 38 (2006)
68) (a) Organic Synthesis in Water (Ed.; P. A. Grieco), Blackie A & P, London, 1998; (b) U. M. Lindstrom, *Chem. Rev.*, **102**, 2751 (2002); (c) C.-J. Li, *Chem. Rev.*, **105**, 3095 (2005)
69) (a) S. Kobayashi, S. Nagayama, T. Busujima, *Chem. Lett.*, 71 (1997); (b) S. Kobayashi, S. Nagayama, T. Busujima, *Tetrahedron*, **55**, 8739 (1999); (c) S. Kobayashi, Y. Mori, S. Nagayama, K. Manabe, *Green Chem.*, **1**, 175 (1999); (d) S. Nagayama, S. Kobayashi, *J. Am. Chem. Soc.*, **122**, 11531 (2000); (e) S. Kobayashi, T. Hamada, S. Nagayama, K. Manabe, *Org. Lett.*, **3**, 165 (2001); (f) T. Hamada, K. Manabe, S. Ishikawa, S. Nagayama, M. Shiro, S. Kobayashi, *J. Am. Chem. Soc.*, **125**, 2989 (2003); (g) Reviews, see; S. Kobayashi, K. Manabe, *Acc. Chem. Res.*, **35**, 209 (2002); (h) T. Hamada, K. Manabe, S. Kobayashi, *J. Syn. Org. Chem. Jpn.*, **61**, 445 (2003)
70) (a) T. Darbre, M. Machuqueiro, *Chem. Commun.*, 1090 (2003); (b) R. Fernandez-Lopez, J. Kofoed, M. Machuqueiro, T. Darbre, *Eur. J. Org. Chem.*, 5268 (2005)

第9章 プロリン誘導体を用いたアルドール反応の新展開

71) A. Cordova, W. Notz, C. F. Barbas III, *Chem. Commun.*, 3024 (2002)
72) (a) T. J. Dickerson, K. D. Janda, *J. Am. Chem. Soc.*, **124**, 3220 (2002); (b) T. J. Dickerson, T. Lovell, M. M. Meijler, L. Noodleman, K. D. Janda, *J. Org. Chem.*, **69**, 6603 (2004); (c) C. J. Rogers, T. J. Dickerson, A. P. Brogan, K. D. Janda, *J. Org. Chem.*, **70**, 3705 (2005); (d) C. J. Rogers, T. J. Dickerson, K. D. Janda, *Tetrahedron*, **62**, 352 (2006)
73) Y-Y. Peng, Q-P. Ding, Z. Li, P. G. Wang, J-P. Cheng, *Tetrahedron Lett.*, **44**, 3871 (2003)
74) N. Mase, Y. Nakai, N. Ohara, H. Yoda, K. Takabe, F. Tanaka, C. F. Barbas III, *J. Am. Chem. Soc.*, **128**, 734 (2006)
75) Y. Hayashi, J. Yamaguchi, K. Hibino, T. Sumiya, T. Urushima, M. Shoji, D. Hashizume, H. Koshino, *Adv. Synth. Catal.*, **346**, 1435 (2004)
76) Y. Hayashi, T. Sumiya, J. Takahashi, H. Gotoh, T. Urushima, M. Shoji, *Angew. Chem. Int. Ed.*, **45**, 958 (2006)
77) Y. Hayashi, S. Aratake, T. Okano, J. Takahashi, T. Sumiya, M. Shoji, *Angew. Chem. Int. Ed.*, **45**, 5527 (2006)

第10章　酸・塩基複合型高活性キラル有機分子触媒の設計

石原一彰[*]

1　はじめに

　一般に酸と塩基を混ぜ合わせると互いに塩を形成するため，酸触媒としても塩基触媒としても活性が低下すると考えがちであるが，酵素は分子内に複数の酸点と塩基点を持ち，それらを協同的に機能させることにより，高い触媒活性，基質特異性，立体選択性を発現する。触媒設計の際に，酸や塩基の強さだけに頼らず，酸と塩基の組み合わせ方を工夫することによって，穏やかな反応条件で，高い触媒活性と選択性を発現させることができる。酵素同様，水素結合や非結合性の弱い分子間及び分子内相互作用を巧みに利用することが鍵となる。

2　不斉 Diels-Alder 触媒の設計

　2000年に α-無置換型不飽和アルデヒドとジエンの不斉 Diels-Alder 反応に有効なアンモニウム塩触媒が MacMillan らによって開発された（式(1)）[1]。彼らの触媒は H_2-SC-Phe-OH より調製される環状2級アミンのアンモニウム塩であることを特徴とし，α-無置換型不飽和アルデヒドの Diels-Alder 反応に対し有効に作用する。α-無置換型不飽和アルデヒドは塩酸存在下，キラル2級アミンとイミニウムカチオン中間体を形成することによって活性化されると同時にそのエナンチオ面の片方を選択的に遮蔽する。しかし，α-置換型不飽和アルデヒドに対しては触媒活性のみならずエナンチオ選択性も低いことが大きな問題となっていた。

---

[*]　Kazuaki Ishihara　名古屋大学大学院　工学研究科　化学・生物工学専攻　教授

第10章　酸・塩基複合型高活性キラル有機分子触媒の設計

　我々はこの問題の原因が2級アミンとα-置換型不飽和アルデヒド間の立体障害によるイミニウムカチオン生成の困難さにあると考え，1級アミンとα-置換型不飽和アルデヒドからのアルジミンを中間体として経由する触媒設計を試みた。その結果，MacMillanと同じアミノ酸由来のものペプチド H_2-SC-Phe-NH_2 を還元して得られる光学活性ジアミン1と2,4-ジニトロベンゼンスルホン酸の1：2の複合塩がα-置換型不飽和アルデヒドのDiels-Alder反応に有効であることを見つけた。例えば，メタクロレインとシクロペンタジエンのDiels-Alder反応において，目的とするexo-付加体を48％eeで得た（式(2)）[2]。MacMillan触媒では環状2級アミンを用いることによって，その不斉環境を固い配座で構築しているが，本触媒系では，鎖状1級アミンのアンモニウム塩の水素結合あるいはイオン結合を通して，より柔軟な不斉環境を構築している点が特徴的である。我々は，さらに，不斉収率の向上を目指し，ジペプチド由来のキラルトリアミンと2,4-ジニトロベンゼンスルホン酸のアンモニウム塩を検討した。その結果，H_2-SC-Phe-SC-Leu-N(CH_2CH_2)$_2$の還元によって得られるトリアミン2が特に優れていた。2（10 mol%）と2,4-ジニトロベンゼンスルホン酸（25 mol%）の塩を用いて同反応を行なうと，79％eeの選択性で目的のexo-付加体が得られた。

　ところで，Funkは1996年にα-(アシロキシ)アクロレインがDiels-Alder反応の親ジエンとして有効であることを報告した[3]。その後，続報は出ていないが，我々はα-(アシロキシ)アクロレインがα-ハロアクロレインの合成等価体として十分魅力的であり，その取り扱いの容易さとアシル基による反応性及び選択性の制御が可能であることに着目した。本触媒2・2.75 [2,4-$(NO_2)_2C_6H_3SO_3H$]（10 mol%）を用いてα-(ベンゾイルオキシ)アクロレインと2,3-ジメチルブタジエンとのDiels-Alder反応を行ったところ，80％eeで目的とする付加体が得られた（式(3)）。そこで，溶媒，スルホン酸，アシル基の検討を行ったところ，ニトロエタン中，2・2.75$C_6F_5SO_3H$（10 mol%）を用いてα-(p-メトキシベンゾイルオキシ)アクロレインとのDiels-Alder

$$\text{(3)}$$

catalyst: **2**·2.75[2,4-(NO$_2$)$_2$C$_6$H$_3$SO$_3$H]
R = Ph   H$_2$O–dioxane, 20 h   67% yield, 80% ee
R = Ph   EtNO$_2$, 12 h   85% yield, 85% ee

catalyst: **2**·2.75C$_6$F$_5$SO$_3$H
R = Ph   EtNO$_2$, 16 h   97% yield, 87% ee
R = p-MeOC$_6$H$_4$ EtNO$_2$, 8 h   >99% yield, 90% ee

反応を行うことにより，>99％収率で90％ ee の生成物を得ることに成功した。

　ジエンの基質適用範囲を調べるために，各種環状及び鎖状ジエンについてその反応性，エナンチオ選択性について検討した（図1）。その結果，シクロペンタジエン及び5-(ベンジロキシメチル)シクロペンタジエンのような5員環ジエンとの反応に限り，ニトロエタンの代わりにTHFを用いた方がよいことがわかった。反応温度を－20℃にまで下げることにより，83％ ee のエナンチオ選択性で exo 付加体を収率よく得ることができた。特に5-(ベンジロキシメチル)シクロペンタジエンの Diels-Alder 付加体はプロスタグランジンの重要な鍵合成中間体であり，合成的価値が高い。シクロペンタジエンと比べかなり反応性の低いシクロヘキサジエンとの反応では0℃で反応が進行し，91％ ee のエナンチオ選択性で endo 付加体を収率よく得ることが出来た。2,3-ジメチルブタジエンやイソプレンなどの鎖状ジエンとの反応も0℃で進行し，90％ ee 前後のエナンチオ選択性を達成した。

THF, −20 °C, 48 h
99% yield, 87% exo, 83% ee

THF, −20 °C, 28 h
81% yield, 88% exo, 83% ee

EtNO$_2$, 0 °C, 48 h
84% yield, 93% endo, 91% ee

EtNO$_2$, 0 °C, 24 h
92% yield, 92% ee

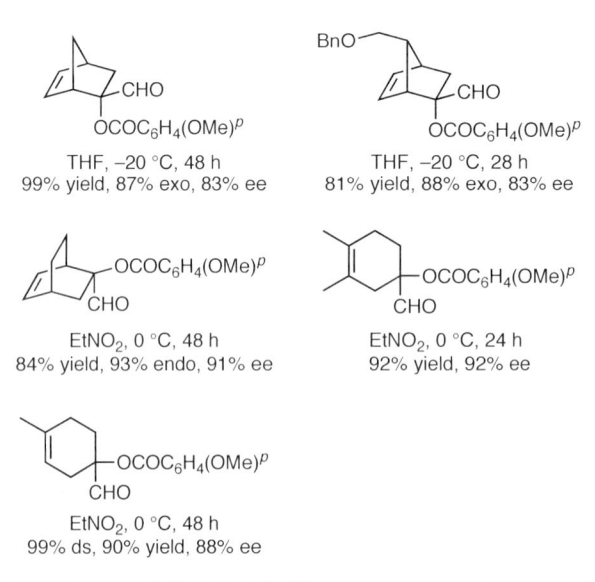

EtNO$_2$, 0 °C, 48 h
99% ds, 90% yield, 88% ee

図1　ジエンの基質一般性　[触媒2・2.75C$_6$F$_5$SO$_3$H（10 mol％）]

第10章　酸・塩基複合型高活性キラル有機分子触媒の設計

表1　シクロペンタジエンとメタクロレインの Diels-Alder 反応

HX	time (h)	yield (%)	exo (%)	ee (%)
$C_6F_5SO_3H$	15	8	90	45
TfOH	6	27	97	39
Tf_2NH	6	13	97	61

　さらに最近，光学活性 2,2'-ジアミノ-1,1'-ビナフチル(**3**)とトリフルオロメタンスルホンイミドのジアンモニウム塩がα-(アシロキシ)アクロレインと環状ジエンとのエナンチオ選択的 Diels-Alder 反応に極めて有効であることがわかった[4]。本触媒は入手容易な（市販の）弱塩基と超強酸のアンモニウム塩であり，-75 ℃という極低温下においても十分に反応が進行する。

　先ほど同様，シクロペンタジエンとメタクロレインの Diels-Alder 反応を用いて，(S)-**3** と Brønsted 酸のジアンモニウム塩の触媒活性とエナンチオ選択性について検討した（表1）。その結果，溶媒はプロピオニトリルが最適であり，嵩高い超強酸であるトリフリルイミドとのジアンモニウム塩触媒が最も高いエナンチオ選択性を与えた。しかし，触媒の酸性度が高すぎるせいか，基質の重合が副反応として起こってしまい，必ずしも化学収率の向上には繋がらなかった。一方，ペンタフルオロベンゼンスルホン酸のように比較的弱い Brønsted 酸を用いたところ，-75 ℃では十分な反応性を示さなかった。

表2　シクロペンタジエンとα-(アシロキシ)アクロレインの Diels-Alder 反応

R	time (h)	yield (%)	exo (%)	ee (%)
p-(MeO)C_6H_4	28	48	93	94
c-C_6H_{11}	24	80	94	86
c-C_6H_{11}[a]	24[a]	88[a]	92[a]	91[a]

[a] 10 mol%の水を添加

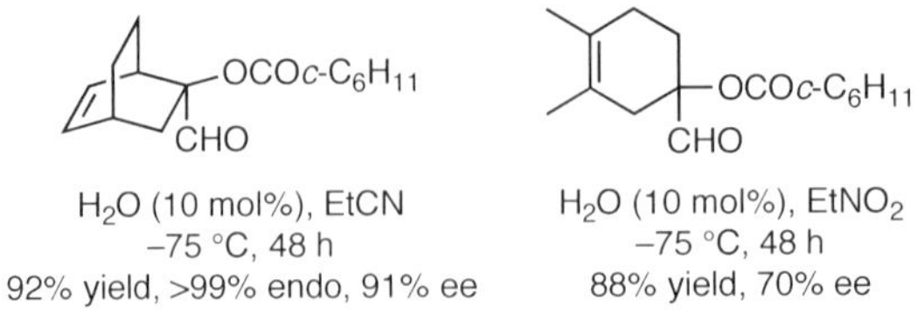

図2 ジエンの基質一般性 ［触媒(S)-3・1.95HNTf$_2$(5 mol%)］

次に，メタクロレインよりも塩基性の高いα-(アシロキシ)アクロレインとシクロペンタジエンのDiels-Alder反応について検討した。その結果を表2に示す。幸運にも，α-[p-(メトキシ)ベンゾイルオキシ]アクロレインとシクロペンタジエンの反応でexo付加体を94% eeで得た。しかし，その化学収率は48%であり，満足のいく結果とはならなかった。そこで，より塩基性の高いα-(シクロヘキサンカルボキシ)アクロレインを用いて反応を行なったところ，エナンチオ選択性は86% eeに若干低下したものの化学収率は80%まで向上した。さらに，10 mol%の水を添加したところ，エナンチオ選択性は91% eeまで回復し，化学収率も88%まで向上した。

同条件下，シクロヘキサジエンとのDiels-Alder反応についても高収率，高エナンチオ選択的に付加体を得ることができた。しかし，鎖状ジエンについては中程度のエナンチオ選択性に留まっており，現在検討中である。

予想される遷移状態モデル**TS-1**及び**TS-2**を示す。^{1}H NMR実験の結果から，Brønsted酸存在下，α-(アシロキシ)アクロレインと(S)-3からイミニウムカチオン中間体が生じるものと予想される。その際，(S)-3に対し2当量あるいは1当量のBrønsted酸が関わる**TS-1**あるいは**TS-2**の遷移状態が考えられるが，1当量のBrønsted酸存在下では触媒活性が著しく低下したことから，**TS-1**の可能性が高い。どちらの遷移状態もアシロキシ酸素とアンモニウムプロトンとの水素結合が親ジエンのエナンチオ面認識に大きく関わっているものと考えられる。**TS-1**

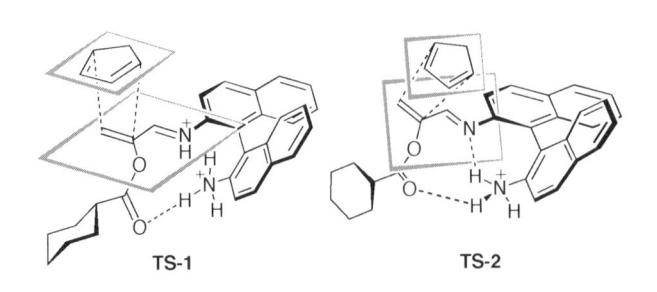

図3 予想される遷移状態

第10章　酸・塩基複合型高活性キラル有機分子触媒の設計

のα-アシロキシ面とアクリロイル面の二面角は，α-(アシロキシ)アクロレインそのもののX線結晶構造の二面角とほぼ一致しており，TS-1が妥当な遷移状態であることを示唆している。

3　不斉アシル化触媒の設計

　ヒスチジンのイミダゾール部位は，4-(N,N-ジメチルアミノ)ピリジン(DMAP)と同様に求核活性をもっている。キラルDMAP誘導体を触媒に用いた不斉アシル化反応はすでにいくつも報告されているが，ヒスチジンを求核活性部位として利用した人工酵素の成功例としてはMillerらが開発した4が初めてである(式(4))[5]。触媒4は8個のアミノ酸から構成されるオリゴペプチド(分子量1,436)であり，分子内水素結合を利用したβターン型の二次構造によってイミダゾール近傍に不斉反応場が構築されると考えられている。Millerらはコンビナトリアル合成法を利用して触媒をスクリーニングし，数千種類に及ぶペプチドライブラリーの中から，高活性かつ高エナンチオ選択性を示す触媒を見つけ出している。この触媒を用いてラセミ体の2級アルコールをアシル化して，50倍以上のS値$[S = k_{fast}/k_{slow}]$で速度論的光学分割することに成功している。

　最近，我々もヒスチジンを基本骨格とした不斉アシル化触媒5を開発した(式(5))[6]。触媒4が分子内水素結合によるペプチドの二次構造を大きなテンプレートにした比較的小さな人工酵素であるのに対し，触媒5はヒスチジンを基本骨格に必要最少限の合理的な化学修飾を施した，言わば最小の人工酵素である。アミノ基をペプチドの代わりに2,4,6-トリイソプロピルベンゼンスルホンアミド基に変換することにより，アミドプロトンの酸性度を上げ，そのプロトンの向きを

イミダゾールと同じ側に固定した。その結果，アミドプロトンと基質間のたった一本の強い水素結合によって基質のどちらか一方の鏡像体を選択的に取り込むことができるようになった。例えば，cis-1,2-シクロヘキサンジオールの片方のヒドロキシ基を N-ピロリジンカルボニルオキシ基に変換したラセミアルコール **6** のイソ酪酸無水物とのアシル化反応による速度論的分割では $(1R,2S)$-**7** 及び $(1S,2R)$-**6** がそれぞれ高い光学純度で得られた（$S = 93$）。さらに，この反応を $-20\,°C$ で行うと S 値は 132 まで向上した。カルボン酸無水物としてはイソ酪酸無水物が最も効果的であった。

分子量1万を超すアシル化酵素と比較し，分子量660の**5**は遥かに小さく，不斉源もヒスチジン由来の不斉炭素原子一つのみである。触媒分子内には，触媒活性中心のイミダゾール塩基と，基質の選択的取り込みに必要なスルホンアミドプロトンとが不斉炭素原子を介して存在するため，効果的に速度論的光学分割を行うことができる。通常，**5** は ＜5 mol％ の使用で十分であり，1 mmol のラセミアルコールの速度論的分割には＜0.05 mmol（＜33 mg）の **5** を使用すればよい。**5** については2005年1月から東京化成工業で市販されている。

また，均一触媒 **5** の回収・再利用を目的に，ポリスチレン樹脂担持型の触媒 **8** の開発にも成功した（式(5)）。固体触媒 **8** は濾過により容易に反応溶液から回収することができ，10回以上繰り返しアシル化反応に利用しても，その触媒活性と不斉認識能に変化はない。

第10章　酸・塩基複合型高活性キラル有機分子触媒の設計

　ヒスチジンを触媒活性部位として利用した Miller らのペプチド触媒は，酵素を彷彿させるペプチドの二次構造を巧みに利用している．一方，我々の触媒も同じくヒスチジンを触媒活性部位として利用しているが，そのアミノ基をスルホン酸アミドに変換することにより最小の人工酵素を開発した．Miller らのように酵素そのものに近づく方向で人工的にデザインするのも一つのアプローチであるが，酵素のような巨大な分子でなくても，酵素の活性部位だけを切り出し，合理的な必要最小限の化学修飾によって高度な選択性を達成した．我々の触媒はそれを提案，実証したものと言えよう．積極的に酵素の概念を導入した効率的な触媒設計をすることによって，酵素を凌駕するような優れた人工小分子酵素が開発されることを期待したい．

4　不斉アルキル付加触媒の設計

　アルキル亜鉛（Ⅱ）のアルデヒドへのエナンチオ選択的付加反応については既に数多くの報告例があるが，そのほとんどがアルキル亜鉛（Ⅱ）と等モル量の Ti(Oi-Pr)$_4$ と触媒量のキラル配位子を組み合わせて使わなくてはならない[7]．アルキル亜鉛（Ⅱ）自身には十分なアルキル化剤としての反応性がないため，Zn(Ⅱ) 上のアルキル基を Ti(Ⅳ) 上にトランスメタル化して活性化するためである．我々は Ti(Ⅳ) などの余分な活性化剤を使わず，アルキル亜鉛（Ⅱ）自身を触媒的に活性化する配位子の設計研究を行い，3,3'-ジホスフィノイル-1,1'-BINOL の開発に成功した[8a]．我々の概念を図4に示す．3,3'-ジホスフィノイル-1,1'-BINOL は過剰のアルキル亜鉛（Ⅱ）と反応することにより，Zn(Ⅱ)-3,3'-ジホスフィノイル-1,1'-BINOLate となり，2,2'位の Zn(Ⅱ)O 基と 3,3'位の R$_2$P=O 基はそれぞれ Lewis 酸点及び Lewis 塩基点として働くことが期待された．その際，Lewis 酸点と Lewis 塩基点は三重共役関係にあり，相乗的にアルデヒドへのアルキル付加反応を促進することができると考えた．

　我々は4種類の 3,3'-ジホスフィノイル-1,1'-BINOL (**9-12**) を合成し，ベンズアルデヒドとエチル亜鉛（Ⅱ）(1.5当量) のエナンチオ選択的付加反応のキラル配位子（3 mol%）としての有効性を評価した（表3）．その結果，いずれの配位子も 90% ee 以上の高いエナンチオ選択性を

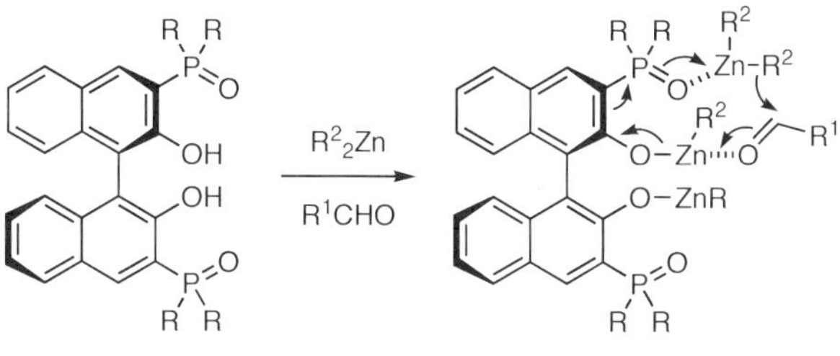

図4　R$^2_2$Zn の酸・塩基共役複合活性化法の概念

表3 ベンズアルデヒドへのエナンチオ選択的エチル付加反応

catalyst	time (h)	yield (%)	ee (%)
9	72	77	93
10	48	70	94
11	48	81	97
12	24	98	97

示したが，その反応性に大きな差があることがわかった。1,1'-BINOL の 3,3' 位の置換基は O=PPh$_2$，O=P(OR)$_2$，O=P(NMe$_2$)$_2$ の順番で触媒活性が向上し，配位子 12 を用いた場合に 1 日の反応時間で 98％収率，97％ ee を達成した。これらの実験結果は 1,1'-BINOL の 3,3' 位のホスフィノイル基の Lewis 塩基性が触媒活性の重要な鍵となっていることを示している。興味深いことに，触媒活性及びエナンチオ選択性の発現には BINOL の 3,3' 位の両方にホスフィノイル基が必要であることがわかっている。このことは C_2 対称性を有する立体構造が有効に働いたことを示している。

　本反応は芳香族アルデヒドに限らず，脂肪族アルデヒドに対しても有効であった（図 5）。一般的に，芳香族アルデヒドに対しては 12 が，脂肪族アルデヒドに対しては 9 が有効であることがわかった。また，エチル亜鉛（II）以外にも，ブチル亜鉛（II）や反応性の低いメチル亜鉛（II）にも適用可能であった。フェニル亜鉛（II）を使用する場合には，エチル亜鉛（II）をキラル配位子に対し 2 当量用いて Zn(II)-BINOLate を調製することが必要であった。また，フェニル化においては 12 よりも 11 の方が高いエナンチオ選択性を与えることがわかった。以上のように，どの配位子が最適かについてはアルデヒドとアルキル亜鉛（II）との組み合わせによって

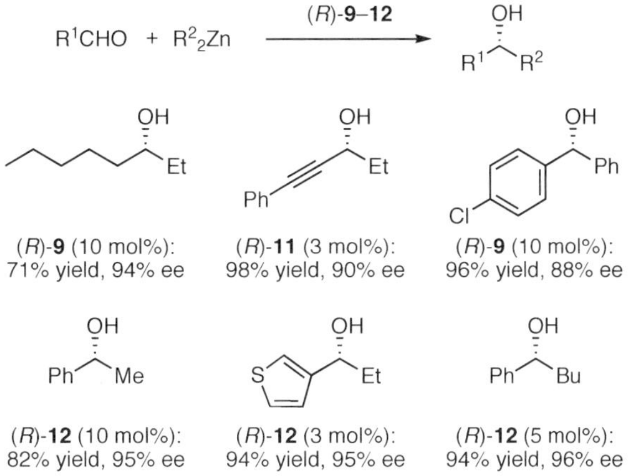

第10章 酸・塩基複合型高活性キラル有機分子触媒の設計

図5 (R)-9-12を用いるアルキル亜鉛(Ⅱ)付加反応の基質適用範囲

異なり，その傾向についてはある程度のことがわかっているが，その詳細についてはさらなる研究が必要である。

配位子に対し，アルキル亜鉛（Ⅱ）は5当量以上必要であることがわかっている。この実験結果を基に遷移状態を考察すると，1,1'-BINOLの二つの水酸基にキレート架橋するアルキル亜鉛（Ⅱ）の存在が重要であることが示唆される（図6）。このキレートによりナフトキシ亜鉛（Ⅱ）のLewis酸性は向上するはずであり，このことが反応促進に重要な働きを担っていると考えられる。ちなみに3-ホスフィノイル-2-ナフトールを配位子にしても十分な触媒活性は得られなかった。

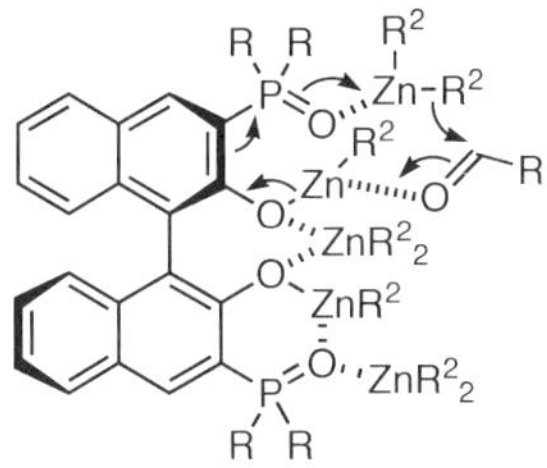

図6 予想される遷移状態

5 おわりに

　以上，我々は(i)酸・塩基複合塩触媒，(ii)非共役型酸・塩基複合触媒，(iii)共役型酸・塩基複合触媒の3つのタイプの触媒設計の実際の開発例について紹介した。(i)では柔軟なコンフォメーションを有するキラルアミンをBrønsted酸とのアンモニウム塩とすることによって，スマートに触媒活性近傍の場を制御することに成功した。(ii)では触媒分子内の適切な位置にBrønsted酸点とLewis塩基点を非共役関係に配置することによって触媒活性近傍の場を制御すると同時に触媒活性を向上させることに成功した。(iii)では触媒分子内の適切な位置にLewis酸点とLewis塩基点を三重共役の関係で配置することにより，エナンチオ選択的に遷移状態を安定化させることに成功した。今後も酸・塩基複合化学に基づく高機能小分子触媒の設計研究を推進し，低環境負荷型触媒反応プロセスの発展に貢献したい。最後に，本研究に直接携わった共同研究者である坂倉彰講師，波多野学助手，小杉裕士君（D3），宮本隆史君（D3），中野効彦君（D2），鈴木賢二君（M2）に感謝の意を表する。

文　献

1) (a) Ahrendt, K. A.; Borths, C. J.; MacMillan, D. W. *J. Am. Chem. Soc.*, **122**, 4243-4244 (2000)　(b) Northrup, A. B.; MacMillan, D. W. *J. Am. Chem. Soc.*, **124**, 2458-2359 (2002)
2) Ishihara, K.; Nakano, K. *J. Am. Chem. Soc.*, **127**, 10504-10505 (2005); 13079 (corrections).
3) Funk, R. L.; Yost, K. J., III. *J. Org. Chem.*, **61**, 2598-2599 (1996)
4) Sakakura, A.; Suzuki, K.; Nakano, K.; Ishihara, K. *Org. Lett.* **2006**, in press.
5) (a) Miller, S. J.; Copeland, G. T.; Papaioannou, N.; Horstmann, T. E.; Ruel, E. M. *J. Am. Chem. Soc.*, **120**, 1629-1630 (1998)　(b) Miller, S. J. *Acc. Chem. Res.*, **37**, 601-610 (2004)
6) Ishihara, K.; Kosugi, Y.; Akakura, M. *J. Am. Chem. Soc.*, **126**, 12212-12213 (2004)
7) Hatano, M.; Miyamoto, T.; Ishihara, K. *Curr. Org. Chem.* **2006**, in press.
8) (a) Hatano, M.; Miyamoto, T.; Ishihara, K. *Adv. Synth. Catal.*, **347**, 1561-1568 (2005)　(b) Hatano, M.; Miyamoto, T.; Ishihara, K. *Synlett* **2006**, in press.

第11章 プロリン誘導体を有機分子触媒として用いる速度論的分割

折山　剛*

1　はじめに

　日本人で10人目のノーベル賞受賞者に輝いた野依先生は,「キラル触媒による不斉合成の研究」に関する卓越した業績を築き上げた。具体的には，BINAP触媒を用いる不斉還元を主な受賞対象としている。また，2001年に同時受賞したアメリカのSharplessは酒石酸エステルをキラル配位子として用いるアリルアルコールの不斉エポキシ化をその一つの大きな研究業績としている。これらのキラル触媒はいずれも金属化合物が関与しているのに対して，触媒に金属を一切含まない，有機分子触媒を合理的に設計し，これを用いる不斉合成の研究が2000年以降，急速に大きな脚光を浴びている。

　「有機分子触媒」という言葉が盛んに使われるようになる5年ぐらい前，すなわち1995年ごろからアルコールの不斉アシル化の分野では，すでに有機分子触媒の開発研究が活発に行われてきた。それ以前は生体触媒である酵素の独り舞台であったこの分野において，選択性，効率性，実用性いろいろな面で酵素を超えるような有機分子触媒が合理的に設計され，開発されてきた。

　本章では，プロリンから誘導される化合物を有機分子触媒として用いる速度論的分割を中心に概説する。キラルな反応剤や触媒の存在下では，ラセミ体の鏡像異性体間の反応速度に差がでるので，エナンチオ選択的反応が可能となる。鏡像異性体を化学反応の速度の違いによって分離することができるので速度論的分割ともよばれている。ここで取り上げる反応のほとんどはラセミアルコールの不斉アシル化による分割である。その他に，ラセミカルボン酸のエステル化などの例も若干ある。さらに炭素－炭素結合生成反応であるアルドール反応の分割についても述べる。酵素の力を借りない速度論的分割の優れた総説[1]が最近出ているので，プロリン誘導体以外の例は，そちらを参照していただきたい。プロリン誘導体以外の有機分子触媒や，プロリン誘導体を反応基質としているものも，関連するものは取り上げる予定である。

---

*　Takeshi Oriyama　茨城大学　理学部　教授

2 アルコールの不斉アシル化

2.1 ラセミ第二級アルコールの速度論的分割

これまでに報告されているラセミ第二級アルコールの速度論的分割のほとんどは，酵素を用いるものである[2]。酵素は自然界に存在するキラル（生体）触媒の一つであり，光学活性化合物の供給に古くから広く利用されてきた。アルコールの不斉アシル化においても，10年ほど前まではリパーゼやエステラーゼなどの酵素を用いる手法がほとんどであった。酵素反応は，基質を選べば立体特異的に進行する。しかしながら，酵素は一般に高価であり，適用できる基質の汎用性が低いなどの問題点がある。

一方，最近10年ほどの間にラセミ第二級アルコールの有機分子触媒を用いる触媒的不斉アシル化が相次いで報告されている。これまでに開発されているアルコールの速度論的分割の代表的なキラル触媒を図1にまとめた。ここではプロリン誘導体以外のキラル触媒も含まれている。富士，川端らはキラルな4-ピロリジノピリジン誘導体を用いるラセミ第二級ヒドロキシエステル類の分割法を開発した[3]。Millerらはオリゴペプチド触媒を用いてラセミ第二級ヒドロキシアミ

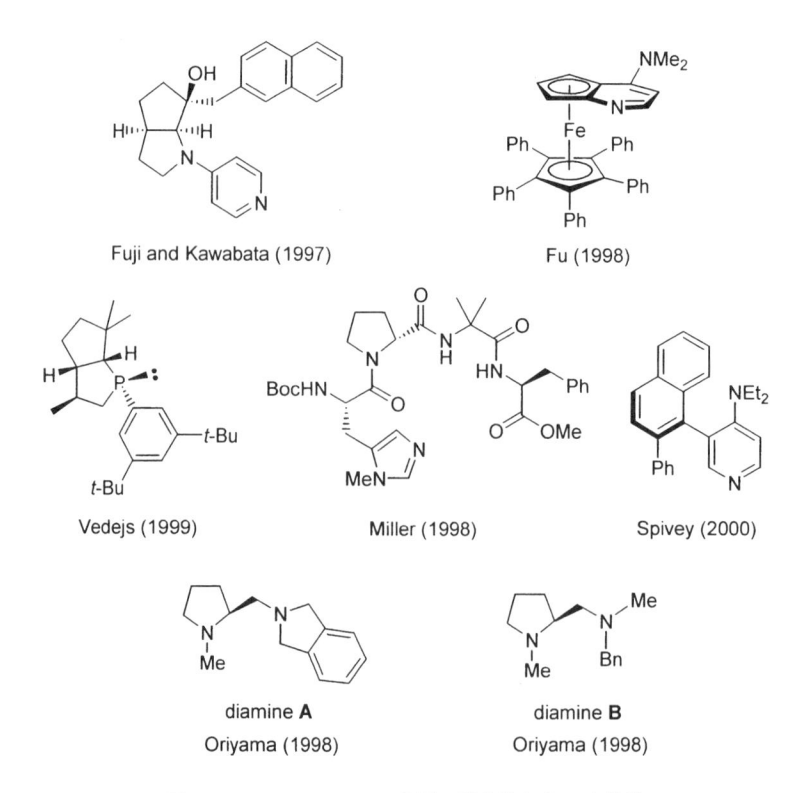

図1 ラセミアルコール分割の代表的なキラル触媒

第11章　プロリン誘導体を有機分子触媒として用いる速度論的分割

ドの不斉アシル化を報告している[4]。Vedejs らは高度に修飾したキラルなホスフィン配位子を有機分子触媒として用いている[5]。Fu らはキラルな平面型配位子を有するフェロセン錯体の存在下，無水酢酸を用いてラセミ第二級アリールカルビノールの不斉アシル化を行っている[6]。Spivey らは軸不斉を有するキラル有機分子触媒を開発した[7]。これらの中には，酵素反応に匹敵するような高い選択性（s 値で 100 以上）を発現できる触媒もある。しかしながらいささか残念なのは，その対象とするアルコール基質がいずれもアリールカルビノールタイプであることである。すなわち，アリールカルビノールなどの鎖状のキラルな第二級アルコールは対応する芳香族ケトンを不斉還元して高エナンチオ選択的に合成する方法がこれまでに数多く報告されている。つまり，あえて不斉アシル化を利用しなくても，光学純度の高いキラルアルコールを入手することができる。

　これに対して，筆者らも (S)-プロリンから誘導されるキラルな 1,2-ジアミン（図1のジアミン A と B）を用いて，ラセミ第二級アルコールの不斉アシル化を検討した。すなわち，環状ラセミ第二級アルコールである *trans*-2-フェニルシクロヘキサノールに対して，触媒量のキラルなジアミンおよび，0.5 当量のトリエチルアミンとモレキュラーシーブス（MS）4 A の存在下，塩化ベンゾイルによるアシル化を行った。その結果，0.3 mol% のキラルな 1,2-ジアミン A を用いて −78 ℃ で 3 時間反応させたところ，対応する安息香酸エステルが化学収率 49 %，光学収率 96 % ee（s = 160），未反応のアルコールが化学収率 48 %，光学収率 95 % ee で得られ，最も理想的に両エナンチオマーを分割することができた（図2）[8]。さらに，6員環だけでなく5員環や8員環のシクロアルカノール，またヒドロキシエステルや β-ブロモヒドリン 1 のような他の官能基を分子内に有する環状ラセミ第二級アルコールを，いずれも高選択的に分割することができた。なお得られたキラルなエステル 2 は DBN（1,5-ジアザビシクロ[4.3.0]ノン-5-エン）で処理すると高い光学純度を保持したまま対応するアリルエステル誘導体 3 に変換できた（図3）[9]。

　一方，キラルな環状第二級アルコールは対応するケトンを不斉還元する方法でも得られるが，高エナンチオ選択的な変換が一般に困難である。これに対して，ここに開発した触媒的不斉アシル化は環状のラセミ第二級アルコールを特に高いエナンチオ選択性で分割することができる。

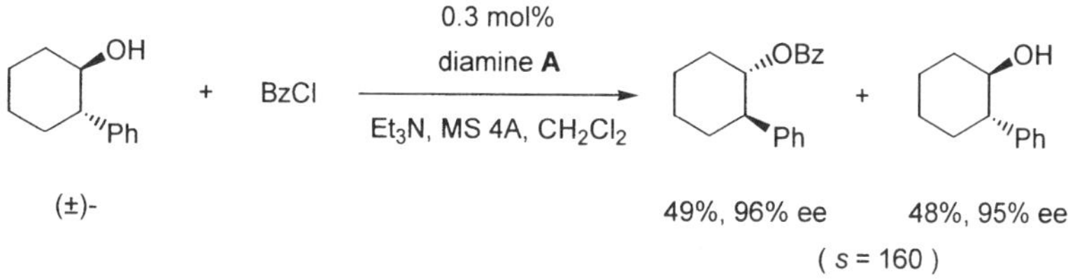

図2　ラセミ第二級アルコールの速度論的分割

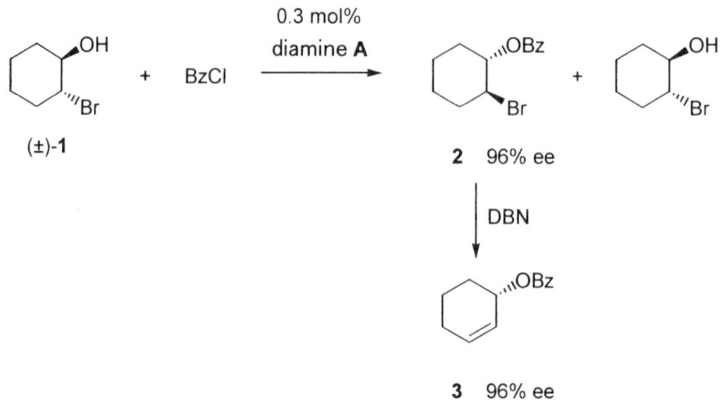

図3　アルコールの分割とキラルビルディングブロックへの変換

　効率性がきわめて高いこの触媒的不斉アシル化は次のように進行していると推測している（図4）。すなわち，キラルな 1,2-ジアミン A と酸塩化物から光学活性なアシルアンモニウム塩 4 が生成する。これが反応のアシル活性種となる。7員環の遷移状態を経由して一方のエナンチオマーを選択的にアシル化する。副生したジアミンの塩酸塩 5 はアキラルな第三級アミン（トリエチルアミンかジイソプロピルエチルアミン）と反応して遊離のジアミンになったのち，酸塩化物と反応して再びアシルアンモニウム塩 4 となり，触媒サイクルが完成する。また，この不斉アシル化においては MS 4A は不斉誘導には直接関与せず，反応を促進していることが実験結果からわかった。MS 4A の詳細な役割については現段階では明らかになっていないが，おそらく発生する塩化水素の捕捉剤として働き[10]，アシル化の反応促進に寄与しているのではないかと推測している。

2.2　ラセミ第一級アルコールの速度論的分割

　ラセミ第一級アルコールはラセミ第二級アルコールと比べて，反応点と不斉点が離れており，かつヒドロキシ基が第一級であるため不斉誘導が非常に困難であることが予想される。筆者らは，ラセミ第一級アルコールのモデル化合物としてグリセロールの隣接する2つのヒドロキシ基を環状アセタール化したグリセロール誘導体を用いて，キラル 1,2-ジアミン B を有機分子触媒として用いてアシル化を行ったところ，予想に反して s 値が 16 で分割することができた（図5）[11]。このグリセロール誘導体は酸化することにより，糖質化合物などの有用な生理活性天然物の全合成において，キラルビルディングブロックとして広く用いられている光学活性なグリセルアルデヒド誘導体へと容易に変換することができる。

第11章 プロリン誘導体を有機分子触媒として用いる速度論的分割

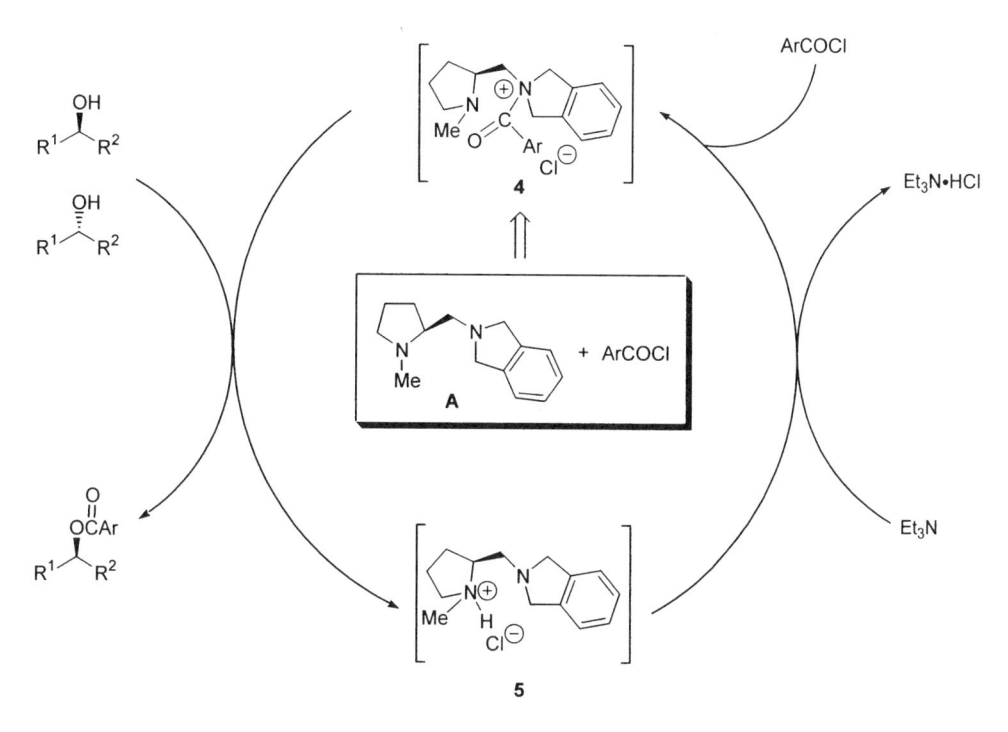

図4 アルコール分割の反応機構

　AnsonとCampbellらは，富士，川端らが開発したPPY（4-ピロリジノピリジン）誘導体のピロリジン環の2位が第4級不斉炭素原子となっている触媒を設計・合成した[12]。5 mol%のN-4'-ピリジニル-α-メチルプロリン誘導体を有機分子触媒として用いて，ラセミβ-アミノアルコールの速度論的分割が最高$s = 10$の選択性で進行することを明らかにしている（図6）[13]。第一級アルコールでも比較的高い選択性で分割が進行し，アミノ基の保護基としては，トリフルオロアセチル基が最適であることを見出している。また，この触媒をポリマーに固定化して用いることにより，その優れた性能を保ったまま繰り返し再利用できることも報告している。

図5 ラセミ第一級アルコールの速度論的分割

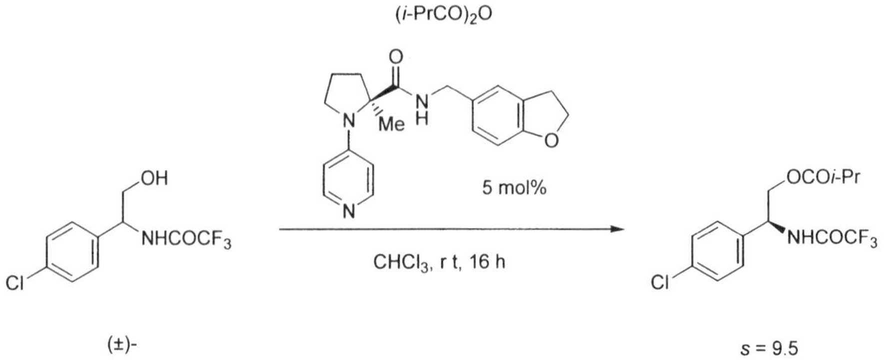

図6 β-アミノアルコールの速度論的分割

2.3 対称ジオール類の不斉アシル化による非対称化

　もう一つのタイプのアルコールの不斉アシル化は，対称（メソ型）ジオールの非対称化である。分子内に存在する等価な二つのヒドロキシ基の一方を選択的にアシル化することによりキラル化合物が生じる。鏡像場選択反応ともよばれるものであり，キラル化合物創製の方法論としても興味深いものである。このタイプの反応は今回の主題からはそれるが，重要な結果もあるので少し触れたい。

　代表的な対称1,2-ジオールとして cis-シクロヘキサン-1,2-ジオール（6）がある（図7）。非酵素型不斉アシル化の手法による cis-シクロヘキサン-1,2-ジオールの非対称化はこれまでにほとんど報告例がなかったが，Vedejs らは 5 mol% のキラルなホスフィン配位子の存在下，無水安息香酸により不斉ベンゾイル化を行い 6 を最高 67 % ee で非対称化している[14]。これに対して筆者らは，このジオール 6 に対して触媒量（0.5 mol%）のキラルなジアミン B と 1 当量のトリエチルアミンと MS 4A の存在下，塩化ベンゾイルを用いてアシル化を行ったところ，対応するモノ安息香酸エステルが化学収率 83 %，光学収率 96 % ee で得られた（図7）[15]。

　一方，川端らは，PPY のピロリジン環の 4 位に側鎖を導入した有機分子触媒を設計，合成した。これを用いて 6 の触媒的不斉アシル化を行ったところ，最高 65 % ee で対応するモノエス

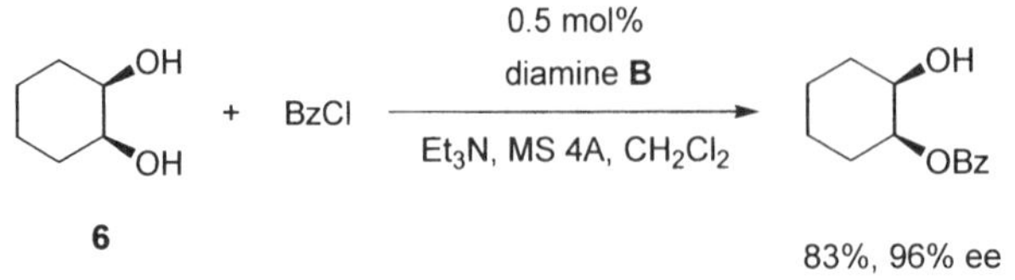

図7 対称 1,2-ジオールの非対称化

第11章 プロリン誘導体を有機分子触媒として用いる速度論的分割

テルが得られることを報告している[16]。

さらに筆者らは，1,2-ジオール以外の遠隔対称ジオールとして，2-置換-1,3-プロパンジオールの非対称化[17]および cis-2-シクロペンテン-1,4-ジオールの非対称化[18]にも成功している。すなわち，プロリンから誘導されるキラル1,2-ジアミンAとBは，様々な対称ジオールの高効率，高エナンチオ選択的な不斉アシル化の有機分子触媒として極めて有効であることを明らかにした。筆者らが開発した「有機分子触媒によるアルコールの不斉アシル化」は次のようなイメージを持ってもらいたい。通常の酸塩化物によるアシル化の反応系内に，ごく少量（基質アルコールの200分の1から300分の1当量）のキラルな1,2-ジアミンを添加するだけで，不斉アシル化がすみやかにかつ高エナンチオ選択的に進行する。$-78\,^\circ\mathrm{C}$のような低温ではなく$-20\,^\circ\mathrm{C}$から$0\,^\circ\mathrm{C}$でアシル化を行っても，エナンチオ選択性の低下は10〜15％程度であり，実用性も高い。キラルな1,2-ジアミンは分子量200程度の小さな有機分子触媒で，他の有機分子触媒と比べてその調製が簡便である。非対称化と速度論的分割の両方のタイプの不斉アシル化，さらに種々のアルコール基質に広く適用することができる。加えて，種々の有用なキラルビルディングブロックへと直接的に変換することができる，という優れた特徴を持っている。

3　その他の官能基変換による速度論的分割

アルコールの非酵素型不斉アシル化の例は数多く報告されているが，ラセミアミンの不斉アシル化による分割例は極めて数少ない。プロリン誘導体の例ではないが，Fuらはピロリジノピリジン骨格を有するフェロセン誘導体を触媒として用いて分割を行っている[19]。また，ごく最近Birmanらは，キラルなイミダゾリン誘導体を用いてN-アシル化を行い高選択的分割を達成している[20]。

ラセミアルコールの不斉アシル化による分割ではなく，ラセミカルボン酸（α-アミノ酸）の不斉エステル化による速度論的な分割も報告されている。SnyderとPirkleは，キラルなセレクターとアキラルな第四級アンモニウム塩を組み合わせることにより，キラルな相間移動触媒システムの構築に成功している。1当量のプロリン由来のキラルなN-ピバロイルプロリンアニリド誘導体と3 mol％のテトラヘキシルアンモニウムブロミドを組み合わせた相間移動触媒システムを用いて，ラセミ体のα-アミノ酸誘導体をフェナシルブロミドと反応させると，速度論的分割が進行することを見出している[21]。さらに，このエステル化による分割と加水分解を連続的に組み合わせて，ラセミ体のロイシン誘導体から出発して，光学的に純粋なロイシンエステル誘導体を得ることに成功している（図8）[22]。キラルなセレクターの存在下，アミノ酸がエステル化される段階で生成したマイナーなエステルエナンチオマーが，そのまま選択的に加水分解されるた

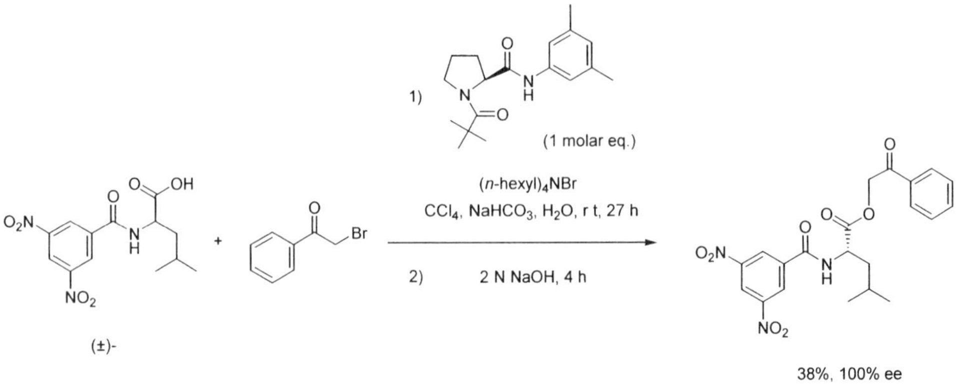

図8　ラセミα-アミノ酸の速度論的分割

めに，高いエナンチオ選択性が達成されていると考えられる。ただし，キラルセレクターであるプロリン誘導体は，触媒量ではなくα-アミノ酸と同じ当量だけ用いる必要がある。

有機分子触媒の例ではないが，プロリン誘導体から出発した分割の例を示す。Parkらは，プロリンから誘導されるα-ブロモアミドをアミノ化する反応において，動的速度論的分割が進行することを報告している。α-ブロモ-α-フェニル酢酸のアミノ酸エステルアミドから出発して，塩基存在下ベンジルアミンと高ジアステレオ選択的に求核置換反応がおこることを見出した。特に，アミノ酸エステルとしてプロリンエステルを用いると単一のジアステレオマーを高収率で与えることを明らかにしている（図9）[23]。

Claydenらは，プロリン由来のキラルな1,2-ジアミンをアミナール反応剤として用いて，2-ホルミルベンズアミドあるいは2-ホルミルナフトアミドの動的分割を行っている。2-(アニリノメチル)ピロリジンを用いて，単一のアトロプ異性体を得ることに成功した[24]。

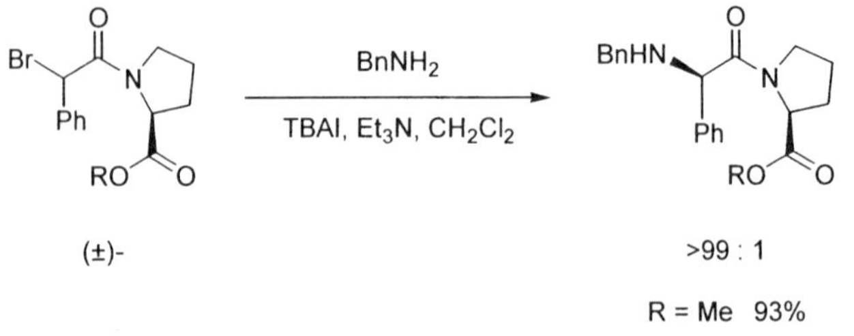

図9　α-ブロモアミドのアミノ化による分割

4 炭素-炭素結合生成反応を伴う速度論的分割

Córdovaらは,有機分子触媒と酵素を連続的に組み合わせたアルドール反応を報告している。アセトンとベンズアルデヒドとの分子間アルドール反応において,プロリンを有機分子触媒として用いて生成したアルドール体(56% ee)を続けてリパーゼを用いてアセチル化による分割を行うと,光学的に純粋な対応するβ-ヒドロキシケトンが得られることを見出した[25]。

Walshらは,20 mol%のプロリンを有機分子触媒として用いて2-ホルミルベンズアミドあるいは2-ホルミルナフトアミドと,アセトンとのアルドール反応を行うと,アンチアルドール生成物が主に(2:1から7:1)得られ,そのアトロプ異性体の光学純度は最高95% eeになることを報告している(図10)[26]。

Wardらは,ラセミアルデヒドとケトンとのアルドール反応において動的速度論的分割が進行することを見出した。すなわち,プロリン触媒を用いて含水DMSO溶媒中,ラセミ体のアルデヒド7とケトン8のアルドール反応を行うと,98% ee以上の光学収率で対応するアルドール付加生成物が得られた(図11)[27]。この反応では水の添加により,反応性,選択性が飛躍的に向上することが明らかになった。

以上述べてきたように,プロリン誘導体を有機分子触媒として用いる速度論的分割の例は,それほど多くないが,今後この分野の研究もさらに進展するものと思われる。その低い反応性を解

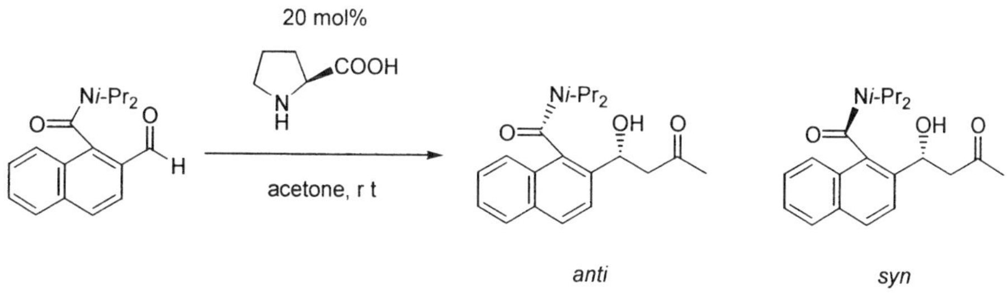

図10 2-ホルミルナフトアミドのアルドール反応

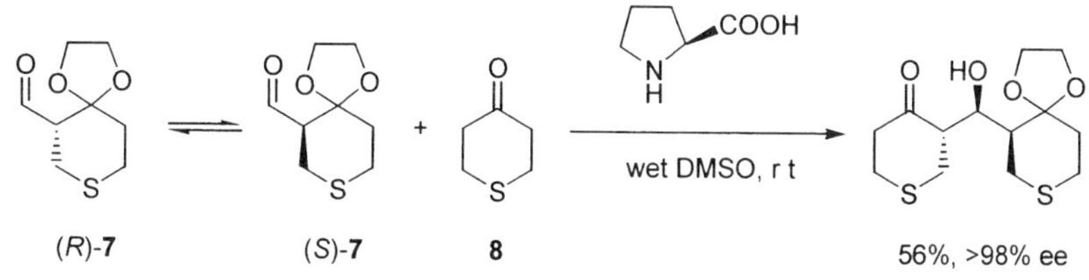

図11 アルドール反応における動的速度論的分割

有機分子触媒の新展開

決するために,長い反応時間を必要としたり,有機分子触媒をほぼ化学量論的に用いなければならない反応もある。添加剤等の工夫・改良により,今後より効率的な速度論的分割の開発が期待される。

文　献

1) Review of nonenzymatic kinetic resolution: E. Vedejs, M. Jure, *Angew. Chem. Int. Ed.*, **44**, 3974 (2005)
2) a) C.-S. Chen, C. J. Sih, *Angew. Chem., Int. Ed. Engl.*, **28**, 695 (1989); b) A. M. Klibanov, *Acc. Chem. Res.*, **23**, 114 (1990); c) K. Burgess, L. D. Jennings, *J. Am. Chem. Soc.*, **113**, 6129 (1991); d) D. G. Drueckhammer, W. J. Hennen, R. L. Pederson, C. F. Barbas, III, C. M. Gautheron, T. Krach, C.-H. Wong, *Synthesis*, 499 (1991)
3) a) T. Kawabata, M. Nagato, K. Takasu, K. Fuji, *J. Am. Chem. Soc.*, **119**, 3169 (1997); b) T. Kawabata, K. Yamamoto, Y. Momose, H. Yoshida, Y. Nagaoka, K. Fuji, *Chem. Commun.*, 2700 (2001)
4) a) S. J. Miller, G. T. Copeland, N. Papaioannou, T. E. Horstmann, E. M. Ruel, *J. Am. Chem. Soc.*, **120**, 1629 (1998); b) G. T. Copeland, E. R. Jarvo, S. J. Miller, *J. Org. Chem.*, **63**, 6784 (1998); c) G. T. Copeland, S. J. Miller, *J. Am. Chem. Soc.*, **121**, 4306 (1999); d) E. R. Jarvo, G. T. Copeland, N. Papaioannou, P. J. Bonitatebus, Jr., S. J. Miller, *J. Am. Chem. Soc.*, **121**, 11638 (1999); e) E. R. Jarvo, M. M. Vasbinder, S. J. Miller, *Tetrahedron.*, **56**, 9773 (2000); f) E. R. Jarvo, C. A. Evans, G. T. Copeland, S. J. Miller, *J. Org. Chem.*, **66**, 5522 (2001); g) S. J. Miller, *Acc. Chem. Res.*, **37**, 601 (2004)
5) a) E. Vedejs, O. Daugulis, *J. Am. Chem. Soc.*, **121**, 5813 (1999); b) J. A. MacKay, E. Vedejs, *J. Org. Chem.*, **69**, 6934 (2004) and references cited therein.
6) a) J. C. Ruble, G. C. Fu, *J. Org. Chem.*, **61**, 7230 (1996); b) J. C. Ruble, H. A. Latham, G. C. Fu, *J. Am. Chem. Soc.*, **119**, 1492 (1997); c) C. E. Garrett, G. C. Fu, *J. Am. Chem. Soc.*, **120**, 7479 (1998); d) J. C. Ruble, J. Tweddell, G. C. Fu, *J. Org. Chem.*, **63**, 2794 (1998); e) B. Tao, J. C. Ruble, D. A. Hoic, G. C. Fu, *J. Am. Chem. Soc.*, **121**, 5091 (1999); f) S. Bellemin-Laponnaz, J. Tweddell, J. C. Ruble, G. C. Fu, *Chem. Commun.*, 1009 (2000); g) G. C. Fu, *Acc. Chem. Res.*, **33**, 412 (2000); h) G. C. Fu, *Acc. Chem. Res.*, **37**, 542 (2004)
7) a) A. C. Spivey, T. Fekner, S. E. Spey, *J. Org. Chem.*, **65**, 3154 (2000); b) A. C. Spivey, D. P. Leese, F. Zhu, S. G. Davey, R. L. Jarvest, *Tetrahedron.*, **60**, 4513 (2004) and references cited therein.
8) T. Sano, K. Imai, K. Ohashi, T. Oriyama, *Chem. Lett.*, **28**, 265 (1999)
9) T. Sano, H. Miyata, T. Oriyama, *Enantiomer*, **5**, 119 (2000)
10) a) 尾中篤, 泉有亮, 有合化, **47**, 233 (1989); b) K. Mikami, M. Terada, S. Narisawa,

T. Nakai, *Synlett*, 255 (1992)
11) D. Terakado, H. Koutaka, T. Oriyama, *Tetrahedron : Asymmetry*, **16**, 1157 (2005)
12) a) G. Priem, B. Pelotier, S. J. F. Macdonald, M. S. Anson, I. B. Campbell, *J. Org. Chem.*, **68**, 3844 (2003); b) B. Pelotier, G. Priem, I. B. Campbell, S. J. F. Macdonald, M. S. Anson, *Synlett*, 679 (2003)
13) B. Pelotier, G. Priem, S. J. F. Macdonald, M. S. Anson, R. J. Upton, I. B. Campbell, *Tetrahedron Lett.*, **46**, 9005 (2005)
14) E. Vedejs, O. Daugulis, S. T. Diver, *J. Org. Chem.*, **61**, 430 (1996)
15) T. Oriyama, K. Imai, T. Sano, T. Hosoya, *Tetrahedron Lett.*, **39**, 3529 (1998)
16) T. Kawabata, R. Stragies, T. Fukaya, Y. Nagaoka, H. Schedel, K. Fuji, *Tetrahedron Lett.*, **44**, 1545 (2003)
17) T. Oriyama, H. Taguchi, D. Terakado, T. Sano, *Chem. Lett.*, **31**, 26 (2002)
18) T. Oriyama, T. Hosoya, T. Sano, *Heterocycles*, **52**, 1065 (2000)
19) S. Arai, S. Bellemin-Laponnaz, G. C. Fu, *Angew. Chem. Int. Ed.*, **40**, 234 (2001)
20) V. B. Birman, H. Jiang, X. Li, L. Guo, E. W. Uffman, *J. Am. Chem. Soc.*, **128**, 6536 (2006)
21) W. H. Pirkle, S. E. Snyder, *Org. Lett.*, **3**, 1821 (2001)
22) S. E. Snyder, W. H. Pirkle, *Org. Lett.*, **4**, 3283 (2002)
23) J. Nam, J-Y. Chang, K-S. Hahm, Y. S. Park, *Tetrahedron Lett.*, **44**, 7727 (2003)
24) J. Clayden, L. W. Lai, M. Helliwell, *Tetrahedron.*, **60**, 4399 (2004)
25) M. Edin, J-E. Bäckvall, A Córdova, *Tetrahedron Lett.*, **45**, 7697 (2004)
26) V. Chan, J. G. Kim, C. Jimeno, P. J. Carroll, P. J. Walsh, *Org. Lett.*, **6**, 2051 (2004)
27) D. E. Ward, V. Jheengut, O. T. Akinnusi, *Org. Lett.*, **7**, 1181 (2005)

第12章　プロリン誘導体を用いる不斉合成反応

小槻日吉三*

1　はじめに

1970年代初頭，Hajos, Parrish, Eder, Sauer, Wiechert らによって先鞭がつけられたプロリン触媒分子内不斉アルドール反応からほぼ30年の歳月を経て，2000年, List, Barbas, Lerner らの分子間不斉アルドール反応によって，有機不斉触媒の化学は見事にカムバックを果たすこととなった。以来，毎年おびただしい数の論文が誌上をにぎわし，他の分野を圧倒するほどの勢いである。本章では，プロリンに特徴的なピロリジン骨格をベースにした新規触媒の開発と合成化学的応用について，1．Mannich 反応，2．Michael 付加反応，3．α-オキシ化反応，4．α-アミノ化反応，5．α-スルフェニル化／セレニル化反応，6．α-ハロゲン化反応，7．環化付加反応，8．その他の反応，に分類し最近のこの分野の動向について概観する。

2　Mannich 反応

Mannich 反応は，アルデヒド，ケトン，アミンの3成分連結反応として合成化学的に優れているだけではなく，生物学的にも興味のある β-アミノケトン類の合成法として重要な反応である。この種の反応は，不斉アルドール反応の類縁反応と見なされることから，初期の段階からプロリン触媒による不斉選択的変換に多大な関心が寄せられてきた[1]。

2000年, List らは，L-プロリン(1)触媒によるアルデヒド，ケトン，アミンからの Mannich

スキーム 1

* Hiyoshizo Kotsuki　高知大学　理学部　教授

第12章 プロリン誘導体を用いる不斉合成反応

反応が非常に高い不斉収率で進行することを明らかにした（スキーム1）[2]。この反応は，アルデヒドが電子吸引性の置換基を有するときは比較的スムースに進行するが，電子供与性の置換基の場合はうまくいかない。Hayashi らは，この問題を氷化高圧法によって解決できることを示している[3]。

Barbas らは，グリオキシル酸エステル由来のイミンをアクセプターとする Mannich 反応を開発し，種々の置換 α-アミノ酸類の合成法へと展開した（スキーム2）[4,5]。

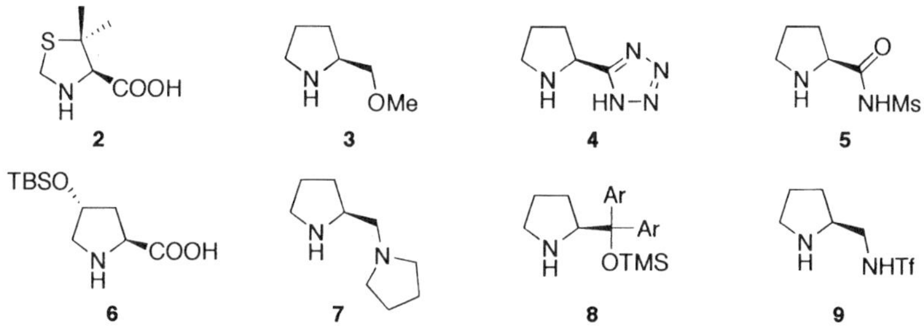

図1

また，Barbas[4g]，Cordova[6]，Hayashi[7] らはそれぞれ独立に，L-プロリン(1)が2種のアルデヒドとアミンとの組み合わせによる cross-Mannich 反応に対しても有効にはたらくことを報告した。さらに，この反応の応用として，含窒素複素環化合物の短工程での合成例も知られている[8]。

その他，L-プロリン(1)触媒不斉 Mannich 反応の合成化学的応用については，Cordova[9] らを中心として活発な研究が展開されている[10,11]。また新規反応場の探索として，水[4d]，イオン液体[12]，マイクロウェーヴ[13] 等を用いた研究も精力的に展開されている[14]。

一般に，この種の不斉触媒の開発においてピロリジン骨格は分子設計の基本となるが，図1には，Barbas (2, 3)[15]，Ley (4, 5)[16]，Hayashi (6)[17]，Jørgensen (7, 8)[18,19]，Wang (9)[20] らの例を示した。この他に，非環式のキラルアミンを用いた報告例もある[21]。

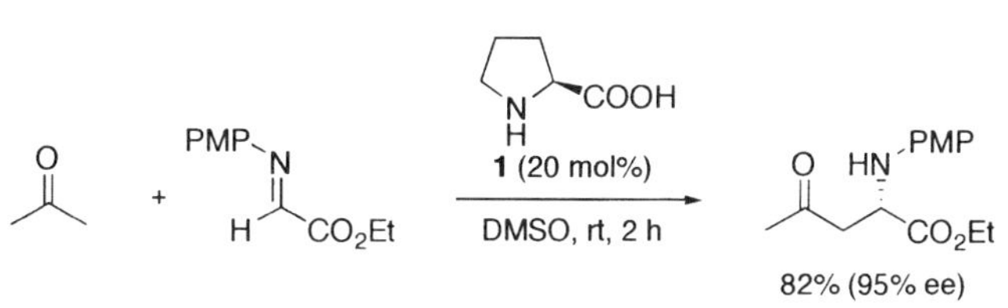

スキーム2

最近のこの分野の興味は，従来の syn-選択性にかわって，anti-選択的な Mannich プロセスの開発にあり，Maruoka[22]，Barbas（スキーム 3）[23]，Cordova[24] らが精力的な研究を展開している。

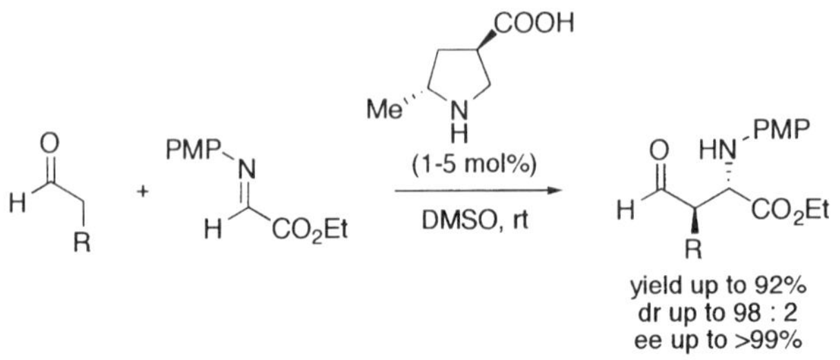

スキーム 3

3 Michael 付加反応

Michael 付加反応は重要な C-C 結合形成反応の一つであるが，有機触媒を用いてこれを不斉選択的に実現しようとする研究は数多く，年平均 10 編を越える勢いで学術誌をにぎわしている[1a, 1c, 25]。ここでは紙面の都合から，特徴的なものに絞ってその概要を示すにとどめる。

一般に，アミン系触媒を用いる Michael 付加反応は次の 3 種に大別される（図 2）。イミニウムイオン形成による Michael アクセプターの活性化（タイプ I），エノラートイオン形成による

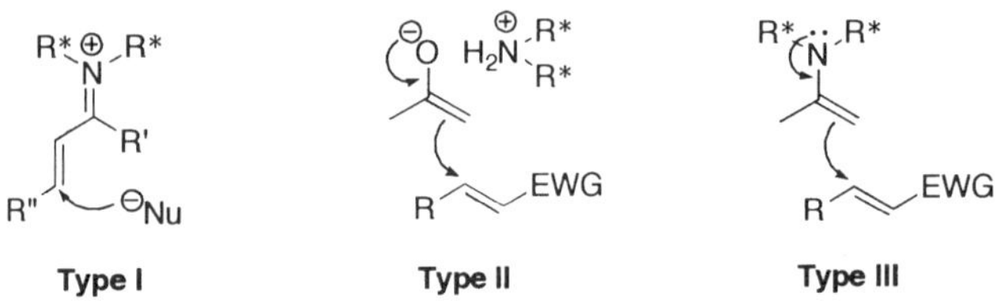

図 2

Michael ドナーの活性化（タイプ II），エナミン中間体形成によるカルボニルドナーの活性化（タイプ III）。

タイプ I の例として Hanessian らは，L-プロリン (1) を触媒とするシクロアルケノンへのニトロアルカンの不斉 Michael 付加反応を報告した（スキーム 4）[26]。これ以外にプロリンを直接的に利用した例は少なく，ジケトン類の domino-Michael-aldol タイプの反応への適用[27]，プロリン骨格をベースにしたペプチド系触媒の開発[28] があるに過ぎない。

第12章 プロリン誘導体を用いる不斉合成反応

スキーム4

ピロリジン骨格を有する触媒の分子設計として，Ley らはテトラゾール型触媒 4[29]，Jørgensen らはイミダゾリジン型触媒[30]やイミダゾリジン－テトラゾール共役型触媒[31]，MacMillan らは Mukaiyama-Michael 反応への適用を目的としたイミダゾリジノン型触媒[32]を開発している。MacMillan 型の触媒は他の不斉 Michael 付加反応に対しても優れた一般性を示す[33]。

その他にタイプ I に属する例として，チオール類やアジドの共役付加反応も知られている[34, 35]。

一方，タイプ III に属する反応は不斉発現が比較的容易でありかなりの報告例がある。例えば，List[36]，Enders[37]らは L-プロリン(1) を，また Oriyama[38]らは (S)-ホモプロリンを触媒とするニトロオレフィンとケトンとの不斉 Michael 付加反応を報告した。その他に，新規反応媒体としてのイオン液体の使用[39]やペプチド系触媒の開発例[40]もあるが，いずれも効率はそれほど良くない。これらの研究を契機として，ピロリジン骨格をベースとする新規触媒開発が，Barbas[41]，Alexakis[42]，Jørgensen[18b, 43]，Hayashi[44]，Ley[16b, 45]，Wang[46]らによって精力的に行われている。

我々もまたこの分野で独自の合成研究を展開しており，ピロリジン－ピリジン共役型触媒(10)が非常に優れた触媒活性を有することを見つけた（スキーム5）[47]。本反応が高いジアステレオ及びエナンチオ選択性を発現する理由として，図3に示した遷移状態を考えている。すなわち，

スキーム5

ピロリジンの側鎖に導入したピリジン環の平面性がエナミン二重結合の背面をうまくブロックし、ニトロオレフィン付加の立体化学をコントロールしている。

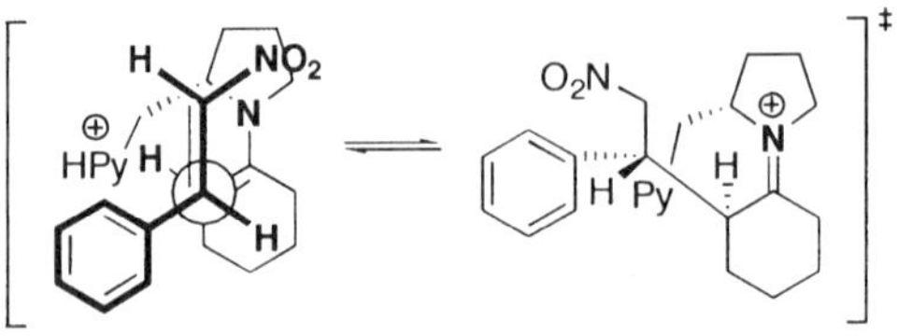

図3

我々は本反応の延長として、スキーム6に示したdomino-Michael付加反応の開発にも成功し、この場合にも非常に高いジアステレオ及びエナンチオ選択性が得られることを明らかにしている[48]。

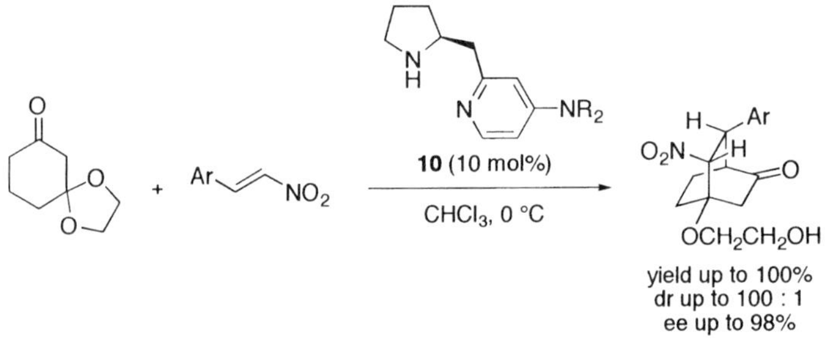

スキーム6

最近もこの分野の進展は加速度的であり、新規触媒開発に向けた飽くなき努力が続けられている[49]。そのうち、Takabe[50]らの開発した触媒11は、有機溶媒を必要とせず食塩水中で実行可能であり、今後の方向性を示すものとして興味深い（スキーム7）。

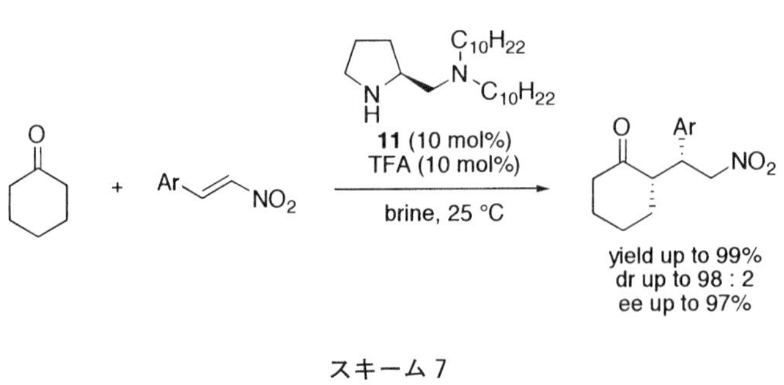

スキーム7

第12章 プロリン誘導体を用いる不斉合成反応

なお，タイプⅠとⅢが共働的に作用している例として，MacMillan型触媒を用いた分子内不斉 Michael 付加反応[33a, 51]がある。一方，タイプⅡの反応例は極めて少なく，唯一 Lattanzi の報告がそれに相当すると思われるが，概して不斉収率はそれほど高くない[52]。

4　α-オキシ化反応

プロリン（1）を不斉触媒とする不斉アルドール反応の類縁反応として，アルデヒドやケトンに対するニトロソベンゼンの作用による α-アミノキシ化反応が知られている[53]。この反応は，Zhong, Hayashi, MacMillan, Cordova らの4グループによってほぼ同時期に，それぞれ独立に開発された[54〜57]。その後，プロリン以外の関連誘導体を用いた反応がいくつか報告されている。例えば Hayashi らは，プロリンの有機溶媒への溶解性向上を目的として触媒6を開発し，それが極めて有効に反応を促進させ，高不斉収率で目的生成物を与えることを報告した[17]。その他にも，Yamamoto, Wang, Cordova らは触媒4，5，9を用いて高効率なアミノキシ化反応を達成している[58〜60]。

ところで，ニトロソベンゼンを基質とする場合，反応部位は窒素と酸素の2カ所が可能である。プロリン系触媒を用いた場合には，窒素上でのプロトン化が優先するため，選択的にα-アミノキシ化体を与えるものと推定される[57b, 61]。

α-アミノキシ化反応とそれに引き続く官能基変換反応とをうまく組み合わせると，多彩な誘導化が可能となる（スキーム8）。例えば，アミノキシ化に続く還元的アミノ化[56]，アリル化[62]，

スキーム8

Wadsworth-Emmons-Horner オレフィン化[63]，Wittig 反応[64]，Michael 付加[17, 58b, 60]等である。Barbas らはまた，L-プロリン(1)を用いたα-アミノキシ化反応のメソ化合物への適用による不斉非対称化の実現にも成功している[65]。

なお，プロリンアミド系の触媒を用いたとき，窒素上で求核攻撃された化合物が選択的に得られるという報告もあり[66]，Maruoka らも同様なN選択的変換反応を報告している[67]。

また，ニトロソベンゼン以外の求電子剤として，Cordova らは，ヨードソベンゼンやオキサジリジン類も有用な基質となることを報告している[68]。Cordova らはさらに，カルボニル基のα-位への直接的な酸素官能基導入法として，エナミンに対する酸素の付加を利用した反応を開発している[69]。この場合，生成するヒドロペルオキシド中間体は還元的処理によって安定なジオールへと変換される。

最後に，この種の反応を天然物合成へ応用した例も報告されている[51b, 70]。

5　α-アミノ化反応

カルボニル化合物の不斉α-アミノ化は，生成物をアミノ酸やアミノアルコール誘導体へと変換できることから合成化学的に重要なプロセスの一つとなっている[53c, 53d, 71]。

有機不斉触媒を用いた最初の例は，2002 年に，Jørgensen[72] と List[73] らが開発した L-プロリン(1)／アゾジカルボン酸エステルの組み合わせによる反応である（スキーム 9）。ここで得られる生成物は還元的あるいは酸化的処理によって，対応するアミノアルコールあるいはアミノ酸誘導体へ容易に変換できる。この反応は，ラセミ体のα,α-二置換アルデヒド類のアミノ化に対しても有効であり，望む生成物が高い不斉収率で合成される[74]。この種の反応に対する他のプロリ

スキーム 9

第12章 プロリン誘導体を用いる不斉合成反応

ン系触媒の開発も活発に行われている[18b, 61c, 75～78]。

不斉アミノ化反応の興味ある展開は，スキーム10で示した3成分連結反応への適用[79]やイオン液体中での不斉反応の実現[80]であり，この分野の幅の広がりを示している。

スキーム10

6 α-スルフェニル／セレニル化反応

カルボニル化合物のα-スルフェニル化を不斉選択的に実現するのは容易なことではない。この種の反応に対しても有機触媒の有用性が示されている[53d]。

Wangらは，2004年，触媒9を用いてカルボニル化合物の直接的なα-スルフェニル化反応に対する最初の例を報告した[81]。その後，Jørgensenらはスキーム11に示した反応式に従い，アルデヒド類のα-スルフェニル化が高い不斉収率で進行することを明らかにした[18b, 82]。

スキーム11

Wangらはまた，類縁反応としてプロリンアミド系触媒を用いるα-セレニル化反応の実現にも成功している[83]。しかし，この系における不斉収率についての記述は全くなく，今後の解明が待たれる。

7 α-ハロゲン化反応

カルボニル化合物の不斉α-ハロゲン化は，生成物の合成化学的な応用価値の他に，光学活性ハロゲン化合物のもつ特異な性質のゆえに重要な反応となっている[53d, 84]。

不斉フッ素化反応については，2005年，Enders[85]，Jørgensen[18b, 86]，Barbas[87]，MacMillan[88]らのグループによって相次いで報告された。例えば，Barbasらは NFSI とイミダゾリジノン型触媒 12 を用いることにより高い不斉収率を達成しており[87]，さらに MacMillan らはこの系に 10 % の i-PrOH を添加することで不斉収率がより一層向上することを明らかにしている（スキーム 12）[88]。

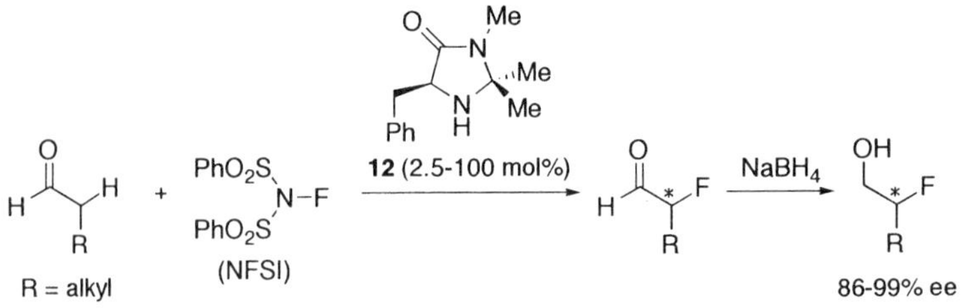

スキーム12

次に，不斉塩素化については，MacMillan[89]らは不斉触媒 12 と塩素化剤 13 との組み合わせ，Jørgensen[90]らは不斉触媒 14 あるいは 15 と NCS との組み合わせによるアルデヒドのα-クロロ化を高い不斉収率で達成している（図 4）。さらに Jørgensen[91]らは，ケトンに対しても高い不斉収率で進行する触媒の開発に成功している。

最後に，不斉臭素化についても，Jørgensen[18b, 92]らは独自の方法論に従いアルデヒドあるいはケトンに対する効率的な不斉反応を開発している。

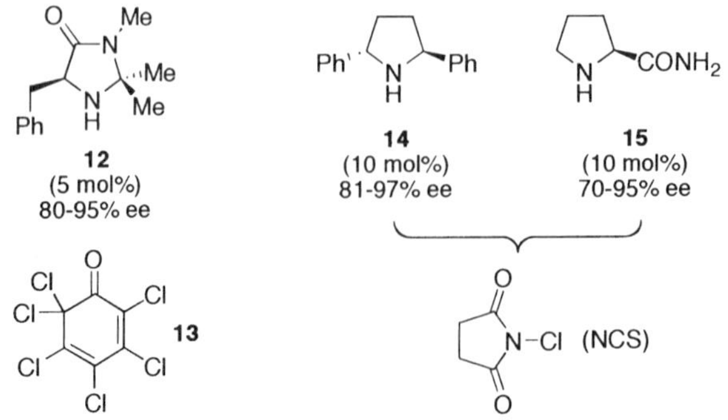

図 4

第12章　プロリン誘導体を用いる不斉合成反応

8　環化付加反応

不斉 Diels-Alder 反応に関する研究は，その合成化学的価値の高さから極めて多彩なアプローチがなされている。MacMillan らは 2000 年に初めて，不斉触媒 12 存在下での不飽和アルデヒドとシクロペンタジエンとの不斉 Diels-Alder 反応を報告した（スキーム13)[93]。この反応のキーステップは 12 とアルデヒドとの可逆的なイミニウムイオンの形成にあり，これまでの不斉ルイス酸触媒を用いる系とコンセプトが全く異なる[94]。

スキーム13

MacMillan らはこのアイデアをもとに，不飽和ケトンをジエノフィルとするシステム[95]，分子内 Diel-Alder 反応，その応用としての天然物合成へと発展させている[96]。

MacMillan らの不斉触媒反応は優れた合成化学的有用性を示しており[97]，Barbas らはその延長として，不飽和ケトンと触媒から系中で発生するアミノジエン体を利用する Diel-Alder 反応[98,99]，ドミノ型 Knoevenagel／Diels-Alder 反応へと展開している[100]。また，Jørgensen らはスキーム14 に示したヘテロ Diels-Alder 反応[101a]，並びにニトロソアルケンのヘテロ Diels-Alder

スキーム14

反応に対しても有機触媒の有用性を明らかにしている[101b]。

上記の他に，MacMillanらはニトロンを用いた [3+2] 環化付加反応でも，彼らの開発した触媒が優れた活性を示すことを報告している[102, 103]。さらに，[4+3] 環化付加反応[104]や [3+3] 環化付加反応[105]への適用例も報告されている。

9　その他の反応

9.1　C-C 結合形成反応

MacMillan らは，不斉触媒 12 と不飽和アルデヒドから形成されるイミニウムイオン中間体の高い反応性に着目し，電子リッチな芳香環システムとの反応を基盤とする Friedel-Crafts タイプの不斉アルキル化反応の開発に成功している（スキーム15）[106]。そして，この合成戦略の応用として，ピロロインドリン系アルカロイドの不斉合成を達成している[107]。

スキーム15

Morita-Baylis-Hillman 反応は，三級アミン触媒を用いる Michael-分子内 aldol-retro Michael 反応であり，有機触媒の有用性の証明として格好のターゲットとなる[108]。Miller らは，プロリンとイミダゾール系ペプチドとの共存下でこの反応を行い，比較的高い不斉収率を達成している（スキーム16）[109]。一方，Hayashi らはプロリン由来のジアミン系触媒を用いた同様の反

スキーム16

第12章 プロリン誘導体を用いる不斉合成反応

応を報告している[110]。また最近，分子内でのプロリン触媒プロセスにおいて，イミダゾールの添加の有無が生成物の立体化学を逆転させるという興味深い例も報告されている[111]。

有機ハロゲン化物によるアルデヒドの α-アルキル化は，触媒それ自身のアルキル化と競争反応となるため極めて限定される。List らは，α-メチルプロリンを用いることにより触媒の失活を防ぎ，望むアルキル化体を高収率かつ高不斉選択的に得ることに成功している[112]。

その他の不斉アルキル化反応として，プロリン触媒による多成分連結反応[10b, 113]やニトロン類のカルボニル化合物への付加反応[114]，不飽和アルデヒドへのイリドの付加によるシクロプロパン化[115]，ケトン類のシアノシリル化[116]，[2,3] Wittig 転位反応[117]等が知られている。

9.2 エポキシ化反応

Aggarwal[118]，Jørgensen[119]，Cordova[120]らは，それぞれ独立にオレフィンの不斉エポキシ化に対する有機触媒の適用を検討している。スキーム 17 には Aggarwal らの例を示したが，反応条件の改良によって実用性に優れた合成反応となることを期待したい。

スキーム17

9.3 還元反応

最近，MacMillan および List らは，補酵素 NADH や $FADH_2$ による生体内還元反応をモデルとして，有機不斉触媒を用いる α, β-不飽和アルデヒドの不斉還元を発表した[121, 122]。この種の反応が金属触媒を用いる接触還元にくらべてどの程度実用性があるかは不明であるが，今後の展開に期待したい。なお，最近 Ramachary らは，還元反応と Knoevenagel 縮合とを組み合わせた多成分連結反応への応用展開を報告している[123]。

以上，プロリン誘導体を用いる種々の不斉合成研究の例を示した。これらの研究はすべて 2000 年以降に発表されたものばかりであり，この分野の驚異的な広がりを示す。有機不斉触媒研究の醍醐味は，分子設計の容易さと反応系の簡潔さにあり，酵素触媒システムに最も近い合成反応として今後益々の発展が期待される。

有機分子触媒の新展開

文　　献

1) 総説：a) H. Gröger and J. Wilken, *Angew. Chem. Int. Ed.*, **40**, 529 (2001). b) A. Córdova, *Acc. Chem. Res.*, **37**, 102 (2004). c) W. Notz, F. Tanaka, and C. F. Barbas III, *Acc. Chem. Res.*, **37**, 580 (2004). d) M. M. B. Marques, *Angew. Chem. Int. Ed.*, **45**, 348 (2006)
2) a) B. List, *J. Am. Chem. Soc.*, **122**, 9336 (2000). b) B. List, P. Pojarliev, W. T. Biller, and H. J. Martin, *J. Am. Chem. Soc.*, **124**, 827 (2002). c) P. Pojarliev, W. T. Biller, H. J. Martin, and B. List, *Synlett*, **2003**, 1903. d) S. Bahmanyar and K. N. Houk, *Org. Lett.*, **5**, 1249 (2003)
3) Y. Hayashi, W. Tsuboi, M. Shoji, and N. Suzuki, *J. Am. Chem. Soc.*, **125**, 11208 (2003)
4) a) A. Córdova, W. Notz, G. Zhong, J. M. Betancort, and C. F. Barbas III, *J. Am. Chem. Soc.*, **124**, 1842 (2002). b) A. Córdova, S. Watanabe, F. Tanaka, W. Notz, and C. F. Barbas III, *J. Am. Chem. Soc.*, **124**, 1866 (2002). c) S. Watanabe, A. Córdova, F. Tanaka, and C. F. Barbas III, *Org. Lett.*, **4**, 4519 (2002). d) A. Córdova and C. F. Barbas III, *Tetrahedron Lett.*, **44**, 1923 (2003). e) W. Notz, F. Tanaka, S. Watanabe, N. S. Chowdari, J. M. Turner, R. Thayumanavan, and C. F. Barbas III, *J. Org. Chem.*, **68**, 9624 (2003). f) N. S. Chowdari, J. T. Suri, and C. F. Barbas III, *Org. Lett.*, **6**, 2507 (2004). g) W. Notz, S. Watanabe, N. S. Chowdari, G. Zhong, J. M. Betancort, F. Tanaka, C. F. Barbas III, *Adv. Synth. Catal.*, **346**, 1131 (2004)
5) J. M. Janey, Y. Hsiao, and J. D. Armstrong III, *J. Org. Chem.*, **71**, 390 (2006)
6) a) A. Córdova, *Synlett*, **2003**, 1651. b) A. Córdova, *Chem. Eur. J.*, **10**, 1987 (2004). c) I. Ibrahem and A. Córdova, *Tetrahedron Lett.*, **46**, 2839 (2005)
7) a) Y. Hayashi, W. Tsuboi, I. Ashimine, T. Urushima, M. Shoji, and K. Sakai, *Angew. Chem. Int. Ed.*, **42**, 3677 (2003). b) Y. Hayashi, T. Urushima, M. Shoji, T. Uchimaru, and I. Shiina, *Adv. Synth. Catal.* **347**, 1595 (2005). c) Y. Hayashi, T. Urushima, M. Shin, and M. Shoji, *Tetrahedron*, **61**, 11393 (2005)
8) A. Münch, B. Wendt, and M. Christmann, *Synlett*, **2004**, 2751.
9) a) I. Ibrahem, J. Casas, and A. Córdova, *Angew. Chem. Int. Ed.*, **43**, 6528 (2004). b) I. Ibrahem and A. Córdova, *Tetrahedron Lett.*, **46**, 3363 (2005). c) I. Ibrahem, J. S. M. Samec, J. E. Bäckvall, and A. Córdova, *Tetrahedron Lett.*, **46**, 3965 (2005). d) H. Sundén, I. Ibrahem, L. Eriksson, and A. Córdova, *Angew. Chem. Int. Ed.*, **44**, 4877 (2005). e) I. Ibrahem, W. Zou, Y. Xu, and A. Córdova, *Adv. Synth. Catal.*, **348**, 211 (2006). f) I. Ibrahem, W. Zou, J. Casas, H. Sundén, and A. Córdova, *Tetrahedron*, **62**, 357 (2006). g) W.-W. Liao, I. Ibrahem, and A. Córdova, *Chem. Commun.*, **2006**, 674.
10) a) T. Itoh, M. Yokoya, K. Miyauchi, K. Nagata, and A. Ohsawa, *Org. Lett.*, **5**, 4301 (2003). b) T. Itoh, M. Yokoya, K. Miyauchi, K. Nagata, and A. Ohsawa, *Org. Lett.*, **8**, 1533 (2006)

第12章　プロリン誘導体を用いる不斉合成反応

11) a) K. Funabiki, M. Nagamori, S. Goushi, and M. Matsui, *Chem. Commun.*, **2004**, 1928. b) M. Srinivasan, S. Perumal, and S. Selvaraj, *ARKIVOC*, **2005** (xi), 201. c) S. Fustero, D. Jiménez, J. F. Sanz-Cervera, M. Sánchez-Roselló, E. Esteban, and A. Simón-Fuentes, *Org. Lett.*, **7**, 3433 (2005). d) D. Enders, C. Grondal, M. Vrettou, and G. Raabe, *Angew. Chem. Int. Ed.*, **44**, 4079 (2005)
12) N. S. Chowdari, D. B. Ramachary, and C. F. Barbas III, *Synlett*, **2003**, 1906
13) a) B. Westermann and C. Neuhaus, *Angew. Chem. Int. Ed.*, **44**, 4077 (2005). b) B. Rodríguez and C. Bolm, *J. Org. Chem.*, **71**, 2888 (2006)
14) M. Benaglia, M. Cinquini, F. Cozzi, A. Puglisi, and G. Celentano, *Adv. Synth. Catal.*, **344**, 533 (2002)
15) a) W. Notz, K. Sakthivel, T. Bui, G. Zhong, and C. F. Barbas III, *Tetrahedron Lett.*, **42**, 199 (2001). b) A. Córdova and C. F. Barbas III, *Tetrahedron Lett.*, **43**, 7749 (2002). c) P. H.-Y. Cheong, H. Zhang, R. Thayumanavan, F. Tanaka, K. N. Houk, and C. F. Barbas III, *Org. Lett.*, **8**, 811 (2006). d) N. S. Chowdari, M. Ahmad, K. Albertshofer, F. Tanaka, and C. F. Barbas III, *Org. Lett.*, **8**, 2839 (2006)
16) a) A. J. A. Cobb, D. M. Shaw, and S. V. Ley, *Synlett*, **2004**, 558. b) A. J. A. Cobb, D. M. Shaw, D. A. Longbottom, J. B. Gold, and S. V. Ley, *Org. Biomol. Chem.*, **3**, 84 (2005)
17) Y. Hayashi, J. Yamaguchi, K. Hibino, T. Sumiya, T. Urushima, M. Shoji, D. Hashizume, and H. Koshino, *Adv. Synth. Catal.*, **346**, 1435 (2004)
18) a) W. Zhuang, S. Saaby, and K. A. Jørgensen, *Angew. Chem. Int. Ed.*, **43**, 4476 (2004). b) J. Franzén, M. Marigo, D. Fielenbach, T. C. Wabnitz, A. Kjærsgaard, and K. A. Jørgensen, *J. Am. Chem. Soc.*, **127**, 18296 (2005)
19) Y. Chi and S. H. Gellman, *J. Am. Chem. Soc.*, **128**, 6804 (2006)
20) W. Wang, J. Wang, and H. Li, *Tetrahedron Lett.*, **45**, 7243 (2004)
21) I. Ibrahem, W. Zou, M. Engqvist, Y. Xu, and A. Córdova, *Chem. Eur. J.*, **11**, 7024 (2005)
22) T. Kano, Y. Yamaguchi, O. Tokuda, and K. Maruoka, *J. Am. Chem. Soc.*, **127**, 16408 (2005)
23) S. Mitsumori, H. Zhang, P. H.-Y. Cheong, K. N. Houk, F. Tanaka, and C. F. Barbas III, *J. Am. Chem. Soc.*, **128**, 1040 (2006)
24) I. Ibrahem and A. Córdova, *Chem. Commun.*, **2006**, 1760
25) 総説：O. M. Berner, L. Tedeschi, and D. Enders, *Eur. J. Org. Chem.*, **2002**, 1877
26) a) S. Hanessian and V. Pham, *Org. Lett.*, **2**, 2975 (2000). b) S. Hanessian, S. Govindan, and J. S. Warrier, *Chirality*, **17**, 540 (2005)
27) D. Gryko, *Tetrahedron: Asymmetry*, **16**, 1377 (2005)
28) a) S. B. Tsogoeva, S. B. Jagtap, Z. A. Ardemasova, and V. N. Kalikhevich, *Eur. J. Org. Chem.*, **2004**, 4014. b) S. B. Tsogoeva, S. B. Jagtap, and Z. A. Ardemasova, *Tetrahedron: Asymmetry*, **17**, 989 (2006)
29) a) C. E. T. Mitchell, S. E. Brenner, and S. V. Ley, *Chem. Commun.*, **2005**, 5346.

b) K. R. Knudsen, C. E. T. Mitchell, and S. V. Ley, *Chem. Commun.*, **2006**, 66.

c) C. E. T. Mitchell, S. E. Brenner, J. García-Fortanet, and S. V. Ley, *Org. Biomol. Chem.*, **4**, 2039 (2006).

30) a) N. Halland, R. G. Hazell, and K. A. Jørgensen, *J. Org. Chem.*, **67**, 8331 (2002). b) N. Halland, P. S. Aburel, and K. A. Jørgensen, *Angew. Chem. Int. Ed.*, **42**, 661 (2003). c) N. Halland, T. Hansen, and K. A. Jørgensen, *Angew. Chem. Int. Ed.*, **42**, 4955 (2003). d) J. Pulkkinen, P. S. Aburel, N. Halland, and K. A. Jørgensen, *Adv. Synth. Catal.*, **346**, 1077 (2004). e) N. Halland, P. S. Aburel, and K. A. Jørgensen, *Angew. Chem. Int. Ed.*, **43**, 1272 (2004)

31) A. Prieto, N. Halland, and K. A. Jørgensen, *Org. Lett.*, **7**, 3897 (2005)

32) a) S. P. Brown, N. C. Goodwin, and D. W. C. MacMillan, *J. Am. Chem. Soc.*, **125**, 1192 (2003). b) Y. Huang, A. M. Walji, C. H. Larsen, and D. W. C. MacMillan, *J. Am. Chem. Soc.*, **127**, 15051 (2005)

33) a) T. J. Peelen, Y. Chi, and S. H. Gellman, *J. Am. Chem. Soc.*, **127**, 11598 (2005). b) J.-W. Xie, L. Yue, D. Xue, X.-L. Ma, Y.-C. Chen, Y. Wu, J. Zhu, and J.-G. Deng, *Chem. Commun.*, **2006**, 1563

34) a) M. Marigo, T. Schulte, J. Franzén, and K. A. Jørgensen, *J. Am. Chem. Soc.*, **127**, 15710 (2005). b) M. Mečiarová, Š. Toma, and P. Kotrusz, *Org. Biomol. Chem.*, **4**, 1420 (2006)

35) I. Adamo, F. Benedetti, F. Berti, and P. Campaner, *Org. Lett.*, **8**, 51 (2006)

36) B. List, P. Pojarliev, and H. J. Martin, *Org. Lett.*, **3**, 2423 (2001)

37) D. Enders and A. Seki, *Synlett*, **2002**, 26

38) D. Terakado, M. Takano, and T. Oriyama, *Chem. Lett.*, **34**, 962 (2005)

39) a) P. Kotrusz, S. Toma, H.-G. Schmalz, and A. Adler, *Eur. J. Org. Chem.*, **2004**, 1577. b) M. S. Rasalkar, M. K. Potdar, S. S. Mohile, and M. M. Salunkhe, *J. Mol. Catal. A: Chem.*, **235**, 267 (2005)

40) H. J. Martin and B. List, *Synlett*, **2003**, 1901

41) a) J. M. Betancort and C. F. Barbas III, *Org. Lett.*, **3**, 3737 (2001). b) J. M. Betancort, K. Sakthivel, R. Thayumanavan, and C. F. Barbas III, *Tetrahedron Lett.*, **42**, 4441 (2001). c) J. M. Betancort, K. Sakthivel, R. Thayumanavan, F. Tanaka, and C. F. Barbas III, *Synthesis*, **2004**, 1509. d) N. Mase, R. Thayumanavan, F. Tanaka, and C. F. Barbas III, *Org. Lett.*, **6**, 2527 (2004)

42) a) A. Alexakis and O. Andrey, *Org. Lett.*, **4**, 3611 (2002). b) O. Andrey, A. Alexakis, and G. Bernardinelli, *Org. Lett.*, **5**, 2559 (2003). c) O. Andrey, A. Alexakis, A. Tomassini, and G. Bernardinelli, *Adv. Synth. Catal.*, **346**, 1147 (2004). d) S. Mossé and A. Alexakis, *Org. Lett.*, **7**, 4361 (2005). e) S. Mossé, M. Laars, K. Kriis, T. Kanger, and A. Alexakis, *Org. Lett.*, **8**, 2559 (2006).

43) P. Melchiorre and K. A. Jørgensen, *J. Org. Chem.*, **68**, 4151 (2003)

44) Y. Hayashi, H. Gotoh, T. Hayashi, and M. Shoji, *Angew. Chem. Int. Ed.*, **44**, 4212

第12章 プロリン誘導体を用いる不斉合成反応

(2005)
45) a) A. J. A. Cobb, D. A. Longbottom, D. M. Shaw, and S. V. Ley, *Chem. Commun.*, **2004**, 1808. b) C. E. T. Mitchell, A. J. A. Cobb, and S. V. Ley, *Synlett*, **2005**, 611
46) a) W. Wang, J. Wang, and H. Li, *Angew. Chem. Int. Ed.*, **44**, 1369 (2005).
b) J. Wang, H. Li, L. Zu, W. Wang, *Adv. Synth. Catal.*, **348**, 425 (2006).
c) J. Wang, H. Li, B. Lou, L. Zu, H. Guo, and W. Wang, *Chem. Eur. J.*, **12**, 4321 (2006). d) L. Zu, H. Li, J. Wang, X. Yu, and W. Wang, *Tetrahedron Lett.*, **47**, 5131 (2006). e) L. Zu, J. Wang, H. Li, and W. Wang, *Org. Lett.*, **8**, 3077 (2006).
47) T. Ishii, S. Fujioka, Y. Sekiguchi, and H. Kotsuki, *J. Am. Chem. Soc.*, **126**, 9558 (2004)
48) H. Ikishima, T. Ishii, and H. Kotsuki, 未発表データ
49) a) M.-K. Zhu, L.-F. Cun, A.-Q. Mi, Y.-Z. Jiang, and L.-Z. Gong, *Tetrahedron: Asymmetry*, **17**, 491 (2006). b) Y. Xu and A. Córdova, *Chem. Commun.*, **2006**, 460. c) S. Luo, X. Mi, L. Zhang, S. Liu, H. Xu, and J.-P. Cheng, *Angew. Chem. Int. Ed.*, **45**, 3093 (2006). d) C.-L. Cao, M.-C. Ye, X.-L. Sun, and Y. Tang, *Org. Lett.*, **8**, 2901 (2006).
50) N. Mase, K. Watanabe, H. Yoda, K. Takebe, F. Tanaka, and C. F. Barbas III, *J. Am. Chem. Soc.*, **128**, 4966 (2006)
51) a) M. T. H. Fonseca and B. List, *Angew. Chem. Int. Ed.*, **43**, 3958 (2004).
b) I. K. Mangion and D. W. C. MacMillan, *J. Am. Chem. Soc.*, **127**, 3696 (2005).
c) J. W. Yang, M. T. H. Fonseca, and B. List, *J. Am. Chem. Soc.*, **127**, 15036 (2005). d) Y. Hayashi, H. Gotoh, T. Tamura, H. Yamaguchi, R. Masui, and M. Shoji, *J. Am. Chem. Soc.*, **127**, 16028 (2005)
52) A. Lattanzi, *Tetrahedron: Asymmetry*, **17**, 837 (2006)
53) 総説：a) P. Merino and T. Tejero, *Angew. Chem. Int. Ed.*, **43**, 2995 (2004).
b) H. Yamamoto and N. Momiyama, *Chem. Commun.*, **2005**, 3514. c) J. M. Janey, *Angew. Chem. Int. Ed.*, **44**, 4292 (2005). d) M. Marigo and K. A. Jørgensen, *Chem. Commun.*, **2006**, 2001
54) G. Zhong, *Angew. Chem. Int. Ed.*, **42**, 4247 (2003)
55) a) Y. Hayashi, J. Yamaguchi, K. Hibino, and M. Shoji, *Tetrahedron Lett.*, **44**, 8293 (2003). b) Y. Hayashi, J. Yamaguchi, T. Sumiya, and M. Shoji, *Angew. Chem. Int. Ed.*, **43**, 1112 (2004). c) Y. Hayashi, J. Yamaguchi, T. Sumiya, K. Hibino, and M. Shoji, *J. Org. Chem.*, **69**, 5966 (2004)
56) S. P. Brown, M. P. Brochu, C. J. Sinz, and D. W. C. MacMillan, *J. Am. Chem. Soc.*, **125**, 10808 (2003)
57) a) A. Bøgevig, H. Sundén, and A. Córdova, *Angew. Chem. Int. Ed.*, **43**, 1109 (2004).
b) A. Córdova, H. Sundén, A. Bøgevig, M. Johansson, and F. Himo, *Chem. Eur. J.*, **10**, 3673 (2004)
58) a) N. Momiyama, H. Torii, S. Saito, and H. Yamamoto, *Proc. Natl. Acad. Sci.*, **101**, 5374 (2004). b) Y. Yamamoto, N. Momiyama, and H. Yamamoto, *J. Am. Chem. Soc.*, **126**, 5962 (2004)

59) W. Wang, J. Wang, H. Li, and L. Liao, *Tetrahedron Lett.*, **45**, 7235 (2004)
60) H. Sundén, N. Dahlin, I. Ibrahem, H. Adolfsson, and A. Córdova, *Tetrahedron Lett.*, **46**, 3385 (2005)
61) a) S. P. Mathew, H. Iwamura, and D. G. Blackmond, *Angew. Chem. Int. Ed.*, **43**, 3317 (2004). b) P. H.-Y. Cheong and K. N. Houk, *J. Am. Chem. Soc.*, **126**, 13912 (2004). c) H. Iwamura, D. H. Wells, Jr., S. P. Mathew, M. Klussmann, A. Armstrong, and D. G. Blackmond, *J. Am. Chem. Soc.*, **126**, 16312 (2004)
62) G. Zhong, *Chem. Commun.*, **2004**, 606
63) G. Zhong and Y. Yu, *Org. Lett.*, **6**, 1637 (2004)
64) S. Kumarn, D. M. Shaw, D. A. Longbottom, and S. V. Ley, *Org. Lett.*, **7**, 4189 (2005)
65) D. B. Ramachary and C. F. Barbas III, *Org. Lett.*, **7**, 1577 (2005)
66) H.-M. Guo, L. Cheng, L.-F. Cun, L.-Z. Gong, A.-Q. Mi, and Y.-Z. Jiang, *Chem. Commun.*, **2006**, 429
67) T. Kano, M. Ueda, J. Takai, and K. Maruoka, *J. Am. Chem. Soc.*, **128**, 6046 (2006)
68) M. Engqvist, J. Casas, H. Sundén, I. Ibrahem, and A. Córdova, *Tetrahedron Lett.*, **46**, 2053 (2005)
69) a) H. Sundén, M. Engqvist, J. Casas, I. Ibrahem, and A. Córdova, *Angew. Chem. Int. Ed.*, **43**, 6532 (2004). b) A. Córdova, H. Sundén, M. Engqvist, I. Ibrahem, and J. Casas, *J. Am. Chem. Soc.*, **126**, 8914 (2004). c) I. Ibrahem, G.-L. Zhao, H. Sundén, and A. Córdova, *Tetrahedron Lett.*, **47**, 4659 (2006)
70) J. Yamaguchi, M. Toyoshima, M. Shoji, H. Kakeya, H. Osada, and Y. Hayashi, *Angew. Chem. Int. Ed.*, **45**, 789 (2006)
71) 総説：R. O. Duthaler, *Angew. Chem. Int. Ed.*, **42**, 975 (2003)
72) a) A. Bøgevig, K. Juhl, N. Kumaragurubaran, W. Zhuang, and K. A. Jørgensen, *Angew. Chem. Int. Ed.*, **41**, 1790 (2002). b) N. Kumaragurubaran, K. Juhl, W. Zhuang, A. Bøgevig, and K. A. Jørgensen, *J. Am. Chem. Soc.*, **124**, 6254 (2002)
73) B. List, *J. Am. Chem. Soc.*, **124**, 5656 (2002)
74) a) H. Vogt, S. Vanderheiden, and S. Bräse, *Chem. Commun.*, **2003**, 2448. b) J. T. Suri, D. D. Steiner, and C. F. Barbas III, *Org. Lett.*, **7**, 3885 (2005)
75) N. Dahlin, A. Bøgevig, and H. Adolfsson, *Adv. Synth. Catal.*, **346**, 1101 (2004)
76) N. S. Chowdari and C. F. Barbas III, *Org. Lett.*, **7**, 867 (2005)
77) C. Thomassigny, D. Prim, and C. Greck, *Tetrahedron Lett.*, **47**, 1117 (2006)
78) H. Iwamura, S. P. Mathew, and D. G. Blackmond, *J. Am. Chem. Soc.*, **126**, 11770 (2004)
79) N. S. Chowdari, D. B. Ramachary, and C. F. Barbas III, *Org. Lett.*, **5**, 1685 (2003)
80) P. Kotrusz, S. Alemayehu, Š. Toma, H.-G. Schmalz, and A. Adler, *Eur. J. Org. Chem.*, **2005**, 4904
81) W. Wang, H. Li, J. Wang, and L. Liao, *Tetrahedron Lett.*, **45**, 8229 (2004)
82) M. Marigo, T. C. Wabnitz, D. Fielenbach, and K. A. Jørgensen, *Angew. Chem. Int. Ed.*, **44**, 794 (2005)

第12章 プロリン誘導体を用いる不斉合成反応

83) a) W. Wang, J. Wang, and H. Li, *Org. Lett.*, **6**, 2817 (2004). b) J. Wang, H. Li, Y. Mei, B. Lou, D. Xu, D. Xie, H. Guo, and W. Wang, *J. Org. Chem.*, **70**, 5678 (2005)
84) 総説：P. M. Pihko, *Angew. Chem. Int. Ed.*, **45**, 544 (2006)
85) D. Enders and M. R. M. Hüttl, *Synlett*, **2005**, 991
86) M. Marigo, D. Fielenbach, A. Braunton, A. Kjærsgaard, and K. A. Jørgensen, *Angew. Chem. Int. Ed.*, **44**, 3703 (2005)
87) D. D. Steiner, N. Mase, and C. F. Barbas III, *Angew. Chem. Int. Ed.*, **44**, 3706 (2005)
88) T. D. Beeson and D. W. C. MacMillan, *J. Am. Chem. Soc.*, **127**, 8826 (2005)
89) M. P. Brochu, S. P. Brown, and D. W. C. MacMillan, *J. Am. Chem. Soc.*, **126**, 4108 (2004)
90) a) N. Halland, A. Braunton, S. Bachmann, M. Marigo, and K. A. Jørgensen, *J. Am. Chem. Soc.*, **126**, 4790 (2004). b) N. Halland, M. A. Lie, A. Kjærsgaard, M. Marigo, B. Schiøtt, and K. A. Jørgensen, *Chem. Eur. J.*, **11**, 7083 (2005)
91) M. Marigo, S. Bachmann, N. Halland, A. Braunton, and K. A. Jørgensen, *Angew. Chem. Int. Ed.*, **43**, 5507 (2004)
92) S. Bertelsen, N. Halland, S. Bachmann, M. Marigo, A. Braunton, and K. A. Jørgensen, *Chem. Commun.*, **2005**, 4821
93) K. A. Ahrendt, C. J. Borths, and D. W. C. MacMillan, *J. Am. Chem. Soc.*, **122**, 4243 (2000)
94) R. Gordillo and K. N. Houk, *J. Am. Chem. Soc.*, **128**, 3543 (2006)
95) A. B. Northrup and D. W. C. MacMillan, *J. Am. Chem. Soc.*, **124**, 2458 (2002)
96) R. M. Wilson, W. S. Jen, and D. W. C. MacMillan, *J. Am. Chem. Soc.*, **127**, 11616 (2005)
97) a) P. Wipf and X. Wang, *Tetrahedron Lett.*, **41**, 8747 (2000). b) J. L. Cavill, J.-U. Peters, and N. C. O. Tomkinson, *Chem. Commun.*, **2003**, 728. c) A. C. Kinsman and M. A. Kerr, *J. Am. Chem. Soc.*, **125**, 14120 (2003)
98) a) R. Thayumanavan, B. Dhevalapally, K. Sakthivel, F. Tanaka, and C. F. Barbas III, *Tetrahedron Lett.*, **43**, 3817 (2002). b) D. B. Ramachary, N. S. Chowdari, and C. F. Barbas III, *Tetrahedron Lett.*, **43**, 6743 (2002)
99) B.-C. Hong, M.-F. Wu, H.-C. Tseng, and J.-H. Liao, *Org. Lett.*, **8**, 2217 (2006)
100) a) D. B. Ramachary, N. S. Chowdari, and C. F. Barbas III, *Synlett*, **2003**, 1910. b) D. B Ramachary, N. S. Chowdari, and C. F. Barbas III, *Angew. Chem. Int. Ed.*, **42**, 4233 (2003). c) D. B. Ramachary, K. Anebouselvy, N. S. Chowdari, and C. F. Barbas III, *J. Org. Chem.*, **69**, 5838 (2004). d) D. B. Ramachary and C. F. Barbas III, *Chem. Eur. J.*, **10**, 5323 (2004)
101) a) K. Juhl and K. A. Jørgensen, *Angew. Chem. Int. Ed.*, **42**, 1498 (2003). b) T. C. Wabnitz, S. Saaby, and K. A. Jørgensen, *Org. Biomol. Chem.*, **2**, 828 (2004)
102) W. S. Jen, J. J. M. Wiener, and D. W. C. MacMillan, *J. Am. Chem. Soc.*, **122**, 9874 (2000)
103) a) S. Karlsson and H.-E. Högberg, *Tetrahedron: Asymmetry*, **13**, 923 (2002). b) S. Karlsson and H.-E. Högberg, *Eur. J. Org. Chem.*, **2003**, 2782

104) M. Harmata, S. K. Ghosh, X. Hong, S. Wacharasindhu, and P. Kirchhoefer, *J. Am. Chem. Soc.*, **125**, 2058 (2003)
105) A. I. Gerasyuto, R. P. Hsung, N. Sydorenko, and B. Slafer, *J. Org. Chem.*, **70**, 4248 (2005)
106) a) N. A. Paras and D. W. C. MacMillan, *J. Am. Chem. Soc.*, **123**, 4370 (2001). b) J. F. Austin and D. W. C. MacMillan, *J. Am. Chem. Soc.*, **124**, 1172 (2002). c) N. A. Paras and D. W. C. MacMillan, *J. Am. Chem. Soc.*, **124**, 7894 (2002)
107) J. F. Austin, S.-G. Kim, C. J. Sinz, W.-J. Xiao, and D. W. C. MacMillan, *Proc. Natl. Acad. Sci.*, **101**, 5482 (2004)
108) M. Shi, J.-K. Jiang, and C.-Q. Li, *Tetrahedron Lett.*, **43**, 127 (2002)
109) a) J. E. Imbriglio, M. M. Vasbinder, and S. J. Miller, *Org. Lett.*, **5**, 3741 (2003). b) C. E. Aroyan, M. M. Vasbinder, and S. J. Miller, *Org. Lett.*, **7**, 3849 (2005)
110) Y. Hayashi, T. Tamura, and M. Shoji, *Adv. Synth. Catal.*, **346**, 1106 (2004)
111) S.-H. Chen, B.-C. Hong, C.-F. Su, and S. Sarshar, *Tetrahedron Lett.*, **46**, 8899 (2005)
112) a) N. Vignola and B. List, *J. Am. Chem. Soc.*, **126**, 450 (2004). b) A. Fu, B. List, and W. Thiel, *J. Org. Chem.*, **71**, 320 (2006)
113) a) B. List and C. Castello, *Synlett*, **2001**, 1687. b) G. Sabitha, M. R. Kumar, M. S. Kumar Reddy, J. S. Yadav, K. V. S. Rama Krishna, and A. C. Kunwar, *Tetrahedron Lett.*, **46**, 1659 (2005)
114) M. Arnó, R. J. Zaragozá, and L. R. Domingo, *Tetrahedron: Asymmetry*, **15**, 1541 (2004)
115) R. K. Kunz and D. W. C. MacMillan, *J. Am. Chem. Soc.*, **127**, 3240 (2005)
116) X. Liu, B. Qin, X. Zhou, B. He, and X. Feng, *J. Am. Chem. Soc.*, **127**, 12224 (2005)
117) A. McNally, B. Evans, and M. J. Gaunt, *Angew. Chem. Int. Ed.*, **45**, 2116 (2006)
118) a) V. K. Aggarwal, C. Lopin, and F. Sandrinelli, *J. Am. Chem. Soc.*, **125**, 7596 (2003). b) V. K. Aggarwal and G. Y. Fang, *Chem. Commun.*, **2005**, 3448
119) a) W. Zhuang, M. Marigo, and K. A. Jørgensen, *Org. Biomol. Chem.*, **3**, 3883 (2005). b) M. Marigo, J. Franzén, T. B. Poulsen, W. Zhuang, and K. A. Jørgensen, *J. Am. Chem. Soc.*, **127**, 6964 (2005)
120) H. Sundén, I. Ibrahem, and A. Córdova, *Tetrahedron Lett.*, **47**, 99 (2006)
121) S. G. Ouellet, J. B. Tuttle, and D. W. C. MacMillan, *J. Am. Chem. Soc.*, **127**, 32 (2005)
122) a) J. W. Yang, M. T. H. Fonseca, and B. List, *Angew. Chem. Int. Ed.*, **43**, 6660 (2004). b) J. W. Yang, M. T. H. Fonseca, N. Vignola, and B. List, *Angew. Chem. Int. Ed.*, **44**, 108 (2005)
123) a) D. B. Ramachary, M. Kishor, and K. Ramakumar, *Tetrahedron Lett.*, **47**, 651 (2006). b) D. B. Ramachary, M. Kishor, and G. B. Reddy, *Org. Biomol. Chem.*, **4**, 1641 (2006)

第13章 チオ尿素系不斉有機分子触媒の創製

竹本佳司[*]

1 はじめに

　触媒的不斉反応の開発は有機合成化学上の有用性のみならず，環境に対する負荷の低減という観点からも重要な研究課題の一つとなっている。そのような状況下，取り扱いの簡便さ，再利用の容易さ，経済性などの利点を有することから，金属を含まない有機触媒に注目が集まっている。L-プロリンやキニーネ等の天然物，あるいはそれらの誘導体を塩基触媒，相間移動触媒として用いた不斉触媒反応が数多く報告され，その有用性が実証されつつある。一方，求核剤を活性化するこれら有機触媒とは異なり，ルイス酸と同様に求電子剤を活性化できる水素結合能を有するキラルなブレンステッド酸型有機触媒もいくつか開発され，様々な不斉反応への展開が図られている。さらに，一般塩基部と一般酸部を適切な位置に持つ両性有機触媒は，その反応性のみならず立体選択性の両面において優れた効果を発揮することが明らかになってきた。これは活性部位に複数個の官能基を持ちその協同作用を利用して反応を促進する酵素反応のモデル化としても興味深い。我々の研究室では，再利用が容易で2つのN-H結合を介した水素結合により求電子剤を活性化しうるウレアやチオウレア誘導体に着目し[1, 2]，それらの特異な一般酸触媒能に一般塩基触媒能を付加することにより不斉反応への適用範囲を拡大できるのではないかと考え，多機能性チオウレア触媒の設計とそれを用いた不斉反応の開発に取り組んでいる（図1）。本稿では，最近我々が見いだした①ニトロンへのTMSCN，ケテンシリルアセタールの付加反応，②ニトロオレ

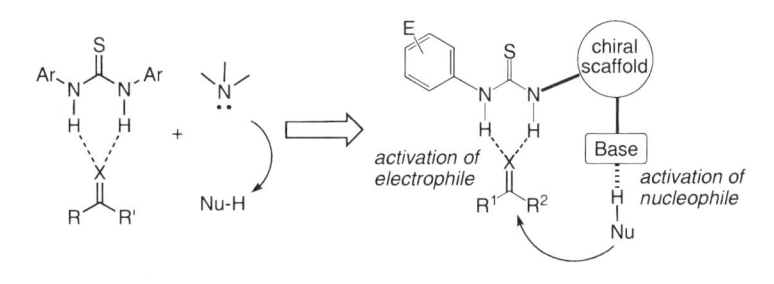

図1　3級アミノ基を有する多機能性チオ尿素触媒の設計

---

*　Yoshiji Takemoto　京都大学　薬学研究科　教授

フィンへの 1,3-ジカルボニル化合物の不斉マイケル反応，③不飽和イミドへの活性メチレン化合物の不斉マイケル反応，④イミンとニトロアルカンの不斉 aza-Henry 反応について紹介する。

2　ウレア触媒を用いたニトロンへの求核付加反応

ニトロンは分極の大きい N-O 結合を持ち，電気的に陰性な酸素原子に金属ルイス酸が配位し活性化されることが知られている。この酸素原子に酸性度の高いウレア N-H が水素結合すれば，ウレアはルイス酸様にニトロンを活性化し，種々の求核剤との付加反応が進行すると期待した。

2.1　TMSCN の付加反応[3)]

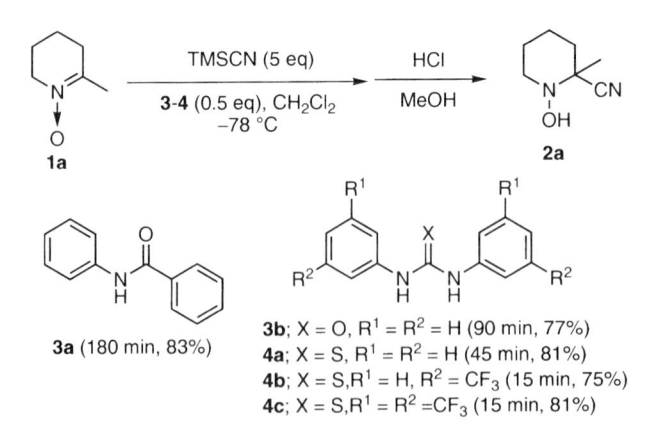

はじめに，N-H 結合を有するアミド 3a，ウレア 3b，チオウレア 4a-c 誘導体を合成し，環状ニトロン 1a と TMSCN との反応を－78 ℃の低温下で検討した（スキーム 1）。その結果，本反応は無触媒下でも 5 時間で完結するが，アミド，ウレア，チオウレアを添加すればこの順に反応加速効果が観測され，特に芳香環上に 2 つのトリフルオロメチル基を有する 4c で最も高い活性を示し，反応は 15 分で完結した。このことは，ウレア N-H 基の酸性度が高くなるにつれ，反応が加速されることを示す。次に，反応の一般性を調べるため，最も良い結果を与えたチオウレア 4c を用いて同様の条件下，種々の環状および鎖状ニトロンに対しシアノ基導入を試みた。反応温度は異なるものの，いずれの場合も触媒添加により反応は劇的に加速され，目的とするニトリル付加体が高収率で得られた。本触媒反応の特徴は，ウレア触媒が安定で回収再利用可能なことである。実際に回収したウレア 4c を 3 回繰り返し反応に用いたが，反応は問題なく進行し収率の低下も観測されなかった。

3a (180 min, 83%)
3b; X = O, R^1 = R^2 = H (90 min, 77%)
4a; X = S, R^1 = R^2 = H (45 min, 81%)
4b; X = S, R^1 = H, R^2 = CF$_3$ (15 min, 75%)
4c; X = S, R^1 = R^2 = CF$_3$ (15 min, 81%)

スキーム 1　ニトロンへの付加反応に及ぼす触媒 3a-b，4a-c の加速効果

第13章　チオ尿素系不斉有機分子触媒の創製

スキーム2　ケテンシリルアセタール5a-cのニトロン1bへの求核付加反応

2.2 ケテンシリルアセタールの付加反応[3]

シアノ基の導入に成功したので，ニトロン1bとケテンシリルアセタール5aの反応について検討した（スキーム2）。本反応はTMSCNの付加反応とは異なり，無触媒下では全く進行しないが，チオウレア4cを添加するとケテンシリルアセタールの求核付加反応が進行し，反応後，酸／塩基処理することによりそれぞれ対応する環化体6aが80％収率で得られた。また，置換基を有するケテンシリルアセタール5b-cとの反応も遜色なく進行し，3級および4級炭素を有する環化体が収率良く得られた。さらに，本付加反応は触媒量を0.5当量から0.1当量に減らしても，反応時間，収率ともに同じ結果が得られた。

3 多機能性ウレア触媒を用いた不斉反応

チオウレアが電気的に陰性な酸素原子と水素結合を形成し，ルイス酸様に求電子剤を活性化できることを明らかにした。しかし，チオウレアによる活性化は汎用されているルイス酸触媒に比べて弱く，その適用範囲は広いとは言えない。そこで水素結合で求電子剤を活性化するだけでなく，求核剤も同時に活性化する官能基を同一分子内に組み込んだチオウレア誘導体を合成すれば，触媒の適用範囲を拡大できると考えた。

3.1 多機能性チオウレア触媒の合成[4]

多機能性チオウレア触媒の設計にあたり，新たに導入する求核剤の活性化基として3級アミンを選択し，これとチオウレア部をキラルな連結基で結合すればキラルな多機能性チオウレア誘導体が合成できると考えた（図1）。これにより，求電子剤と求核剤を同時に活性化し，かつキラルな連結基を利用して両反応剤の接近を制御すれば，目的化合物を立体選択的に得ることができる。そこで，先ほどのチオウレア触媒4cの左半分は残し，右のベンゼン環を1,2-シクロヘキシルジアミンや1,2-ジフェニルエチレンジアミンに置換えた新規チオウレア触媒7a-bを合成し

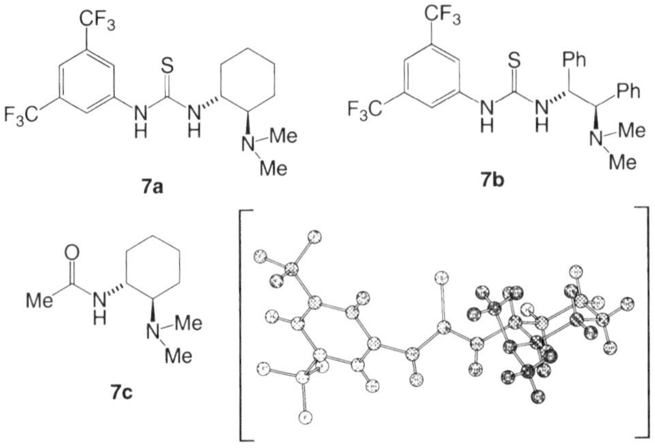

図2 多機能性チオ尿素触媒7と7aのX線結晶構造

た（図2）。また，チオウレア触媒との比較のためにアミド体**7c**も合成した。ラセミ体**7a**のX線結晶構造解析の結果から，チオウレアのNHと3級アミンが空間的に近い位置にあり（2.7Å），触媒分子が2つの反応試剤をとらえ接近させ易い立体配座をとっていることがわかる。さらに，**7a**はチオウレア**4c**とは異なり，無極性溶媒への溶解性が飛躍的に向上しており，不斉反応への展開に有利である。

3.2 ニトロオレフィンへの1,3-ジカルボニル化合物の不斉マイケル反応[4]

ニトロ基は2つの酸素原子を持ち，チオウレアの2つのN-Hと水素結合が可能であり，チオウレアによる強い活性化が期待できる。そこへ隣接するアミノ基で活性化された1,3-ジカルボニル化合物が付加すれば，目的付加体を立体選択的に与えると考えられる。そこで，アミノ基を導入した新規チオウレア触媒**7a-b**を用いて，β-ニトロスチレンへの種々の1,3-ジカルボニル化合物**9**のマイケル反応[5]を検討した（表1）。β-ニトロスチレン**8**へのマロン酸ジエチルの不斉マイケル反応は**7a**（10 mol %）存在下，立体選択的に進行し，付加体**10**（86 %，93 % ee）を与えた（entry 1）。しかし，触媒**7b**を用いると反応性，立体選択性ともに低下し（52 %，64 % ee），**7c**との反応では付加体は殆ど得られないことから，連結部の選択とウレア部の存在が，反応性と選択性に重要であることがわかる。また，求核剤としてα位水素の酸性度の高いアセチルアセトンやα位に置換基を持つ種々のマロン酸ジエステル誘導体でも反応は円滑に進行し，対応する付加体**10**を高エナンチオ選択的に与えた（entries 2-5）。プロキラルな1,3-ジカルボニル化合物を求核剤に用いた場合，連続した2つの不斉中心を持つマイケル付加体**10**が得られる。まず，α位に置換基を持たない非対称な1,3-ジカルボニル化合物との反応では，**10**は高収率，

第13章　チオ尿素系不斉有機分子触媒の創製

表1　チオ尿素触媒7a-cを用いたβ-ニトロスチレン8と1,3-ジカルボニル化合物9の不斉マイケル付加反応

entry	ketoester		temp (°C)	time (h)	yield (%)	ee (%)	entry	ketoester	temp (°C)	time (h)	yield (%)	de (%)	ee (%)
1	EtO-CO-CH2-CO-OEt	7a	rt	24	86	93	6	CH3COCH2CO2Et	rt	0.5	91	11	89
		7b	rt	48	52	64							
		7c	rt	24	14	35							
2	acetylacetone		rt	1	80	89	7	PhCOCH2CO2Et	−40	14	93	16	94
3	MeO2C-CHMe-CO2Me		rt	36	82	93	8	CH3COCH(Me)CO2Et	rt	6	89	55	91
4	MeO2C-CHCl-CO2Me		rt	1	quant.	89	9	2-(methoxycarbonyl)cyclopentanone	−50	24	96	85	93
5	MeO2C-CH(OMe)-CO2Me		rt	28	89	94	10	methyl 1-oxo-tetralin-2-carboxylate	rt	2	97	90	90

高エナンチオ選択的に得られたがジアステレオ選択性は低かった（entries 6-7）。α位に置換基を持つ1,3-ジカルボニル化合物の場合，鎖状の1,3-ジカルボニル化合物では収率，立体選択性は高いが中程度のジアステレオ選択性でしか目的成績体10は得られなかったが（entry 8），環状の1,3-ジカルボニル化合物では5員環，6員環のいずれの場合でも高ジアステレオ選択的に

スキーム3　マイケル付加体11，12のバクロフェンとABT-627への変換反応

10 が得られ，収率もエナンチオ選択性も共に高かった（entries 9-10）．本反応により合成した付加体 11, 12 を用いて，GABA の一種であるバクロフェンの不斉合成とエンドセリン A 拮抗剤（ABT-627）の合成中間体への変換に成功した（スキーム3）．

3.3 ダブルマイケル反応を用いた 4-ニトロシクロヘキサノン誘導体の不斉合成[6]

連続した複数の不斉点を有する化合物の立体選択的な合成は，キラルビルディングブロックとしての有用性から非常に重要である．特に，多置換型シクロヘキサノン誘導体は有用な合成中間体であることから，既に多くの不斉合成法が報告されている．しかしながら，4-ニトロシクロヘキサノン誘導体の不斉合成法としてジアステレオ選択的な合成は報告されているものの，触媒的な不斉合成法は殆ど知られていない．そこで我々は，γ,δ-不飽和-β-ケトエステル A とニトロアルケン B との不斉ダブルマイケル付加反応を用いて，三つの不斉点を有する 4-ニトロシクロヘキサノン誘導体 C の不斉合成を試みた（スキーム4）．

はじめに，β-ニトロスチレン 8 と γ,δ-不飽和-β-ケトエステル 13a をチオウレア 7a とともに室温で反応させたところ，目的とするダブルマイケル付加体 15a を 65％収率，86％ee で単一化合物として得た（表2, entry 1）．そこで，δ-位の置換基が異なる γ,δ-不飽和-β-ケトエステル 13b についても同様の条件下環化反応を試みたが，置換基の嵩高さの影響か環化体は全く得られず，中間体 14b を得るのみであった．しかし，得られた中間体 14b を別途塩基（TMG あるいは KOH）で処理すると，分子内環化反応が進行し 15b を単一化合物（71％，88％ee）で得た（entry 3）．本手法を用いれば，δ-位の置換基にかかわらず（R = Me, i-Pr, Ph, OMe），3,4-anti-4,5-syn-4-ニトロシクロヘキサノン誘導体 15a-d が単一ジアステレオマー，84〜92％ee で得られる（entries 2-5）．また，本不斉反応を利用して，(−)-エピバチジンの不斉全合成にも

スキーム 4　不斉ダブルマイケル反応を利用した4-ニトロシクロヘキサノン体の合成

第13章　チオ尿素系不斉有機分子触媒の創製

表2　ニトロアルケン8とγ,δ-不飽和-β-ケトエステル13a-dのダブルマイケル反応を利用した三置換シクロヘキサノン誘導体の不斉合成

entry	13 (R)	temp (°C)	yield (%)	de (%)	ee (%)
1	13a (Me)	rt	65	>99	86
2	13a (Me)	-20	87	>99	92
3	13b (i-Pr)	rt	71	>99	88
4	13c (Ph)	-40	62	>99	92
5	13d (OMe)	rt	76	>99	84

成功した。

3.4　不飽和イミドへの活性メチレン化合物の不斉マイケル反応[7]

前節で述べた反応活性なニトロオレフィンとは異なり，不飽和カルボン酸誘導体への活性メチレン化合物の不斉マイケル付加反応の成功例は少なく，特に有機触媒を用いた報告は皆無であった[8]。チオウレアの水素結合様式を考慮すると，エステルやアミドを単独で活性化するのは困難が予想されたので，カルボニル基を2つ有するイミド体の利用を計画した。しかし，図3に示すようにイミドとチオウレアの水素結合様式にも2種類（D, E）の可能性が存在するが，分子内アミノ基により求核剤の攻撃方向を規制することができれば，どちらか一方の結合形式のみで反応は進行すると期待した。

そこで，マロノニトリル20aを求核剤に用いて種々のイミド体17A-Gとのマイケル付加反応をチオウレア触媒存在下で検討した。表3の結果より，本反応がスムーズに進行するには基質がイミド構造を持つことが必須であり，そのエナンチオ選択性は窒素上の置換基により影響を受け，特に2-メトキシベンズアミド誘導体から調製したイミド体17Aが反応性および選択性の両面で

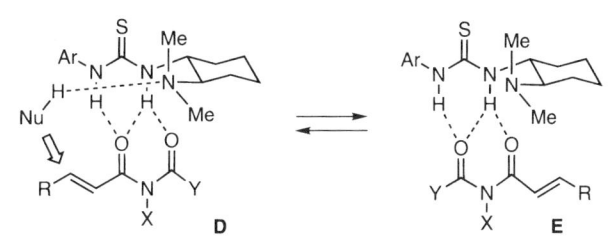

図3　チオ尿素触媒7aとイミドの水素結合を介した相互作用

表3 α,β-不飽和イミド 17A-G へのマロノニトリルの不斉マイケル付加反応

entry	substrate (R)	product	time (h)	yield (%)	ee (%)
1	17A (pyrrolidinyl)	18A	48	0	-
2	17B (oxazolidinon-yl)	18B	96	89	83
3	17C (N-Me imidazolidinon-yl)	18C	120	59	81
4	17D (2-pyrrolidinon-yl)	18D	60	93	87
5	17E (2-piperidinon-yl)	18E	140	42	59
6	17F (NHCOPh)	18F	8	94	84
7	17G (NHCO-o-MeO-C6H4)	18G	9	97	86

最も良い結果を与えることがわかった。さらに，本反応はβ-位の置換基として様々なアリール基やアルキル基を有する種々のイミド体 19A-E に対して適用可能であり，いずれの場合も高エナンチオ選択的に対応する付加体 21A-E が得られることを明らかにした。また，加熱が必要であるものの，α-シアノエステル 20b やニトロメタン 20c も付加反応を起こし，良好なエナンチオ選択性で付加体 22-23 が得られた（表4）。得られた付加体 22B は抗うつ剤のパロキセチンへ誘導することができる。

さらに，本チオウレア触媒の特徴を活かした連続反応への展開を検討した。得られた飽和イミド体は，イミド部位をエステル，アミド，Weinreb アミドなど次の工程に適した誘導体へと変換されるが，通常は得られた付加体を単離後，新たに触媒量あるいは化学量論量のルイス酸や塩基を求核剤と共に加えて変換される。我々が開発したチオウレア触媒は加水分解酵素の反応機構を基にして設計しており，異なる2つの反応を同じフラスコ内で触媒する可能性がある。実際，マ

第13章 チオ尿素系不斉有機分子触媒の創製

表4 イミド19A-Eと種々の求核剤20a-cの不斉マイケル反応

20a: Nu = CH(CN)$_2$, 20b: Nu = CH(CN)(CO$_2$Me), 20c: Nu = CH$_2$NO$_2$
A: R = Ph, B: R = p-FC$_6$H$_5$, C: R = p-MeOC$_6$H$_5$, D: R = Me,
E: R = TBSO(CH$_2$)$_5$

entry	19	20	temp (°C)	time (h)	Product	yield (%)	ee (%)
1[a]	19A	20a	rt	14	21A	95	91
2[a]	19B	20a	rt	7	21B	99	92
3[a]	19C	20a	rt	24	21C	92	90
4[a]	19D	20a	rt	3	21D	96	90
5[a]	19E	20a	rt	5	21E	95	93
6[b]	19A	20b	80	52	22A	94	82
7[b]	19B	20b	80	48	22B	91	85
8[b]	19A	20c	60	168	23A	56	87
9[b]	19B	20c	60	168	23B	60	86

[a] The reaction was carried out in 0.1 M solution. [b] The reaction was carried out in 0.5 M solution

スキーム5 イミド19Aからメチルエステル24Aへのワンポット合成

　マイケル付加体21Aをメタノール中で撹拌してもほとんど目的物は得られないが,室温下チオウレア7aを10 mol%添加すると加メタノール分解が進行し,メチルエステル体24Aを収率よく得ることができた。本反応は,エステルのみならずアミドやWeinrebアミドへの変換にも利用可能であり,またα,β-不飽和イミド体19Aからマロノニトリルとメタノールを連続して導入するワンポット反応にも成功した(スキーム5)。

3.5 イミンとニトロアルカンの不斉aza-Henry反応[9]

　ニトロ化合物を求核剤とする反応のうち,アルデヒドに対するニトロアルカンの付加反応(Henry反応)に比べ,イミン類へのニトロアルカンの付加反応(aza-Henry反応)については触媒的不斉反応の報告例は少ない[10]。さらにエナンチオ選択性に関しては,90%eeを超す例も報告されてはいるが,基質特異性があり一般性のある触媒的合成法の開発が望まれていた。我々

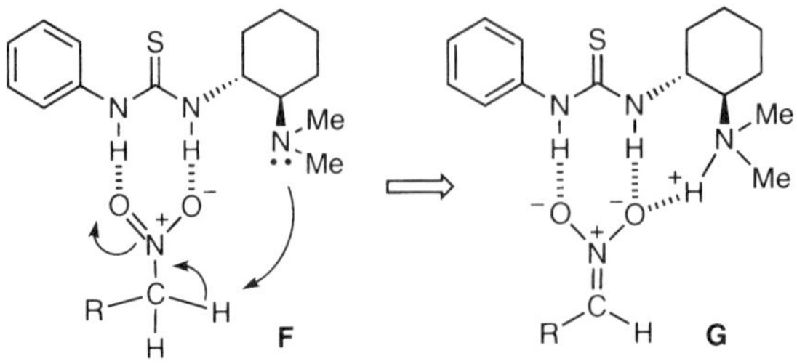

図4 チオ尿素触媒によるニトロアルカンからニトロナートアニオンの生成

は,触媒 7a にニトロアルカン F を作用させたならば,7a のチオウレア構造がニトロ基と水素結合することで求核剤 F を活性化し,同時に 7a のアミノ基がニトロアルカンを脱プロトン化し,キラルなニトロナートアニオン G を形成するのではないかと考えた(図4)。そこで窒素上の保護基の異なる種々のイミン 25a-e を合成し,触媒 7a 共存下ニトロメタンとの反応を検討した(表5)。N-フェニルイミン 25a や N-トシルイミン 25b では良い結果は得られなかったが,程よい反応性を有する N-ジフェニルホスホノイルイミン 25c や N-アセチルイミン 25d との反応では中程度のエナンチオ選択性(63%,67% ee)が得られた(entries 1-4)。そこで,かさ高い N-Boc イミン 25e を用いたところ,室温であるにもかかわらず収率よく,かつ良好なエナンチオ選択性(90% ee)で目的成績体 26e を合成できることがわかった(entry 5)。また興味深いことに,同じチオウレア触媒 7a を用いているにもかかわらず,窒素の保護基を変えるだけで生成物の不斉が逆転した(entries 3 and 5)。

窒素保護基として Boc 基を選択できるのは,エナンチオ選択性の面だけではなく,原料合成の容易さや得られた成績体をさらに誘導する場合の扱い勝手の良さなどの点から非常に好都合である。そこで,N-Boc イミンを用いて種々のイミン体 27 とニトロアルカン類 28 の反応を触媒 7a

表5 チオ尿素触媒 7a を用いた不斉 aza-Henry 反応

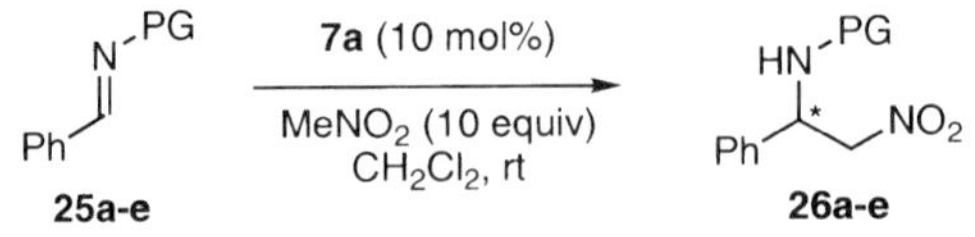

entry	PG	time (h)	yield (%)	ee (%)
1	Ph	24	nr	
2	Ts	4.5	99	4 (–)
3	P(O)Ph$_2$	24	87	67 (S)
4	COCH$_3$	24	95	63 (–)
5	CO$_2^t$Bu	24	76	90 (R)

第13章 チオ尿素系不斉有機分子触媒の創製

表6 N-Bocイミン27とニトロアルカン28のエナンチオおよびジアステレオ選択的なaza-Henry反応

entry	27 (Ar)	28 (R)	yield (%)	ee (%)	entry	27 (Ar)	28 (R)	yield (%)	de (%)	ee (%)
1	Ph	H	90	94	7	Ph	Me	92	90/10	93
2	4-Me-C6H4	H	82	94	8	Ph	Et	90	88/12	95
3	4-MeO-C6H4	H	71	94	9	Ph	Pentyl	82	93/7	99
4	4-F3C-C6H4	H	80	97	10	Ph	PhCH2	84	83/17	97
5	1-Naphthyl	H	91	95	11	Ph	BnO〜	86	93/7	94
6	3-Pyridyl	H	81	95	12	Ph	HO〜	80	92/8	89

存在下行った（表6）。ベンゼン環上に電子供与基（Me, OMe）や電子求引基（CF$_3$）を持つイミンあるいはナフタレン環や複素環を有するイミン，いずれの場合も90％eeを超える高いエナンチオ選択性で反応は進行し，収率よくβ-ニトロ-N-Bocアミン誘導体29を与えた（entries 1-6）。次に，求核剤のニトロメタンを種々の置換基を有するニトロアルカンに変えて同条件下反応を検討した。まず，N-Bocイミン体25eにニトロエタンを作用させたところ，シン体とアンチ体の2種のジアステレオマー混合物として生成物を得た。しかし，反応はシン選択的であり（syn/anti＝90/10），主生成物syn-29のエナンチオ選択性も93％eeとニトロメタンの反応と同様，高エナンチオ選択的に進行することがわかった（entry 7）。炭素鎖の長さの異なるものやベンゼン環を有するものなど種々のアルキル置換ニトロアルカン（Et, Pentyl, PhCH$_2$CH$_2$）とも90％eeを超える高いエナンチオ選択性でかつ良好なジアステレオ選択性で対応するβ-ニトロ-N-Bocアミン誘導体29を与えることがわかった（entries 8-10）。一方，本反応を環状アミン化合物等の不斉合成に利用することを考えれば，炭素上に官能基を有するニトロアルカンとの反応はさらに有用であると思われる。そこで，ベンジルエーテルやアルコールを末端に有するニトロアルカンとの反応を検討したところ，遜色なく反応は進行し高立体選択的にsyn付加体29が得られた（entries 11-12）。

スキーム 6　β-ニトロアミン誘導体 29 の有用物質への変換

　最後に，上記で合成した幾つかのβ-ニトロ-N-Bocアミン誘導体29a-bの変換反応を試みた（スキーム6）。29aをニッケル塩共存下，NaBH$_4$還元すればジアミン体30へ，また，NaNO$_2$を用いたNef反応に付すことによりα-アミノ酸31へラセミ化を伴わずに誘導することができた。さらに，アルコール体29bはメシル化後，脱Boc化することにより合成中間体32に導き，強力なSubstance P拮抗剤である（−）-CP-99994の合成も行った。

4　おわりに

　我々はチオウレア誘導体がルイス酸様に作用し，ニトロン，ニトロアルケン，イミド等の求電子種を活性化することを初めて明らかにした。また，チオウレア誘導体の多機能化を図り，チオウレア部と3級アミン部をシクロヘキシルジアミンで連結した新規チオウレア誘導体7aが，ニトロオレフィンやα,β-不飽和イミドへの1,3-ジカルボニル化合物の不斉マイケル反応とN-Bocイミンへの種々の置換基を持つニトロアルカンのaza-Henry反応を高エナンチオ選択的に促進させることを明らかにした。

文　　献

1)　(a) Curran, D. P., Kuo, L. H. *J. Org. Chem.* **59**, 3259 (1994) (b) Curran, D. P., Kuo, L. H. *Tetrahedron Lett.* **36**, 6647 (1995) (c) Schreiner, P. R. *Chem. Soc. Rev.*

第13章 チオ尿素系不斉有機分子触媒の創製

32, 289 (2003) (d) Takemoto, Y. *Org. Biomol. Chem.* **3**, 4299 (2005) (e) Taylor, M. S., Jacobsen, E. N. *Angew. Chem. Int. Ed.* **45**, 1520 (2006)

2) (a) Sigman, M. S., Jacobsen, E. N. *J. Am. Chem. Soc.* **120**, 4901 (1998) (b) Sohtome, Y., Tanatani, A., Hashimoto, Y., Nagasawa, K. *Tetrahedron Lett.* **45**, 5589 (2004) (c) Li, B.-J., Jiang, L., Liu, M., Chen, Y.-C., Ding, L.-S., Wu, Y. *Synlett*, **603** (2005) (d) Berkessel, A., Cleemann, F., Mukherjee, S., Müller, T. N., Lex, J. *Angew. Chem. Int. Ed.* **44**, 807 (2005) (e) McCooey, S. H., Connon, S. J. *Angew. Chem. Int. Ed.* **44**, 6367 (2005) (f) Herrera, R. P., Sgarzani, V., Bernardi, L., Ricci, A. *Angew. Chem. Int. Ed.* **44**, 6576 (2005) (g) Vakulya, B., Varga, S., Csámpai, A., Soós, T. *Org. Lett.* **7**, 1967 (2005) (h) Wang, J., Li, H., Duan, W., Zu, L., Wang, W. *Org. Lett.* **7**, 4713 (2005) (i) Ye, J., Dixon, D. J., Hynes, P. S. *Chem. Commun.* 4481 (2005) (j) Tsogoeva, S. B., Yalalov, D. A., Hateley, M. J., Weckbecker, C., Huthmacher, K. *Eur. J. Org. Chem.* 4995 (2005) (k) Marcelli, T., van der Haas, R. N. S., van Maarseveen, J. H., Hiemstra, H. *Angew. Chem. Int. Ed.* **45**, 929 (2006)

3) Okino, T., Hoashi, Y., Takemoto, Y. *Tetrahedron Lett.* **44**, 2817-2821 (2003)

4) (a) Okino, T., Hoashi, Y., Takemoto, Y. *J. Am. Chem. Soc.* **125**, 12672 (2003) (b) Okino, T., Hoashi, Y., Furukawa, T., Xu, X., Takemoto, Y. *J. Am. Chem. Soc.* **127**, 119 (2005)

5) (a) Barnes, D. M., Ji, J., Fickes, M. G., Fitzgerald, M. A., King, S. A., Morton, H. E., Plagge, F. A., Preskill, M., Wagaw, S. H., Wittenberger, S. J., Zhang, J. *J. Am. Chem. Soc.* **124**, 13097 (2002) (b) Li, H., Wang, Y., Tang, L., Deng, L. *J. Am. Chem. Soc.* **126**, 9906 (2004)

6) (a) Hoashi, Y., Yabuta, T., Takemoto, Y. *Tetrahedron Lett.* **45**, 9185 (2004) (b) Hoashi, Y., Yabuta, T., Yuan, P., Miyabe, H., Takemoto, Y. *Tetrahedron* **62**, 365 (2006)

7) Hoashi, Y., Okino, T., Takemoto, Y. *Angew. Chem. Int. Ed.* **44**, 4032 (2005)

8) (a) Itoh, K., Kanemasa, S. *J. Am. Chem. Soc.* **124**, 13394 (2002) (b) Taylor, M. S., Jacobsen, E. N. *J. Am. Chem. Soc.* **125**, 11204 (2003) (c) Evans, D. A., Thomson, R. J., Franco, F. *J. Am. Chem. Soc.* **127**, 10816 (2005)

9) (a) Okino, T., Nakamura, S., Furukawa, T., Takemoto, Y. *Org. Lett.* **6**, 625 (2004) (b) Xu, X., Furukawa, T., Okino, T., Miyabe, H., Takemoto, Y. *Chem. Eur. J.* **12**, 466 (2006)

10) (a) Yamada, K., Harwood, S. J., Gröger, H., Shibasaki, M. *Angew. Chem. Int. Ed.* **38**. 3504 (1999) (b) Yamada, K., Moll, G., Shibasaki, M. *Synlett* 980 (2001) (c) Knudsen, K. R., Risgaard, T., Nishiwaki, N., Gothelf, K. V., Jørgensen, K. A. *J. Am. Chem. Soc.* **123**, 5843 (2001) (d) Nishiwaki, N., Knudsen, K. R., Gothelf, K. V., Jørgensen, K. A. *Angew. Chem. Int. Et.* **40**, 2992 (2001) (e) Nugent, B. M., Yoder, R. A., Johnston, J. N. *J. Am. Chem. Soc.* **126**, 3418 (2004) (f) T. P. Yoon, E. N. Jacobsen, *Angew. Chem. Int. Ed.* **44**, 466 (2005)

第14章　機能性グアニジン触媒の創成

石川　勉*

1　はじめに

　21世紀における化学に課せられた命題は，反応自体の効率性を求めるアトムエコノミー的な発想に加え，常に環境を配慮したグリーンケミストリー的な展開であり，有機合成化学の分野では回収・再利用可能で反応性や選択性に優れた高い機能性を持つ触媒（試薬）や新反応の開拓が求められている。高機能性反応の理想的なモデルは酵素反応を始めとする生体内での反応で，遷移状態において水素結合や疎水性結合などが巧みに連携し合い反応を効果的に制御している。

　分子中にグアニジル基を持つアルギニンは，ウレアサイクルでオルニチンから末端アミノ基のカルバメート化，次いで生成したシトルリンのウレア基がイミノ化されることで生合成されるが，子供の成長にはその生産量以上が要求されるため，必須アミノ酸の一つとなっている。このアルギニンは様々な生体内反応に関与するが，これは分子中に存在するグアニジル基がプロトン化され，その共役酸が極めて安定な共鳴構造[1]（図1）をとるため，遷移状態水素結合相互作用において効果的なプロトン受容体（塩基）として働くためである。このことは，グアニジン型化合物が合成分野でも回収・再利用可能な機能性触媒（有機塩基）になることを示唆しているが，これまでグアニジン型化合物は合成標的分子に過ぎず有機合成ツールとしての注目度は低かった。

　著者らは，このグアニジン型化合物のキラル補助剤としての潜在的可能性に着目し，これまでに①グアニジン型化合物の実用的な一般合成法の確立[2]，②そのキラル識別能の検証[3]，そして③グアニジニウム塩由来のグアニジニウムイリドの存在ならびにアジリジン環形成反応の発見[4]，などグアニジンケミストリーを展開してきた。本章では，発展途上であるが故にさらなる展開が期待されるグアニジン型化合物[5]について，そのキラル補助剤としての機能性に焦点を当てた。

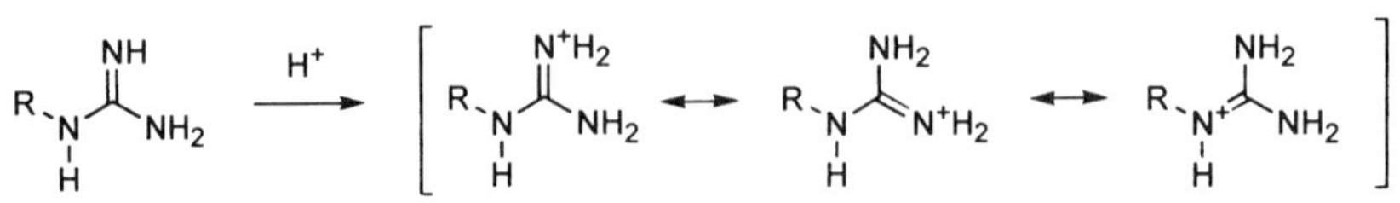

図1　グアニジニウムイオンの共鳴安定化

*　Tsutomu Ishikawa　千葉大学大学院　薬学研究院　薬品製造学研究室　教授

第14章 機能性グアニジン触媒の創成

2 有機合成ツールとしてのグアニジン型化合物

2.1 構造的分類，合成例

グアニジン型化合物は，三つのグアニジル窒素に着目した場合，①直鎖（Ⅰ）型，②二つの窒素を環内に含む単環（Ⅱ）型，そして③三つの窒素のうち一つを共通の環構成元素とする縮環（Ⅲ）型に分類出来る（図2）。これらは，窒素上の置換基数と置換様式をもとに細分類可能で，形式的にⅠ型とⅡ型が8種そしてⅢ型が2種の合計18種のグアニジン型化合物が存在する。

有機合成ツールとしてのグアニジン型化合物の原点は N,N,N',N'-テトラメチルグアニジン（TMG）（1）で，上記分類に従えば I-4-a（$R^1 = R^2 = R^3 = R^4 = Me$）に属し，初めての合成はSchenckがチオウレアを活性化させた後アンモニアと反応[6]させることで行った（スキーム1）。その後彼自身が改良法[7]を発表しているが，ウレアサイクル反応様式に類似したこのオリジナル合成法[6]はグアニジン型化合物の最も基本的な合成アプローチとなっている。

TMG（1）を用いた反応例は500以上にのぼり，マイケル反応[8]，ニトロアルドール反応[9]，エポキシドへの付加反応[10]，マイケル―アルドール反応を利用した環状化合物の合成[11]，ジアル

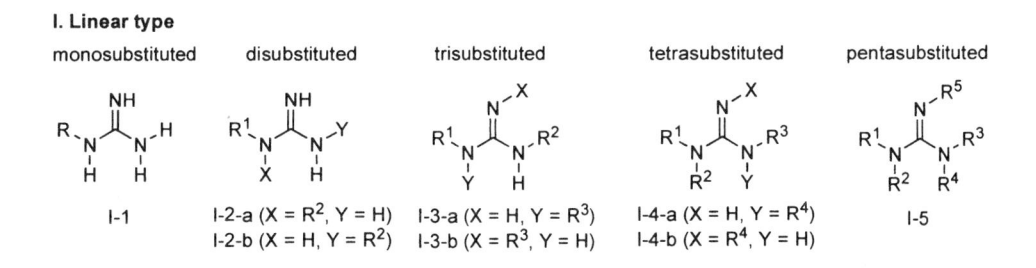

図2 グアニジン型化合物の構造的分類

スキーム1　SchenckによるTMG (1) のオリジナル合成

スキーム2　I-1型グアニジンの合成例：ジケトピペラジン置換グアニジン2の合成

スキーム3　ペンタアルキルグアニジンの合成ならびにカルボン酸エステル化反応への応用

キルホスファイトの付加反応[12]，ホーナー・エモンス反応[13]，カルボン酸のアルキル化的エステル化[14]，アジド化反応[15]，官能基の保護[16]等，すべてグアニジル基の強い塩基性あるいは塩形成能力に依存した反応である。

　末端グアニジル基を持つI-1型グアニジン型化合物の合成にはグアニジル化試薬が利用されるが，現在10種ほどが市販されている（例えば，スキーム2）[17]。一方，置換グアニジン型化合物の合成法は上述のチオウレアを活性化した後，第一級アミンを作用させる方法が一般的であるが，基質としてウレアも使用可能で，またカルボジイミドを経た合成法も報告されている。故Sir Barton教授らは，この方法によりI-5型ペンタアルキルグアニジン類[18]を合成し，例えば立体的に嵩高いカルボン酸のエステル化[18a]に塩基触媒として利用している（スキーム3）。しか

第14章 機能性グアニジン触媒の創成

しながら，TMG（**1**）以外のグアニジン型化合物を用いた反応例[19]は必ずしも多くない。その理由として①有機合成ツールとして認識されていない，②強塩基特性が故に取扱いが困難，そして③その汎用的合成法が確立されていない，ことが挙げられる。

2.2　キラルグアニジン

上記分類によるグアニジン型化合物において，置換基（R）中あるいは環上にキラル中心が存在すればキラルグアニジンとなる。スキーム 2 にはジケトピペラジン環を含むI-1型キラルグアニジン **2** の合成[17]を示した。I-2-b型[20]と I-4-a型[21]さらにはIII-0とIII-1型[22]キラルグアニジンはスキーム 3 に準拠した合成法で，対称性I-2-b型およびII-2-a型キラルグアニジンは，2倍等量に相当するアミンにブロムシアンを作用させて合成（*N*-シアノ化，アミンの付加）[20]する。スピロ環を含むIII-0型キラルグアニジンの合成は，基本的に *N,N*-ジ（7-ヒドロキシ-3-ケトアルキル）グアニジン誘導体のダブル分子内二連続閉環反応[23]による。その合成例[23a]をスキーム 4 に示す。

著者らは塩化 2-クロロ-1,3-ジメチルイミダゾリウム（DMC）[24]（**3**）を新脱水縮合剤として検証中，**3** が第一級アミンと容易に反応してII-3-a型グアニジンを与えることを認めたため，環状キラルグアニジンの一般的合成法の開発に向け積極的な展開[2]を試みた。そして合計45種にのぼるII-1-b，II-2-a，II-2-b，II-2-c およびII-3-a型グアニジンを合成するとともに，別途 2-ヒドロキシエチル基を持つグアニジンから **3** によるクロル化続く分子内閉環反応を経る環状グアニジン合成法を開発し，II-2-b型およびIII-0とIII-1型キラルグアニジンの合成[2c]にも適用した。C_2対称III-0型 1,4,6-トリアザビシクロオクテン **4** の合成例[3d]をスキーム 5 に示す。

2.3　不斉合成への応用

2.3.1　有機塩基としての利用

キラルグアニジンを有機塩基として用いる不斉反応は，理論的には TMG（**1**）が関与する反

スキーム4　スピロ環を含むIII-0型グアニジンの合成例

スキーム5　新脱水縮合剤 DMC (3) および C_2 対称 III - 0 型キラルグアニジン 4 の合成への応用

応全てに応用可能であり，そのコンセプト[25]を図3に示す．即ち，キラルグアニジン5が酸や求電子剤と反応して活性種である共鳴安定化グアニジニウム塩6を形成後，触媒的な付加反応（ルートA）あるいは化学量論的な置換反応（ルートBおよびC）に関与し，再利用可能な形で回収される，というものである．以下，それらの例を示す．

(1) 触媒的付加反応

① ニトロアルドール (Henry) 反応

C_2 対称 I - 4 - a 型[21]およびスピロ III - 0 型［スキーム4 (R = Me)][26]グアニジン存在下での不

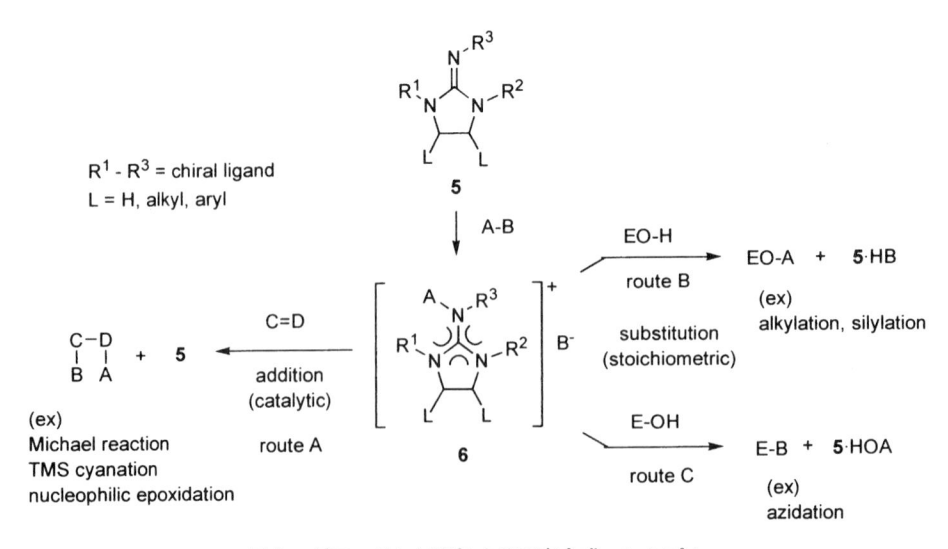

図3　グアニジンが関与する不斉合成コンセプト

第14章　機能性グアニジン触媒の創成

スキーム6　キラルグアニジンを用いた初めての不斉合成

斉ニトロアルドール（Henry）反応が検討されている。いずれも満足できる結果を与えていないが，前者は初めてキラルグアニジンを塩基触媒として用いた記念すべき反応である（スキーム6）。

② マイケル反応

α,β-不飽和γ-またはδ-ラクトンとピロリジンとのマイケル反応に，シリルオキシメチル残基[27]そしてスピロ環[23a]を含むIII-O型グアニジン（スキーム4参照）の共役酸による相関移動触媒作用が試された。これらの場合不斉誘導は認められなかったが，後者のスピロ環含有グアニジニウム塩はカルコンとニトロ化合物との反応[23c]で僅かながら不斉を誘導した。また，Davisら[22a]はベンズヒドリル基を持つIII-O型グアニジン存在下メチルビニルケトンへのニトロ化合物によ

表1　グアニジン7存在下でのイミノ酢酸と活性ビニル化合物とのマイケル反応および遷移状態モデル

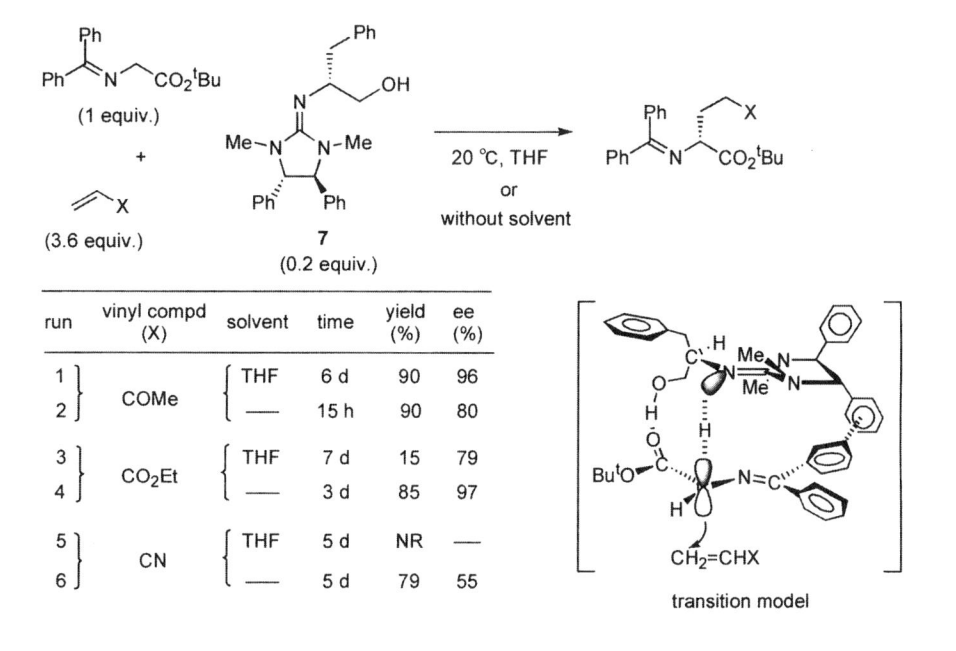

run	vinyl compd (X)	solvent	time	yield (%)	ee (%)
1	COMe	THF	6 d	90	96
2	COMe	—	15 h	90	80
3	CO$_2$Et	THF	7 d	15	79
4	CO$_2$Et	—	3 d	85	97
5	CN	THF	5 d	NR	—
6	CN	—	5 d	79	55

transition model

るマイケル反応を試みたが，やはり不斉誘導は9〜12％と低いものであった。Maら[20]は，I-2-b型およびI-4-b型，さらにはII-2-a型グアニジンを用いてイミノ酢酸とアクリル酸エステルとのマイケル反応を試み，I-2-b型グアニジンで30％の不斉誘導を認めていた。

一方著者らは，環外窒素上の置換基中にヒドロキシエチル基を持つII-3-a型グアニジン7が，Maらと同じ反応基質であるイミノ酢酸とアクリル酸エステルならびに関連ビニル体を用いたマイケル反応[3c]において効果的であることを認めた（表1）。この効果的な不斉誘導は3点が水素結合等で固定された遷移状態モデルで説明でき，さらに興味深いことには反応促進効果[28]が報告されている無溶媒条件下で行うと，著しい反応加速が観察された。なお，7存在下でのシクロペンテノンとマロン酸エステルとのマイケル反応[3e]でも無溶媒による反応促進効果を認めたが，収率および不斉誘導ともに低いものであった。

③　シッフ塩基のアルキル化反応

スピロ環含有III-0型グアニジニウム塩は，上記イミノ酢酸へのアルキル化[23]を効果的に触媒し，一般に高い不斉誘導[23b,c]が認められている。

④　ストレッカー反応

グアニジンが介在したストレッカー反応は2例ある（スキーム7）。Liptonら[17]は分子中にジケトピペラジン骨格を持つ末端グアニジン2（スキーム2参照）存在下，シアン化水素を作用させたところ，64〜99％eeで付加体を得た。一方，Coreyら[22b]はC₂対称1,4,6-トリアザビシクロオクテン誘導体を用いて反応を検討し，III-0型では期待した不斉誘導が認められるが，窒素上にメチル基を導入したIII-1型では，不活性になる旨報告している。

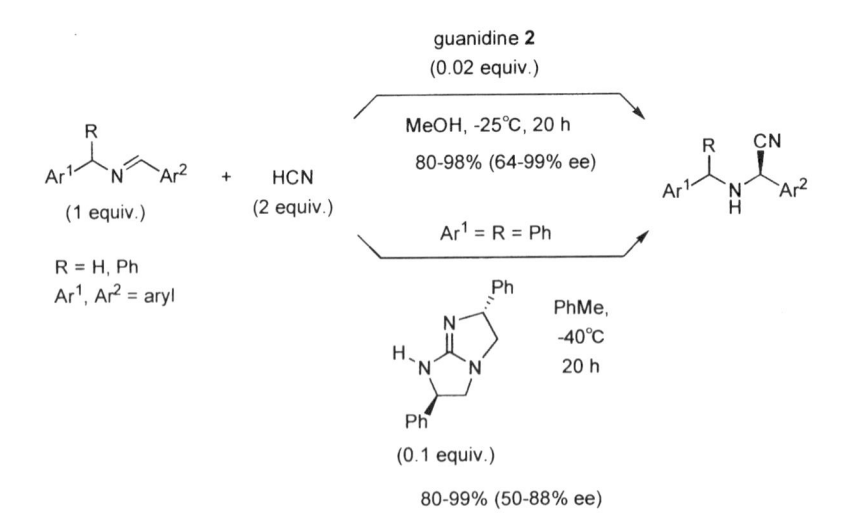

スキーム7　グアニジンが介在した不斉ストレッカー反応

第14章 機能性グアニジン触媒の創成

⑤ テトラメチルシリルシアノ化反応

カルボニル化合物のトリアルキルシリルシアノ化反応[3d]は，C_2対称グアニジン4（スキーム5参照）が効果的で，アルデヒドでは90％程度の収率，43〜70％eeで付加体を与えた。また収率は低下するものの，ケトン基質へも適用可能で中程度の不斉誘導が観察されている。

⑥ 求核的エポキシ化反応

Murphyら[23c]はマイケル反応に用いたスピロ環含有Ⅲ-0型グアニジン（スキーム4参照）を相関移動触媒としたカルコンの次亜塩素酸による求核的エポキシ化で高い不斉誘導を観察している。著者ら[3e]もまたクメン過酸化物トルエン溶液を酸化剤として用いた反応でⅡ-1-a型グアニジンが中程度の不斉を誘導することを認めた。

(2) 化学量論的置換反応（速度論的分割）

① カルボン酸へのアルキル化的エステル化反応

著者らは安息香酸と臭化1-フェニルエチルとのアルキル化的不斉エステル化反応[3a]で，不斉誘導は低い（15％ee）もののⅡ-3-a型グアニジンがキラル塩基として働くことを示した。

② 二級アルコールのシリル化反応

Ⅱ-2-bとⅡ-3-a型そして非対称Ⅲ型グアニジンが介在する二級アルコールのシリル化[3b]が検討された。Ⅲ-0型グアニジンを用いた例をスキーム8に示すが，これは二級アルコールのシリル化を利用した初めての速度論的分割である。

③ 二級アルコールの不斉アジド化反応

1-インダノールをC_2対称グアニジン4存在下ジフェニルホスホリルアジドと処理すると，58％収率，30％eeで（R）-過剰のアジド化体[29]を与えた。必ずしも高い不斉誘導ではないが，キラルグアニジンは不斉合成コンセプト（図3）中ルートCにも機能することが証明された。

スキーム8 二級アルコールの不斉シリル化反応の例

スキーム9　サイクル型不斉アジリジン環形成反応の例

2.3.2　キラルテンプレートとしての利用

著者らは，スキーム9に示すようなグアニジニウム塩をキラルテンプレートとするアリールアルデヒドからのユニークな循環型不斉アジリジン環形成反応[4]を発見した。本反応のエナンチオ選択性は一般に高く，ジアステレオ選択性は用いるアルデヒド基質上の置換基に依存し，電子供与基ではトランスそして電子吸引基ではシスが優先する，ことを明らかにした[30]。さらにビニルアルデヒド由来のアジリジンを用いてスフィンゴシンの不斉全合成を試み本反応の有用性[31]を示すとともに，想定スピロ中間体の存在をX線結晶解析[32]により証明した。

その他，キラルグアニジンを金属リガンドとして開発する試み[33]や異性化[34]に用いた報告もある。

3　おわりに

以上，グアニジン型化合物の有機合成ツールとしての可能性について不斉識別能を中心に検証してきた。観察された不斉誘導は必ずしも満足いくものだけではないが，グアニジル基が関与し得る反応範囲の広さに加え，グアニジン型化合物がアミンに比べ高い構造修飾多様性を持つため，その機能性に着目したグアニジンケミストリーの展開は新しい有機塩基の創製だけでなく，新規機能性試薬の誕生にもつながり得るため，今後の研究に注目したい。

第14章　機能性グアニジン触媒の創成

文　　献

1) Y. Yamamoto, S. Kojima, "The Chemistry of Amidines and Imidates," S. Patai, Z. Rapport, Eds., Vol 2, John Wiley & Sons Inc., New York, 1991, pp485-526.
2) (a) T. Isobe, K. Fukuda, T. Ishikawa, *J. Org. Chem.*, **65**, 7770-7773 (2000) ; (b) T. Isobe, K. Fukuda, T. Tokunaga, H. Seki, K. Yamaguchi, T. Ishikawa, *ibid.*, **65**, 7774-7778 (2000) ; (c) T. Isobe, K. Fukuda, K. Yamaguchi, H. Seki, T. Tokunaga, T. Ishikawa, *ibid.*, **65**, 7779-7785 (2000)
3) (a) T. Isobe, K. Fukuda, T. Ishikawa, *Tetrahedron: Asymmetry.*, **9**, 1729-1735 (1998) ; (b) T. Isobe, K. Fukuda, Y. Araki, T. Ishikawa, *Chem. Commun.*, 243-244 (2001) ; (c) T. Ishikawa, Y. Araki, T. Kumamoto, H. Seki, K. Fukuda, T. Isobe, *ibid.*, 245-246 (2001) ; (d) Y. Kitani, T. Kumamoto, T. Isobe, K. Fukuda, T. Ishikawa, *Adv. Synth. Catal.*, **347**, 1653-1658 (2005) ; (e) T. Kumamoto, K. Ebine, M. Endo, Y. Araki, Y. Fushimi, I. Miyata, T. Ishikawa, T. Isobe, K. Fukuda, *Heterocycles*, **66**, 347-359 (2005)
4) K. Hada, T. Watanabe, T. Isobe, T. Ishikawa, *J. Am. Chem. Soc.*, **123**, 7705-7706 (2001) [*Chem. & Eng. News*, Aug. 13, 32 (2001)]
5) T. Ishikawa, T. Kumamoto, *Synthesis*, 737-752 (2006)
6) Schenck, *Hoppe−Seyler's Z. Physiol. Chem.*, **77**, 370 (1912)
7) Schenck, V. Graevenitz, *Hoppe−Seyler's Z. Physiol. Chem.*, **141**, 139, 144 (1924)
8) 例えば, L. N. Nysted, R. R. Burtner, *J. Org. Chem.*, **27**, 3175-3177 (1962)
9) 例えば, D. Simoni, F. P. Invidiata, S. Manfredini, R. Ferroni, I. Lampronti, M. Roberti, G. P. Pollini, *Tetrahedron Lett.*, **38**, 2749-2752 (1997)
10) S. Bera, G. J. Langley, T. Pathak, *J. Org. Chem.*, **63**, 1754-1760 (1998)
11) 例えば, Y. Xia, A. P. Kozikowski, *J. Am. Chem. Soc.*, **111**, 4116-4117 (1989)
12) D. Simoni, F. P. Invidiata, M. Manferdini, I. Lampronti, R. Rondanin, M. Roberti, G. P. Pollini, *Tetrahedron Lett.*, **39**, 7615-7618 (1998)
13) 例えば, S. D. Debenham, J. S. Debenham, M. J. Burk, E. J. Toone, *J. Am. Chem. Soc.*, **119**, 9897-9898 (1997)
14) 例えば, K. Tanaka, M. Kamatani, H. Mori, S. Fujii, K. Ikeda, M. Hisada, Y. Itagaki, S. Katsumura, *Tetrahedron Lett.*, **39**, 1185-1188 (1998)
15) 本反応ではアジ化テトラメチルグアニジニウムが使用される。例えば, A. J. Papa, *J. Org. Chem.*, **31**, 1426-1430 (1966)
16) (a) Silylation: S. Kim, H. Chang, *Synth. Commun.*, **14**, 899-904 (1984) ; (b) Cyclopropanation: M. Anastasia, P. Allevi, P. Ciuffreda, A. Fiecchi, *Synthesis*, 123-124 (1983)
17) M. S. Iyer, K. M. Gigstad, N. D. Namdev, M. Lipton, *J. Am. Chem. Soc.*, **118**, 4910-4911 (1996)
18) (a) D. H. R. Barton, J. D. Elliott, S. D. Gero, *J. Chem. Soc. Chem. Commun.*, 1136-1137 (1981) ; *J. Chem. Soc. Perkin Trans. 1*, 2085-2090 (1982) ;

(b) D. H. R. Barton, G. Bashiardes, J.-L. Fourrey, *Tetrahedron Lett.*, **24**, 1605-1608 (1983); (c) D. H. R. Barton, M. Chen, L. C. Jaszberenyi, D. K. Taylor, *Org. Synth.*, **74**, 101-105 (1997)

19) 最近, 縮環型グアニジンを用いたホーナーエモンス反応が報告された。D. Simoni, M. Rossi, R. Rondanin, A. Mazzali, R. Baruchello, C. Malagutti, M. Roberti, F. P. Invidiata, *Org. Lett.*, **2**, 3765-3768 (2000)

20) D. Ma, K. Cheng, *Tetrahedron: Asymmetry*, **10**, 713-719 (1999)

21) R. Chinchilla, C. Najera, P. Sanchez-Agullo, *Tetrahedron: Asymmetry*, **5**, 1393-1402 (1994)

22) (a) A. P. Davis, K. J. Dempsey, *Tetrahedron: Asymmetry*, **6**, 2829-2840 (1995); (b) E. J. Corey, M. J. Grogan, *Org. Lett.*, **1**, 157-160 (1999)

23) (a) A. Howard-Jones, P. J. Murphy, D. A. Thomas, P. W. R. Caulkett, *J. Org. Chem.*, **64**, 1039-1041 (1999); (b) T. Kita, A. Georgieva, Y. Hashimoto, T. Nakata, K. Nagasawa, *Angew. Chem. Int. Ed. Engl.*, **41**, 2832-2834 (2002); (c) M. T. Allingham, A. Howard-Jones, P. J. Murphy, D. A. Thomas, P. W. R. Caulkett, *Tetrahedron Lett.*, **44**, 8677-8680 (2003)

24) T. Isobe, T. Ishikawa, *J. Org. Chem.*, **64**, 5832-5695; 6984-6988; 6989-6992 (1999); *Merck Index, 13th Ed.*, 596 (2001)

25) T. Ishikawa, T. Isobe, *Chem. Eur. J.*, **8**, 552-557 (2002)

26) M. T. Allingham, A. Howard-Jones, P. J. Murphy, D. A. Thomas, P. W. R. Caulkett, *Tetrahedron Lett.*, **44**, 8677-8680 (2003)

27) V. Alcazar, J. R. Moran, J. de Mendoza, *Tetrahedron Lett.*, **36**, 3941-3944 (1995); M. Martin-Portugues, V. Alcazar, P. Prados, J. de Mendoza, *Tetrahedron*, **58**, 2951-2955 (2002)

28) 例えば, K. Tanaka, F. Toda, *Chem. Rev.*, **100**, 1025-1074 (2000)

29) T. Isobe, K. Fukuda, T. Ishikawa, unpublished results.

30) T. Haga, T. Ishikawa, *Tetrahedron*, **61**, 2857-2869 (2005)

31) D. Wannaporn, T. Ishikawa, *J. Org. Chem.*, **70**, 9399-9406 (2005)

32) D. Wannaporn, T. Ishikawa, M. Kawahata, K. Yamaguchi, *J. Org. Chem.*, **71**, 6600-6603 (2006).

33) U. Koehn, W. Guenther, H. Goerls, E. Anders, *Tetrahedron: Asymmetry*, **15**, 1419-1426 (2004); U. Koehn, M. Schulz, H. Goerls, E. Anders, *Tetrahedron: Asymmetry*, **16**, 2125-2131 (2005)

34) A. Hjelmencrantz, U. Berg, *J. Org. Chem.*, **67**, 3585-3594 (2002)

第15章　環状／鎖状グアニジン有機触媒による不斉炭素―炭素結合形成反応

長澤和夫[*1]，五月女宜裕[*2]

1　はじめに

グアニジン構造は，必須アミノ酸のひとつであるアルギニン中に含まれ，プロトン化により生ずる共鳴安定効果のため強い塩基性を示す。一方その共役酸であるグアニジニウム塩は，生体内においてアニオンレセプターとして機能し，カルボン酸やリン酸エステル等と相互作用する。このグアニジン官能基の特異な分子認識能は，タンパク質の三次元構造の安定化，リン酸化によるタンパク質の構造変化（シグナル伝達等），さらに酵素反応における反応基質の認識と活性化等々，生体内の生命活動における様々な場面において，重要な役割を果たしている。天然有機化合物の中にも，グアニジン官能基を含む化合物は様々な興味深い生物活性を有するものが数多く存在し，これらの全合成研究が活発に展開されている[1~8]。一方，このグアニジン官能基の有する多様な機能に着目し，これら機能を合成化学的に増幅もしくは制御することができれば，グアニジン化合物を新たな有機合成化学のためのツール（反応触媒）として開発することが期待できる。本稿では，塩基として反応基質と相互作用するグアニジン官能基の機能に着目し，グアニジン官能基周囲に不斉環境が構築された，環状および鎖状グアニジン化合物を用いる不斉炭素―炭素結合形成反応の開発について述べる[9~13]。

2　五環性グアニジン触媒（環状グアニジン化合物）の創製と不斉アルキル化反応の開発

2.1　環状グアニジン触媒の設計と合成

環構造から成る不斉空間を有するグアニジン化合物を設計するにあたり，海産グアニジンアルカロイド天然物 Crambescidin 359 の母核を活用することとした。即ち，環状グアニジン化合物として Crambescidin 359 の構造を C_2 対称化した五環性グアニジン 1 を設計した（図1）。1 は，

---

*1　Kazuo Nagasawa　東京農工大学大学院　共生科学技術研究院　助教授

*2　Yoshihiro Sohtome　東京大学大学院　薬学系研究科　助手

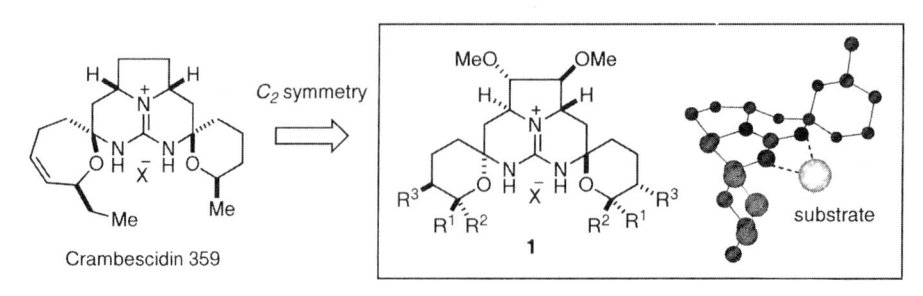

図1 Design of Pentacyclic Guanidine **1**

反応基質活性化部位（グアニジン官能基）に基質が取り込まれた際に，グアニジン官能基に隣接したスピロエーテル環による反応基質の不斉空間認識が期待できる。

設計した五環性グアニジン化合物 **1**（**1a-d**）は，酒石酸より得られる光学活性なニトロン **2** とオレフィン化合物 **3〜6** との連続的な 1,3-双極子環化反応[14]を用いることにより，それぞれ合成することができた（スキーム1）。

得られた **1a-d** のX線結晶構造解析を行ったところ，エーテル環上の置換基の立体化学や位置を変えることにより，グアニジン周囲のキャビティの「大きさ」や「深さ」を自在に変えることができることが明らかとなった（図2）[15]。即ち，**1a**，**1b** 及び **1d** ではスピロエーテル環がクロー

スキーム1 Synthesis of Pentacyclic Guanidine **1a-1d**

第15章 環状／鎖状グアニジン有機触媒による不斉炭素—炭素結合形成反応

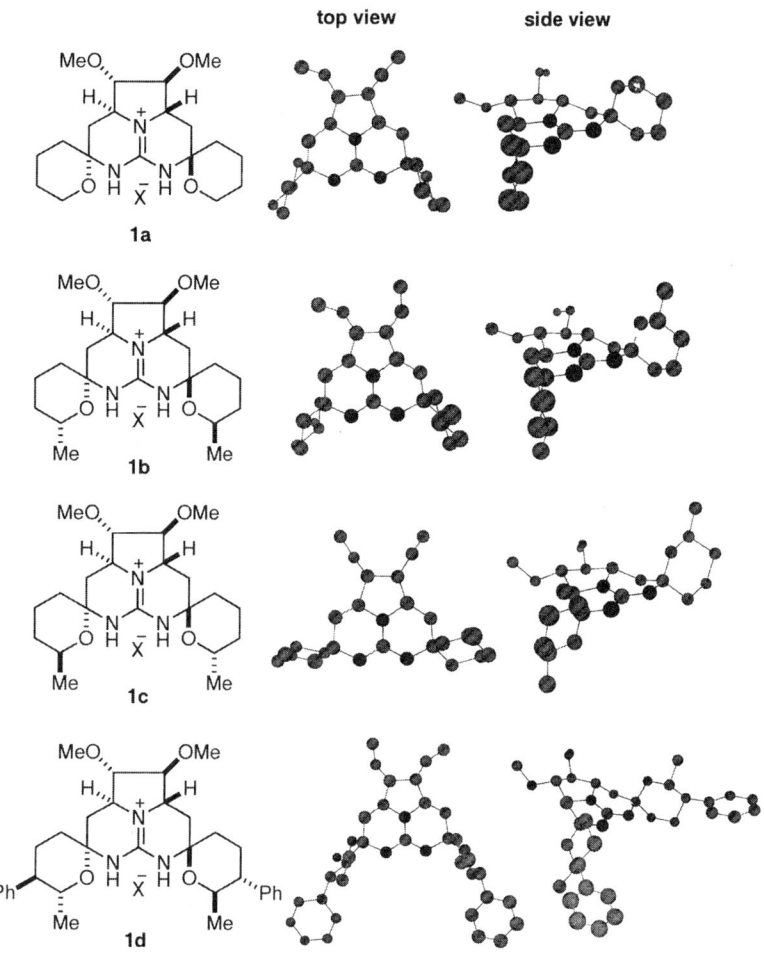

図2 X-ray Structures of Pentacyclic Guanidine Compounds **1**

ズ型の不斉空間を形成するのに対し，**1c**はオープン型のキャビティを有している。これは，**1c**の環状グアニジン部とエーテル環状の置換基（$R^1 = Me$）との間に生ずる1,3-ジアキシャル反発によるものである。また**1d**は，**1a**，**1b**と比較して，より深いキャビティを有していることも分かった（top view）。**1b**のエーテル環上の置換基は，環状グアニジン平面の上下に張り出しているエーテル環の立体的な嵩高さを，さらに増幅する効果が期待できることも同時に予想された（side view）。

2.2　環状グアニジン触媒を用いる不斉アルキル化反応

五環性グアニジン化合物**1**の塩基としての機能を活用し，これらを触媒とするグリシンイミンエステル**7**に対する不斉アルキル化反応を検討した（表1）。この反応では，生成する**8**を加水

表1 Alkylation of 7 with BnBr in the presence of 1

Entry	Cat	Time (h)	Yield (%)	ee (%)
1	1a	140	64	13
2	1b	160	55	90
3	1c	140	65	12

分解することにより，様々なα-アミノ酸を合成することができる[16]。まず塩化メチレン-1M水酸化カリウム水溶液二相系中，グアニジン化合物 1a-1c 触媒下においてグリシンイミン 7 に対するベンジル化反応を検討した。その結果，クローズ型のキャビティを有する 1b を用いた場合に，高い不斉収率（90％ee）で 8a が得られた（表1，entry 2）。一方，スピロエーテル環上にメチル基を持たない 1a 及びオープン型のキャビティを有する 1c を触媒として用いた場合には，生成した 8a の不斉収率はいずれも 10％程度であった（表1，entries 1 and 3）。

これらの結果より，本反応では反応基質であるグリシンイミン 7 のエノラートが触媒 1 と複合体を形成し，求電子試薬であるベンジルブロマイドがこの複合体に近づくときに立体障害の少ない側から接近するため，不斉が誘起されたと考えられる（図3）。また，1b を用いた場合にのみ高い不斉収率で 8a が得られたことから，この反応においてはグアニジン触媒のクローズ型構造（不斉空間の大きさ）と共にエーテル環上の置換基であるメチル基（不斉空間の深さ）が，エナンチオ選択性に重要な役割を果たしていることも明らかとなった。

そこで次に 1b を用いて，種々のアルキルハライドによる 7 のアルキル化反応を検討した（表2）。その結果，直鎖アルキルハライド，アルケンあるいはアルキンを有するハライド，芳香環

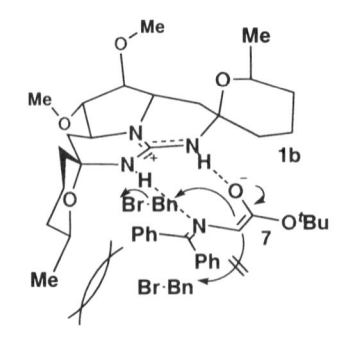

図3 Proposed Transition State of Alkylation Catalyzed by 1b

第15章　環状／鎖状グアニジン有機触媒による不斉炭素—炭素結合形成反応

表2　Alkylation of **7** with various alkyl halides in the presence of **1b**

Entry	RX	Yield (%)	ee (%)
1	Me-I	80	76
2	Oct-I	83	80
3	allyl-Br	61	81
4	methallyl-Br	85	81
5	crotyl-Br	72	79
6	propargyl-Br	84	81
7	4-O₂N-C₆H₄CH₂Br	80	82
8	2-naphthylmethyl-Br	81	90

を有するハライドいずれを用いた場合にも中程度から高い不斉収率（76〜90％ee）で対応する**8**が得られることが分かった[10]。

3　グアニジン／チオウレア型有機触媒（鎖状グアニジン化合物）の創製と不斉ヘンリー反応の開発

3.1　鎖状グアニジン触媒の設計と合成

　鎖状グアニジン化合物は，一般に環状グアニジン化合物に比べて合成が容易である。フレキシブルな鎖状構造からなる不斉空間を有するグアニジン化合物を用いて選択性の高い不斉反応を実現するために，グアニジン官能基に加え，もう一方の反応基質と相互作用し得る第2の官能基を新たに導入した多官能基型有機触媒を設計することとした（図4）。本設計では，求電子剤と求核剤それぞれを選択的に活性化する有機官能基をキラルスペーサーで連結することにより，単独では弱い相互作用を協調効果により増幅させ，①両基質の近接効果に基づく反応性の向上，②温和な条件下における高い不斉誘起，などを期待することができる。当該触媒を応用する反応としてヘンリー反応を想定し，C_2対称な鎖状グアニジン／チオウレア有機触媒**9**を設計した。

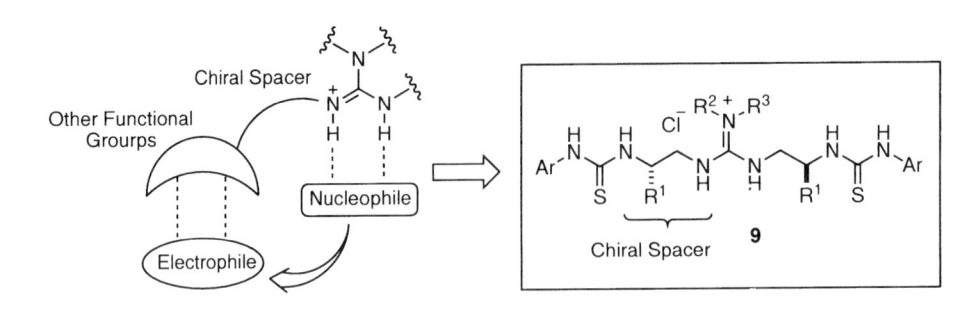

図4 Design of Bifunctional Guanidine Catalyst **9** (Chain type)

　ヘンリー反応は，アルデヒド 10 に対しニトロアルカン 11 が付加し，ニトロアルコール 12 を生成する重要な炭素—炭素結合形成反応である[17]。有機触媒 9 に存在するチオウレア基[18~21]とグアニジン基は，アルデヒドとニトロネートそれぞれと相互作用すると共に活性化し，本反応を促進することが期待される。このとき同時に，アルデヒドとニトロネート間の接近する方向を制御することにより，生成物であるニトロアルコール 12 の不斉誘起も期待できる。なお，得られる生成物 12 は還元反応によりアミノアルコールに，また酸化反応（Nef 反応）によりヒドロキシケトンにそれぞれ変換される。いずれも創薬や材料分野における重要合成中間体である（図5）。

　鎖状型グアニジン／チオウレア有機触媒 9 の合成をスキーム 2 に示した。9 は，アミノ酸を出発原料として鎖状キラルスペーサーを構築し，その後グアニジン官能基，チオウレア官能基を順次導入することにより合成することができた。本合成法では，アミノ酸を変えることにより，両鏡像異性体の合成，およびキラルスペーサー上への多様な置換基（R^1）の導入が可能である。またグアニジノ化に用いるアミンの種類を変えることで，様々なグアニジン上置換基（R^2, R^3）の構造を変化させることもできる[11]。

図5 Henry Reaction and application to synthesis of aminoalcohols and α-keto-alcohols.

第15章　環状／鎖状グアニジン有機触媒による不斉炭素—炭素結合形成反応

スキーム2　Synthesis of Guanidine/Thiourea Bifunctional Catalyst **9**

3.2　グアニジン／チオウレア型有機触媒 9 を用いるエナンチオ選択的ヘンリー反応

　グアニジン／チオウレア触媒 **9** 存在下，六員環アルデヒド **10a** とニトロメタン（**11a**）とのヘンリー反応について検討した（エナンチオ選択的ヘンリー反応）。トルエン—水酸化カリウム水溶液二相系混合溶媒中，**9a**〜**9j**（5 mol %）を用い反応を行った（表3）。その結果，グアニジン上にオクタデシル基を有する **9a** を用いた場合，最も収率良くニトロアルコール **12a** が得られた（表3，entry 1）。またこの時，不斉の誘起も確認された（43 % ee）。グアニジン上のアルキ

表3　Enantioselective Henry Reaction in the presence of **9**

Entry	Cat	R^2	R^3	R^1	Yield (%)	ee (%)	Config
1	**9a**	$C_{18}H_{37}$	H	Bn	91	43	*R*
2	**9b**	C_8H_{17}	H	Bn	34	8	*R*
3	**9c**	C_4H_9	H	Bn	37	33	*R*
4	**9d**	C_4H_9	C_4H_9	Bn	24	18	*S*
5	**9e**	-(CH$_2$)$_4$-		Bn	22	6	*R*
6	**9f**	3,5-(CF$_3$)$_2$-C$_6$H$_4$-	H	Bn	trace	---	---
7	**9g**	3,5-(OMe)$_2$-C$_6$H$_4$-	H	Bn	39	17	*R*
8	**9h**	$C_{18}H_{37}$	H	Me	80	14	*R*
9	**9i**	$C_{18}H_{37}$	H	*i*Pr	89	36	*R*
10	**9j**	$C_{18}H_{37}$	H	*t*Bu	55	9	*S*

表4 Enantioselective Henry Reaction using various Aldehydes 10

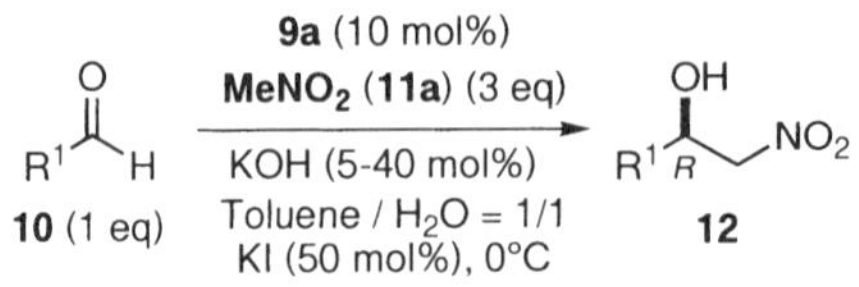

$$R^1CHO + MeNO_2 \xrightarrow[\text{Toluene/H}_2\text{O} = 1/1,\ \text{KI (50 mol\%), 0°C}]{\textbf{9a}\ (10\ \text{mol\%}),\ \textbf{11a}\ (3\ \text{eq}),\ \text{KOH (5-40 mol\%)}} R^1\underset{R}{C}H(OH)CH_2NO_2$$

10 (1 eq)   11a (3 eq)   12

Entry	R¹	Time (h)	Yield (%)	ee (%)
1ᵃ	c-C$_6$H$_{11}$ (**10a**)	24	91	92
2	c-C$_5$H$_9$ (**10b**)	5	76	82
3ᵃ	(CH$_3$)$_3$ (**10c**)	45	85	88
4	(CH$_3$)$_2$CH (**10d**)	19	88	83
5ᵃ	Et$_2$CH (**10e**)	36	70	88
6	PhCH$_2$CH$_2$ (**10f**)	18	79	55

a. 10 eq of **11a** was used.

ル鎖が短い 9b ～ 9g を用いた場合には，化学収率が大きく低下した（表3，entries 2 ～ 7）。このことから，9a のオクタデシル基は，二相系反応条件下で配向性を有するマイクロエマルジョン様の反応場を形成するための重要な役割があると考えられる。

9a を用いて反応条件の検討を行った結果，溶媒としてトルエン／水（1/1）を用い，KI（50 mol%）を添加した条件下において，顕著に不斉収率が向上することがわかった（表4）。特に，α分岐アルデヒドを用いた場合に高い不斉収率で反応が進行することを見出した（表4, entries 1 ～ 5）[11]。

グアニジン／チオウレア型有機触媒 9a を用いるヘンリー反応では，いずれのアルデヒドを用いた場合にも R 体のニトロアルコールが優先して得られる。また，本触媒活性にはグアニジンとチオウレア，両官能基が分子内に必須である。このことから，本反応は図6に示す遷移状態を

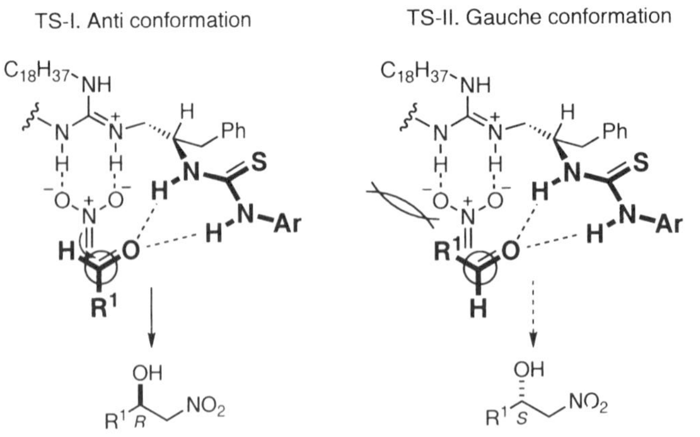

図6 Proposed Transition State of Henry Reaction Catalyzed by **9a**

第15章 環状／鎖状グアニジン有機触媒による不斉炭素―炭素結合形成反応

経て進行していると考えられる。即ち，グアニジノ基はニトロネートを，チオウレア基はアルデヒドのカルボニル基をそれぞれ認識し，複合体を形成する。この際，アルデヒドのR^1はニトロネートに対し，アンチ（TS-I）もしくはゴーシュ（TS-II）配座をとることが可能である。しかしながら，反応の基軸となる水素結合を阻害するのを避けるためアンチ配座（TS-I）が安定である。その結果，R体のニトロアルコールが優先して得られると考えられる[11]。

3.3　グアニジン／チオウレア型有機触媒 9a を用いるジアステレオ選択的ヘンリー反応

カルボニル基のα位に不斉炭素を有するアルデヒドに対するヘンリー反応（ジアステレオ選択的ヘンリー反応）は，一般にアキラルな塩基を用いた場合，選択性が低い。そのためこれまでに，当該反応への不斉触媒の適用が数例試みられている[22]。そこでジアステレオ選択的ヘンリー反応に対し，グアニジン／チオウレア多官能基型有機触媒 9a の適用を検討することとした。9a のチオウレア基がアルデヒドを活性化すると同時に，キラルスペーサーで連結されたグアニジノ基によりニトロネートが求核攻撃する方向が制御され，先と同様，高い選択性で生成物が得られることが期待される。

(R,R)-9a を 10 mol% 用い，KI（50 mol%）を添加したトルエン―水の二相系溶媒条件下，(S)-アルデヒド 13 とニトロメタン（11a）との反応について検討した（表5）。その結果，いず

表5　Diastereoselective Henry Reaction Catalyzed by 9a

Entry	R^1	R^2	Cat	Yield (%)	Anti/Syn	ee (%)
1	Bn	NBn$_2$ (**13a**)	(R,R)	75	95/ 5	99
2	Bn	NBn$_2$ (**13a**)	(S,S)	8	64/36	80
3	CH$_3$	NBn$_2$ (**13b**)	(R,R)	70	99/ 1	99
4	(CH$_3$)$_2$CHCH$_2$	NBn$_2$ (**13c**)	(R,R)	70	99/ 1	95
5	(CH$_3$)$_2$CH	NBn$_2$ (**13d**)	(R,R)	33	99/ 1	99
6	TBSO(CH$_2$)$_2$	NBn$_2$ (**13e**)	(R,R)	70	99/ 1	95
7	Bn$_2$N(CH$_2$)$_4$	NBn$_2$ (**13f**)	(R,R)	62	99/ 1	99
8	Ph	OTBS (**13g**)	(R,R)	82	86/14	99
9	Me	OTBS (**13h**)	(R,R)	80	84/16	99

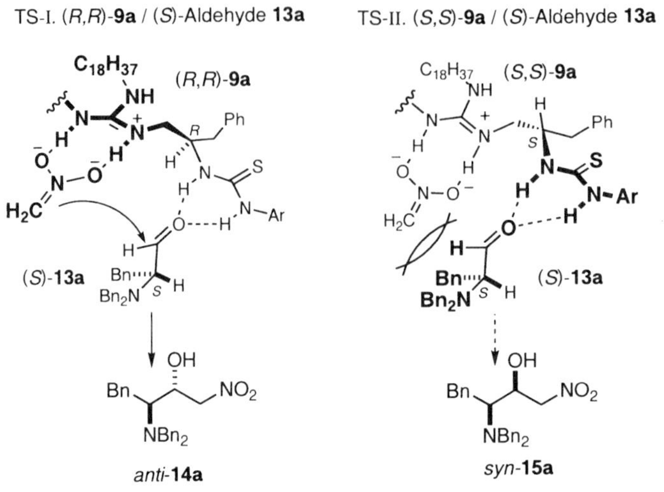

図7 Proposed Transition State of Diastereoselective Henry Reaction Catalyzed by (R,R)-9a and (S,S)-9a

れの場合にも高いジアステレオ選択性（$anti$(**14**)/syn(**15**) = 84/16 〜 99/1）で反応が進行することが分かった。また，生成した **14** は，いずれも高い不斉収率を保っていたことから，本温和な反応条件下では，光学活性なアルデヒドα位が異性化することなく反応が進行することが分かった[12]。

ところで本反応では，(S,S)-**9a** と (S)-アルデヒド **13a** を用いた場合，化学収率およびジアステレオ選択性が大きく低下する（表5，entry 2）。このことから，本反応のジアステレオ選択性の発現は次の様に説明できる（図7）。即ち，反応の遷移状態においてアルデヒドα位の置換基はニトロネートに対してアンチ配座となるように複合体を形成する。この時，触媒 (S,S)-**9a** と (S)-アルデヒド **13a** との組み合わせでは，**13a** のベンジル基とニトロネートとの間に立体反発が生ずるのに対し（図7，TS-II），触媒 (R,R)-**9a** と (S)-**13a** との組み合わせ（図7，TS-I）では立体反発が少ない。従ってクラム則に従い，$anti$-**14a** が高い選択性で生成すると考えられる[12]。

3.4 グアニジン／チオウレア型有機触媒 9a を用いるエナンチオ―ジアステレオ選択的ヘンリー反応

アルデヒドに対し，ニトロアルカン（ニトロメタン以外）を反応させると，水酸基およびニトロ基のα位に連続する2つの不斉炭素を有するニトロアルコールが生成する（エナンチオ―ジアステレオ選択的ヘンリー反応）[23]。即ち，プロキラルな基質からより複雑な骨格を構築すること

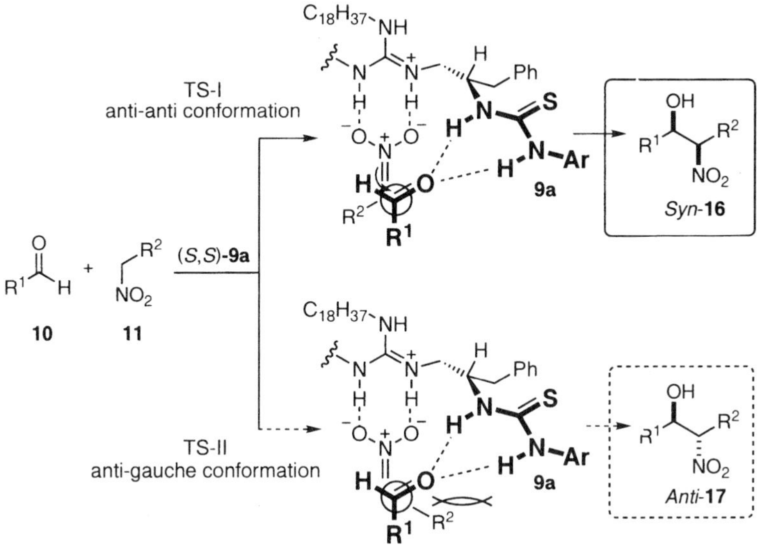

第15章　環状／鎖状グアニジン有機触媒による不斉炭素—炭素結合形成反応

図8　Proposed Mechanism of Enantio-diastereoselective Henry Reaction Catalyzed by **9a**

が可能となる．本反応において，グアニジン／チオウレア多官能基型有機触媒 **9a** を用い反応を行った場合，エナンチオもしくはジアステレオヘンリー反応の際と同様の遷移状態に従って反応が進行すると仮定すると，TS-II (anti-gauche) に比べてより立体障害の少ない遷移状態 TS-I (anti-anti) から反応が進行すると考えられる（図8）．またこの時，syn-ニトロアルコール

表6　Enantio-Diastereoselective Henry Reaction Catalyzed by **9a**

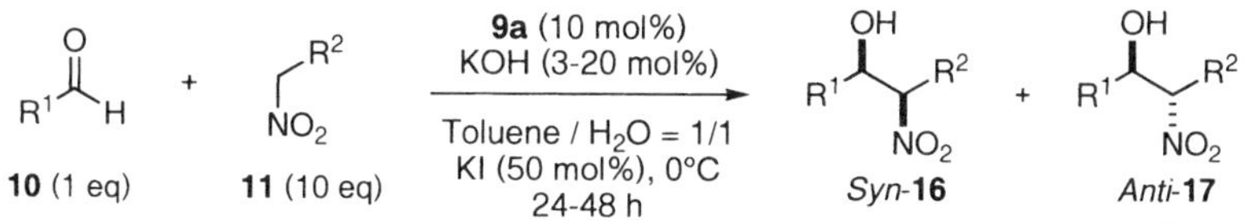

Entry	R^1	R^2	Yield (%)	Syn-**16**/Anti-**17**	ee (%) (Syn-**16**)
1	PhCH$_2$CH$_2$ (**10f**)	Me (**11b**)	76	90/10	83
2	CH$_3$CH$_2$CH$_2$ (**10g**)	Me (**11b**)	91	87/13	84
3	(CH$_3$)$_2$CH (**10d**)	Me (**11b**)	50	97/ 3	90
4	Et$_2$CH (**10e**)	Me (**11b**)	52	99/ 1	91
5	(CH$_3$)$_2$CHCH$_2$ (**10h**)	Me (**11b**)	58	93/ 7	99
6	c-C$_6$H$_{11}$ (**10a**)	Me (**11b**)	77	99/ 1	93
7	c-C$_6$H$_{11}$ (**10a**)	Et (**11c**)	61	99/ 1	95
8[a]	c-C$_6$H$_{11}$ (**10a**)	-CH$_2$OTBS (**11d**)	63	99/ 1	90
9[a]	c-C$_6$H$_{11}$ (**10a**)	-CH$_2$OTIPS (**11e**)	60	99/ 1	90
10[a]	c-C$_6$H$_{11}$ (**10a**)	-CH$_2$Ph (**11f**)	60	99/ 1	95

a. 3 eq. of **11** was used.

16が優先して生成することが予想される。

そこで，(*S*,*S*)-9aを用い，二相系溶媒条件下における，エナンチオ―ジアステレオ選択的ヘンリー反応について検討した。アルデヒド10に対し，様々なニトロアルカン11b～fを反応させた。その結果，いずれのニトロアルカン11を用いた場合にも，高いジアステレオ選択性（*syn*/*anti* = 87/13～99/1）かつエナンチオ選択性（83～99% ee）で対応するニトロアルコール *syn*-16が生成することが分かった（表6）。これは先に予想した遷移状態から反応が進行していることを示唆する。なお本触媒反応では，*anti*-17の不斉収率は低い（14～40% ee）。これは，*anti*-17が *syn*-16の異性化により生じたのではないことを意味する。また，9aを用いる触媒的ヘンリー反応では，ニトロメタン（11a）よりニトロエタン（11b）を用いた場合に，より高い不斉収率が得られる（例えば，表3，entry 6（55% ee）vs. 表6，entry 1（83% ee））。このことは，ニトロアルカンの置換基（R^2）が新たに生じる二級水酸基の不斉誘起をさらにアシストしていることを示唆しており，これまで提唱してきた遷移状態（図6～8）を支持する[13]。

以上，グアニジン官能基に加え，第2の官能基を新たに導入しこれをキラルスペーサーで連結した，鎖状構造を有する多官能基型有機触媒9の開発について述べた。開発した本触媒は反応終了後シリカゲルカラムクロマトグラフィーによりほぼ定量的に回収でき，不斉収率を損なうことなく再利用可能である。

4 おわりに

本稿では，グアニジン官能基の塩基としての機能に着目したグアニジン有機触媒の創製と，それを用いる不斉炭素―炭素結合形成反応開発について述べた。グアニジン官能基の機能は多様であり，本稿で述べた以外にも様々な有機合成化学のためのツールとしての可能性を秘めている。グアニジン官能基の周辺に，適切な不斉環境を構築することができれば，環状，鎖状を問わず，優れた不斉反応触媒開発へと発展することができる。今後グアニジン官能基の更なる機能開拓とその有機合成化学へのツールとしての開発が期待される。

文　献

1) グアニジン系天然物に関する総説: Berlinck, R. G. S., Kossuga, M. H. *Nat. Prod. Rep.* **22**, 516 (2005)

2) Nagaswa, K., Georgieva, A., Koshino, H. Nakata, T., Kita, T., Hashimoto, Y. *Org. Lett*. **4**, 177 (2002)
3) Ishiwata, T., Hino, T., Koshino, H., Hashimoto, Y., Nakata, T. Nagasawa, K. *Org. Lett*. **4**, 2921 (2002)
4) Nagasawa, K., Hashimoto, Y. *Chem. Rec*. **3**, 201 (2003)
5) Nagasawa, K. *Yakugaku Zasshi* **123**, 387 (2003)
6) Shimokawa, J., Shirai, K., Tanatani, A., Hashimoto, Y., Nagasawa, K. *Angew. Chem. Int. Ed*. **43**, 1559 (2004)
7) Shimokawa, J., Ishiwata, T., Shirai, K. Koshino, H., Tanatani, A., Nakata, T., Hashimoto, Y., Nagasawa, K. *Chem. Eur. J*. **11**, 6878 (2005)
8) Nagasawa, K., Shimokawa, J. *J. Synth. Org. Chem. Jpn*. **64**, 539 (2006)
9) グアニジン触媒に関する総説: Ishikawa, T., Kumamoto, T. *Synthesis* 737 (2006)
10) Kita, T., Georgieva, A., Hashimoto, Y., Nakata, T., Nagasawa, K. *Angew. Chem. Int. Ed*. **41**, 2832 (2002)
11) Sohtome, Y., Hasimoto, Y., Nagasawa, K. *Adv. Synth. Catal*. **347**, 1643 (2005)
12) Sohtome, Y., Takemura, N., Iguchi, T., Hashimoto, Y., Nagasawa, K. *Synlett* 144 (2006)
13) Sohtome, Y., Hashimoto, Y., Nagasawa, K. *Eur. J. Org. Chem*. 2894 (2006)
14) Georgieva, A., Hirai, M., Hashimoto, Y., Nakata, T. Ohizumi, Y., Nagasawa, K. *Synthesis* 1427 (2003)
15) Nagasawa, K., Georgeva, A., Takahashi, H., Nakata, T. *Tetrahedron* **57**, 8959 (2001)
16) α-アミノ酸合成に関する総説: Ooi, T., Maruoka, K. *J. Synth. Org. Chem. Jpn*. **61**, 1195 (2003)
17) ヘンリー反応に関する総説: Palomo, C., Oiarbide, M., Mielgo, A. *Angew. Chem. Int. Ed*. **43**, 5442 (2004)
18) チオウレア触媒に関する総説: Takemoto, Y. *Bio. Org. Chem*. **3**, 4299 (2005)
19) キラル水素結合ドナーに関する総説: Taylor, M. S., Jacobsen, E. N. *Angew. Chem. Int. Ed*. **45**, 1520 (2006)
20) Sohtome, Y., Tanatani, A., Hashimoto, Y., Nagasawa, K. *Chem. Pharm. Bull*. **52**, 477 (2004)
21) Sohtome, A. Tanatani, Y. Hashimoto, K. Nagasawa, *Tetrahedron Lett*. **45**, 5589 (2004)
22) 例えば: Ma, D., Pan, Q., Han, F. *Tetrahedron Lett*. **43**, 9401 (2002)
23) Sasai, H., Tokunaga, T., Watanabe, S., Suzuki, T., Itoh, N., Shibasaki, M. *J. Org. Chem*. **60**, 7388 (1995)

第16章　有機分子触媒による不斉Friedel-Crafts反応

寺田眞浩[*]

1　はじめに

　Lewis酸もしくはBrønsted酸（いわゆるプロトン）を促進剤として用いる芳香族化合物への求電子置換反応は，Friedel-Crafts（F-C）反応として古くから親しまれている有機変換反応であり[1]，重要な炭素骨格構築法の一つとして工業的にも多用されている[2]。しかしその不斉触媒化の歴史は比較的浅く，1999年に不斉金属錯体を用いたJohansenらの報告が最初の例である[3]。以降，不斉Lewis酸（金属）触媒開発の流れを踏襲して，不斉触媒的F-C反応の開発研究が進められた。しかし，F-C反応の炭素骨格構築法としての有用性からは金属錯体を用いた不斉触媒化の報告例は依然として限られ，充分な研究がなされているとはいえないのが現状であろう[4]。その一方で有機分子触媒を用いた不斉F-C反応は不斉金属錯体触媒の報告からわずか2年後の2001年と[5]，昨今の有機分子触媒の開発研究の勢いがうかがえる好例といえる。このMacMillanらの報告を皮切りに，有機分子触媒の新しい設計概念に基づく不斉F-C反応が続々と報告されホットな研究領域の一つとなっている。こうした有機分子触媒を用いた不斉F-C反応は，求電子剤の活性化の仕方により大きく以下の二つに分類される（図1）。本章では，筆者らが精力的に開発研究を進めているキラルBrønsted酸触媒を中心に[6]，以下の分類をもとに有機分子触媒を官能基別にまとめて不斉F-C反応の最近の成果を紹介する。

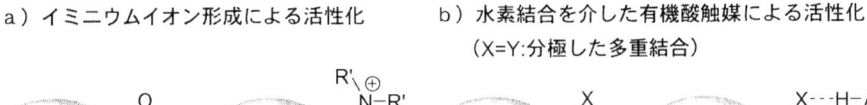

図1　有機分子触媒を用いた求電子剤の活性化法の分類

[*]　Masahiro Terada　東北大学　大学院理学研究科　化学専攻　教授

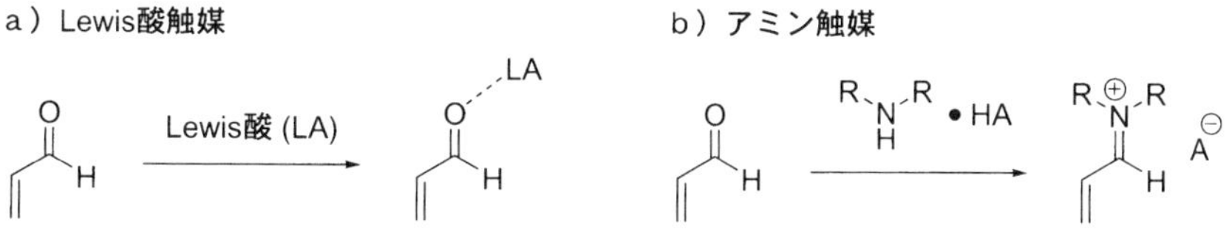

第16章　有機分子触媒による不斉 Friedel-Crafts 反応

図2　α,β-不飽和カルボニル化合物の活性化

2　イミニウムイオン形成による求電子剤の活性化

2.1　アミン触媒によるα,β-不飽和カルボニル化合物の活性化

　MacMillan らは2000年にα,β-不飽和カルボニル化合物とジエンとの Diels-Alder 反応において，α,β-不飽和カルボニル化合物を対応するイミニウム塩へと変換することで LUMO レベルを低下させ，反応加速ができるのではとの作業仮説のもと，フェニルアラニンから調製できるアミン触媒(1)の開発に成功した（式(1)）[7]。これまで Diels-Alder 反応の不斉触媒といえばキラル Lewis 酸触媒の独壇場であったが（図2a）[8]，このイミニウムイオン機構の報告はカルボニル基の活性化法に大きなインパクトを与えた（図2b）。MacMillan らはこのイミニウムイオン形成に基づく求電子剤の活性化機構を活用することで有用な有機変換反応の不斉触媒化に次々と成功し[9]，これらの成果はエナミン形成に基づく求核剤の活性化機構[10]とともに有機分子触媒の双璧をなす優れた方法論として認められている[11]。

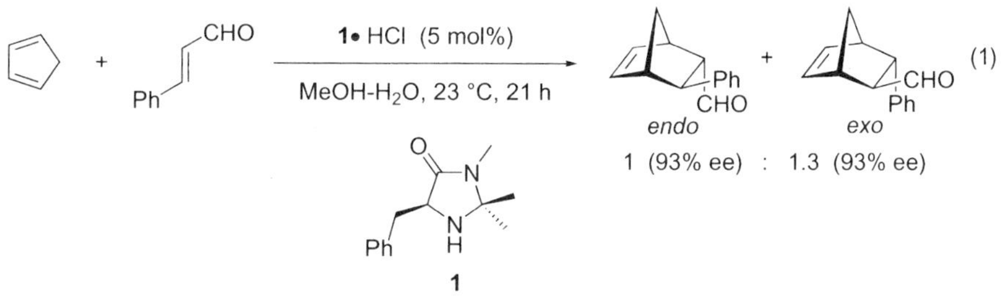

2.2　イミニウムイオン形成に基づく不斉1,4-Friedel-Crafts 反応

　不斉1,4-F-C 反応の不斉触媒化もイミニウムイオン形成に基づく活性化の開発研究の一環として MacMillan らにより報告された。α,β-不飽和アルデヒド(2)と N-Me ピロール(3)との反応にアミン触媒(1)を用いることで高いエナンチオ選択性でF-C生成物(4)を得ることに成功した（式(2)）[5]。

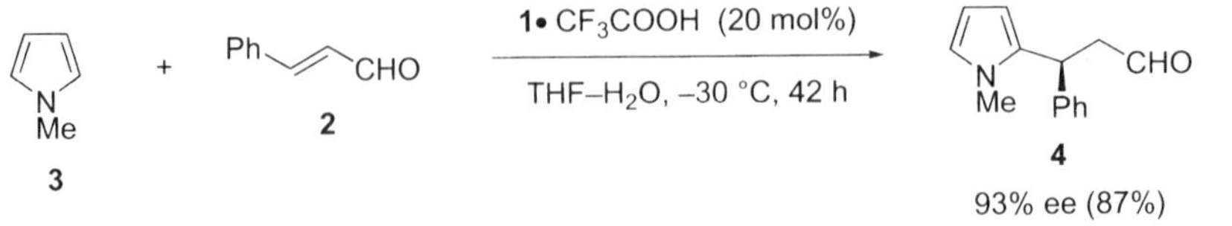
1• CF_3COOH (20 mol%)
THF–H_2O, –30 °C, 42 h
Ph
CHO
N
Me
3
2
4
93% ee (87%)

(2)

この光学活性アミン触媒を用いた不斉 F-C 反応の反応機構は（図 3 ），Diels-Alder 反応と同様にアミン触媒(1)の酸塩と α，β -不飽和アルデヒド(2)からイミニウム塩(5)を形成し，これが活性化された求電子剤となり N-Me ピロール(3)と付加，引き続く脱プロトン化による F-C 反応機構に従い付加体のイミニウム塩(6)を与える。これが反応系中に存在する水により加水分解を受けることで F-C 付加体(4)を生成するとともに触媒(1)が再生される。

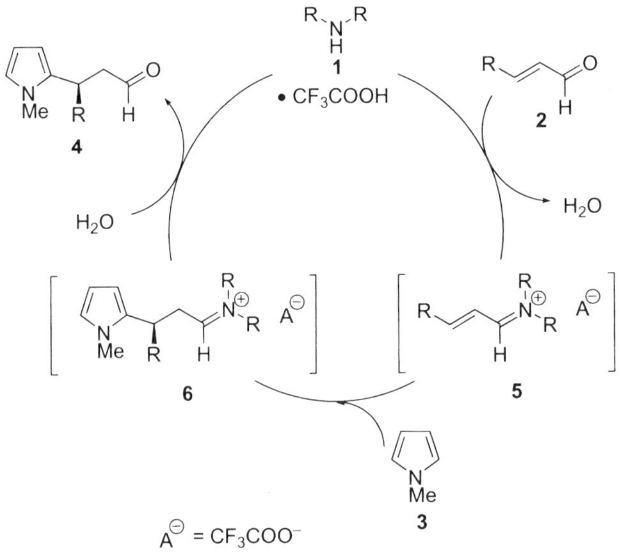
R
N
H
R
1
• CF_3COOH
4
2
H_2O
H_2O
6
5
3
Me
A$^\ominus$
$A^\ominus$ = CF_3COO^-

図 3　アミン触媒(1)を用いた不斉 F-C 反応の触媒サイクル

MacMillan らはピロール誘導体を用いた F-C 反応の成功を受け，N-Me インドール(7)やアニリン誘導体(8)を電子豊富な芳香族化合物として用いた不斉 F-C 反応へと展開した（式(3), (4)）[12,13]。N-Me インドール(7)はピロール(3)に比較し求核剤としての反応性の低さが問題となり触媒(1)をそのまま用いるだけでは収率良く F-C 反応生成物を得ることはできなかった。MacMillan らはその原因が触媒(1)に導入したジメチル基の立体障害にあると考え，イミニウム塩の生成を妨げる立体障害を解消する目的で触媒(9)を考案した（図 4 ）。触媒(1)のジメチル基部位を t-Bu 基に変えた 9 は，1 の場合に問題となる窒素の非共有電子対と eclips 配座をとるメチル基がなくなるためイミニウム塩の形成が容易となる。また，インドール誘導体(7)がイミニウム塩と反応

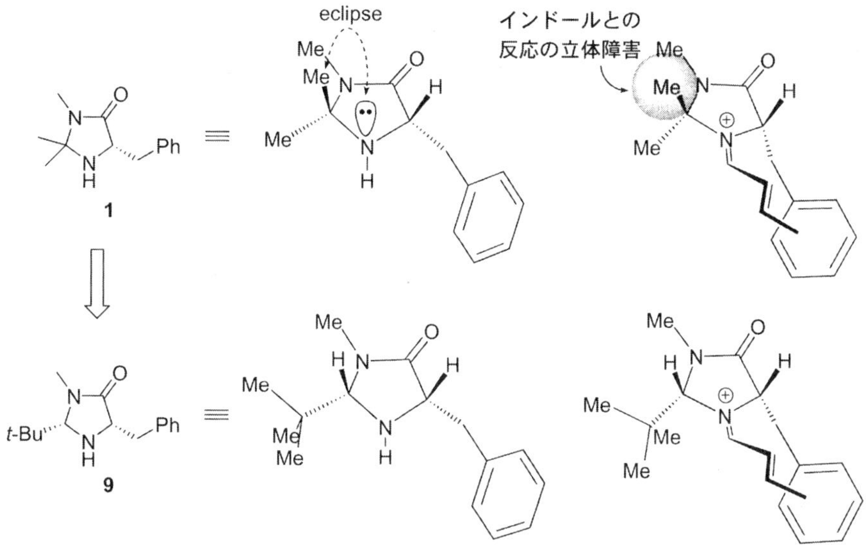

第16章　有機分子触媒による不斉 Friedel-Crafts 反応

図4　高活性アミン触媒(9)の設計

する際も1で問題となるメチル基の立体障害が解消でき，結果として触媒活性の向上が期待できると考えた。一方，エナンチオ面選択はイミニウム塩が形成する際 t-Bu 基の立体反発から E-体を優先し，かつ s-$trans$ 配座をとることでイミニウム塩の一方の面がベンジル基により効果的に塞がれ高度な制御が実現できると考えた[14]。実際，触媒(9)は優れた不斉触媒となり，高収率かつ高いエナンチオ選択性で対応する生成物を得ることに成功した（式(3)）[12]。この触媒(9)はアニリン由来の芳香族化合物(8)と α,β-不飽和アルデヒド(2)との F-C 反応に対しても有効であり，高いエナンチオ選択性を実現している（式(4)）[13]。

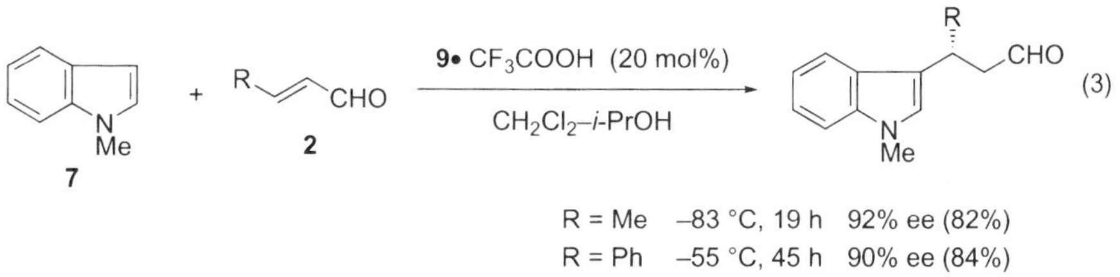

R = Me　−83 °C, 19 h　92% ee (82%)
R = Ph　−55 °C, 45 h　90% ee (84%)

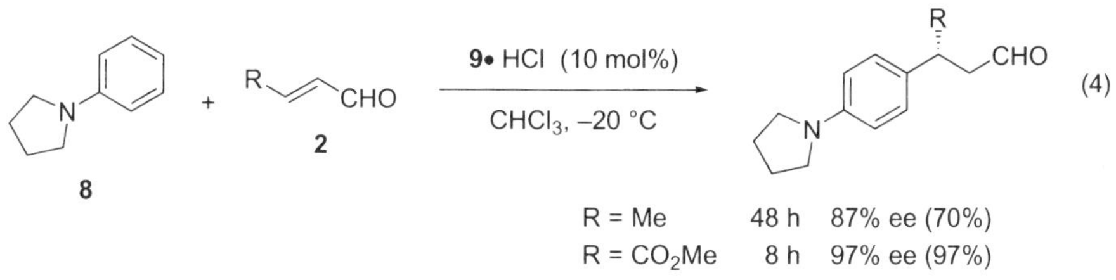

R = Me　　　　48 h　87% ee (70%)
R = CO_2Me　 8 h　97% ee (97%)

MacMillan らはアミン触媒を用いた F-C 反応とハロゲン化反応を組み合わせることで有機分子触媒反応の連続化にも成功している（式(5)）[15]。反応の連続化は高度に官能基化された化合物の簡便な合成法として注目される。

$$\text{（式 5：メチルフラン + Me-CH=CH-CHO + パークロロシクロヘキサジエノン} \xrightarrow[\text{AcOEt, }-40\ °\text{C, 20 h}]{\text{catalyst (20 mol\%)}} \text{syn 生成物, (78\%), syn/anti = 11:1, 99\% ee for syn}）$$

catalyst: t-Bu 置換イミダゾリジノン–インドールメチル誘導体・CF_3COOH

3 水素結合を介した求電子剤の活性化

3.1 キラル Brønsted 酸触媒

Brønsted 酸は多くの有機変換反応の触媒として古くから利用されてきたが，F-C 反応もその例外ではない。Brønsted 酸触媒反応では一般に，「H^+」が反応基質の Brønsted 塩基部位と相互作用することで基質を活性化し，用いた酸の共役塩基は反応圏外に位置すると考えられてきた（図5a）。従って，活性の差異を除けば反応の位置や立体選択性などに対する共役塩基の効果はほとんど期待できないのが Brønsted 酸触媒反応の常識とされていた。しかし，ここ最近になってこうした先入観を打ち破る Brønsted 酸触媒の開発研究が相次いで報告された。光学活性な共役塩基を用いた「キラル Brønsted 酸」による不斉触媒反応である[6]。「不斉源となる共役塩基の

a) 従来のBrønsted 酸触媒反応　　b) キラルBrønsted 酸触媒反応

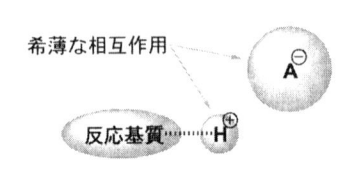

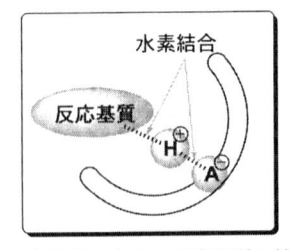

・水素結合を介した反応基質の捕捉
・不斉反応場の構築による立体化学制御

図5　Brønsted 酸触媒反応

第16章　有機分子触媒による不斉 Friedel-Crafts 反応

影響下で Brønsted 酸触媒反応を実現する」ことは,「H$^+$」による活性化を起点とする従来の Brønsted 酸の触媒反応機構を基盤としていては到底実現することはできない。その開発の鍵となったのは水素結合である。「反応基質」-「H$^+$」-「共役塩基」が水素結合による相互作用を維持したままの遷移状態をとることで共役塩基に付与した機能,「不斉反応場」を生成物の立体化学制御へと結び付けたのである（図5b）。水素結合をキーワードとした「キラル Brønsted 酸触媒」の開発は「有機触媒」[16)]の爆発的な進展と相まって急速な展開をみせている。ここでは筆者らがここ数年に渡って進めてきたキラル Brønsted 酸触媒の開発研究を中心に，水素結合を介した活性化を基盤とする不斉 F-C 反応を紹介する。

3.2　キラルリン酸触媒の設計開発

筆者らは，キラル Brønsted 酸触媒の設計開発にあたり他の有機酸には見られない特徴的な構造を有するリン酸に着目した。以下，他の有機酸と比較し（図6），「なぜリン酸を選んだか？」に答えるとともにキラル Brønsted 酸としての設計戦略を示す。Brønsted 酸触媒として汎用されるスルホン酸の場合は（図6a），その強酸性からプロトンの解離が問題となり水素結合を維持したままでの活性化は困難と考えられた。比較的弱い酸としてカルボン酸，スルフィン酸などが挙げられるが（図6b），これらの有機酸では不斉中心や軸不斉の導入位置が活性化の起点となる水素原子から数えて4番目以降と遠くなってしまう。しかも，酸性官能基を単結合で導入しなければならず，これに起因する自由回転が問題となり効果的な不斉反応場の構築は困難であると考えられた。一方，リン酸は水素原子から3番目に位置しており（図6c），活性化点のより近傍に不斉反応場を構築することが可能と考えられた。しかも自由回転の問題も環構造を導入することで解決することができる（図6d）。

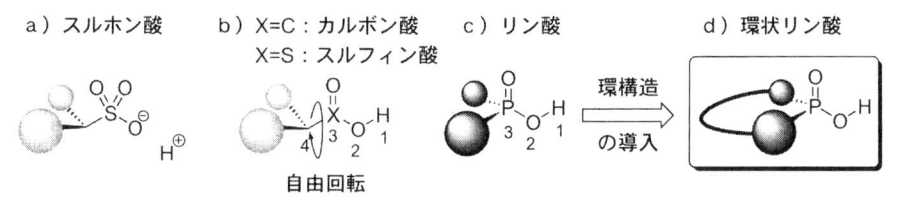

図6　他の有機酸とリン酸との比較ならびにリン酸の構造的な特徴

環状リン酸は活性化点となる Brønsted 酸部位はもちろん，ホスホリル酸素（P＝O）は Lewis 塩基性部位となり（図7），水素結合のアクセプターとして機能し，複数の水素結合による反応基質の配向制御に活用できるものと考えられた。リン酸としては一つの官能基とみなすことができるが，酸／塩基の二つの機能を備えた「Dual Function by Monofunctional Catalyst」としての触媒作用が期待された。これは，これまでの有機分子触媒の主たる設計戦略として本書にも紹

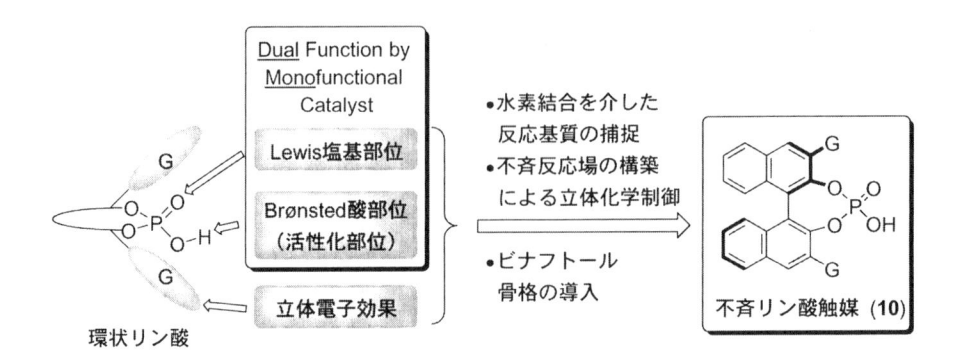

図7 「Dual Function by Monofunctional Catalyst」としての不斉リン酸触媒

介されている酸と塩基の二つの官能基を同一分子に導入する,いわゆる「Bifunctional Catalyst」とは大きく異なっている.一方,選択的な反応を実現するには効果的な不斉反応場をいかに構築するかが問題となるが,それには環構造に導入した置換基Gを適宜選択することで解決可能であると考えられた.核心部となる不斉源には,環構造を形成でき,かつ,入手容易で多彩な修飾が可能なビナフトールを選択した.この際,ビナフトールのC_2対称性は酸性プロトンがホスホリル酸素上に移動しても同一の触媒となることから,分子設計上極めて重要な要素となっている.これら設計指針のもと,光学活性なビナフトール誘導体から調製したリン酸(10)をキラルBrønsted酸触媒として用い,代表的な炭素—炭素結合生成反応の不斉触媒化を検討した.置換基Gを種々検討した結果,不斉リン酸(10a)を用いることで N-アシルイミン(11)とアセチルアセトン(12)との直接的Mannich反応の不斉触媒化に成功した(式(6))[17].時をほぼ同じくしてAkiyamaらにより同様の不斉リン酸触媒を用いたシリルエノールエーテルとイミンとのMannich型反応が報告された[18].これらAkiyamaらならびに筆者らの独立した研究により,リン酸のように比較的高い酸性度を有する酸性官能基がキラルBrønsted酸触媒として機能することが明らかとなり,これまでの酸触媒の概念に大きなブレークスルーをもたらした.以降,ビナフトール由来のリン

第16章　有機分子触媒による不斉 Friedel-Crafts 反応

酸をキラル Brønsted 酸触媒として用いた反応は，以下に紹介する F-C 反応を含め徐々にその報告数を増している[19,20]。

3.3　不斉リン酸触媒による不斉 1,2-アザ Friedel-Crafts 反応

　直接的 Mannich 反応の成果を受け，筆者らは不斉リン酸触媒(10b)を用いる N-アシルイミン(11)と2-メトキシフラン(13)との1,2-アザ Friedel-Crafts 反応の不斉触媒化を検討した(式(7))[21]。触媒のビナフチル骨格の3,3'-位に極めて嵩高い HMT（hexamethylterphenyl）基を導入することで極めて高いエナンチオ選択性で生成物を得ることに成功した。しかも触媒量はわずか0.5 mol％でも充分に反応は進行し，対応する F-C 反応生成物(14)を高収率で得ることができる。この際，11 と 13 との炭素—炭素結合によって生成するカチオン中間体(A)にリン酸触媒(10b)のホスホリル酸素が塩基性部位として作用することで脱プロトン化を促進し，生成物(14)を与えるとともに触媒(10b)が再生する。イミンの活性化から脱プロトン化に渡る F-C 反応の一連の過程にリン酸触媒(10)の Dual Function が効果的に作用することによって高い触媒活性を発現したと考えている。興味深いことに得られた F-C 反応生成物(14)の絶対配置は用いたリン酸触媒(10)の絶対配置が同じであるにも関わらず，直接的 Mannich 反応の場合とは逆となる。この逆転は求核剤の違いよりもリン酸触媒(10)に導入した置換基の立体的な大きさの違いによるものと考えられる。得られた F-C 反応生成物は2段階で合成的に有用なブテノリド誘導体(15)に変換することができる（式(8)）。

F-C 反応は電子豊富な芳香族化合物への求電子置換反応であるが，電子豊富な sp^2 炭素への求電子置換反応とも読み替えることができる．こうした観点から，ジアゾ化合物は興味深い電子構造を有しているということができる．筆者らは α-ジアゾエステル(**16**)の共鳴構造から α 位炭素が電子豊富な sp^2 炭素となっていることに着目し（図 8），F-C 反応と同様の反応機構で α 炭素上で求電子置換反応が進行するのではないかと考えた．実際，α-ジアゾエステル(**16**)と N-アシ

図 8　ジアゾエステルの共鳴構造

ルイミン(**17**)との反応に不斉リン酸触媒(**10c**)を用いたところ，**16** の α 位で置換した生成物(**18**)を収率良く，しかもエナンチオ選択的に得ることに成功した（式(9)）[22]．Lewis 酸触媒を用いた反応ではジアゾ基は窒素を脱離しアジリジン環生成物を与えるのが一般的であるが，このリン酸触媒の場合には F-C 型の置換反応が優先しジアゾ基が残った生成物(**18**)を与え，特筆に値する．ここでもリン酸触媒(**10c**)のホスホリル酸素が塩基性部位として作用することで，生じたカチオン中間体(B)から脱プロトン化が速やかに進行し，脱窒素によるアジリジン環形成よりも置換反応が優先したと説明することができる．エナンチオ選択性はイミン上の保護基（C＝OAr'）に依存し，電子供与性のジメチルアミノ基をパラ位に導入した場合に最も高い%ee で生成物(**18**)

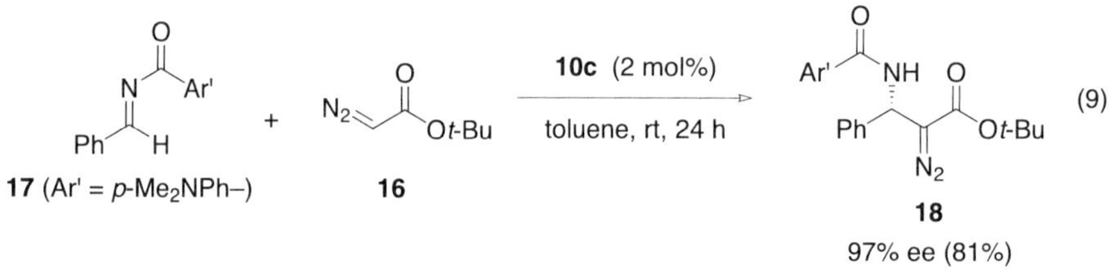

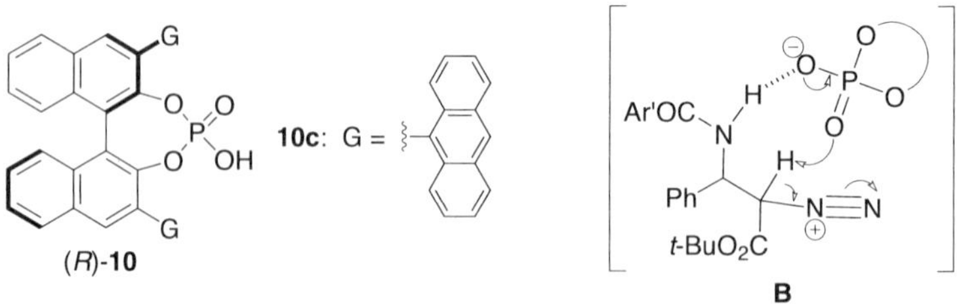

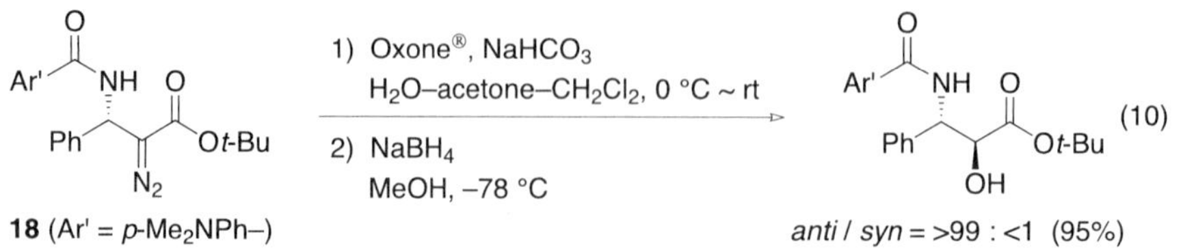

第16章 有機分子触媒による不斉 Friedel-Crafts 反応

が得られる。ジアゾ化合物は近年のカルベン化学の発展と相まって，合成化学上，重要な官能基として注目されてきているが，不斉触媒によるジアゾエステルの α 位置換反応は金属錯体触媒を含めても例は無く，本触媒反応が初めての成功例である。得られた生成物(18)はジアゾ基を含む多官能性を有しており，その誘導化の一例として β-アミノ-α-ヒドロキシエステルの立体選択的合成を行った（式(10)）。

アルカロイド類の優れた合成法である Pictet-Spengler（P-S）反応は 1,2-アザ F-C 反応の分子内版とでも言うべき反応であるが，List らはビナフトール由来のリン酸触媒(10d)を用いて不斉触媒化を実現した（式(11)）[23]。1 級アミン(19)とアルデヒド(20)から反応系中で生成するイミン(21)を分子内 F-C 反応で環化しエナンチオ選択的に P-S 反応生成物(22)を得ることに成功した。目的生成物(22)を得るにはアミン(19)の窒素原子の隣に geminal 置換基（E = CO_2Et）が必須であるが，有機分子触媒を用いた直接的な P-S 反応の最初の報告例として注目される。

3.4 キラルチオ尿素触媒による不斉 Friedel-Crafts 反応

Jacobsen らの報告によって，一躍脚光を浴びるようになった光学活性チオ尿素誘導体は有機分子触媒の代表格の一つであろう[24]。1998 年に Strecker 反応の優れた不斉触媒となることが報告されて以来[25]，このチオ尿素誘導体を用いた不斉触媒反応は Jacobsen らにより精力的に展開され[26]，1,2-アザ F-C 反応の分子内版である P-S 反応もその開発研究の一環として報告された（式(12)）[27]。この際，活性化されたイミンとしてアシルイミニウム塩(23)を反応系中で調製し，触媒量のキラルチオ尿素(24)存在下に分子内 F-C 反応を行うことで高いエナンチオ選択性で P-S 反応生成物(25)を得ることに成功した。Lewis 塩基性の低いイミニウム塩が水素結合ドナーとなるチオ尿素触媒によってどの様に活性化されているのか面選択機構を含めた反応機構の解明が

待たれるが，水素結合を介した活性化の新たな方法論として多くの可能性を秘めた有機分子触媒反応である。

不斉1,4-F-C反応の優れた方法論として報告されたイミニウムイオン機構はα,β-不飽和カルボニル化合物の活性化に極めて有効ではあるが，その一方でカルボニル基の活性化に限定されるという制約も併せ持っていた。最近，Ricciらはキラルチオ尿素(**26a**)を用いることでインドール(**27**)とニトロオレフィン(**28**)との不斉1,4-F-C反応が高いエナンチオ選択性で生成物(**29**)が得られることを見出し，有機分子触媒による不斉1,4-F-C反応における新たな展開を図った(式(13))[28]。彼らはチオ尿素触媒(**26a**)に導入したアミノインダノール部のヒドロキシ基がエナンチオ選択的な反応の実現のみならず，触媒活性の獲得にも大きく関わっていることを触媒の誘導体(**26b, c**)による検証から明らかにしている。ヒドロキシ基を嵩高いトリメチルシリル基で保護した触媒(**26b**)，あるいはヒドロキシ基を除いた触媒(**26c**)を用いた場合，エナンチオ選択性がほとんど観測されないばかりか触媒活性に極端な低下が見られた。さらに，インドールのN-Hプロトンをアルキル基に代えたN-Meインドール(**7**)を用いた場合に生成物はほぼラセミ体(6% ee)として得られると報告している。この結果と触媒の構造と活性の相関から，チオ尿素部位は二重水素結合を介してニトロ基，つまり求電子剤を，一方，インダノール部位のヒドロキ

第16章 有機分子触媒による不斉 Friedel-Crafts 反応

シ基はインドールの N-H プロトンと水素結合し，触媒(**26a**)が双方の反応基質と相互作用することで活性を示すと同時に高いエナンチオ面選択が達成されたと説明している（図9）。

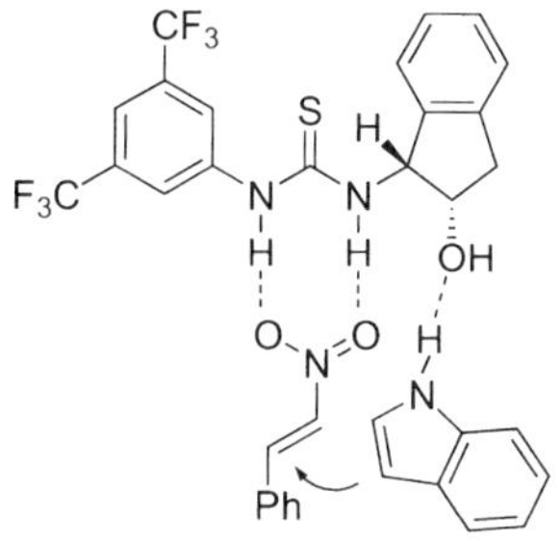

図9 チオ尿素触媒(**26**)による1,4-F-C反応の活性化機構

シンコナアルカロイド類は天然化合物であるがゆえ，エピマー体を含め光学活性体の入手のしやすさ，また，化学修飾の容易さも手伝い有機分子触媒の基本骨格として様々な変換反応の不斉触媒として比較的早くから利用されてきた。シンコナアルカロイド類とチオ尿素を組み合わせた酸／塩基触媒は Soós らの不斉 Michael 付加反応の報告に続き[29]，Connon らならびに Dixson らによりニトロオレフィンとの1,4-付加反応の触媒としても優れた不斉触媒となることがほぼ同時期に報告された[30]。一方，Deng らはシンコナアルカロイド類を有機分子触媒とする不斉触媒反応の開発研究の一環として，同様にシンコナアルカロイドとチオ尿素を組み合わせた触媒(**30**)を用いることでイミン(**31**)とインドール(**27**)との不斉1,2-アザ F-C 反応の不斉触媒化に成功した（式(14)）[31]。キニーネ由来のチオ尿素誘導体(**30a**)ならびにキニジン由来の触媒(**30b**)を用いた本触媒反応では，芳香族イミン(**31a**)のみならず脂肪族イミン(**31b**)においてもそれぞれ逆の絶

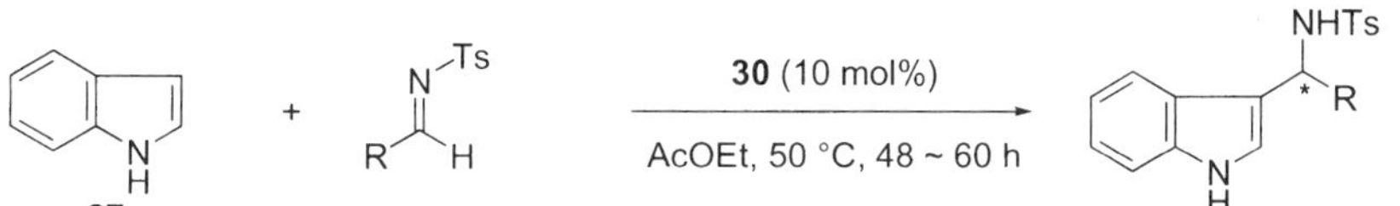

31a: R = Ph { **30a**: 94% ee (S) (96%) / **30b**: 94% ee (R) (96%) }
31b: R = i-Pr { **30a**: 94% ee (S) (85%) / **30b**: 94% ee (R) (84%) }

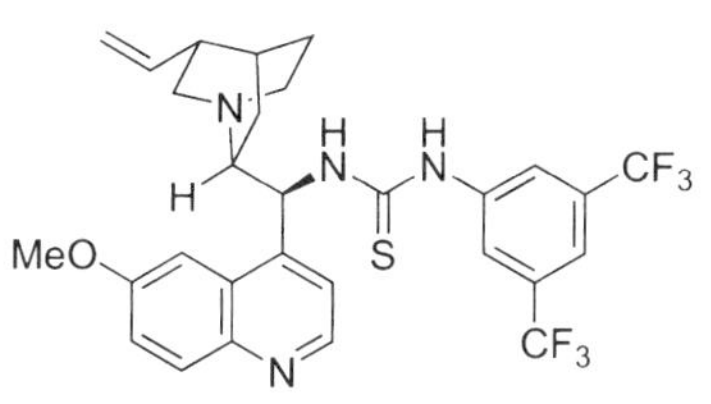

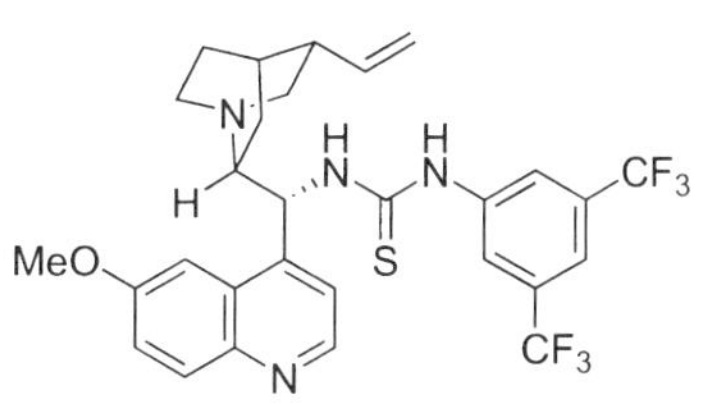

対配置を有する F-C 反応生成物(**32**)が高いエナンチオ選択性で得られる。N-Me インドール(**7**)を用いた場合に全く F-C 生成物を得ることができなかったことから，触媒(**30**)によるインドールの活性化，つまり N-H プロトンとの水素結合を介した相互作用が重要であると指摘している。

3.5 キラルスルホンアミド触媒による不斉 Friedel-Crafts 反応

Jørgensen らはスルホンアミドの N-H プロトンの酸性度に着目し，1,2-ジフェニルエチレンジアミンのスルホンアミド誘導体(**33**)を用いて水素結合を介した求電子剤の活性化による F-C 反応の不斉触媒化を報告した。彼らはこの単純な構造のスルホンアミド触媒を用いてニトロオレフィン(**28**)と N-Me インドール(**7**)との 1,4-F-C 反応（式(15)）[32]，ならびにグリオキシラート(**34**)とインドール誘導体(**35**)との 1,2-F-C 反応（式(16)）[33]の不斉触媒化を検討した。いずれも中程度のエナンチオ選択性ではあるが，**33** のように単純な構造の有機分子でも不斉触媒として機能しうる点は注目に値する。

4 電子豊富多重結合の活性化を経る不斉 Friedel-Crafts 反応

これまでの有機分子触媒による F-C 反応の不斉触媒化は電子不足多重結合を活性化する，言わば従来の不斉 Lewis 酸触媒反応の延長線上で研究開発が進められてきた。つい最近筆者らは，これまで紹介してきた求電子剤の活性化法とは異なる電子豊富な多重結合の活性化を経由する不斉 1,2-アザ F-C 反応の開発に成功した（式(17)）[34]。電子豊富な二重結合を有するエンカルバマート(**36**)とインドール(**27**)との反応において不斉リン酸触媒(**10d**)を用いることで F-C 反応生成物

第16章　有機分子触媒による不斉 Friedel-Crafts 反応

(17)

10d: G = 2,4,6-triisopropylphenyl

(37)を高いエナンチオ選択性で得た。不斉リン酸触媒がプロトン化剤となり電子豊富多重結合を活性化する本触媒反応は，Lewis 酸触媒，有機分子触媒を通じ電子豊富多重結合の活性化を経る不斉 F-C 反応の初めての例である。F-C 反応による芳香族アルキル化は一般に電子豊富多重結合のプロトン化を経由しなされてきたが，本不斉触媒反応はまさに従来法に立ち返り Brønsted 酸触媒の特徴を最大限に生かした不斉 F-C 反応の例として特筆される。

5　おわりに

　有機分子触媒による不斉 F-C 反応の最近の成果を活性化の方法論を基軸として触媒の官能基別に概観した。Lewis 酸触媒に代わる次世代の触媒として有機分子がうまく活用されている様子がうかがえたのではないかと思う。しかし，現段階では芳香族化合物として反応性の高いインドールが主に検討されており，基質の適用範囲あるいは触媒活性の観点からは依然として充分な研究がなされているとは言い難い。F-C 反応の多くは反応の前後で原料の構成元素が全て生成物に取り込まれる原子効率（atom economy）に優れた反応である。今後，触媒活性とエナンチオ制御能を兼ね備えた優れた有機分子触媒の設計開発によって，F-C 反応が本来的に備えている高い原子効率ならびに炭素骨格構築法としての高いポテンシャルが引き出されるものと大いに期待を寄せている。

文　　献

1） C.Friedel, J.M.Crafts, *C.R.Hebd.Seances Acad.Sci.*, **84**, 1392 (1877)

C.Friedel, J.M.Crafts, *Bull.Soc.Chim.Fr.*, **27**, 530 (1877)
2) G.A.Olah, R.Krishnamurti, G.K.S.Prakash, in Comprehensive Organic Synthesis, eds. by B.M.Trost, I.Fleming, Pergamon Press, Oxford, Vol.3, Chap.1.8, pp.293 (1991)
3) M.Johansen, *Chem.Commun.*, 2233 (1999)
4) K.A.Jørgensen, *Synthesis*, 1117 (2003)
 M.Bandini, A.Melloni, A.Umani-Ronchi, *Angew.Chem.Int.Ed.*, **43**, 550 (2004)
5) N.A.Paras, D.W.C.MacMillan, *J.Am.Chem.Soc.*, **123**, 4370 (2001)
6) P.R.Schreiner, *Chem.Soc.Rev.*, **32**, 289 (2003)
 P.M.Pihko, *Angew.Chem.Int.Ed.*, **43**, 2062 (2004)
 寺田眞浩, 触媒, **48**, 38 (2006)
 M.S.Taylor, E.N.Jacobsen, *Angew.Chem.Int.Ed.*, **45**, 1520 (2006)
 T.Akiyama, J.Itoh, K.Fuchibe, *Adv.Synth.Catal.*, **348**, 999 (2006)
7) K.A.Ahrendt, C.J.Borths, D.W.C.MacMillan, *J.Am.Chem.Soc.*, **122**, 4243 (2000)
8) Lewis Acids in Organic Synthesis, ed. by H.Yamamoto, Wiley-VCH, Weinheim, Vol.1 and Vol.2 (2000)
9) 1,3-双極子付加反応：W.S.Jen, J.J.M.Wiener, D.W.C.MacMillan, *J.Am.Chem.Soc.*, **122**, 9874 (2000)
 Mukaiyama-Michael付加反応：S.P.Brown, N.C.Goodwin, D.W.C.MacMillan, *J.Am.Chem.Soc.*, **125**, 1192 (2003)
 ハロゲン化反応：M.P.Brochu, S.P.Brown, D.W. C.MacMillan, *J.Am.Chem.Soc.*, **126**, 4108 (2004)
 不斉1,4-還元反応：S.G.Ouellet, J.B.Tuttle, D.W.C.MacMillan, *J.Am.Chem.Soc.*, **127**, 32 (2005)
 還元アミノ化反応：R.I.Storer, D.E.Carrera, Y.Ni, D.W.C.MacMillan, *J.Am.Chem.Soc.*, **128**, 84 (2006)
 アミンの共役付加反応：Y.K.Chen, M.Yoshida, D.W.C, MacMillan, *J.Am.Chem.Soc.*, **128**, 9328 (2006)
10) プロリン誘導体を有機分子触媒とするエナミン経由の活性化機構については本書9章, 12章を参照いただきたい。
11) B.List, *Chem.Commun.*, 819 (2006)
12) J.F.Austin, D.W.C.MacMillan, *J.Am.Chem.Soc.*, **124**, 1172 (2002)
13) N.A.Paras, D.W.C.MacMillan, *J.Am.Chem.Soc.*, **124**, 7894 (2002)
14) R.Gordillo, J.Carter, K.N.Houk, *Adv.Synth.Catal.*, **346**, 1175 (2004)
15) Y.Huang, A.M.Walji, C.H.Larsen, D.C.W.MacMillan, *J.Am.Chem.Soc.*, **127**, 15051 (2005)
16) P.I.Dalko, L.Moisan, *Angew.Chem.Int.Ed.*, **43**, 5138 (2004)
 A.Berkessel, H.Gröger, Asymmetric Organocatalysis-From Biomimetic Concepts to Powerful Methods for Asymmetric Synthesis; Wiley-VCH: Weinheim (2005)
 林雄二郎, 有機合成化学協会誌, **63**, 464 (2005)

第16章 有機分子触媒による不斉 Friedel-Crafts 反応

17) D.Uraguchi, M.Terada, *J.Am.Chem.Soc.*, **126**, 5356 (2004)
18) T.Akiyama, J.Itoh, K.Yokota, K.Fuchibe, *Angew.Chem.Int.Ed.*, **43**, 1566 (2004)
    Akiyamaらのキラルリン酸触媒による不斉触媒反応の詳細は本書17章を参照いただきたい。
19) S.J.Connon, *Angew.Chem.Int.Ed.*, **45**, 3909 (2006)
20) 最近の報告例
    アザ—エン型反応：M.Terada, K.Machioka, K.Sorimachi, *Angew.Chem.Int.Ed.*, **45**, 2254 (2006)
    Strecker反応：M.Rueping, E.Sugiono, C.Azap, *Angew.Chem.Int.Ed.*, **45**, 2617 (2006)
    Diels-Alder反応：D.Nakashima, H.Yamamoto, *J.Am.Chem.Soc.*, **128**, 9626 (2006)
    還元反応：S.Mayer, B.List, *Angew.Chem.Int.Ed.*, **45**, 4193 (2006)
    ヘテロDiels-Alder反応：J.Itoh, K.Fuchibe, T.Akiyama, *Angew.Chem.Int.Ed.*, **45**, 4796 (2006)
21) D.Uraguchi, K.Sorimachi, M.Terada, *J.Am.Chem.Soc.*, **126**, 11804 (2004)
22) D.Uraguchi, K.Sorimachi, M.Terada, *J.Am.Chem.Soc.*, **127**, 9360 (2005)
23) J.Seayad, A.M.Seayad, B.List, *J.Am.Chem.Soc.*, **128**, 1086 (2006)
24) Y.Takemoto, *Org.Biomol.Chem.*, **3**, 4299 (2005)
    チオ尿素を有機分子触媒とする不斉触媒反応については本書13章を参照いただきたい。
25) M.S.Sigman, E.N.Jacobsen, *J.Am.Chem.Soc.*, **120**, 4901 (1998)
    M.S.Sigman, P.Vachal, E.N.Jacobsen, *Angew.Chem.Int.Ed.*, **39**, 1279 (2000)
    P.Vachal, E.N.Jacobsen, *Org.Lett.*, **2**, 867 (2000)
    J.T.Su, P.Vachal, E.N.Jacobsen, *Adv.Synth.Catal.*, **343**, 197 (2001)
    P.Vachal, E.N.Jacobsen, *J.Am.Chem.Soc.*, **124**, 10012 (2002)
    D.E.Fuerst, E.N.Jacobsen, *J.Am.Chem.Soc.*, **127**, 8964 (2005)
26) Mannich反応：A.G.Wenzel, E.N.Jacobsen, *J.Am.Chem.Soc.*, **124**, 12964 (2002)
    ヒドロホスニル化反応：G.D.Joly, E.N.Jacobsen, *J.Am.Chem.Soc.*, **126**, 4102 (2004)
    アザHenry反応：T.P.Yoon, E.N.Jacobsen, *Angew.Chem.Int.Ed.*, **44**, 466 (2005)
    アシルMannich反応：M.S.Taylor, N.Tokunaga, E.N.Jacobsen, *Angew.Chem.Int.Ed.*, **44**, 6700 (2005)
27) M.S.Taylor, E.N.Jacobsen, *J.Am.Chem.Soc.*, **126**, 10558 (2004)
28) R.P.Herrera, V.Sgarzani, L.Bernardi, A.Ricci, *Angew.Chem.Int.Ed.*, **44**, 6576 (2005)
29) B.Vakulya, S.Varga, A.Csámpai, T.Soós, *Org.Lett.*, **7**, 1967 (2005)
30) S.H.McCooey, S.J.Connon, *Angew.Chem.Int.Ed.*, **44**, 6367 (2005)
    J.Ye, D.J.Dixon, P.S.Hynes, *Chem.Commun.*, 4481 (2005)
31) Y.-Q.Wang, J.Song, R.Hong, H.Li, L.Deng, *J.Am.Chem.Soc.*, **128**, 8156 (2006)
32) W.Zhuang, R.G.Hazell, K.A.Jørgensen, *Org.Biomol.Chem.*, **3**, 2566 (2005)
33) W.Zhuang, T.B.Poulsen, K.A.Jørgensen, *Org.Biomol.Chem.*, **3**, 3284 (2005)
34) 反町啓一, 寺田眞浩, 日本化学会第86回春季年会, 千葉, 3月27日〜30日2006年, Abstr., No.2H517

第17章　キラルブレンステッド酸触媒を用いた不斉合成反応

秋山隆彦[*]

1　序

　イミンに対するエナンチオ選択的な求核付加反応は，光学活性な含チッ素化合物の有用な合成反応の一つである。これまで一般にイミンの活性化には，ルイス酸に不斉配位子の配位したキラルルイス酸触媒が用いられてきた。我々は，強ブレンステッド酸であるキラル環状リン酸ジエステルが，優れた不斉触媒として機能することを見いだし，イミンに対する求核付加反応，付加環化反応等が高エナンチオ選択的に進行することを明らかにした。近年，チオ尿素やTADDOLなど，中性の有機化合物が，カルボニル化合物，イミン等の活性化剤として優れた不斉触媒として作用することが報告されている[1]。これらの触媒は，水素結合を基軸として，カルボニル化合物あるいは，イミンを活性化している。しかし，強ブレンステッド酸を不斉触媒として用いた報告例はこれまでになかった。本章では，強ブレンステッド酸であるリン酸ジエステルを不斉触媒として用いた不斉合成反応の最新の展開について，我々の研究成果を中心に紹介する[2]。

2　研究の背景

　炭素─炭素結合生成反応の触媒としては，一般にルイス酸が用いられてきた。一方，ブレンステッド酸は主に，酸加水分解などに用いられてきており，炭素─炭素結合生成反応における触媒としての利用は極めて限られていた。著者らの研究グループでは，ブレンステッド酸がイミンに

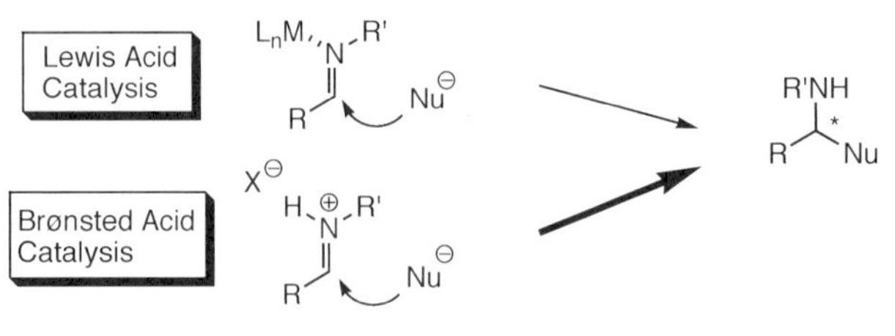

図1

---

[*]　Takahiko Akiyama　学習院大学　理学部　化学科　教授

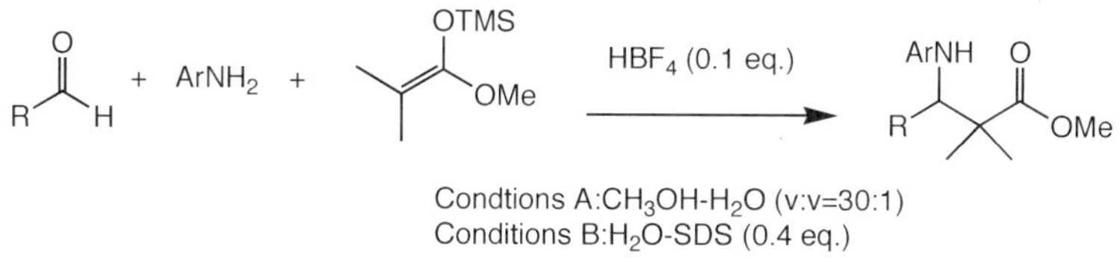

第17章 キラルブレンステッド酸触媒を用いた不斉合成反応

スキーム 1

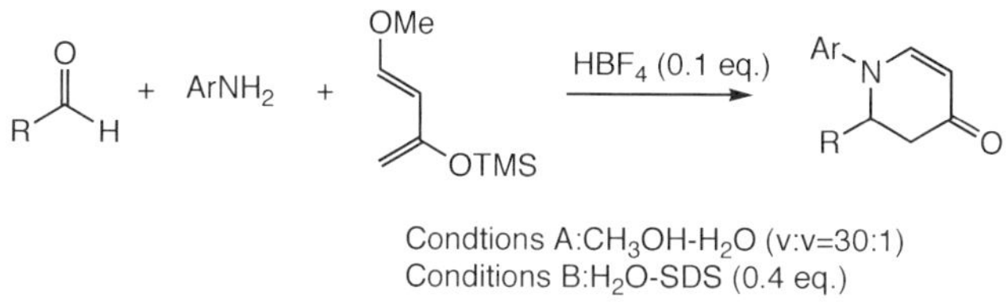

スキーム 2

対する求核付加反応，付加環化反応における効率的な活性化剤として作用することを既に報告している。すなわち，イミンに対するシリルエノラートの付加反応であるマンニッヒ型反応や[3]，Danishefsky's diene とのアザ Diels-Alder 反応[4]が含水溶媒中あるいは水中において効率良く進行した（スキーム1, 2）。

3　触媒のデザイン

このようにブレンステッド酸を用いることにより，イミンの活性化が効率良く行えることを見いだしたので，キラルブレンステッド酸のデザインを行った。触媒のデザインとして
1）酸性度，2）環状構造の2点に留意した。

pK_a が -0.44 である HBF_4 が酸触媒として優れていることから，pK_a が0程度の酸性度が適当と考えられる。$(EtO)_2P(O)OH$ の pK_a が1.3であること，さらに，効率的な不斉環境を構築す

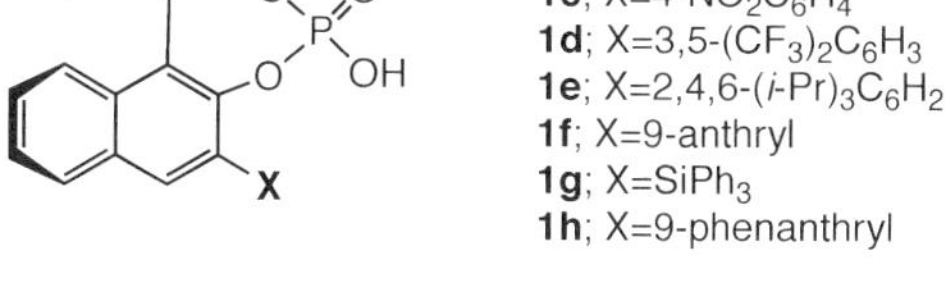

1a; X=H
1b; X=Ph
1c; X=4-NO$_2$C$_6$H$_4$
1d; X=3,5-(CF$_3$)$_2$C$_6$H$_3$
1e; X=2,4,6-(i-Pr)$_3$C$_6$H$_2$
1f; X=9-anthryl
1g; X=SiPh$_3$
1h; X=9-phenanthryl

図2

るためには，環状構造を有していることが必要であると考えられることから，(R)-BINOL を不斉源として用いてキラル環状リン酸ジエステルをデザインした（図2）。

リン酸ジエステル 1a は，既に光学分割剤として古くから用いられており[5]，また，そのランタニド塩はヘテロ Diels-Alder 反応の不斉触媒としての利用が稲永などにより報告されている[6]。しかし，フリーのリン酸の不斉触媒としての利用は，これまで全く検討されていなかった[7]。

4 マンニッヒ型反応[8]

まず，無置換のリン酸 1a を用いて，イミンとケテンシリルアセタールとのマンニッヒ型反応を試みた。目的化合物である β-アミノ酸エステルは良好な収率で得られたものの，その不斉収率は 0 % ee であった。そこで，3,3' 位への置換基の導入を検討し，フェニル基の置換した 1b を用いたところ，不斉収率は 28 % ee まで向上した。そこで，更に置換基の検討を行った。電子求引性基の置換したアリール基を導入すると反応性，不斉収率共に向上し，中でも，4-ニトロフェニル基の置換したリン酸 1c を用いた際に不斉収率は 87 % ee まで向上した。溶媒は，芳香族系の溶媒が良好な結果を与え，アルコール中ではラセミ体が生成した。

表1 不斉マンニッヒ型反応

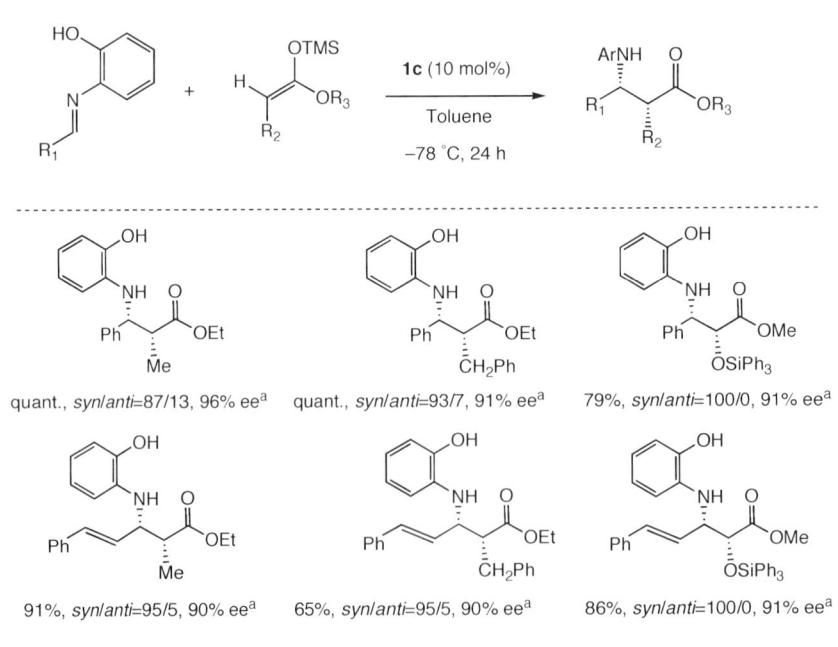

quant., syn/anti=87/13, 96% ee[a]　　quant., syn/anti=93/7, 91% ee[a]　　79%, syn/anti=100/0, 91% ee[a]

91%, syn/anti=95/5, 90% ee[a]　　65%, syn/anti=95/5, 90% ee[a]　　86%, syn/anti=100/0, 91% ee[a]

[a]Ee of syn isomer.

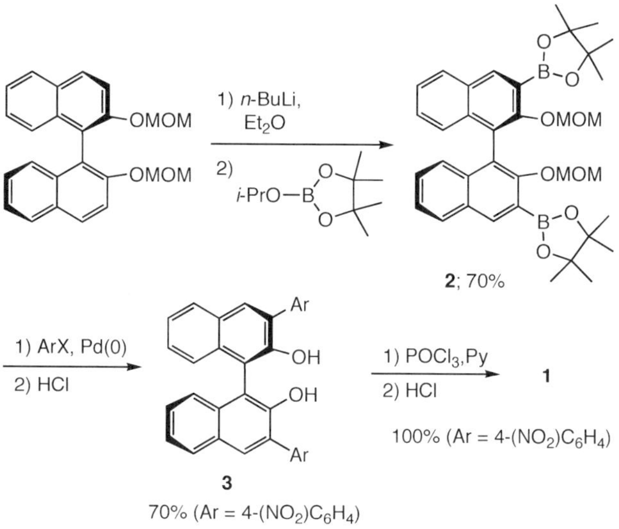

第17章 キラルブレンステッド酸触媒を用いた不斉合成反応

スキーム3 リン酸の合成

さまざまなケテンシリルアセタール, イミンとの反応の結果を示す。芳香族アルデヒド由来のイミンのみならず, 複素環アルデヒド, 不飽和アルデヒド由来のイミンも良好な結果を与えた。また, α-位に置換基を有するα-オキシ-β-アミノエステルも高い syn 選択性を示し, また syn 体は高い光学純度で得られた（表1）。

キラルリン酸エステルは, 下記の反応により, (R)-BINOL より容易に合成することが可能である（スキーム3）。3,3'-ビスホウ酸エステル 2 を鍵中間体として, 宮浦―鈴木カップリング反応により, 様々な置換基を 3,3'-位に導入することが可能である。また, 1c は和光純薬工業㈱より入手可能である。

5 ヒドロホスホニル化反応[9]

α-アミノホスホン酸エステルは, 酵素阻害活性を有することが知られている。リン酸触媒を用いて, イミンに対してホスファイトを作用させることによるアミノホスホン酸エステルの合成を試みた。様々なリン酸誘導体を検討した結果, 3,5-$(CF_3)_2C_6H_3$ 基の置換したリン酸（1d）が最も高い不斉収率を与えた。求核剤としてはジイソプロピルホスファイトが最も良好な結果を与えた（表2）。

表2 ヒドロホスホニル化反応

Entry	R	Yield /%	Ee/%
1	o-NO$_2$C$_6$H$_4$	72	77
2	PhCH=CH	92	84
3	o-ClC$_6$H$_4$CH=CH	82	87
4	o-NO$_2$C$_6$H$_4$CH=CH	92	88
5	o-CF$_3$C$_6$H$_4$CH=CH	86	90

6 ヘテロ Diels-Alder 反応

次に電子豊富ジエンとイミンとのアザ Diels-Alder 反応を検討した。これまで，有機触媒を用いたアザ Diels-Alder 反応は報告例が無かった。まず，Danishefsky's diene とイミンとの環化反応を試みた。3,3'-位に 2,4,6-トリイソプロピルフェニル基を有するリン酸ジエステル（**1e**）を用いることにより最も高い不斉収率で環化体が得られた。更に，興味あることに，1.2当量の酢酸を添加することにより，生成物の化学収率および不斉収率が大きく向上した[10]。様々なイミンとのアザ Diels-Alder 反応の結果を示す（表3）。

表3 アザ Diels-Alder 反応

Entry	Ar	Yield/%	Ee/%
1	Ph	99	80
2	p-IC$_6$H$_4$	86	84
3	p-BrC$_6$H$_4$	quant.	84
4	p-CF$_3$C$_6$H$_4$	82	81
5	o-BrC$_6$H$_4$	96	80
6	1-naphthyl	quant.	91

第17章　キラルブレンステッド酸触媒を用いた不斉合成反応

スキーム4　リン酸ピリジン塩の触媒作用

表4　Brassard's diene のアザ Diels-Alder 反応

Entry	R	Yield/%	Ee /%	Entry	R	Yield/%	Ee /%
1	Ph	87	94	6	1-naphthyl	79	98
2	p-FC$_6$H$_4$	76	98	7	2-furyl	63	97
3	p-MeOC$_6$H$_4$	84	99	8	PhCH=CH	76	98
4	o-BrC$_6$H$_4$	83	98	9	cyclohexyl	69	99
5	o-ClC$_6$H$_4$	86	98	10	i-Pr	65	93

　続いてより反応性の高い Brassard's diene とイミンとのアザ Diels-Alder 反応を検討した。これまで，光学活性なイミンと Brassard's diene とのジアステレオ選択的アザ Diels-Alder 反応は知られているが，触媒的なエナンチオ選択的アザ Diels-Alder 反応は未だ報告例がない。本反応においては，3,3'位の置換基としては，9-アントリル基が最も良好な結果を与えた。更に，リン酸 1f のピリジン塩 11 を用いることにより化学収率が向上した（スキーム4）。これは，Brassard's diene が酸に対して極めて不安定であるが，ピリジニウム塩として酸性度を低下させることにより，ジエンの安定性が向上したためと考えている。様々なイミンとの aza Diels-Alder 反応を検討した。芳香族イミンのみならず，脂肪族アルデヒド由来のイミンも高いエナンチオ選択性で，対応する環化体が得られた（表4）[11]。

7　他のリン酸誘導体[12]

　これまで，(R)-BINOL を出発原料としてリン酸ジエステルを合成してきたが，両鏡像異性体が安価に得られる酒石酸を不斉源としてリン酸ジエステルを合成することができれば，よりすぐ

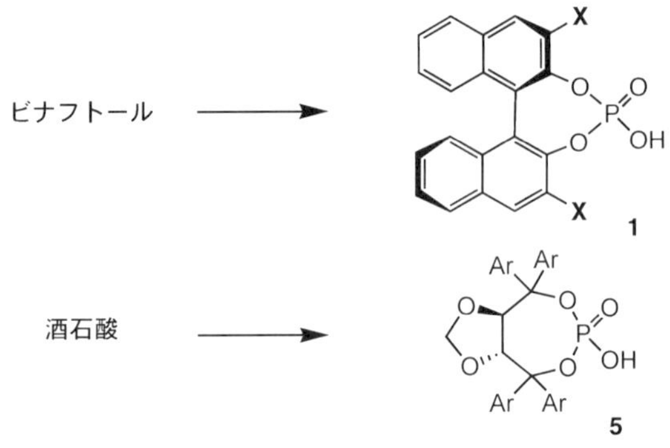

図3 新しいリン酸触媒のデザイン

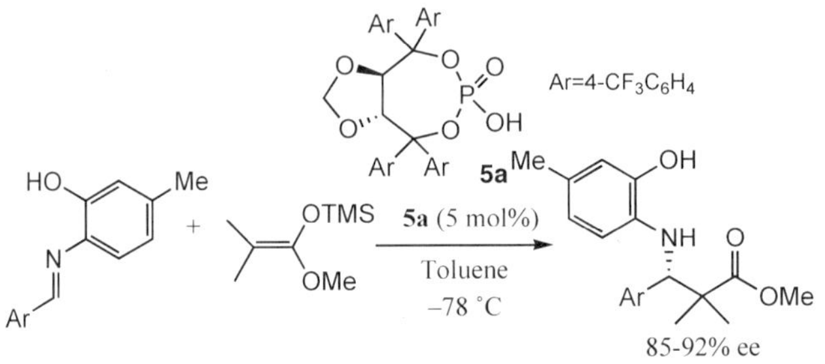

スキーム5 TADDOL由来のリン酸触媒によるマンニッヒ型反応

れた不斉触媒となると考えられる（図3）。

4-CF$_3$C$_6$H$_4$基の置換したリン酸 5a を用いることにより，マンニッヒ型反応が効率良く進行することを見いだした（スキーム5）。

8 反応機構に関する考察

マンニッヒ型反応においては，高いエナンチオ選択性の発現にイミンのチッ素上のフェニル基に o-ヒドロキシ基の存在が必須であった。このことより，反応は，以下に示す9員環の遷移状態を経て反応が進行していると考えている（図4）。

一方，ヒドロホスホニル化反応では，イミンのチッ素上のフェニル基に o-ヒドロキシ基の存在は不要である。ジアルキルホスファイトは，不活性なホスホナートと平衡にあり，室温においてはホスホナート型として存在していることが知られている（図5）。本反応では，以下に示すようにリン酸のホスホリル基の酸素原子がホスファイトの水素原子と水素結合をすることにより

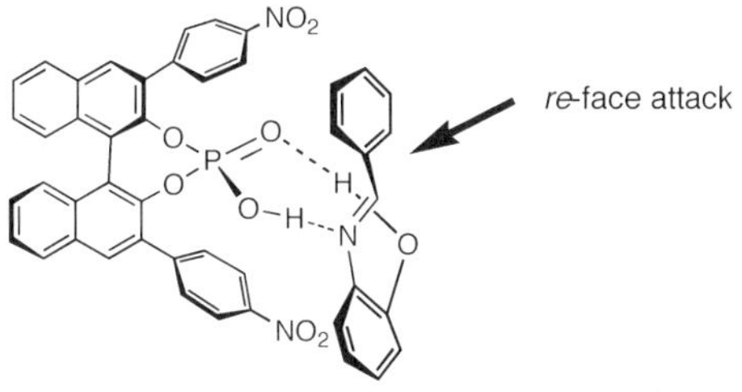

第17章 キラルブレンステッド酸触媒を用いた不斉合成反応

図4 マンニッヒ型反応の遷移状態

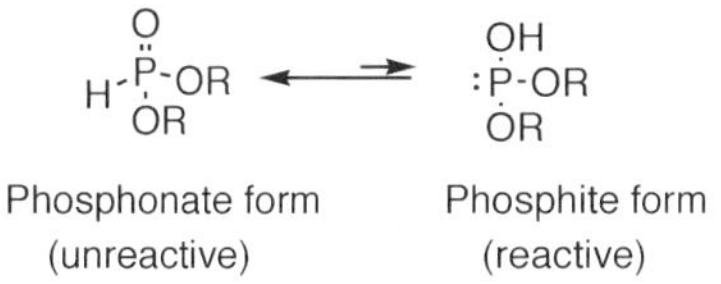

図5 ホスホナートの平衡

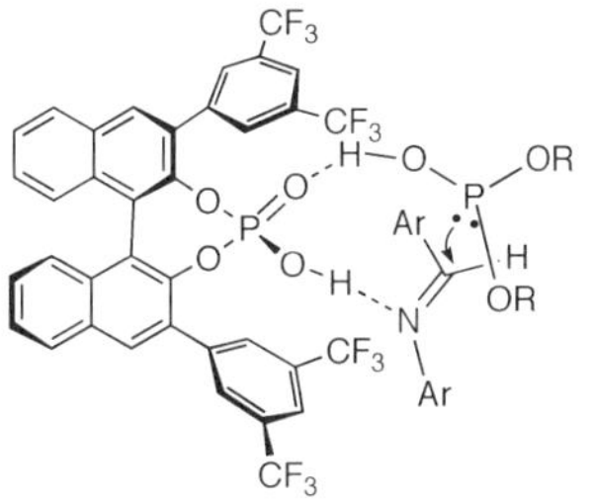

図6 ヒドロホスホニル化反応の遷移状態

平衡をホスファイト型に偏らせ，9員環の遷移状態を経て反応が進行していると考えている（図6）。

9 関連する研究成果

我々の報告に続いて，寺田らは独自にキラルリン酸を合成し，その触媒活性を明らかにしている[13]（第16章参照）。また，Antilla らは，VAPOL 由来のリン酸を合成し，イミンに対するアミドの付加反応により，非対称 N,N-アミナールが高いエナンチオ選択性で得られる事を見いだしている（スキーム6）[14]。

Rueping[15]，List[16] らは，Hantzsch エステルを還元剤として用いてイミンの1,2-還元が高いエナンチオ選択性で進行することを見いだしている（スキーム7）。さらに MacMillan は，ケトン，アミン，Hantzsch エステルの三成分還元反応が極めて高いエナンチオ選択性で進行することも報告している[17]。

List らは，Pictet-Spengler 反応もリン酸により高いエナンチオ選択性で進行することを見いだしている（スキーム8）[18]。

Rueping らは，Strecker 反応においても，リン酸触媒が有効である事を見いだした（スキー

スキーム6　VAPOL由来のリン酸触媒による反応

スキーム7　不斉還元反応

スキーム8　Pictet-Spengler反応

スキーム9　Strecker反応

ム9)[19]。

　RuepingらはHantzschエステルを還元剤として用いることにより、キノリンの不斉還元反応が進行し、ジヒドロキノリン誘導体が高い不斉収率で得られることを見いだしている（スキー

第17章　キラルブレンステッド酸触媒を用いた不斉合成反応

スキーム10　不斉還元反応

ム10)[20]。

10　結語

これまで，強ブレンステッド酸を不斉触媒として用いた研究は報告例が無かったが，我々の報告に端を発して，数多くの報告がなされている。これから更に様々なキラルブレンステッド酸を用いた不斉合成反応が報告されることが期待される。

文　　献

1) For reviews on Brønsted acid catalysis, see ; (a) Schreiner, P. R. *Chem. Soc. Rev.* **32**, 289-296 (2003) ; (b) Pihko, P. M. *Angew. Chem., Int. Ed.* **43**, 2062-2064 (2004) ; (c) Bolm, C., Rantanen, T., Schiffers, I., Zani, L. *Angew. Chem. Int. Ed.* **44**, 1758-1763 (2005) ; (d) Pihko, P. M. *Lett. Org. Chem.* **2**, 398-403 (2005) ; (e) Taylor, M. S., Jacobsen, E. N. *Angew. Chem. Int. Ed.* **45**, 1520-1543 (2006) ; (e) Akiyama, T., Itoh, J., Fuchibe, K. *Adv. Synth. Catal.* **348**, 999-1010 (2006)
2) Akiyama, T., Itoh, J., Fuchibe, K. 有機合成化学協会誌, **63**, 1062-1068 (2005)
3) Akiyama, T., Takaya, J., Kagoshima, H. *Synlett* 1045-1048 (1999); Akiyama, T., Takaya, J., Kagoshima, H. *Synlett* 1426-1428 (1999); Akiyama, T., Takaya, J., Kagoshima, H. *Chem. Lett.* 947-948 (1999); Akiyama, T., Takaya, J., Kagoshima, H. *Tetrahedron Lett.* **42**, 4025-4028 (2001); Akiyama, T., Takaya, J., Kagoshima, H. *Adv. Synth. Catal.* **344**, 338-347 (2002)
4) Akiyama, T., Takaya, J., Kagoshima, H. *Tetrahedron Lett.* **40**, 7831-7834 (1999)
5) For example, Wilen, S. H., Qi, J. Z. *J. Org. Chem.* **56**, 487-489 (1991)
6) Inanaga, J., Sugimoto, Y., Hanamoto, T. *New J. Chem.* **19**, 707-712 (1995); Hanamoto, T., Furuno, H., Sugimoto, Y., Inanaga, J. *Synlett* 79-80 (1997)
7) キラルリン酸触媒のハイライト, Connon, S. J. *Angew. Chem. Int. Ed.* **45**, 3901-3912

(2006)
8) Akiyama, T., Itoh, J., Yokota, K., Fuchibe, K. *Angew. Chem. Int. Ed.* **43**, 1566-1568 (2004)
9) Akiyama, T., Morita, H., Itoh, J., Fuchibe, K. *Org. Lett.* **7**, 2583-2585 (2005)
10) Akiyama, T., Tamura, Y., Itoh, J., Morita, H., Fuchibe, K. *Synlett* 141-143 (2006)
11) Itoh, J., Fuchibe, K., Akiyama, T., *Angew. Chem. Int. Ed.* **45**, 4796-4798 (2006)
12) Akiyama, T., Saitoh, Y., Morita, H., Fuchibe, K. *Adv. Synth. Catal.* **347**, 1523-1526 (2005)
13) (a) Uraguchi, D., Terada, M. *J. Am. Chem. Soc.* **126**, 5356-5357 (2004); (b) Uraguchi, D., Sorimachi, K., Terada, M. *J. Am. Chem. Soc.* **126**, 11804-11805 (2004); (c) Uraguchi, D., Sorimachi, K., Terada, M. *J. Am. Chem. Soc.* **127**, 9360-9361 (2005); (d) Terada, M., Machioka, K., Sorimachi, K. *Angew. Chem. Int. Ed.* **45**, 2254-2257 (2006)
14) Rowland, G. B., Zhang, H., Rowland, E. B., Chennamadhavuni, S., Wang, Y., Antilla, J. C. *J. Am. Chem. Soc.* **127**, 15696-15697 (2005)
15) Rueping, M., Sugiono, E., Azap, C., Theissmann, T., Bolte, M. *Org. Lett.* **7**, 3781-3783 (2005)
16) Hoffmann, S., Seayad, A. M., List, B. *Angew. Chem. Int. Ed.* **44**, 7424-7427 (2005)
17) Storer, R. I., Carrera, D. E., Ni, Y., MacMillan, D. W. C. *J. Am. Chem. Soc.* **128**, 84-86 (2006)
18) Seayad, J., Seayad, A. M., List, B. *J. Am. Chem. Soc.* **128**, 1086-1087 (2006)
19) Rueping, M., Sugiono, E., Azap, C. *Angew. Chem. Int. Ed.* **45**, 2617-2619 (2006)
20) Rueping, M., Antonchick, A. P., Theissmann, T. *Angew. Chem. Int. Ed.* **45**, 3683-3686 (2006)

第18章　酸−塩基型不斉有機分子触媒による aza-Morita-Baylis-Hillman反応

笹井宏明[*1], 滝澤　忍[*2], 松井嘉津也[*3]

1　はじめに

aza-Morita-Baylis-Hillman（aza-MBH）反応は，アミンやホスフィンのようなルイス塩基を触媒とする，α,β-不飽和カルボニル化合物とイミンとの炭素−炭素結合形成反応である[1]。一般式を図1に示す。

aza-MBH 反応では，生成物としてカルボニル基，アミノ基，オレフィン部位を有する多官能性化合物が得られるため，近年，不斉反応への展開が活発に検討されている。中でも，金属を含まない有機分子触媒は[2]，安定で触媒活性を失いにくく生成物への金属の混入を回避できることから，多くの研究者が aza-MBH 反応に有効な有機分子触媒の開発に取り組んでいる。有機分子触媒を用いると，反応後の廃棄物に重金属を含むことはなく，グリーンケミストリーの観点からも注目されている。

1999年，畑山らは，天然アルカロイド誘導体である β-isocupreidine（β-ICD）が Morita-Baylis-Hillman（MBH）反応において高い触媒活性を示すことを初めて明らかとし[3]，2003年には，β-ICD が aza-MBH 反応においても有効であることを報告している（図2，式1）[2a]。畑山らの MBH 反応では，1,1,1,3,3,3-hexafluoroisopropyl acrylate（HFIPA）のような活性エステルが反応促進には必須である。しかしながら，aza-MBH 反応では，β-ICD を不斉有機分

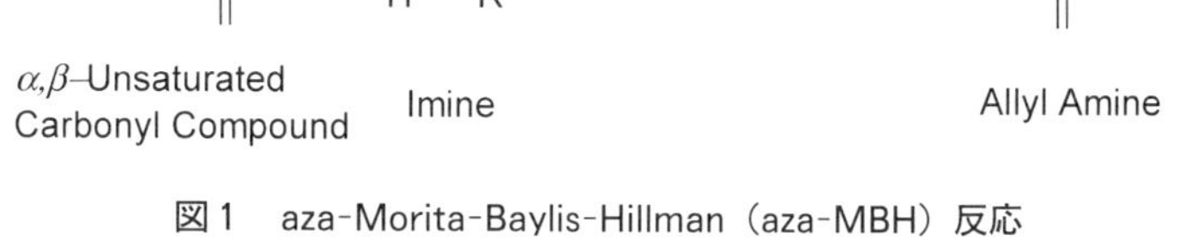

図1　aza-Morita-Baylis-Hillman（aza-MBH）反応

[*1]　Hiroaki Sasai　大阪大学　産業科学研究所　教授
[*2]　Shinobu Takizawa　大阪大学　産業科学研究所　助手
[*3]　Katsuya Matsui　大阪大学　産業科学研究所　特任助手

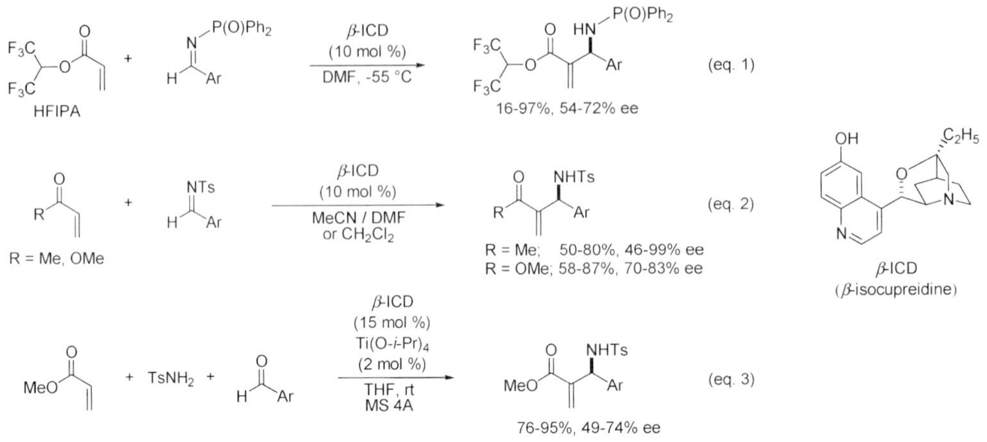

図2 酸—塩基型不斉有機分子触媒 β-ICD による aza-MBH 反応

子触媒とした場合, methyl vinyl ketone や methyl acrylate のような α, β-不飽和カルボニル化合物でも高エナンチオ選択的に反応が進行することが Shi らにより報告されている (式2)[2b~2c]。Adolfsson らは, ルイス酸である $Ti(O-i-Pr)_4$ を 2 mol% 添加して, 反応系内でアルデヒドからイミンを調製することで, 目的付加体を化学収率良く得ているものの, その不斉収率は中程度である (式3)[2d]。

β-ICD を触媒とする aza-MBH 反応の機構は, ルイス塩基として機能する第3級アミン部位が α, β-不飽和カルボニル化合物の β 位にマイケル付加し, 生じたエノラートとイミンとの

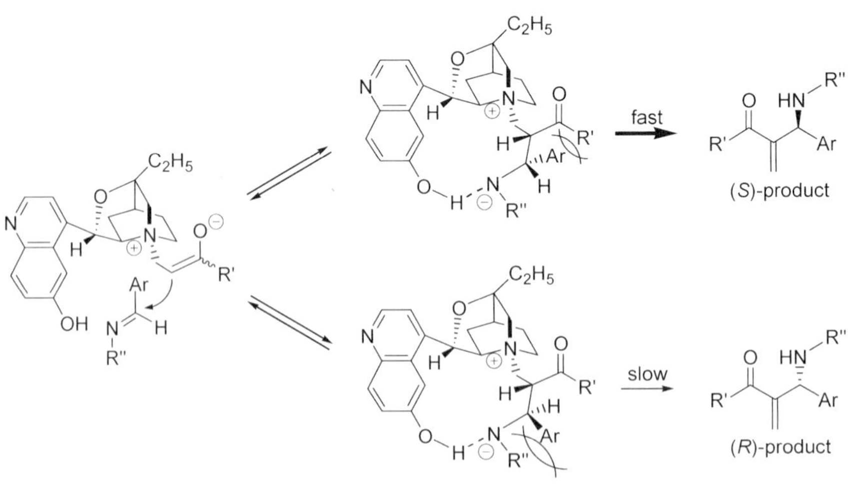

図3 酸—塩基型不斉有機分子触媒 β-ICD による aza-MBH 反応律速段階

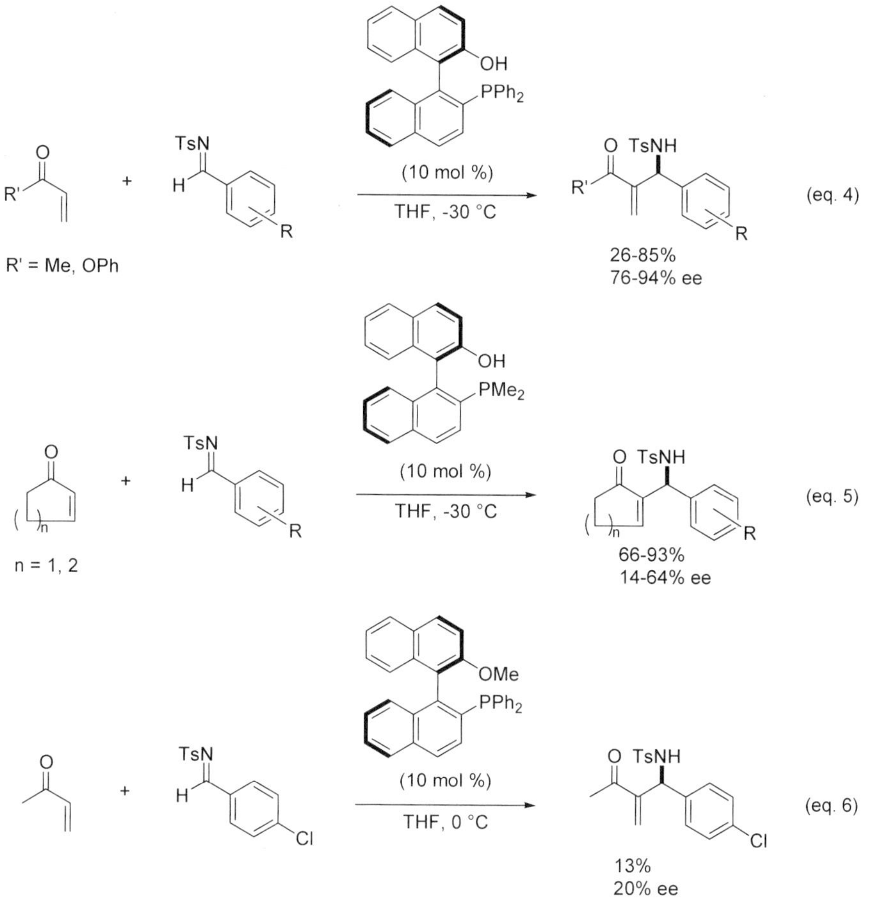

第18章 酸—塩基型不斉有機分子触媒による aza-Morita-Baylis-Hillman 反応

図4 ルイス塩基としてホスフィノ基を有する酸—塩基型不斉有機分子触媒

Mannich 反応から,最後にルイス塩基部位が β 脱離して,触媒が再生すると同時に生成物を与えると考えられる(図3)。この際,β-ICD のブレンステッド酸として機能するフェノール性ヒドロキシ基は,平衡状態にあるエノラートとイミンとの Mannich 反応において,生成する中間体の安定化に寄与し,結果として選択的に S 体の生成物を与える。

しかしながら,天然アルカロイドである(+)-quinidine を母格とする有機分子触媒では,触媒のデザインおよび両鏡像体の供給に制限がある。

2003年に,Shi らは,ルイス塩基としてホスフィノ基を有する(R)-2'-diphenylphosphanyl [1,1'] binaphthyl-2-ol を報告している(図4)[2e]。非環状 α,β-不飽和カルボニル化合物を反応基質とした場合,ルイス塩基部位としてジフェニルホスフィノ基が有効であり(式4)[2e〜2f],環状 α,β-不飽和カルボニル化合物の際には,ジメチルホスフィノ基が有効である(式5)[2f〜2g]。

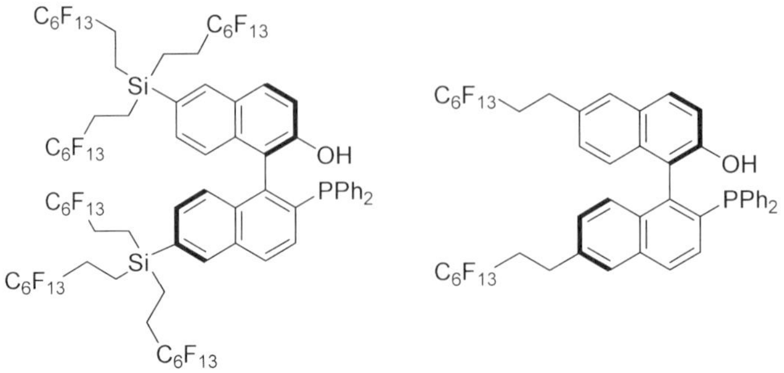

図5 長鎖ペルフルオロ基を有する酸—塩基型不斉有機分子触媒

　ブレンステッド酸であるフェノール性ヒドロキシ基をメチル基で保護すると反応性が著しく低下することから（式6），キラルなビナフチル骨格2,2'位のブレンステッド酸—ルイス塩基性部位の協調的活性化が触媒的不斉反応促進には重要であると考えられる。
　また，2005年には，回収，再利用を指向した長鎖ペルフルオロ基を6,6'位に導入した酸—塩基型不斉有機分子触媒を報告している（図5）[2h]。
　2005年，Jacobsenらは，ブレンステッド酸としてチオ尿素触媒もaza-MBH反応において$α,β$-不飽和カルボニル化合物の活性化に有効であることを報告している[2i]。
　ルイス塩基である1,4-diazabicyclo[2.2.2]octane（DABCO）を化学量論量用いることで，高不斉収率で生成物を得ることに成功しているものの，その化学収率は最高で49％と低かった。速度論解析，およびアイソトープ実験から，図6に示す*anti*-Mannich付加体が安定なためDABCOの$β$脱離が極めて遅く，その結果として生じる速度論的光学分割が高不斉収率および低

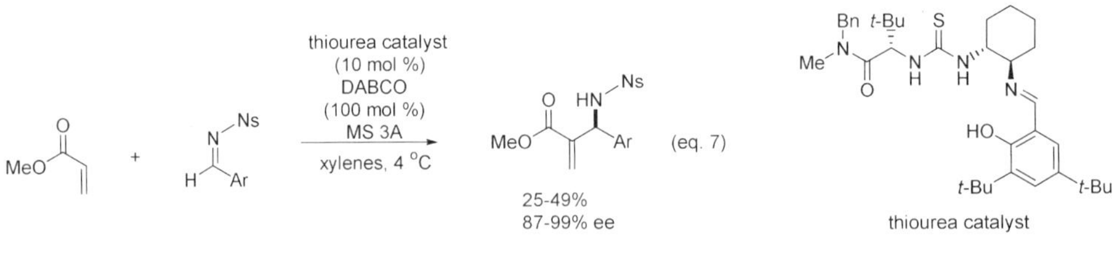

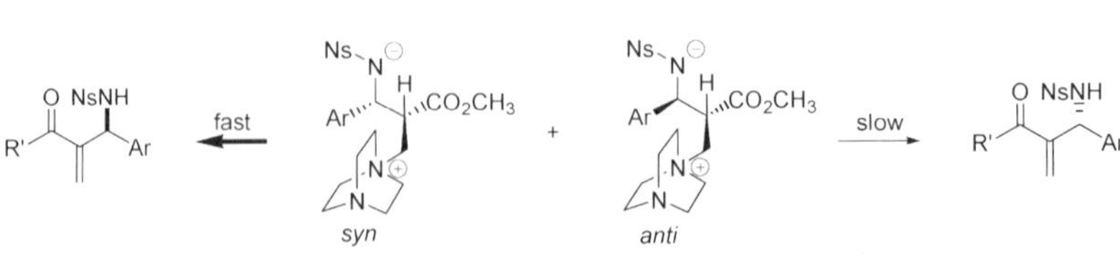

図6　チオ尿素触媒とDABCO触媒によるaza-MBH反応

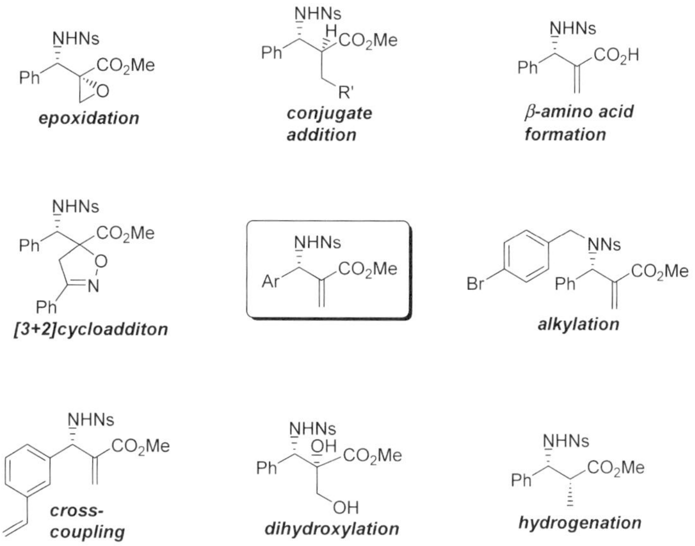

第18章 酸-塩基型不斉有機分子触媒によるaza-Morita-Baylis-Hillman反応

図7 aza-MBH反応付加体から誘導可能なキラル合成素子

化学収率の原因と考えられている。またJacobsenらは，aza-MBH反応生成物からの様々な誘導体合成を検討しており，aza-MBH反応生成物のキラル合成素子としての有用性を示している（図7）。

2 二重活性化能を有する有機分子触媒の開発

我々は，これまで求核種と求電子種のそれぞれの活性化を異なる二種の金属が効率的に行い，反応を促進する複合金属不斉触媒を創製している[4a〜4b]。また，2-ナフトール誘導体の酸化的不斉ホモカップリング反応のように，同一種の二つの基質の活性化に有効な二核バナジウム触媒の開発に成功している[4c]。二重活性化能を有する触媒研究の新展開として，aza-MBH反応に有効な二重活性化能を有する有機不斉分子触媒の開発研究に取り組んだ。本反応に有効な有機不斉分子触媒を構築するには，基質であるα,β-不飽和カルボニル化合物を活性化する酸性および塩基性部位の不斉骨格への適切な位置への導入が重要と考えられる。そこで図8に示すように光学活性1,1'-bi-2-naphthol（BINOL）の3位にスペーサーを介してルイス塩基部位を導入した不斉有機分子触媒をデザインした。BINOLは，様々な不斉反応において高い汎用性を示し，両鏡像体が入手容易な市販化合物である。また，BINOLの3位は，化学修飾が容易であり，様々な官能基を導入することが可能である。本触媒を用いれば，触媒の酸性部位が基質のカルボニル基を活性化することで，ルイス塩基性部位のMichael付加反応と，これにひき続くMannich反応が

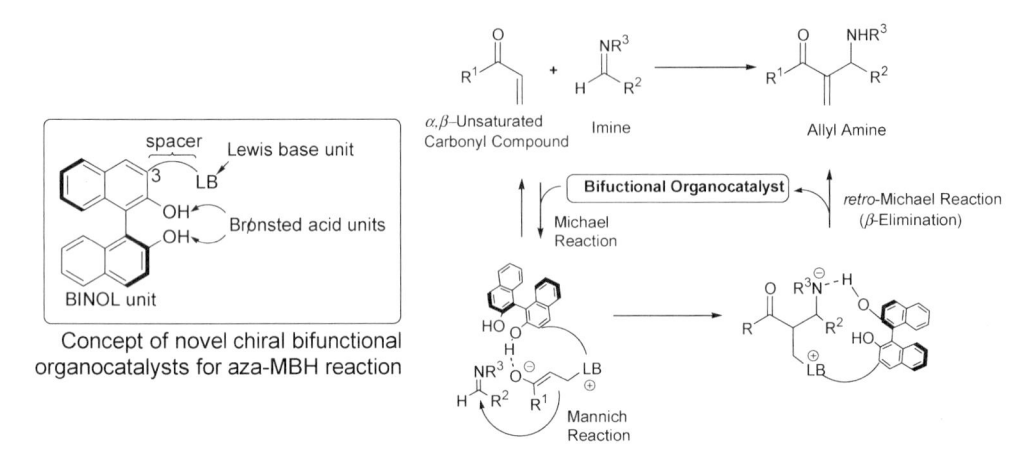

図8 aza-MBH反応において二重活性化能を示す不斉有機分子触媒の開発

促進して，対応する付加体が効率よく得られると考えた。

3 アミノピリジル基を有する酸—塩基型不斉有機分子触媒の開発[5a～5b]

分子内にルイス塩基部位として，ジメチルアミノピリジル基を有する有機分子触媒の合成を計画し，methyl vinyl ketoneとイミン誘導体とのaza-MBH反応に適用することで，触媒活性を評価した（表1）。

ルイス塩基触媒である2-dimethylaminopyridine（2-DMAP），3-dimethylaminopyridine（3-DMAP），4-dimethylaminopyridine（4-DMAP）を用い，反応を検討したところ，3-DMAP，4-DMAPに触媒活性が見られた（entries 3-5）。そこでBINOLの3位に直接ジメチルアミノピリジル基を導入した有機分子1を合成した。しかしながら，1の触媒活性は低かった（Entries 8-10）。次にピリジニルアミノ基をメチレンスペーサーを介してBINOLの3位に導入した有機分子2を合成した。有機分子2aにのみ触媒活性が見られ，収率41％，73％ eeで5aを与えた（Entry 11）。有機分子1および2b，2cに触媒活性が見られないのは，α,β-不飽和カルボニル化合物を活性化するブレンステッド酸部位およびルイス塩基部位の配置が適切でなく，二重活性化が期待出来ないためと考えられる。なお，(S)-BINOLおよび，3-DMAPまたは4-DMAP共存下で反応を行った場合，得られる5aはラセミ体であることを確認している（Entries 6-7）。

次に反応溶媒の効果について検討を行った（表2）。

エーテル系溶媒（Entries 1-5）およびtoluene（Entry 6）を用いた際に，不斉収率よく反応

第18章 酸—塩基型不斉有機分子触媒による aza-Morita-Baylis-Hillman反応

表1 アミノピリジル基を有する酸—塩基型不斉有機分子触媒によるaza-MBH反応

Entry	Organocatalyst	Time (h)	Yield (%)[a]	Ee (%)[b]
1	None	48	NR	-
2	(S)-BINOL	48	NR	-
3	2-DMAP	48	NR	-
4[d]	3-DMAP	48	27	-
5[d]	4-DMAP	7.5	55	-
6[c,d]	(S)-BINOL + 3-DMAP	168	48	3
7[c,d]	(S)-BINOL + 4-DMAP	8	60	2
8	1a	168	trace	33
9	1b	168	21	2
10	1c	168	56	2
11	2a	168	41	73
12	2b	168	NR	-
13	2c	168	NR	-

1a: (S)-3-[4-(dimethylamino)pyridin-2-yl]BINOL
1b: (S)-3-[4-(dimethylamino)pyridin-3-yl]BINOL
1c: (S)-3-[3-(dimethylamino)pyridin-5-yl]BINOL
2a: (S)-3-(N-methyl-N-3-pyridinylaminomethyl)BINOL
2b: (S)-3-(N-methyl-N-2-pyridinylaminomethyl)BINOL
2c: (S)-3-(N-methyl-N-4-pyridinylaminomethyl)BINOL

[a] Isolated yield.
[b] Determined by HPLC (Daicel Chiralpak AD-H).
[c] 10 mol% of (S)-BINOL and 10 mol% of 3- or 4-DMAP were used.
[d] Decomposition of **4a** was observed.

表2 酸—塩基型不斉有機分子触媒の溶媒効果と触媒ベンジル位窒素の置換基効果

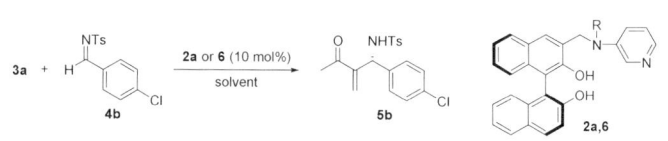

Entry	Organocatalyst	Solvent	Temp. (°C)	Time (h)	Yield (%)[a]	Ee (%)[b]
1	R = Me (**2a**)	Et$_2$O	rt	108	74	72
2	R = Me (**2a**)	t-BuOMe	rt	72	92	73
3	R = Me (**2a**)	CPME	rt	72	97	78
4	R = Me (**2a**)	DME	rt	60	73	68
5	R = Me (**2a**)	THF	rt	48	71	59
6	R = Me (**2a**)	toluene	rt	24	81	72
7	R = Me (**2a**)	CH$_2$Cl$_2$	rt	24	quant.	59
8	R = Me (**2a**)	CPME:toluene (9/1)	rt	72	93	83
9	R = Me (**2a**)	CPME:toluene (9/1)	-15	144	97	90
10	R = i-Pr (**6a**)	CPME:toluene (9/1)	-15	60	96	95
11	R = H (**6b**)	CPME:toluene (9/1)	-15	240	62	87
12	R = Et (**6c**)	CPME:toluene (9/1)	-15	132	90	91
13	R = t-Bu (**6d**)	CPME:toluene (9/1)	-15	240	72	83
14	R = Bn (**6e**)	CPME:toluene (9/1)	-15	72	quant	93

[a] Isolated yield.
[b] Determined by HPLC (Daicel Chiralpak AD-H).

No Activity: 7, 8, 9, 10

が進行し，特に，toluene-CPME (1:9) 混合溶媒を用いた場合に，83% ee で **5b** が得られた (Entry 8)。反応温度を-15℃にすると **5b** の不斉収率は90% ee まで向上した (Entry 9)。また，触媒のアミノ基上の置換基を検討したところ，i-Pr 基を有する **6a** を用いた場合に，**5b** を

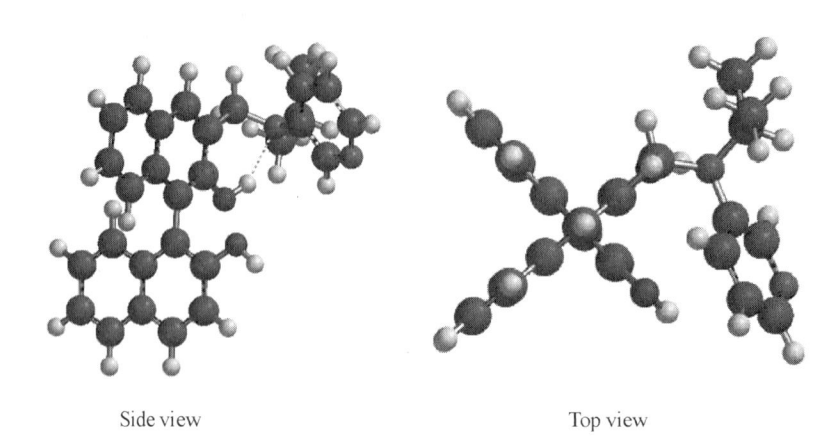

図9 酸―塩基型不斉有機分子触媒6aの分子軌道計算
Spartan '04, job type: geometry optimization, method: Hartee-Fock, basis set: 6-31G**. N-H atomic distance: 2.004 Å; angle between N-H-O bonds: 144.72°

95 % ee で得た（Entry 10）。なお，ピリジル基やアミノ基の役割を解明するために合成した有機分子 7-10 では，活性は全く見られず反応は進行しなかった。また，有機分子 11, 12 のようにフェノール性ヒドロキシ基を保護すると，2'位保護体 11 において触媒活性の低下が顕著に見られ，反応 10 日間で 5a を収率 5 %，24 % ee で得た。2 位保護体 12 を用いた場合，若干の反応性の低下（5a: 85 % yield, 79 % ee, 10 days）が確認された。触媒 6a の二つのフェノール性ヒドロキシ基と二つのアミノ基のうち，2'位のヒドロキシ基とピリジル基が高エナンチオ選択性発現に必須である。2 位のヒドロキシ基と触媒のベンジル位窒素は，水素結合により触媒コンホメーションの固定に重要と考えられ，実際，本水素結合による触媒コンホメーションの固定は，分子軌道計算からも強く支持された（図9）。

4 動的軸性キラリティーを活用する酸―塩基型不斉有機分子触媒の開発[5c)]

先のアミノピリジル基を有する酸―塩基型不斉有機分子触媒の開発研究から，ルイス塩基部位をビナフチル骨格の 3 位に固定化する際，スペーサーのデザインが触媒活性に大きな影響を与えることが明らかとなった。そこで，次に BINOL の 3 位に芳香環を介してルイス塩基部位を固定化した動的軸性キラリティーを有する酸―塩基型不斉有機分子触媒の開発を検討した。酸―塩基部位の活性化により生成したエノラートとイミンとの Mannich 付加体から，触媒のフェニル―ナフチル結合の自由な軸回転が，生成物の触媒活性中心からの追い出しに有利な効果を示すことを期待した新規二重活性化能を有する不斉有機分子触媒の開発研究である（図10）。

まず，二重活性化能が十分期待できるオルトホスフィノ体 13a を合成したところ，予想通り

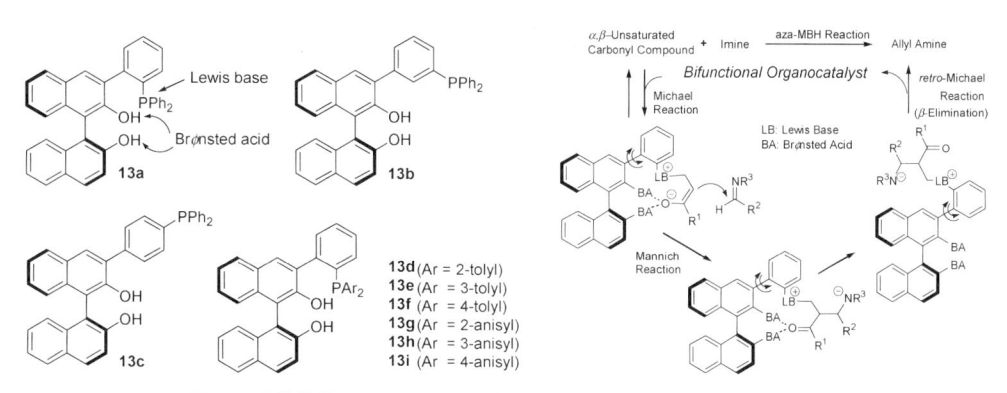

第18章　酸−塩基型不斉有機分子触媒による aza-Morita-Baylis-Hillman反応

図10　動的軸性キラリティーを有する酸−塩基型不斉有機分子触媒

高い触媒活性が確認できた（表3，Entry 5）。Triphenylphosphineのみを用いた場合でも（Entry 3），反応は効率良く進行することから，メタ，パラホスフィノ体 **13b**，**13c** では，塩基性部位が酸性部位との協調的活性化に不適切な位置であるため，塩基性部位のみが触媒として機能し，結果，エナンチオ選択性が低下すると考えられる。反応条件を精査した結果，*t*-BuOMe 溶媒中反応温度−20 ℃，かつ高希釈条件 0.05 Mにて反応を行うと **5b** が収率90 %，92 % ee で得られた（Entry 11）。さらなる触媒活性の向上を期待して様々なオルトホスフィノ体 **13d**-**13i** を合成したものの，触媒活性が低下するのみで（化学収率＜ 80 %，不斉収率＜ 88 % ee），合成した中では，**13a** が最も高い触媒活性を示した。

反応基質の一般性について，先のアミノピリジル基を有する触媒 **6a** の結果と共に表4に示す。

表3　動的軸性キラリティーを有する酸−塩基型不斉有機分子触媒による aza-MBH反応

$$\mathbf{3a} + \mathbf{4b} \xrightarrow[\text{solvent}]{\text{organocatalyst (10 mol\%)}} \mathbf{5b}$$

Entry	Organocatalyst	Solvent[a]	Temp. (℃)	Time (h)	Yield (%)[b]	Ee (%)[c]
1	None	THF	0	24	NR	-
2	(*S*)-BINOL	THF	0	24	NR	-
3[d]	PPh₃	THF	0	3	70	-
4[d,e]	(*S*)-BINOL + PPh₃	THF	0	4	75	1
5	**13a**	THF	0	20	62	70
6	**13b**	THF	0	18	93	5
7[d]	**13c**	THF	0	12	88	1
8	**13a**	Et₂O	0	20	44	79
9	**13a**	DME	0	20	36	67
10	**13a**	*t*-BuOMe	0	20	72	82
11[f]	**13a**	*t*-BuOMe	-20	144	90	92

[a] 0.5M (substrate concentration of **3a**).
[b] Isolated yield.
[c] Determined by HPLC (Daicel Chiralpak AD-H).
[d] Decomposition of **3a** was observed.
[e] 10 mol% of (*S*)-BINOL and 10 mol% of PPh₃ were used.
[f] Performed in 0.05M (concentration of **3a**).

表4 酸—塩基型不斉有機分子触媒の基質一般性

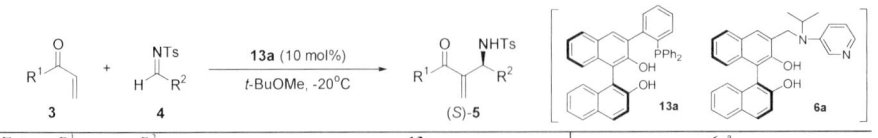

Entry	R^1	R^2	13a			6a[a]		
			Time (h)	Yield (%)[b] of 5	Ee (%)[c] of 5	Time (h)	Yield (%)[b] of 5	Ee (%)[c] of 5
1	Me (3a)	Ph (4a)	216	97	87	168	93	87, R
2	Me (3a)	p-Cl-C$_6$H$_4$ (4b)	144	90	92	60	96	95, R
3	Me (3a)	p-F-C$_6$H$_4$ (4c)	168	quant	89	72	95	93, R
4	Me (3a)	p-Br-C$_6$H$_4$ (4d)	96	87	92	36	93	94, R
5	Me (3a)	p-CN-C$_6$H$_4$ (4e)	144	91	78	60	quant	91, R
6	Me (3a)	p-Me-C$_6$H$_4$ (4f)	240	82	89	192	90	90, R
8	Me (3a)	p-Et-C$_6$H$_4$ (4g)	192	quant	93	120	97	93, R
10	Me (3a)	p-MeO-C$_6$H$_4$ (4h)	216	90	95	132	93	94, R
12	Me (3a)	o-Cl-C$_6$H$_4$ (4i)	144	96	92	84	92	62, R
13	Me (3a)	m-NO$_2$-C$_6$H$_4$ (4j)	144[d]	92	73	24	94	86, R
14	Me (3a)	m-Cl-C$_6$H$_4$ (4k)	168	87	77	72	93	93, R
15	Me (3a)	p-NO$_2$-C$_6$H$_4$ (4l)	96[d]	93	88	12	91	91, R
16	H (3b)	p-NO$_2$-C$_6$H$_4$ (4l)	72[d]	95	83	36	95	94, R
17	Et (3c)	p-NO$_2$-C$_6$H$_4$ (4l)	144[d]	87	89	96	88	88, R
18	Ph (3d)	p-NO$_2$-C$_6$H$_4$ (4l)	192[d]	85	84	192	91	58, R
19	Me (3a)	2-furyl (4m)	72	93	94	48	quant	88, R
20	Me (3a)	1-naphthyl (4n)	360	85	90	288	88	70, R
21	Me (3a)	2-naphthyl (4o)	192	91	89	108	94	91, R

[a] Reaction time, isolated yield and ee were obtained by using 6a under optimal conditions (a mixed solvent system consisting of toluene and cyclopentyl methyl ether in a 1:9 ratio, -15℃).
[b] Isolated yield.
[c] Determined by HPLC (Daicel Chiralpak AD-H or OD-H).
[d] Performed at -40℃.

我々の開発した酸−塩基不斉有機分子触媒 13a, 6a は,電子吸引性,電子供与性いずれの置換基を有するイミン誘導体 4 においても,高化学収率,高不斉収率で目的生成物 5 を与える。α,β-不飽和カルボニル化合物としては,methyl, ethyl, phenyl vinyl ketone および acrolein が適応可能である。興味深いことに,共に(S)-BINOL 骨格からなる有機分子触媒 13a, 6a であるものの,生成物 5 の絶対配置は 13a からは S 体が,6a からは R 体が得られる。我々の触媒反応では,生成物の逆 aza-MBH 反応はおきていないことを確認している。したがって,生成物の不斉発現は,エノラートとイミンとの Mannich 反応における触媒活性部位の不斉環境に起因すると考えられる。

^{31}P NMR より 13a は,(S,S)-13a, (S,R)-13a の平衡状態にある。なお,(S,S)-13a, (S,R)-13a の帰属は,別途合成した単離可能なナフチル—ビナフチル骨格を持つ (S,S)-14a, (S,R)-14a との比較により決定した。有機分子触媒 13a のナフチル—フェニル骨格の軸回転の役割を明らかにするために,(S,S)-14a, (S,R)-14a を 3a と 4b との aza-MBH 反応に適用し,比較検討を行った。その結果,反応は,(S,S)-14a>13a>(S,R)-14a の順に速く,エナンチオ選択性は,13a>(S,R)-14a>(S,S)-14a の順に高かった。反応速度の差は,2 位の酸性部位であるフェノール性ヒドロキシ基と塩基性部位であるホスフィノ基の水素結合による安定化が原因と考えられる。以上の結果から我々は,図11に示すような触媒反応機構を提唱している。すなわち,より高い不

第18章 酸−塩基型不斉有機分子触媒による aza-Morita-Baylis-Hillman反応

Entry	Organocatalyst	Time (h)	Yield (%)[a]	Ee (%)[b]
1	(S,S)-14a	108	88	41 (S)
2	13a	144	90	92 (S)
3	(S,R)-14a	216	75	65 (S)
4[c]	15a	144	NR	-
5[c]	15b	86	5	63 (S)
6[c]	15c	48	95	61 (R)

[a] Isolated yield.
[b] Determined by HPLC (Daicel Chiralpak AD-H).
[c] Performed at 0℃.

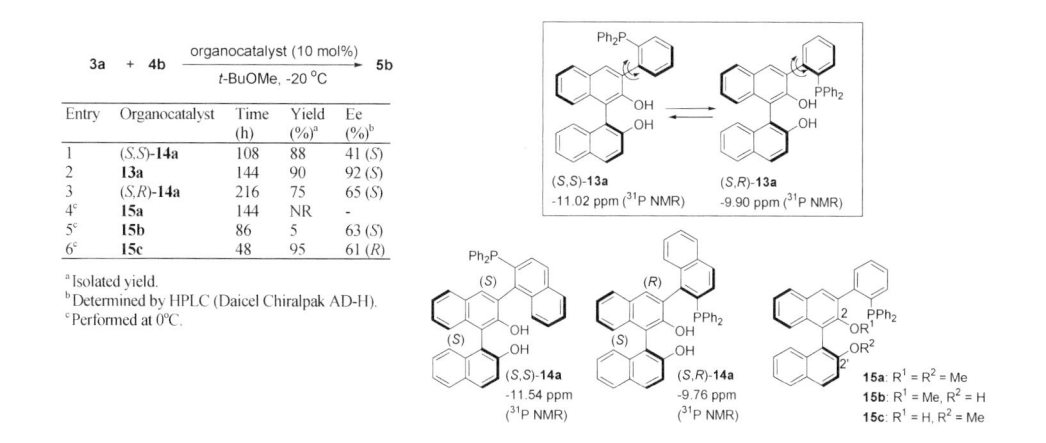

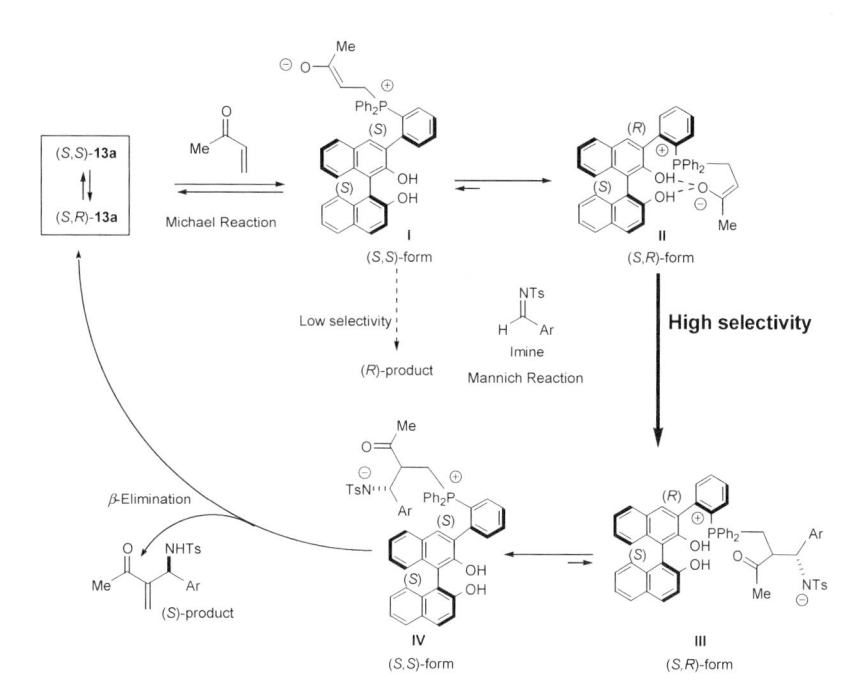

図11 酸−塩基型不斉有機分子触媒 13a を用いる aza-MBH 反応の推定反応機構

斉収率で Mannich 反応を促進する (S,R)-form 中間体 II から Mannich 反応により生じた III が，よりルイス塩基部位が β 脱離しやすい (S,S)-form 中間体 IV を経て，生成物を与える機構である。なお，ブレンステッド酸部位である 2,2' 位フェノール性ヒドロキシ基の効果については，2 位保護体 15b には，活性がほとんど見られず，2' 位保護体 15c では逆配置の生成物が得られる結果となり，高エナンチオ選択性発現には，2 つのブレンステッド酸部位が必要であることが明らかとなっている。

5 おわりに

　以上のように，α,β-不飽和カルボニル化合物とイミンとの炭素−炭素結合形成反応であるaza-MBH反応に有効な酸−塩基型不斉有機分子触媒について，我々の二重活性化能を有する有機分子触媒の開発研究を中心に論じた．二重活性化能を有する有機分子触媒は，適切な位置への酸−塩基性部位の固定化が重要であり，スペーサーのデザインや触媒分子内の水素結合によるコンホメーションの固定化により，触媒活性は飛躍的に高まる．本酸−塩基型不斉有機分子触媒の酸性部位，塩基性部位は，目的とする反応に合わせて選択可能であることからaza-MBH反応だけでなく，他の分子変換反応にも応用可能な触媒も開発できると考えられる．触媒活性と分子構造の相関データを蓄積し，より一般性の高い触媒を開発するために検討を進めている．

文　　献

1) a) P. Perlmutter *et al.*, *Tetrahedron Lett.*, **25**, 5951 (1984); b) D. Basavaiah *et al.*, *Tetrahedron*, **52**, 8001 (1996); c) S.E. Drewes *et al.*, *Tetrahedron*, **44**, 4653 (1988); d) E. Ciganek, *Org. React.*, **51**, 201 (1997); e) D. Basavaiah *et al.*, *Chem. Rev.*, **103**, 811 (2003); f) S. Hatakeyama *et al.*, *J. Synth. Org. Chem. Japan*, **60**, 2 (2002); g) P. Langer, *Angew. Chem. Int. Ed.*, **39**, 3049 (2000); h) W. Leitner *et al.*, *Angew. Chem. Int. Ed.*, **45**, 3689 (2006); i) W. Leitner *et al.*,*J. Am. Chem. Soc.*, **127**, 16762 (2005)
2) a) S. Hatakeyama *et al.*, *Org. Lett.*, **5**, 3103 (2003); b) M. Shi *et al.*, *Angew. Chem. Int. Ed.*, **41**, 4507 (2002); c) M. Shi *et al.*, *Chem. Eur. J.*, **11**, 1794 (2005); d) H. Adolfsson *et al.*, *Tetrahedron Lett.*, **44**, 2521 (2003); e) M. Shi *et al.*, *Chem. Commun.*, 1310 (2003); f) M. Shi *et al.*, *J. Am. Chem. Soc.*, **127**, 3790 (2005); g) M. Shi *et al.*, *Tetrahedron: Asymmetry*, **16**, 1385 (2005); h) M. Shi *et al.*, *Adv. Synth. Catal.*, **347**, 1781 (2005); i) E.N. Jacobsen *et al.*, *Adv. Synth. Catal.*, **347**, 1701 (2005); j) M. Shi *et al.*, *Adv. Synth. Catal.*, **346**, 1205 (2004); k) M. Shi *et al.*, *Pure Appl. Chem.*, **77**, 2105 (2005); l) M. Shi *et al.*, *Adv. Synth. Catal.*, **348**, 973 (2006)
3) S. Hatakeyama *et al.*, *J. Am. Chem. Soc.*, **121**, 10219 (1999)
4) a) M. Shibasaki and H. Sasai *et al.*, *Angew. Chem. Int. Ed. Engl.* **36**, 1236 (1997); b) H. Sasai *et al.*, *Tetrahedron Lett.*, **46**, 1943 (2005); c) H. Sasai *et al.*, *Tetrahedron Lett.*, **45**, 1841 (2004)
5) a) H. Sasai *et al.*, *J. Am. Chem. Soc.*, **127**, 3680 (2005); b) H. Sasai *et al.*, *Tetrahedron: Asymmetry*, **17**, 578 (2006); c) H. Sasai *et al.*, *Synlett*, 761 (2006)

第19章　アゾリウム塩を用いる極性転換反応

鈴木啓介[*1]，瀧川　紘[*2]

1　はじめに

　ベンゾイン生成反応の歴史を遡ると，1832年のF. WöhlerとJ. Liebigによる報告にたどりつく[1]。シアン化物イオンを触媒としてベンズアルデヒドが2量化する，という反応の発見である。その後，1903年にはA. Lapworthにより下図の反応機構が提唱された[2]（図1）。すなわち，ベンズアルデヒドにシアン化物イオンが付加し，シアノヒドリンが生成する。ここからプロトン移動により発生するカルボニル炭素上のアニオン（アシルアニオン等価体）が，もう1分子のアルデヒドに求核付加することにより，ベンゾイン(1)が得られるというものである。なお，この反応はベンゾイン縮合と呼ばれることが多いが，何も分子が抜けていく反応形式ではなく，縮合と呼ぶのは適切ではないので，本稿ではこれをベンゾイン生成反応と呼ぶことにする。

　さて，ここで注目すべきことは，本来は求電子的なカルボニル炭素が求核的な性質を獲得し，もう1分子のベンズアルデヒドと反応していることである。この反応形式は，D. Seebachによって1970年代以来強調された考え方である極性転換（Umpolung）[3]の典型例として，教科書にもよく登場する。

　本稿では，このベンゾイン生成反応に関連した極性転換反応ならびにその最近の進歩について概観する。特に，チアゾリウム塩，トリアゾリウム塩を用いた反応に関し，その不斉合成反応への応用，交差反応の進歩，さらに極性転換の展開について述べる。

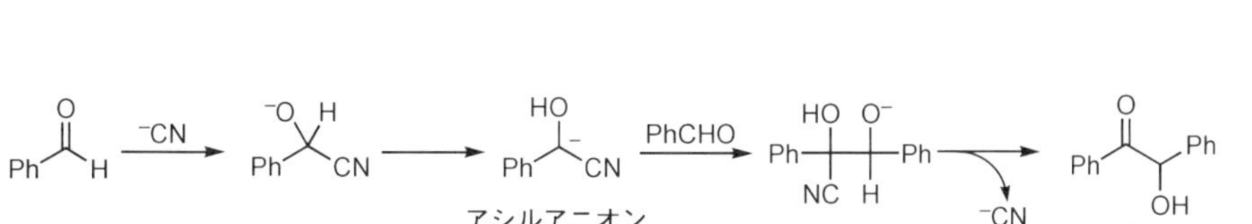

図1

---

*1　Keisuke Suzuki　東京工業大学大学院　理工学研究科　教授
*2　Hiroshi Takikawa　東京工業大学大学院　理工学研究科　博士後期課程　2年

2 チアゾリウム塩を用いるベンゾイン生成反応

ベンゾイン生成反応については，Wöhler らによる発見から約一世紀後に一つの転機があった。すなわち，1943年，鵜飼貞二（金沢医科大学）はアルコール **3** を得る目的で，チアゾリウム塩 **2** とベンズアルデヒドとを塩基の存在下で反応させたところ，予期に反してベンゾイン(**1**)が得られることを見出した（図2）。こうして，チアミン(**4**)を含む種々のチアゾリウム塩と塩基との組み合わせが，ベンゾイン生成反応を触媒することが偶然に明らかにされた[4]。ちなみに，チアミンとはビタミン B_1 の別名であり，生体内ではチアミン二リン酸(**5**)の形で，いくつかの重要な

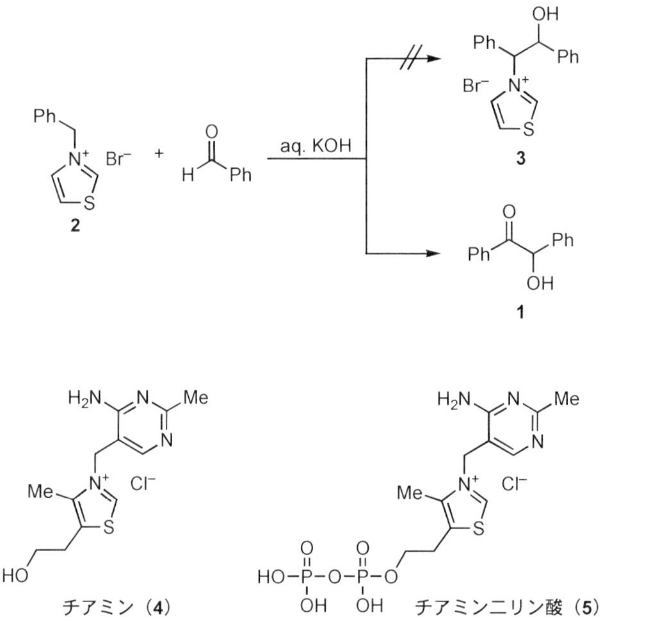

図2

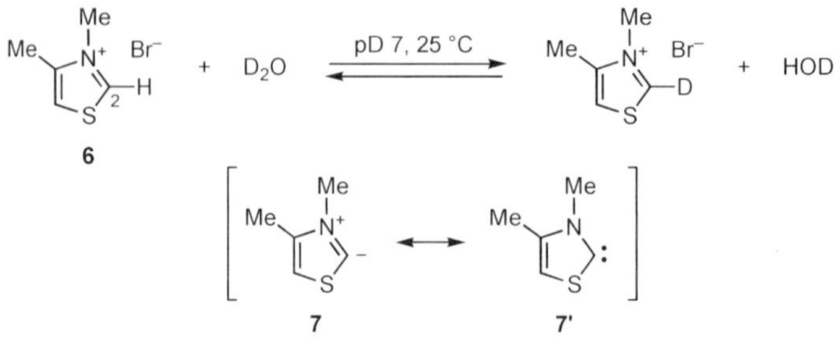

図3

第19章 アゾリウム塩を用いる極性転換反応

生化学反応における補酵素として機能している（後述）。

続いて，1957年，R. Breslow らはチアゾリウム塩 6 を D_2O 中に溶解しておくと，その2位の水素が速やかに重水素と交換されることを見出した（図3）[5]。すなわち，チアゾリウム塩の2位の水素は活性が高く，塩基により容易に引き抜かれ，その結果，イリド 7（もしくはその共鳴形であるチアゾリウムカルベン 7'）が発生することが示唆された。

これをもとに，Breslow は，生体内反応の素過程として重要なピルビン酸の脱炭酸反応において，補酵素 5 が果たす役割を提案している（図4）[6]。すなわち，補酵素 5 から発生するイリド 8 がピルビン酸を攻撃し，プロトン移動と脱炭酸を経てベタイン 10 が生成する。ここからプロトン移動により 11 が生成し，さらに脱離反応により，生成物であるアセトアルデヒド（12）が得られるとともに，イリド 8 が再生されるという反応機構である。

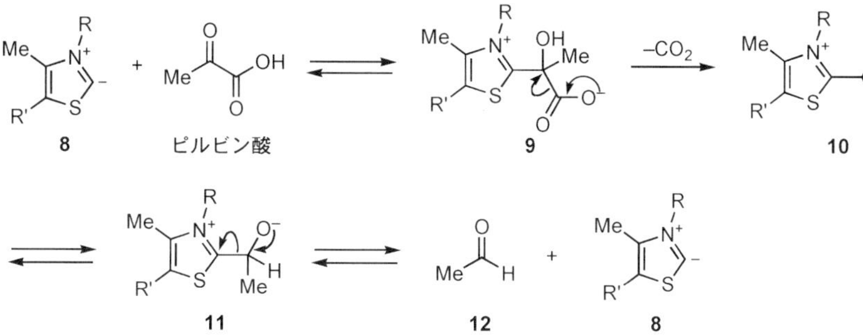

図4

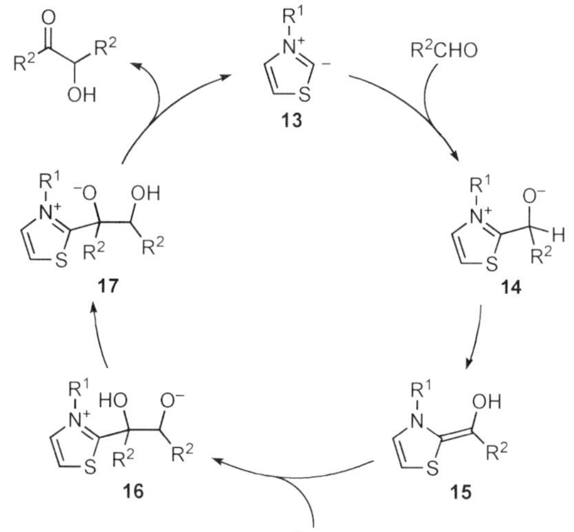

図5

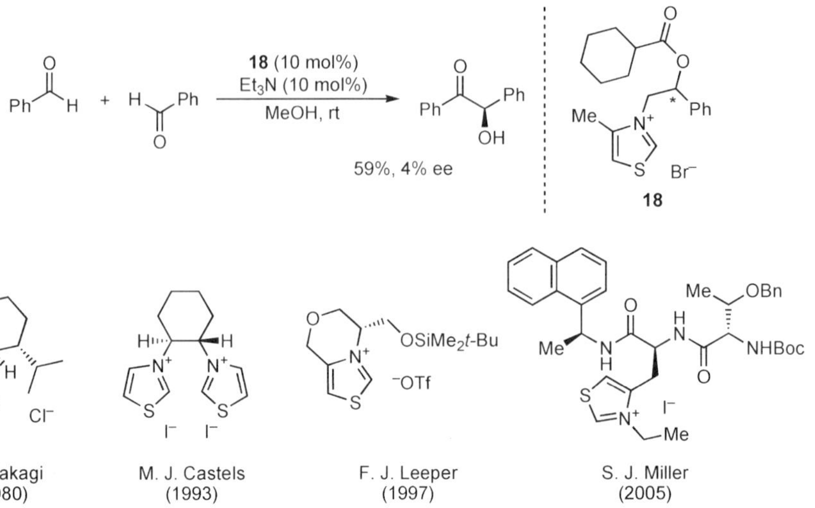

図6

この考え方は，上述のチアゾリウム塩を用いたベンゾイン生成反応をも説明する（図5）[6]。すなわち，シアン化物イオンに代わり，系内で発生するチアゾリウムイリド 13 が触媒となり，これがアルデヒドに付加し，プロトン移動を経てエナミン 15 が生成する。続いて，これがもう1分子のアルデヒドと反応し，α-ケトールが生成するとともにイリド 13 が再生され，触媒サイクルが完結する。ちなみに，C-C 結合生成の鍵を握るエナミン中間体 15 は Breslow 中間体と呼ばれているが，これは図4のベタイン 10 に相当することに注意されたい。

こうしてチアゾリウム塩を用いたベンゾイン生成反応が登場した後，その不斉合成への利用が検討された。すなわち，1966 年には，J. Sheehan による光学活性なチアゾリウム塩 18 を用いた不斉ベンゾイン生成反応の先駆的な試みが報告されている（図6）[7]。これ以外にもこれまでに10 種以上の光学活性なチアゾリウム塩が開発され，不斉ベンゾイン生成反応や Stetter 反応（後述）などに用いられている[8]。

3　トリアゾリウム塩を用いるベンゾイン生成反応

先述の鵜飼の発見以来，ベンゾイン生成反応の触媒前駆体としてチアゾリウム塩が繁用されてきたが，最近，新たにトリアゾリウム塩が登場した。すなわち，1995 年，D. Enders はトリアゾール 20 を減圧下，加熱することによって合成したトリアゾリウムカルベン 21 が，ホルムアルデヒドの2量化反応（ホルモイン生成反応）に有効であることを見出した（図7）[9]。

Enders は，さらに光学活性なトリアゾリウム塩 22 を合成し，不斉ベンゾイン生成反応におい

第19章　アゾリウム塩を用いる極性転換反応

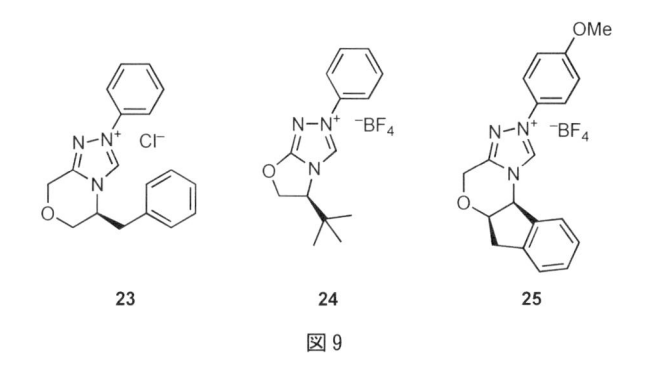

図7

図8

図9

て，当時の最高の光学収率を達成している（図8）[10]。この報告を境として，不斉ベンゾイン生成反応の触媒前駆体として，トリアゾリウム塩がよく用いられることとなった。

　F. J. Leeperは先に自らが開発した二環性チアゾリウム塩（図6参照）をもとにして，対応する二環性トリアゾリウム塩23を合成し，不斉ベンゾイン生成反応に用いた（図9）[11]。その後，この触媒設計に着目したD. EndersとT. Rovisは，それぞれ二環性トリアゾリウム塩24[12]および四環性トリアゾリウム塩25[13]を報告した。前者は不斉ベンゾイン生成反応に，後者は不斉Stetter反応や不斉分子内ベンゾイン生成反応に，それぞれ有効である（後述）。

4 交差ベンゾイン生成反応

4.1 二種類のアルデヒド間での反応

ここまで述べたベンゾイン生成反応は，同じアルデヒドの自己反応に限られていた．一方，二種類のアルデヒド間で交差ベンゾイン生成反応を行おうとすると，原理的には四種の生成物を生じうる（図10）．一般に，ベンゾイン生成反応は可逆的なので，これらの生成物の比は，速度論的な要素に加え，熱力学的な安定性にも左右される．そこで，交差ベンゾイン生成物を選択的に得るためには，①片方の反応成分を過剰に用いる[14]，②出発物質の反応性に差をつける[15]，などの工夫が行われてきた．

2003年，J. S. Johnson はアシルシランを用いる交差ベンゾイン生成反応を報告した[16]．その基礎となったのが，アシルシランにシアン化物イオンを求核攻撃させると，付加に続いて速やかに Brook 転位が進行する，という知見である．こうして生じたアシルアニオン等価体 26 は，求電子剤で捕捉することができる（図11）[17]．Johnson は，この知見を応用し，交差ベンゾイン 27 のみを高収率で得ることに成功している（図12）．アルデヒドが求電子剤である場合，付加によって生じたアルコキシドにシリル基が転位した後，触媒が再生されるので，使用するシアン化カリウムは触媒量で十分である．さらに彼は，このアシルシラン経由の交差ベンゾイン生成反応を不斉合成へと展開し，光学活性なリン酸誘導体 28 のリチウム塩を触媒とすることによって，好結果を得ている[18]．

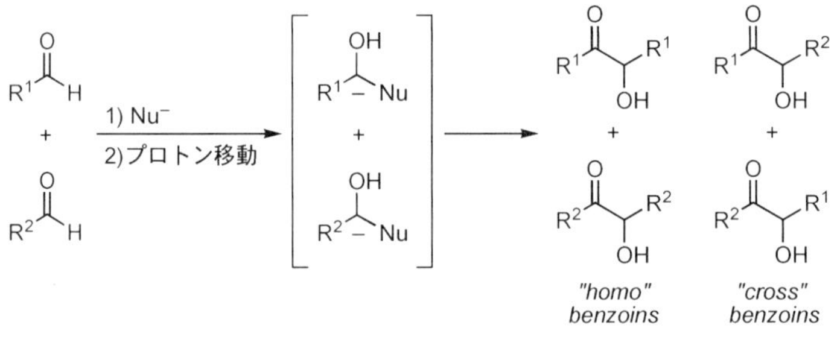

図10

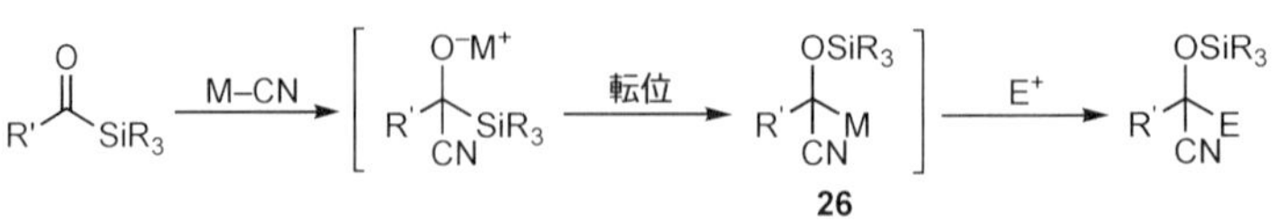

図11

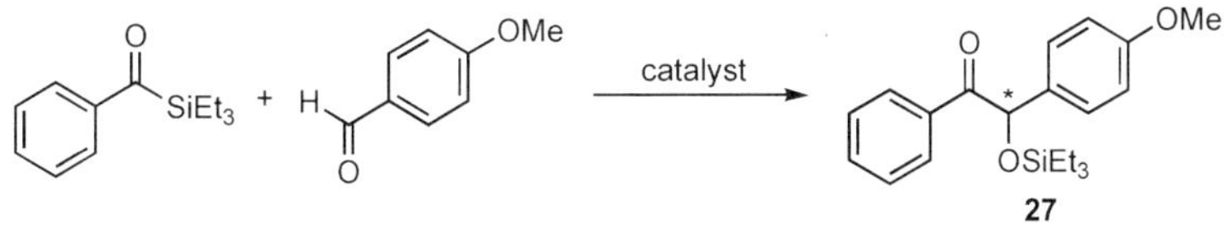

第19章 アゾリウム塩を用いる極性転換反応

図12

catalyst	yield/%	/%ee
KCN (30 mol%) 18-crown-6 (10 mol%)	79	–
28 (5 mol%) n-BuLi (22 mol%)	87	91(S)

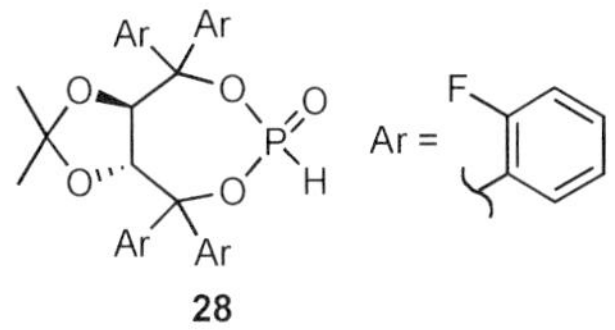

一方，2002年，M. Müller は，チアミン二リン酸(**5**)を補酵素とする酵素ベンズアルデヒドリアーゼ（BAL）を利用した不斉交差ベンゾイン生成反応を報告した（図13）[19]。ここでは二つのカルボニル反応成分の反応性に差をつけるために，求電子成分である芳香族アルデヒドとしてオルト位に置換基を持つものを用い，高度なエナンチオ選択性で交差ベンゾイン **29** を得ている。

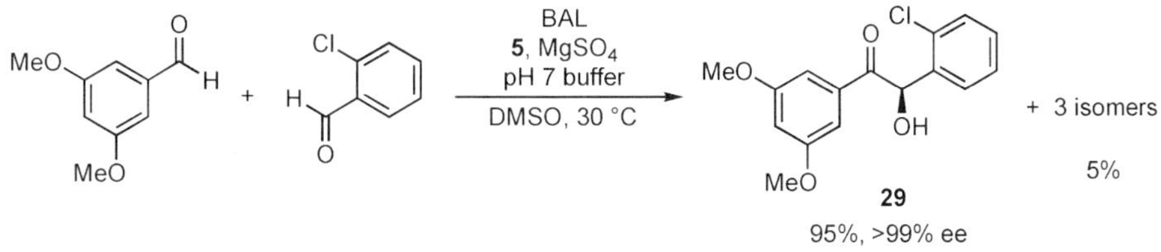

図13

4.2 アルデヒドと電子求引性基によって活性化された二重結合との反応

1973年，H. Stetter は芳香族アルデヒドとシアン化物イオンとから生じたアシルアニオン等価体が，電子求引性置換基（EWG）を有するアルケンに不可逆的に付加することを見出した（図14）[20]。これを一般に Stetter 反応と呼ぶ。

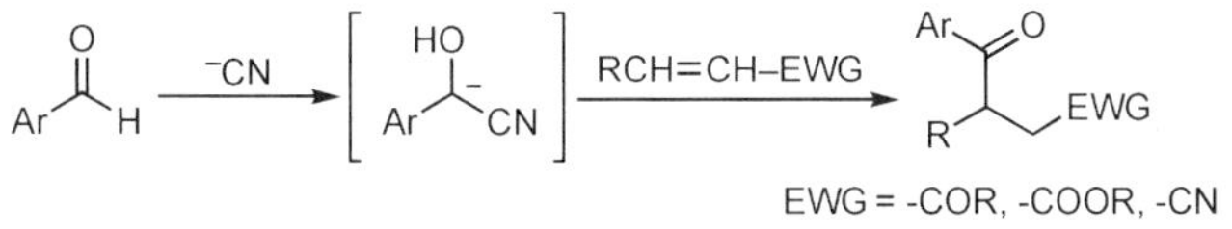

図14

当初，この反応は，出発物質として芳香族アルデヒドしか用いることができないという適用限界があったが，その問題もチアゾリウム塩**30**の利用により解決され，脂肪族アルデヒドからの反応も可能となった（図15）[21]。

こうして，Stetter 反応においてもチアゾリウム塩の有用性が明らかになると，次は不斉合成への展開である。1990 年，D. Enders は光学活性なチアゾリウム塩**31**を用い，ブタナールとカルコンとの不斉 Stetter 反応を報告した[22]。この段階では，残念ながら反応性，選択性ともに必ずしも十分とは言えない結果であった（図16）。

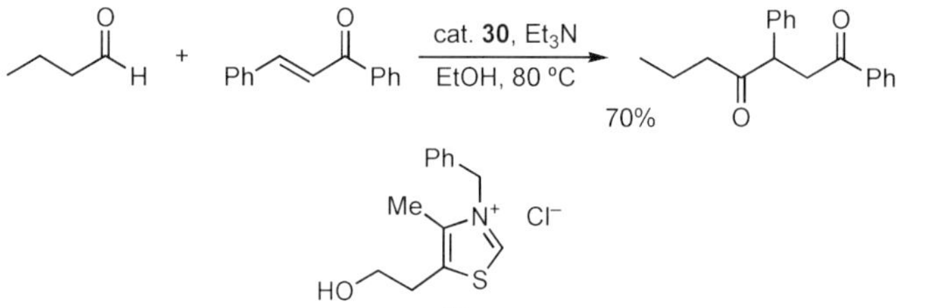

30

図15

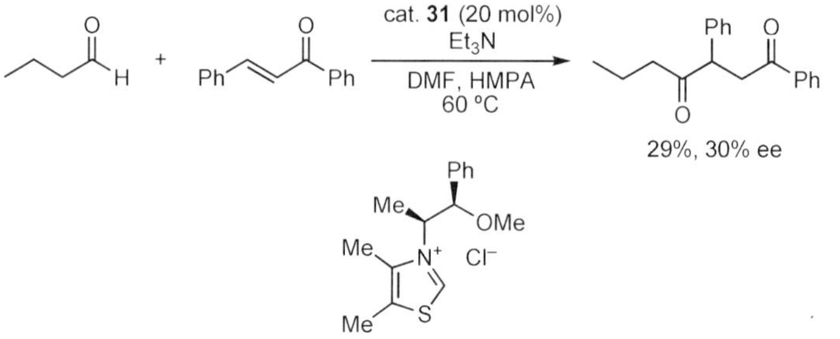

31

図16

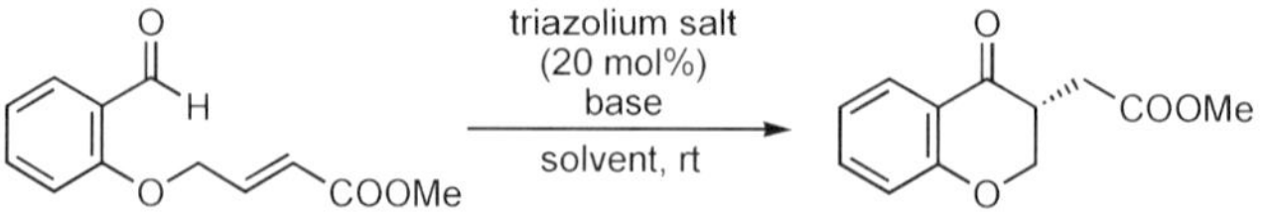

32 33

triazolium salt	solvent	base	yield/%	/% ee
22	THF	K_2CO_3	69	56
25	xylenes	KHMDS	94	94

図17

第19章　アゾリウム塩を用いる極性転換反応

その後，彼はこの反応様式を分子内反応へ適用すると，収率，エナンチオ選択性ともによい結果が得られることを見出している（図17）[23]。すなわち，アルデヒド 32 の分子内不斉 Stetter 反応を，光学活性トリアゾリウム塩 22（図 8 参照）を用いて行い，収率 69 %，56 % ee で目的物を得ている。さらに，2002 年には T. Rovis が四環性トリアゾリウム塩 25（図 9 参照）を合成し，同反応において 94 % ee の環化生成物 33 を得ることに成功している[13, 24]。

4.3　アシルアニオン等価体とイミン，イミニウムとの分子間反応

本項では，イミンあるいはイミニウムを受容体とする，アシルアニオン等価体の反応について記す。まず，系内で発生させたイミニウムに対するアシルアニオン等価体の付加反応としては，図 18 に示す 1988 年の F. López-Calahorra による報告がある[25]。

また，2001 年には Merck 社の研究陣が，トシルアミド 35 から発生させたアシルイミン 36 とアシルアニオン等価体との反応を報告している[26]。すなわち，トリエチルアミンの存在下で平衡的に発生するアシルイミン 36 に対し，アシルアニオン等価体が付加するものである（図19）。この反応は，発生したイミンがカルボニル基と共役しているため，Stetter 反応の窒素版と見ることもできる。

さらに，S. J. Miller はオリゴペプチドに基づく不斉触媒を研究してきたが，最近，光学活性なチアゾリウム塩 37 を合成し，アシルイミンに対する不斉ベンゾイン生成反応に用いている

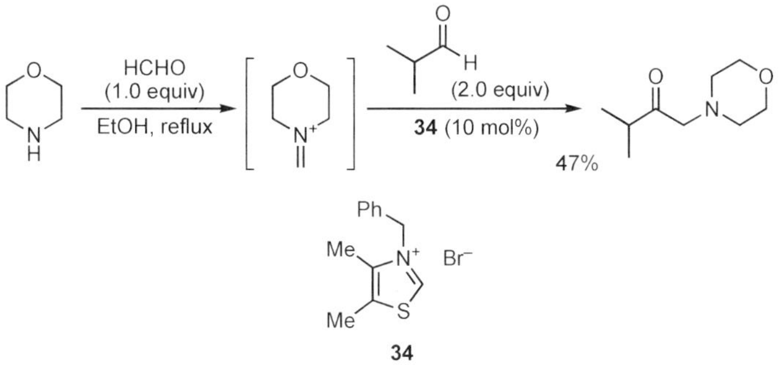

図 18

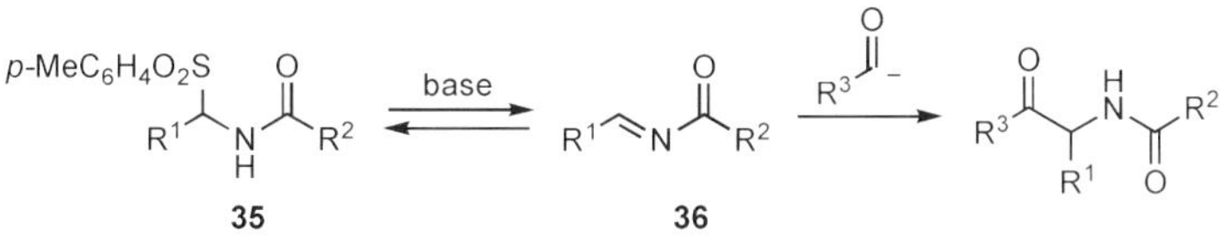

図 19

図20

4.4 アルデヒドとケトンとの分子内反応

ケトンを受容体としたベンゾイン生成反応は，最近まで報告例がなかった．これは，ケトンの立体障害により，正反応の進行が速度論的にも熱力学的にも有利でないためであろう．

しかし，筆者らは分子内反応であれば，アルデヒドとケトンとのベンゾイン生成反応が収率よく進行することを見出した（図21）[28]．当初，この反応は，イソオキサゾールを含むケトアルデヒド 38 について，チアゾリウム塩 39 を触媒前駆体として用いることにより見出されたが，その後，広く一般的な反応基質に適用可能であることが分かった[29]．さらに，この反応は Rovis の触

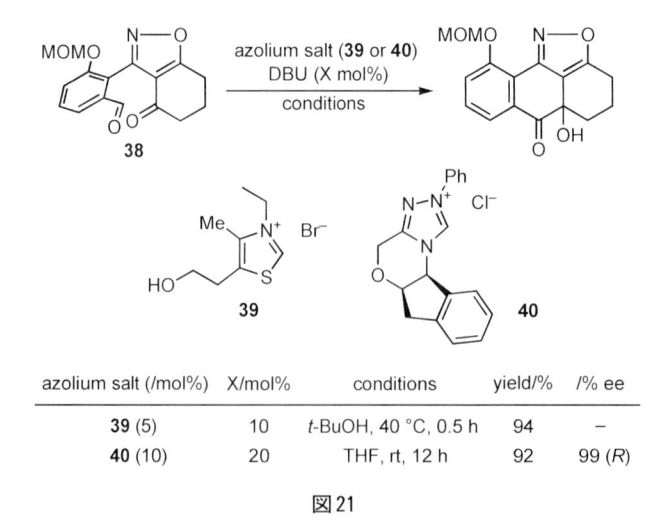

azolium salt (/mol%)	X/mol%	conditions	yield/%	/% ee
39 (5)	10	t-BuOH, 40 °C, 0.5 h	94	–
40 (10)	20	THF, rt, 12 h	92	99 (R)

図21

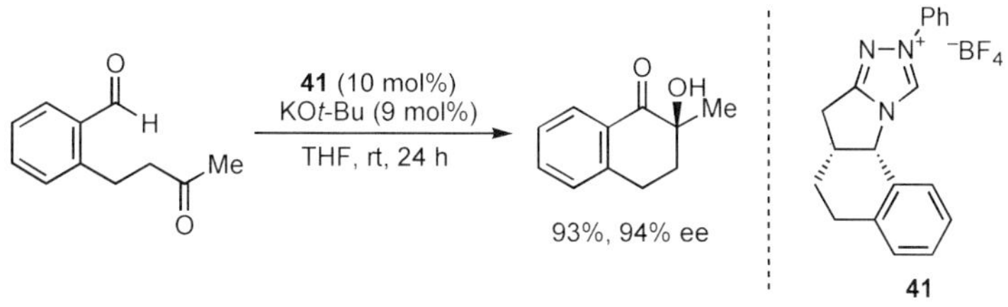

図22

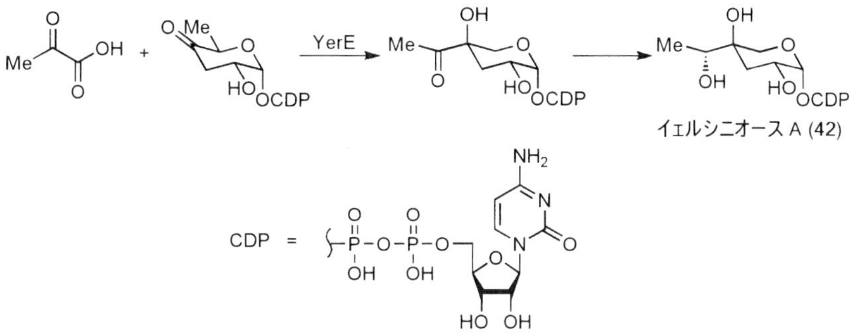

図23

媒40を用いることにより,高いエナンチオ選択性で環状ケトールを与えることも分かった[30]。その後,D. Enders はトリアゾリウム塩41を合成し,同様な反応を報告している(図22)[31]。

なお,分子間反応の例としては,H.-W. Liu による酵素反応を利用した分岐糖の合成がある[32]。すなわち,イェルシニオース A (42) の生合成経路では,チアミン依存型酵素 YerE が触媒するケト転移反応が鍵段階となっている(図23)。

5 分子内酸化還元反応を伴う分子変換

ここまでは,アシルアニオン等価体を利用する分子変換について述べてきた。この項では,アシルアニオン等価体を利用する分子内酸化還元反応について述べる。

1873年,O. Wallach はクロラール(43)をシアン化カリウム水溶液で処理すると,α,α'-ジクロロ酢酸(47)が得られることを見出した[33]。その後,1931年に A. Lapworth は,その反応機構を下図のように提唱した(図24)[34]。まず,シアン化物イオンによるクロラール(43)への付加に

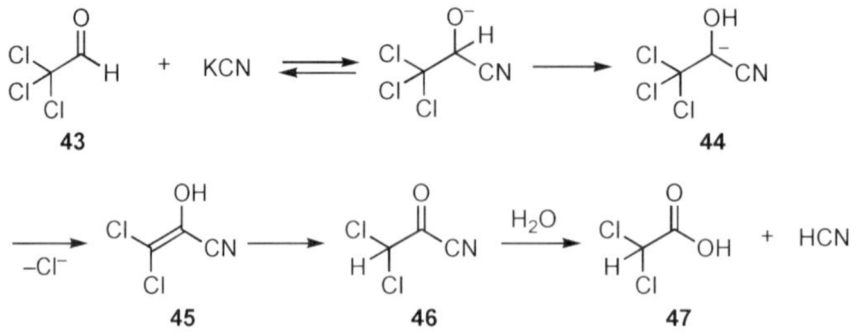

図 24

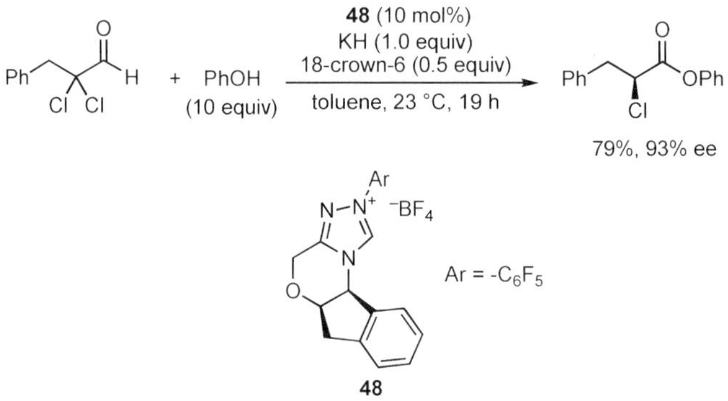

図 25

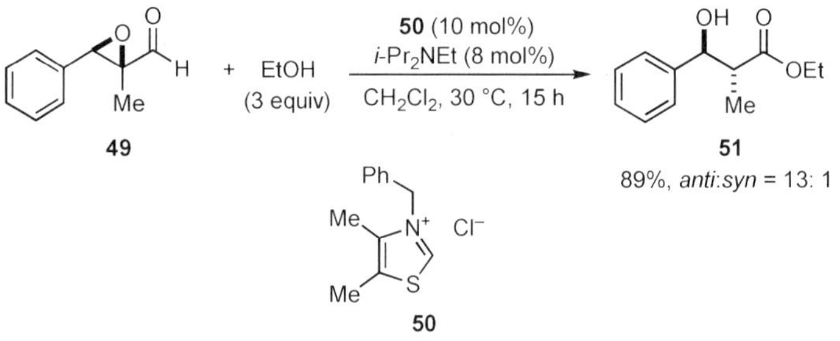

図 26

よって生じたアシルアニオン等価体 44 から Cl⁻ が脱離し，エノール 45 が生じる。ここから互変異性によって生じたシアノケトン 46 が加水分解されると α, α'-ジクロロ酢酸(47)が得られる。全体としては，分子内酸化還元反応が進行したことになる。

2004 年，T. Rovis はトリアゾリウム塩もまた，この反応の触媒前駆体になり得ることを示し，光学活性なトリアゾリウム塩 48 を用いて不斉反応への展開もはかっている（図25）[35]。

第19章　アゾリウム塩を用いる極性転換反応

ほぼ同時期に，J. W. Bode は塩基とアルコールの存在下，α,β-エポキシアルデヒド49とチアゾリウム塩50とを反応させると，β-ヒドロキシエステル51が得られることを見出した（図26）[36]。この反応も，同様な反応機構で説明することができる。

Bode はさらに，触媒量のイミダゾリウム塩54と塩基の存在下，α,β-不飽和アルデヒド52と芳香族アルデヒド53とを反応させると，ラクトン55が得られることを見出した（図27）[37]。この反応は，アシルアニオン等価体56と共鳴の関係にあるホモエノラート57が求核剤として機能している。ここでは，嵩高い置換基 R^2 をもつイミダゾリウム塩を用いることにより，アシルアニオン等価体56による反応を抑制している。

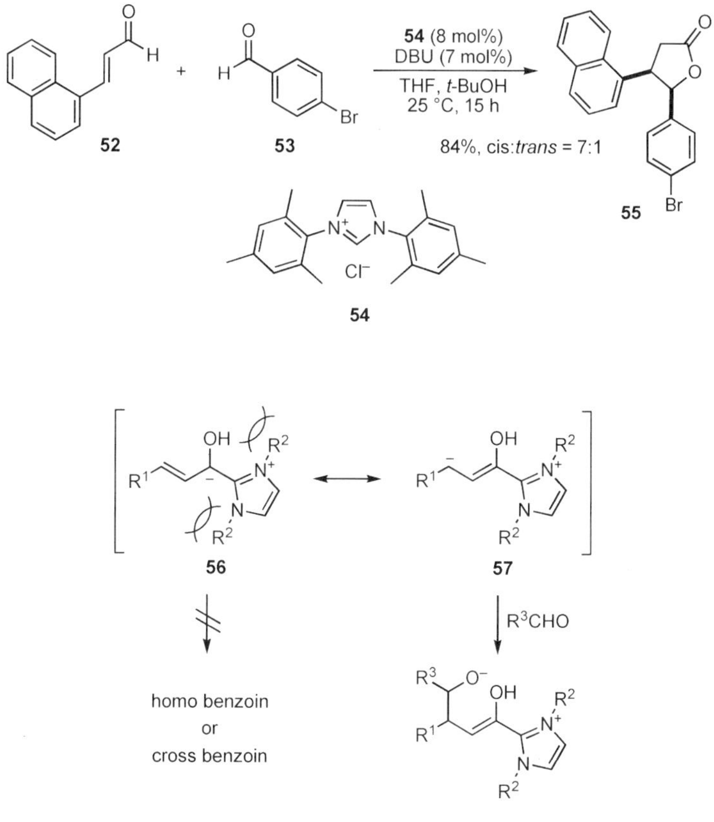

図27

6 おわりに

以上，本章ではアゾリウム塩を用いる極性転換反応について，その発見から現在に至るまでの経緯を概観した。この分野の最近の進歩をも含めた理解のために，少しでも役立てば幸甚である。なお，古典的なベンゾイン生成反応を含めて有機分子触媒を用いる極性転換反応全般に関して，優れた総説がある[38]。

文　献

1) Wöhler, F., Liebig, J. *Ann. Pharm.* **3**, 249-282（1832）
2) Lapworth, A. *J. Chem. Soc.* **83**, 995-1005（1903）
3) Seebach, D. *Angew. Chem.* **91**, 259-278（1979）; *Angew. Chem., Int. Ed. Engl.* **18**, 239-258（1979）
4) Ukai, T., Tanka, R., Dokawa, T., *J. Pharm. Soc. Jpn.* **63**, 296-300（1943）
5) Breslow, R. *J. Am. Chem. Soc.* **79**, 1762-1763（1957）
6) Breslow, R. *J. Am. Chem. Soc.* **80**, 3719-3726（1958）
7) Sheehan, J., Hunnemann, D. H. *J. Am. Chem. Soc.* **88**, 3666-3667（1966）
8) (a) Tagaki, W., Tamura, Y., Yano, Y. *Bull. Chem. Soc. Jpn.* **53**, 478-480（1980）;
   (b) Martí J., Castells, J., López-Calahorra, F. *Tetrahedron Lett.* **34**, 521-524（1993）;
   (c) Knight, R. L., Leeper, F. J. *Tetrahedron Lett.* **38**, 3611-3614（1997）;
   (d) Mennen, S. M., Blank, J. T., Tran-Dube, M. B., Imbriglio, J. E., Miller, S. J. *Chem. Commun.* 195-197（2005）
9) (a) Enders, D., Breuer, K., Raabe, G., Runsink, J., Teles, J. H., Melder, J.-P., Ebel, K., Brode, S. *Angew. Chem.* **107**, 1119-1122（1995）; *Angew. Chem., Int. Ed. Engl.* **34**, 2021-2024（1995）; (b) Teles, J. H., Melder, J.-P., Ebel, K., Schneider, R., Gehrer, E., Harder, W., Brode, S., Enders, D., Breuer, K., Raabe, G. *Helv. Chim. Acta* **79**, 61-83（1996）
10) Enders, D., Breuer, K., Teles, J. H. *Helv. Chim. Acta* **79**, 1217-1221（1996）
11) Knight, R. L., Leeper, F. J. *J. Chem. Soc., Perkin Trans. 1* 1891-1893（1998）
12) Enders, D., Kallfass, U. *Angew. Chem.* **114**, 1822-1824（2002）; *Angew. Chem., Int. Ed.* **41**, 1743-1745（2002）
13) Kerr, M. S., Read de Alaniz, J., Rovis, T. *J. Am. Chem. Soc.* **124**, 10298-10299（2002）
14) Heck, R., Henderson, A. P., Kohler, B., Retey, J., Golding, B. T. *Eur. J. Org. Chem.* 2623-2627（2001）
15) (a) Buck, J. S., Ide, W. S. Organic Reactions; Adams, R., Bachmann, W. E.,

第19章　アゾリウム塩を用いる極性転換反応

Blatt, H. A., Fieser, L. F., Johnson, J. R., Snyder, H. R., Eds.; Wiley: New York, 1949; Vol. 4, pp 269-304 and references therein. ; (b) Semerano, G. *Gazz. Chim. Ital.* **71**, 447-461 (1941) ; (c) Merz, K. W., Plauth, D. *Chem. Ber.* **90**, 1747-1757 (1957)

16) (a) Linghu, X., Johnson, J. S. *Angew. Chem.* **115**, 2638-2640 (2003) ; *Angew. Chem., Int. Ed.* **42**, 2534-2536 (2003) ; (b) Bausch, C. C., Johnson, J. S. *J. Org. Chem.* **69**, 4283-4285 (2004) ; (c) Linghu, X., Bauch, C. C., Johnson, J. S. *J. Am. Chem. Soc.* **127**, 1833-1840 (2005)

17) (a) Moser, W. H. *Tetrahedron* **57**, 2065-2084 (2001) ; (b) Nicewicz, D. A., Yates, C. M., Johnson, J. S. *J. Org. Chem.* **69**, 6548-6555 (2004)

18) Linghu, X., Potnick, J. R., Johnson, J. S. *J. Am. Chem. Soc.* **126**, 3070-3071 (2004)

19) Dunkelmann, P., Kolter-Jung, D., Nitsche, A., Demir, A. S., Siegert, P., Lingen, B., Baumann, M., Pohl, M., Müller, M. *J. Am. Chem. Soc.* **124**, 12084-12085 (2002)

20) Stettter, H., Schreckenberg, M. *Angew. Chem.* **85**, 89 (1973) ; *Angew. Chem., Int. Ed. Engl.* **12**, 81 (1973)

21) (a) Stetter, H., Kuhlmann, H. *Angew. Chem.* **86**, 589 (1974) ; *Angew. Chem., Int. Ed. Engl.* **13**, 539 (1974) ; (b) Stetter, H. *Angew. Chem.* **88**, 695-704 (1976) ; *Angew. Chem., Int. Ed. Engl.* **15**, 639-647 (1976) ; (c) Stetter, H., Kuhlmann, H. *Org. React.* **40**, 407-496 (1991)

22) (a) Tiebes, J. Diploma Thesis, Technical University of Aachen (1990) ; (b) Enders, D. Stereoselective Synthesis; Ottow, E., Schoellkopf, K., Schulz, B.-G., Eds., Springer-Verlag: Berlin-Heidelberg, pp 63-90 (1994) ; (c) Enders, D., Bockstiegel, B., Dyker, H., Jegelka, U., Kipphardt, H., Kownatka, D., Kuhlmann, H., Mannes, D., Tiebes, J., Papadopoulos, K. Dechema-Monographies; VCH: Weinheim, Vol. 129, pp 209-223 (1993)

23) (a) Enders, D., Breuer, K., Runsink, J., Teles, J. H. *Helv. Chim. Acta* **79**, 1899-1902 (1996) ; (b) Enders, D., Breuer, K. Comprehensive Asymmetric Catalysis, Springer-Verlag: Heidelberg, Vol. 3, pp 1093-1102 (1999)

24) (a) Kerr, M. S., Rovis, T. *J. Am. Chem. Soc.* **126**, 8876-8877 (2004) ; (b) Read de Alaniz, J., Rovis, T. *J. Am. Chem. Soc.* **127**, 6284-6289 (2005)

25) Castells, J., López-Calahorra, F., Bassedas, M., Urrios, P., *Synthesis* 314-315 (1988)

26) Murry, J. A., Frantz, D. E., Soheili, A.; Tillyer, R., Grabowski, E. J. J., Reider, P. J. *J. Am. Chem. Soc.* **123**, 9696-9697 (2001)

27) Mennen, S. M., Gipson, J. D., Kim, Y. R., Miller, S. J. *J. Am. Chem. Soc.* **127**, 1654-1655 (2005)

28) Hachisu, Y., Bode, J. W., Suzuki, K. *J. Am. Chem. Soc.* **125**, 8432-8433 (2003)

29) (a) Hachisu, Y., Bode, J. W., Suzuki, K. *Adv. Synth. Catal.* **346**, 1097-1100 (2004) ; (b) D. Enders, O. Niemeier *Synlett*, 2111-2114 (2004)

30) Takikawa, H., Hachisu, Y., Bode, J. W., Suzuki, K. *Angew. Chem. Int. Ed.* **45**, 3492-3494 (2006)

31) Enders, D., Niemeier, O., Balensiefer, T. *Angew. Chem.* **118**, 1491-1495 (2006) ;

Angew. Chem., Int. Ed. **45**, 1463-1467 (2006)
32) Chen, H., Guo, Z., Liu, H. -W. *J. Am. Chem. Soc.* **120**, 11796-11797 (1998)
33) Wallach, O. *Chem. Ber.* **6**, 114-119 (1873)
34) Cocker, W., Lapworth, A., Petere, A. T. *J. Chem. Soc.* 1382-1391 (1931)
35) Reynold, N. T., Rovis, T. *J. Am. Chem. Soc.* **127**, 16406-16407 (2005)
36) Chow, K. Y. -C., Bode, J. W. *J. Am. Chem. Soc.* **126**, 8126-8127 (2004)
37) Sohn, S. S., Rosen, E. L., Bode, J. W. *J. Am. Chem. Soc.* **126**, 14370-14371 (2004)
38) (a) Zeitler, K. *Angew. Chem.* **117**, 7674-7678 (2005) ; *Angew. Chem., Int. Ed.* **44**, 7506-7510 (2005) ; (b) Johnson, J. S. *Angew. Chem.* **116**, 1348-1350 (2004) ; *Angew. Chem., Int. Ed.* **43**, 1326-1328 (2004) ; (c) Christmann, M. *Angew. Chem.* **117**, 2688-2690 (2005) ; *Angew. Chem., Int. Ed.* **44**, 2632-2634 (2005) ; (d) Enders, D., Balensiefer, T. *Acc. Chem. Res.* **37**, 534-541 (2004)

第20章　シンコナアルカロイド類を触媒とする
アミノ酸誘導体の速度論的光学分割反応の工業化

三上雅史[*1], 石井　裕[*2]

1　はじめに

ダイソーでは，研究開発におけるコア技術の一つとして，キラルテクノロジーの基盤強化に注力してきた。1994年，培養技術を用いた光学活性エピクロロヒドリン（EP）の工業的製造法を

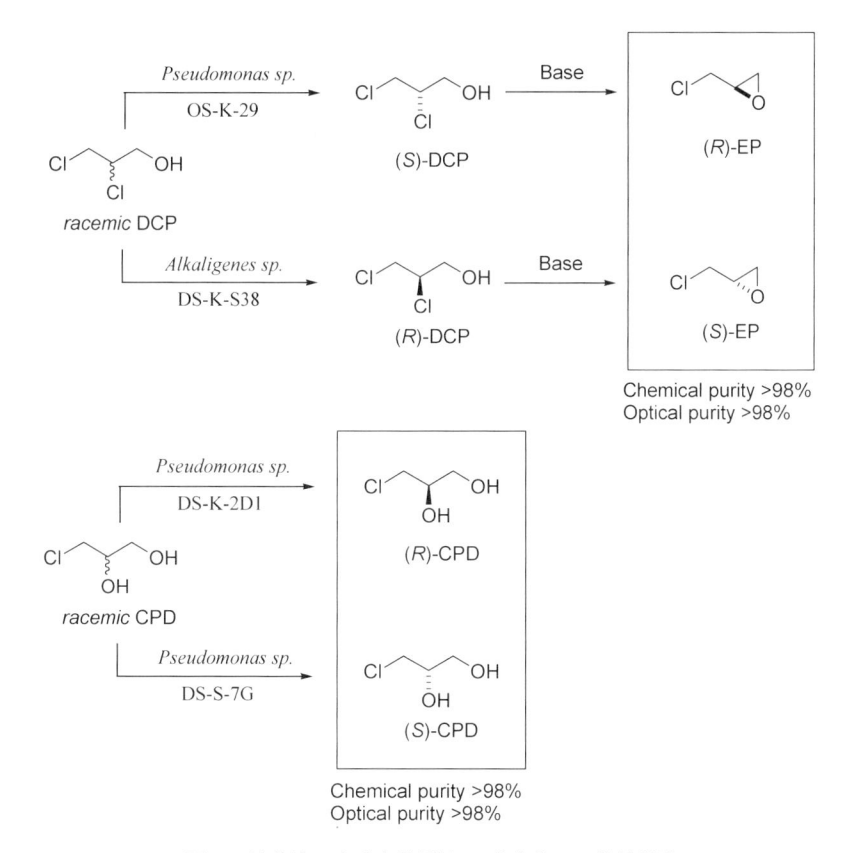

図1　培養法による光学活性C3化合物の工業的製法

---

* 1　Masafumi Mikami　ダイソー㈱　ファインケミカル事業部　主席
* 2　Yutaka Ishii　ダイソー㈱　研究開発本部　研究所　主任研究員

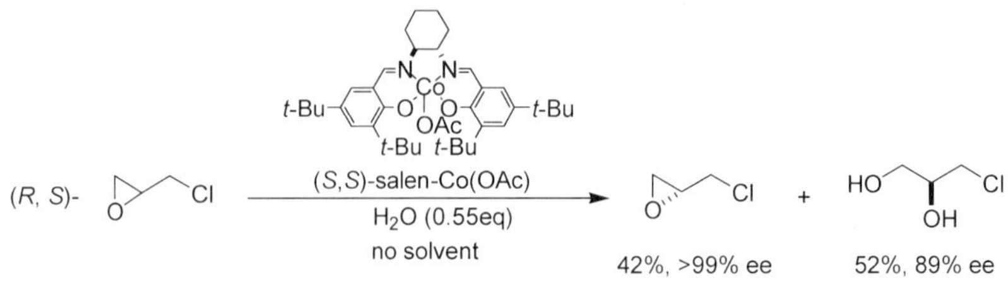

図2 Jacobsen触媒による光学活性エピクロロヒドリンの工業的製法

世界に先駆けて確立し，製造販売を開始した。また，炭素数が同じ3つであり，グリシドールの等価体である3-クロロ-1,2-プロパンジオール（CPD）の工業的製造法もほぼ同時期に確立した（図1）[1]。EPおよびCPDは，培養技術でありながら両鏡像体をほぼ同コストで生産できることから，ダイソーではその汎用性を武器にキラルビルディングブロックのレパートリーを広げ，多くの製薬企業に光学活性医薬品原料や中間体を供給してきた。

一方，2000年に米国Harvard大学のJacobsenらが開発した，キラルSalen-Co錯体を用いたエポキシ化合物の水による速度論的光学分割（Hydrolytic kinetic resolution : HKR）技術を導入し（図2）[2]，光学活性EPおよびCPDの製造を開始した。その工業化においては，ラセミ化や収率の低下など，スケールアップの際に往々にして遭遇するトラブルを克服し，現在では年間250トンの生産設備が稼動している。

本稿ではダイソーがこれまでに取り組んできたキラルテクノロジーの中から，とくに有機触媒を用いた不斉合成反応である，シンコナアルカロイド類を触媒とするアミノ酸誘導体の速度論的光学分割反応の工業化に向けた取り組みについて紹介する。

2 シンコナアルカロイド類を触媒とするアミノ酸誘導体の速度論的光学分割反応の工業化

2.1 不斉有機触媒の台頭

不斉合成反応の工業化においては，先に示したJacobsen触媒による光学活性エピクロロヒドリンの製法など，有機金属触媒を用いた工業化を中心に報告がなされている。しかしながら，有機金属触媒の使用にともなう生成物への金属混入のリスクや環境問題への関心の高まりを受け，金属フリーの不斉合成反応を求める声が次第に高まっている。また，有機金属触媒の多くは，水や酸素に不安定で取り扱いが不便であることや，構造が複雑化して触媒自身の合成が難しくなり，製造コストが高くなってしまう点なども問題である。

第20章　シンコナアルカロイド類を触媒とするアミノ酸誘導体の速度論的光学分割反応の工業化

　有機触媒を用いた不斉合成反応は，古くから精力的に研究が行われてきたが，最近になって有機金属触媒に匹敵する高い光学選択性を有する反応が次々と見出されており，光学活性化合物の新たな工業的製造法の有力候補として意識され始めている[3]。この古くて新しい技術の詳細な紹介は本書の各著作に譲り，本稿ではダイソーがこれまでに取り組んできたキラルテクノロジーの中から，有機触媒を用いた不斉合成反応である，米国 Brandeis 大学の Deng によって開発されたシンコナアルカロイド類を触媒とするウレタン保護 N-カルボキシアミノ酸無水物（UNCA）のアルコリシスによる速度論的光学分割反応について，ダイソーにおける工業化に向けた取り組みを紹介する。

2.2　シンコナアルカロイド誘導体を利用した不斉合成反応

　シンコナアルカロイド誘導体を不斉源とする不斉合成反応の研究[4]は，さかんに検討が行われており，著名なものとして有機金属触媒である Sharpless らによる Os 触媒不斉ジオール化反応[5]が挙げられるが，金属フリーの有機触媒でも Merck 社の Dolling らによる相間移動触媒を用いた α-アリールインダノン誘導体の不斉メチル化反応を利用した（+）-indacrinone の鍵中間体合成[6]，O'Donnel らによる相間移動触媒を用いたグリシン schiff 塩基の不斉アルキル化を利用した α-アミノ酸合成[7]など，生成物の収率・光学純度，基質の適用範囲の広さなど実用的に満足できる水準に到達しているものも多い。最近，米国 Brandeis 大学の Deng らにより，シンコナアルカロイド誘導体を触媒とする新たな不斉合成反応が次々と報告されている[8]。

2.3　シンコナアルカロイド類を触媒とするアミノ酸誘導体の速度論的光学分割反応と環状酸無水物の非対称化反応

　2001年，Deng らは，Sharpless 不斉ジオール化反応における不斉配位子であるシンコナアル

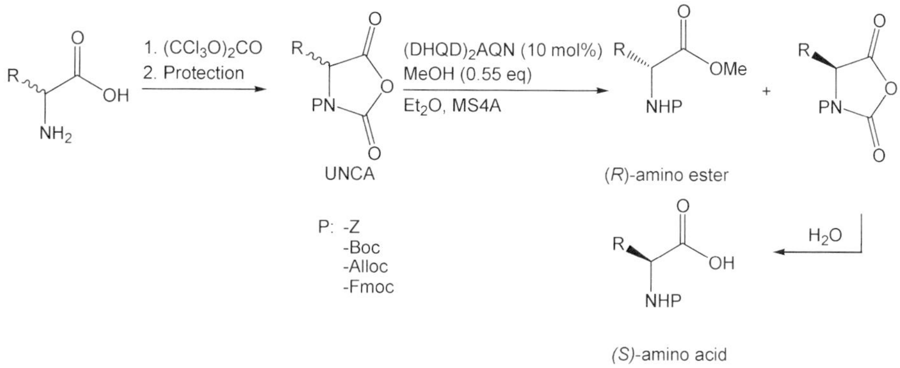

図3　(DHQD)$_2$AQN 触媒を用いたアルコリシスによる UNCA の速度論的光学分割

表1 シンコナアルカロイド触媒を用いたアルコリシスによる UNCA の速度論的光学分割[a]

entry	UNCA R	UNCA P	temp (℃)	time (h)	conv (%)	ee (yield)/% (R)-amino ester	ee (yield)/% (S)-amino acid	s
1	PhCH$_2$	Z	-60	17	51	93 (48)	98 (48)	114
2	4-F-C$_6$H$_4$CH$_2$	Z	-78	31	50	92 (48)	93 (42)	79
3	4-Cl-C$_6$H$_4$CH$_2$	Z	-60	18	52	88 (52)	97 (43)	59
4	4-Br-C$_6$H$_4$CH$_2$	Z	-78	45	51	87 (51)	92 (39)	45
5	2-Thienylmethyl	Z	-78	25	50	94 (49)	95 (47)	115
6	CH$_3$(CH$_2$)$_5$	Z	-60	37	51	91 (49)	94 (42)	78
7	BnOCH$_2$	Z	-78	72	52	89 (49)	96 (44)	69
8[b]	(CH$_3$)$_2$CH	Z	0	22	59	67 (58)	96 (40)	19
9	Ph	Z	-78	16	46	97 (45)	84 (46)	170
10[c]	4-MeO-C$_6$H$_4$	Z	-78	85	56	74 (56)	95 (43)	23
11	PhCH$_2$	Fmoc	-78	46	51	92 (50)	96 (47)	93
12	PhCH$_2$	Boc	-40	15	59	67 (56)	98 (41)	19
13	PhCH$_2$	Alloc	-60	15	50	91 (45)	91 (45)	67
14	PhCH$_2$CH$_2$	Alloc	-60	36	54	81 (53)	96 (41)	35

[a] Unless noted, the reaction was performed by treatment of UNCA (0.1mmol) with (DHQD)$_2$AQN (10mol%) and methanol (0.52-1.0 eq) in ether (7.0ml). [b] The reaction employed DHQD-PHN (20mol%). [c] Ethanol was used as the nucleophile.

カロイド誘導体 (DHQD)$_2$AQN を触媒として用いて,ラセミ体アミノ酸から二段階で誘導したウレタン保護 N-カルボキシアミノ酸無水物 (UNCA) のアルコリシスによる速度論的光学分割を行い,光学活性 N-保護アミノ酸を効率よく得る方法を見出した (図3)[9]。

本反応は基質の適用範囲が極めて広く,アルキル・アリール基を問わず,また,ヘテロ・ハロゲン原子などを含む種々のα-アミノ酸の高選択的光学分割が可能である(表1)。また,アミノ基の保護基はZ基に限らず,Alloc 基,Fmoc 基,Boc 基などでも同様に光学分割することができる。さらに,(DHQD)$_2$AQN の擬エナンチオマーである (DHQ)$_2$AQN を触媒とすることで,天然型L-アミノ酸と非天然型D-アミノ酸を容易に作り分けることができる。

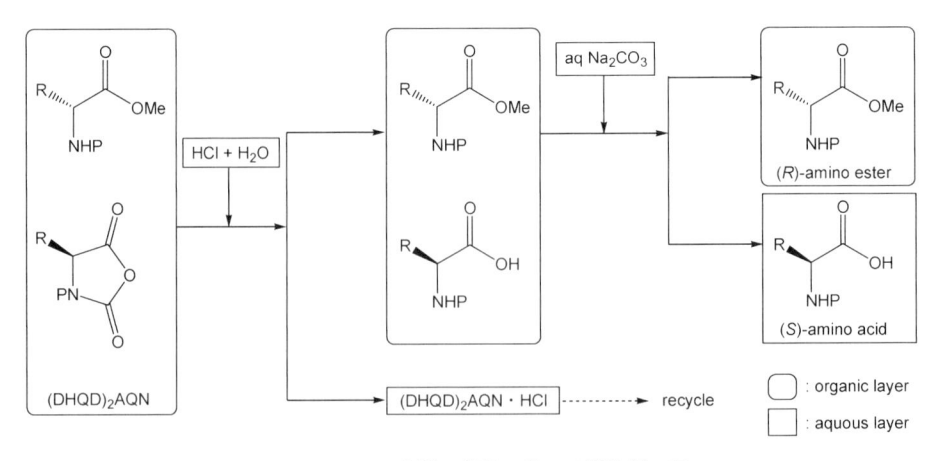

図4 UNCA の光学分割終了後の分離精製工程

第20章　シンコナアルカロイド類を触媒とするアミノ酸誘導体の速度論的光学分割反応の工業化

表2　(DHQD)₂AQN・(DHQ)₂AQN触媒を用いたアルコリシスによるUNCAの動的速度論的光学分割[a]

entry	R	temp / ℃	time / h	yield / %	ee / %
1	Ph	23 (34)	1 (1)	97 (96)	91 (83)
2	4-F-C₆H₄	23	1	96	90
3	4-Cl-C₆H₄	23	1	97	92
4	4-CF₃-C₆H₄	23	1	95	90
5	2-Thienyl	-30	2	93	91
6	3-Thienyl	23 (23)	1 (2)	95 (95)	92 (84)
7	2-Furyl	23 (-30)	0.5 (1)	98 (91)	91 (92)
8	5-Me-2-furyl	23 (0)	0.5 (0.5)	97 (93)	93 (92)
9	(N-Ts indolyl)	0 (34)	1.5 (0.5)	95 (93)	90 (82)

[a] Unless noted, the reaction was performed with UNCA (0.2mmol) in ether (14ml).
[b] The results in the parentheses were obtained from reactions with (DHQ)₂AQN which gave enantiomers.

　光学分割終了後，未反応のUNCAを加水分解し，N-保護アミノ酸に誘導すると，反応混合物は塩基性の触媒 (DHQD)₂AQN，中性のN-保護アミノ酸エステルおよび酸性のN-保護アミノ酸となるため，抽出操作だけで容易に生成物の分離精製ならびに触媒の回収・再利用が可能となる（図4）。工業化という視点から眺めた場合，これらの特徴は極めて大きな利点であり，特に，触媒の再利用が可能である点は，有機触媒反応の問題点の一つである触媒の低い回転数を補完することができるため意義深い。

　原料のラセミ化と同時に速度論的光学分割を行ういわゆる dynamic kinetic resolution（動的速度論的光学分割）は，理論収率100％で反応生成物のみを高い光学純度で無駄なく得る方法として近年注目を集めている[10]。本反応においても，フェニルグリシンなどアリール基がα位に置換したアミノ酸のUNCAでは，dynamic kinetic resolution が行えることが報告された（表2）[11]。この場合，(DHQD)₂AQNは，UNCAのα-水素引き抜きによるラセミ化と速度論的光学分割アルコリシスの二つの反応の触媒として作用している。α-アリール置換アミノ酸は，すでに実用化された野依らによるRh-BINAP触媒によるデヒドロアミノ酸の不斉水素化反応[12]や，実用化レベルにある相間移動触媒を用いたグリシンschiff塩基の不斉アルキル化反応[7]では合成できない型のアミノ酸であり，本反応の価値を高めている。

　さらに本反応は，2-ヒドロキシカルボン酸から一段階で誘導される1,3-ジオキソラン-2,4-ジオンの速度論的光学分割にも適用できることが報告された（図5）[13]。アミノ酸の速度論的光学分割と同様，基質の適用範囲が広範であり，アリール基がα位に置換したものでは dynamic kinetic

図5 5-アリール-1,3-ジオキソラン-2,4-ジオンの動的速度論的光学分割

resolution を行うことができるなど，光学活性 2-ヒドロキシカルボン酸の新たな製造法として注目される。

　また，Deng らは，プロキラルな環状酸無水物のアルコリシスを，(DHQD)$_2$AQN を触媒として行うと，非対称化反応により光学活性ハーフエステルが得られることを報告した（図6）[14]。5 員環の酸無水物の場合，90～98％ ee 程度のハーフエステルをほぼ定量的に得ることができ，6 員環の酸無水物の場合には，若干光学純度は低下する（表3）。この反応系も UNCA の光学分割と同様に，抽出操作だけで生成物の分離精製と触媒の回収・再利用を行うことができるというプロセス的な利点を有している。

　このようにして得られた光学活性アミノ酸やハーフエステルは，抗凝血性剤，鎮痛剤，血圧降下剤，心機能改善剤，抗急性心不全剤，抗癌剤，ホルモン治療薬，抗生物質，抗癲癇薬などの医薬品原料として広く用いられている。

　ダイソーでは Brandeis 大学から 2001 年と 2003 年にそれぞれ速度論的光学分割反応と非対称化反応の技術を導入し，非天然型アミノ酸および光学活性ハーフエステルの本格生産に注力している。

2.4　シンコナアルカロイド触媒の改良

　工業化検討にあたり，最初に問題となったのは触媒の入手性である。上記の反応で触媒として

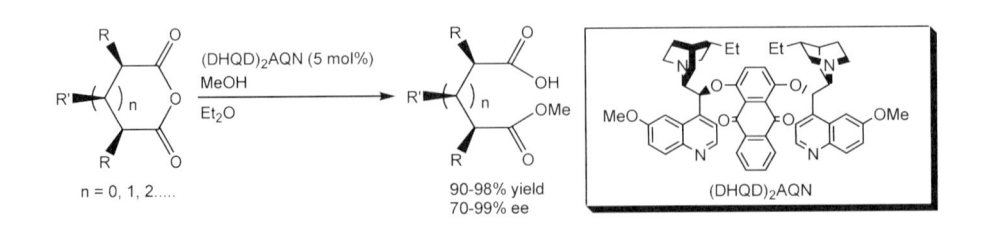

図6 (DHQD)$_2$AQN 触媒を用いたメタノリシスによる環状酸無水物の非対称化反応

第20章 シンコナアルカロイド類を触媒とするアミノ酸誘導体の速度論的光学分割反応の工業化

表3 シンコナアルカロイド触媒を用いたメタノリシスによる環状酸無水物の非対称化反応[a]

entry	Anhydride	Product	Temp/℃[b]	Yield/%[b]	ee%[b]	Catalyst/mol%[b]
1		COOH / COOMe	-30	99 (90)	95 (93)	8 (8)
2		COOH / COOMe	-20	95 (92)	98 (96)	7 (7)
3		COOH / COOMe	-20	93 (88)	98 (98)	5 (5)
4		COOH / COOMe	-40 (-35)	72 (62)	90 (83)	30 (30)

[a] The reaction was performed by treatment of the cyclic anhydride (0.1mmol) in the presence of $(DHQD)_2AQN$ under the indicated reaction conditions with methanol (10eq) in ether (5ml).
[b] The results in parentheses are obtained with $(DHQ)_2AQN$ as the catalyst and the hemiesters of the opposit absolute stereoconfiguration as shown are obtained.

用いられているシンコナアルカロイド誘導体（$(DHQD)_2AQN$）は，不斉ジオール化反応における配位子としてSharplessらによって開発されたものであり，Massachusetts工科大学（MIT）が特許を取得し，フランスのRhodia社が独占実施権を所有している（2006年4月より，インドのShasun社に権利譲渡）。また，試薬レベルでは入手可能であるが，合成が煩雑なため，工業用として大量に入手するのは困難であった。そこで当初は，反応選択性を多少犠牲にすることにはなるが，天然物として存在する安価なキニジン・キニンそのものを触媒として使用することで本反応のスケールアップを行うことを考えた。しかしながら，キニジンを触媒としてUNCAの光学分割を試みたところ，反応後に回収した触媒の純度が若干低下していることに気付き，分析した結果，不純物はキニジンの2級アルコール部分がUNCAに付加した化合物であることがわかった。この化合物を触媒としてUNCAの光学分割を試みたところ，反応選択性がまったく失われており，このままでは触媒の再利用が困難であることが判明した。そこで元に立ち返り，キニジンの2級アルコール部分を保護した化合物を合成し，UNCAの光学分割でスクリーニング試験を行ったところ，アルキル基で保護をかけたものが高い選択性をもつことがわかった[15]。中でもプロパルギル基とt-ブトキシカルボニルメチル基で保護したものは，$(DHQD)_2AQN$を凌ぐ高選択性を有することを確認した（表4）。キニンを用いた場合も同様に，対応する$(DHQ)_2AQN$を凌ぐ高選択性を有することを確認した。触媒合成がカラム精製不要で一段階で済む容易さ，触媒の安定性などから判断し，プロパルギル基で保護した触媒（OPQD，OPQ）を採用して，100 kgのスケールアップ実験を行い，問題なく触媒が製造できることを確認した（図7）。

表4 触媒スクリーニング[a]

cinchona alkaloid	conv/%	ee (yield) /% ester	ee (yield) /% acid	s
(DHQD)$_2$AQN	54	83 (48)	98 (40)	46
O-Me-QD	57	74 (51)	99 (35)	30
O-Bn-QD	58	70 (50)	98 (34)	22
O-allyl-QD	55	80 (49)	99 (37)	40
O-propargyl-QD	52	90 (45)	99 (45)	83
O-^{t}BuO$_2$CCH$_2$-QD	51	93 (44)	98 (45)	114
(DHQ)$_2$AQN[b]	57	74 (48)	98 (38)	30
O-propargyl-Q[b]	53	86 (47)	98 (42)	55

[a] The reaction was performed with phenylalanineUNCA (1.0eq), catalyst (0.2eq), ethanol (0.6eq) in ether at -60℃.
[b] In case of quinine derivatives catalyst, a pair of opposite enantiomer was obtained.
QD=quinidine, DHQD=dihydroquinidine, Q=quinine, DHQ=dihydroquinine

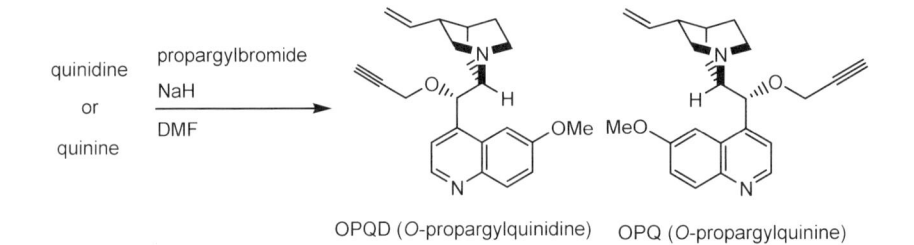

図7 改良触媒OPQDとOPQの合成

2.5 プロパルギルグリシンの速度論的光学分割

医薬中間体として有用であり，野依法不斉水素化では合成が困難な非天然型アミノ酸であるプロパルギルグリシンをターゲットとして検討を行った（図8）。

常法に従いラセミ体プロパルギルグリシンを合成した後, in situ でアミノ基を保護することにより，抽出操作だけによるラセミアミノ酸(**1**)の処理を可能にした。続く SOCl$_2$ によるカルボニル化により，ホスゲンの使用を回避して環状酸無水物(**2**)へ誘導後，one-pot で Boc 化し UNCA (**3**)を得た。OPQD を触媒とする UNCA の速度論的光学分割反応を 50 L スケールで行い，抽出操作だけで光学純度 99％ ee，収率 41％で (S)-N-Boc-プロパルギルグリシン(**5**)を得た。触媒 OPQD は定量的に回収され，再使用できることを確認した。なお，光学純度がやや低い (R) 体のプロパルギルグリシンエステル(**4**)については，エステル加水分解後，再び UNCA に誘導し，

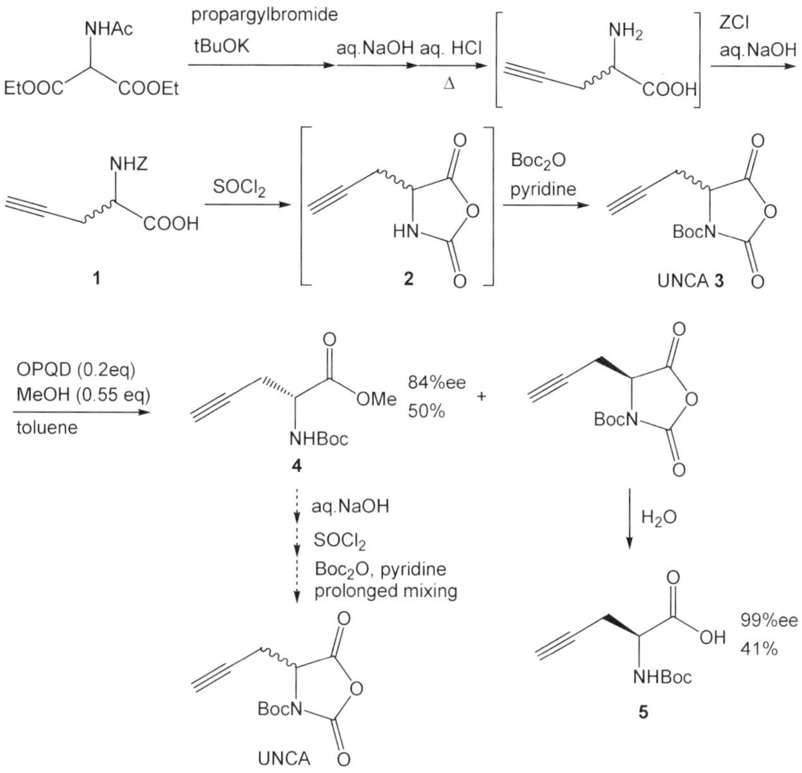

第20章　シンコナアルカロイド類を触媒とするアミノ酸誘導体の速度論的光学分割反応の工業化

図8　(S)-N-Boc-プロパルギルグリシンの合成プロセス

塩基条件下，室温で数時間攪拌することで完全にラセミ化させ再利用することができる。
　その他各種非天然型アミノ酸ならびに光学活性ハーフエステルについても工業化に向け鋭意検討中である。

3　おわりに

　以上，有機触媒を用いた不斉合成反応である，シンコナアルカロイド類を触媒とするアミノ酸誘導体の速度論的光学分割反応の工業化について概説した。基質の適用範囲が広く，高い光学純度が達成できる新しい不斉合成反応が次々と報告されている現状は喜ばしい反面，工業化のハードル（いわゆるdeath valley）を越えられず宝の持ち腐れとなっている技術の方が圧倒的に多いのがこの分野の現状である。不斉合成反応の工業化にあたり考慮しなければならない重要な要素として，原料や触媒の入手性・使用量の低減，負荷の低い反応条件（温度・設備・時間など），釜効率の改善（高濃度反応），簡便な精製分離工程，廃棄物の低減などが挙げられるが，本稿で

有機分子触媒の新展開

取り上げたような有機触媒の特性を活かした高付加価値の反応系の開発は，不斉合成反応の工業化の death valley を低くすることに役立つのではないだろうか。

文　　献

1) N. Kasai, T. Suzuki, "Asymmetric Catalysis on Industrial Scale" ed. by H.-U. Blaser, E. Schmidt, WILEY-VCH, Weinheim, p 233 (2004)
2) M. Tokunaga, J. F. Larrow, F. Kakiuchi, E. N. Jacobsen, *Science*, **277**, 936 (1997)
3) A. Berkessel, H. Groger, "Asymmetric Organocatalysis", WILEY-VCH, Weinheim (2005), Chapter 14.
4) 最近の総説：K. Kacprzak, J. Gawronski, *Synthesis*, 961 (2001)
5) 最近の総説：I. E. Marko, J. S. Svendsen, "Comprehensive Asymmetric Catalysis" ed. by E. N. Jacobsen, A. Pfaltz, H. Yamamoto, Springer, Heidelberg (1999), Chapter 20.
6) U.-H. Dolling, P. Davis, E. J. J. Grabowski, *J. Am. Chem. Soc.*, **106**, 446 (1984) ; E. J. J. Grabowski, *ACS Symposium Series*, **870**, 1 (2004). パイロットスケールでの供給にも問題はなかったが，毒性のため候補化合物がドロップアウトし，工業化には至らず。
7) 最近の総説：M. J. O'Donnel, *Aldrichimica Acta*, **34**, 3 (2001)
8) 最新の論文：J. Song, Y. Wang, L. Deng, *J. Am. Chem. Soc.*, **128**, 6048 (2006)
9) J. Hang, S.-K. Tian, L. Tang, L. Deng, *J. Am. Chem. Soc.*, **123**, 12696 (2001)
10) 最近の総説：F. F. Huerta, A. B. E. Minidis, J.-E. Backvall, *Chem. Soc. Rev.* **30**, 321 (2001)
11) J. Hang, H. Li, L. Deng, *Org. Lett.*, **4**, 3321 (2002)
12) T. Ohkuma, M. Kitamura, N. Noyori, in Catalytic Asymmetric Synthesis 2nd ed., I. Ojima Ed., p.1, Wiley-VCH, New York (2000)
13) L. Tang, L. Deng, *J. Am. Chem. Soc.*, **124**, 2870 (2002)
14) Y. Chen, S.-K. Tian, L. Deng, *J. Am. Chem. Soc.*, **122**, 9542 (2000) ; Y. Chen, L. Deng, *J. Am. Chem. Soc.*, **123**, 11302 (2001)
15) 石井裕, 三木康史, 古川喜朗, 村上悟史, WO2003/064420

非不斉反応 編

第21章　フラビン分子触媒によるグリーン酸化反応

今田泰嗣[*1]，直田　健[*2]

1　はじめに

　過酸化水素と分子状酸素は，安価で取り扱いが容易，危険な副生成物を生じない等の性質を備えた，グリーン酸化反応における理想的な酸化剤である。これらは一般に有機化合物を直接酸化する活性はなく，主に遷移金属錯体を用いてこれらを活性化し，金属酸化活性種を介することにより各種有機化合物の触媒的酸化反応が達成できる。一方生体においては，肝臓に広く分布するフラビン酵素が複素環骨格の特異な酸化還元特性を利用して分子状酸素の活性化を担い，アミンやスルフィドなどのヘテロ原子化合物の酸化による異物代謝を司っている（図1）[1]。

　酸化活性種のフラビンヒドロペルオキシ体 **1** は酵素の疎水空間において基質への酸素添加により酸化物を生成すると同時に，自身はヒドロキシ体 **2** に変換される（step a）。ヒドロキシ体 **2** は脱水により酸化型フラビン **3** を生成した後（step b），補酵素 NAD(P)H により還元されて還元型フラビン **4** を与える（step c）。この活性種 **4** は強い電子供与能を有するため，ピラジカ

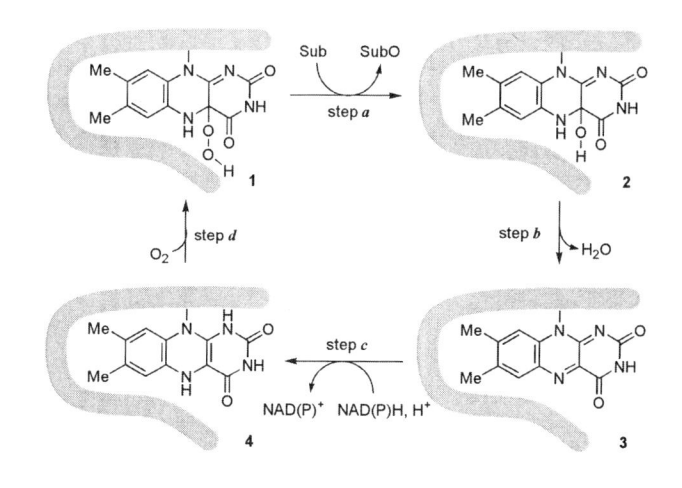

図1　フラビン酵素による酸素酸化触媒サイクル

* 1　Yasushi Imada　　大阪大学　大学院基礎工学研究科　助教授
* 2　Takeshi Naota　　大阪大学　大学院基礎工学研究科　教授

ル性を持つ分子状酸素と電子移動を起こした後再結合して **1** を再生している (step *d*)。最近,このフラビン酵素の機能を単純な有機分子触媒で再現することが可能になり,酵素類似の酸化反応が開発されている。本章ではフラビン分子を触媒に用いる過酸化水素および酸素酸化反応とその関連反応について,開発の経緯から最近の進展までを概説する。

2 過酸化水素を用いる酸化反応

図1に示すフラビン酵素の機能をシミュレートした触媒反応は,まず過酸化水素を酸化剤に用いることで達成された。フラビン酵素のシミュレーションは,フラビン酵素の活性部位だけを抽出した 5-エチル-3,7,8,10-テトラメチルイソアロキサジニウムカチオン (**5**) を用いる Bruice らの基礎研究に端を発する[2]。彼らは **5** と過酸化水素からフラビン酵素の活性中間体 **1** と同様の 4a-ヒドロペルオキシフラビン化合物 **6** を合成し,これがスルフィドに対して過酸化水素の1万倍以上の酸化活性を示すことを明らかにし,フラビン分子が有機分子触媒として機能するための重要な知見を提示した。

この量論反応が触媒反応として機能することは,村橋らによって初めて見出された[3]。4a-ヒドロペルオキシフラビン化合物 **6** がアミンやスルフィドと反応すると,生成物と 4a-ヒドロキシフラビン化合物 **7** を与え,これが脱水して **5** が再生されるため (図2 step *b*),**5** を触媒に用いることで,基質を過酸化水素で容易に酸化できる。この反応では,酵素反応の触媒サイクルのうちNAD(P)Hによる酸化型フラビン **3** の還元過程 (図1 step *c*) と還元型フラビン **4** による分子状酸素の取込過程 (図1 step *d*) に相当するプロセスを,過酸化水素の反応 (図2 step *e*) で短絡することにより,フラビン分子触媒による酸化触媒サイクルが構築された。この重要な発見により,フラビン化合物を有機分子触媒に用いる新しい酸化反応への道が開かれた。

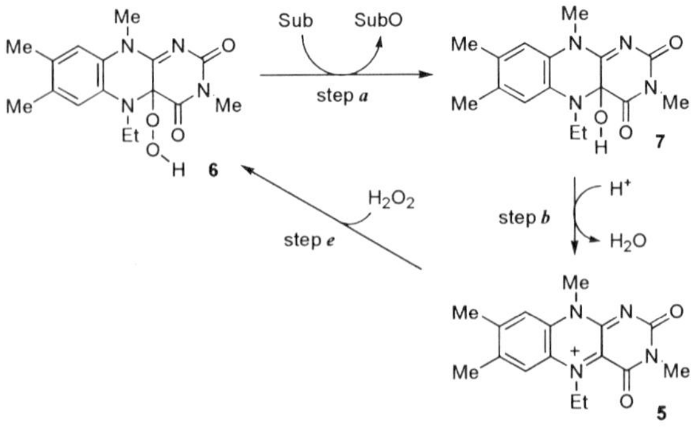

図2 フラビン分子触媒による過酸化水素酸化触媒サイクル

第21章 フラビン分子触媒によるグリーン酸化反応

フラビン触媒による有機化合物の過酸化水素酸化反応の具体例を示す。過塩素酸 5-エチル-3,7,8,10-テトラメチルイソアロキサジニウム(**8**)の存在下，第二アミンを2当量の30％過酸化水素水と室温で反応させると，含窒素ヘテロ環合成の重要な中間体となるニトロン[4]が生成する（式(1)）。同様条件下，ヒドロキシルアミンを等量の過酸化水素で酸化してもニトロンが効率よく生成する（式(2)）。この事実はニトロン生成が第二アミンに対する酸素添加とヒドロキシルアミンに対する更なる酸素添加と脱水により進行することを示している。スルフィドは同様条件下，相当するスルホキシドへ定量的に酸化される（式(3)）。過剰量の過酸化水素の存在下で長時間反応させると，相当するスルホンが得られる（式(4)）。触媒としては過塩素酸塩 **8** のほかに，ヒドロペルオキシ体 **6** やヒドロキシ体 **7** も同程度の活性を示すが，触媒活性を発揮するにはフラビン環5位への置換が必須である。5位が無置換のフラビン化合物はヒドロペルオキシ体 **6** からの過酸化水素の脱離による活性種の失活が速く，触媒反応が進行しない。この酸化触媒系はケトンの Baeyer-Villiger 反応に応用できる[5]。フラビン触媒 **9** の存在下，シクロブタノンは過酸化水素により効率よく酸化され，相当する γ-ブチロラクトンを生成する（式(5)）。

アロキサジン骨格を有する還元型フラビン **10** も第三アミン（式(6)）[6]やスルフィドの過酸化水素酸化（式(7)）[7]の効率のよい触媒となりうる。触媒前駆体 **10** は図3に示す触媒サイクル中には存在せず，酸化活性種 **11** を生成するために分子状酸素を必要とする。

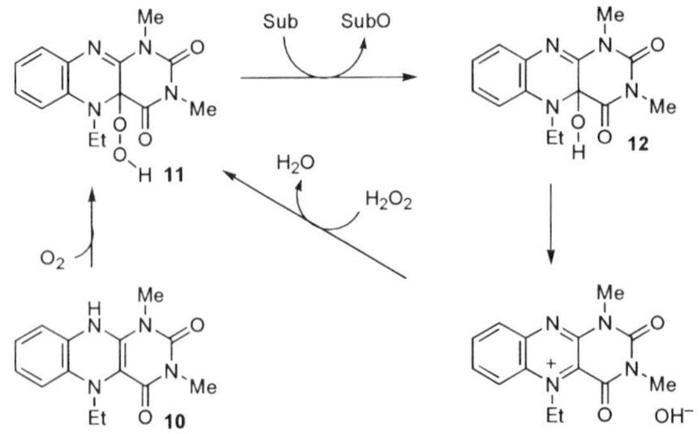

図3　アロキサジン触媒10による過酸化水素酸化触媒サイクル

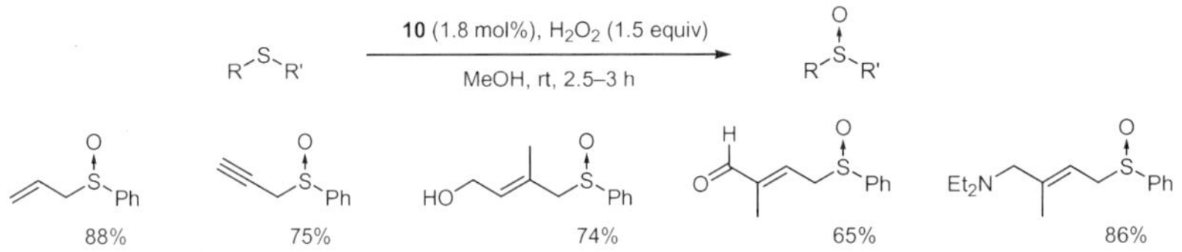

図4　フラビン触媒10によるスルフィドの選択的過酸化水素酸化反応

　フラビンを酸化活性種とする酸化反応ではヒドロペルオキシフラビンの酸化反応性が金属酸化活性種と比較して低く，一般に金属触媒を用いる酸化反応では困難な官能基選択的酸化が行える。たとえば，分子内にアルケン，アルキン，アルコール，アルデヒド，アミンなどの酸化に対する耐性の低い官能基を持つスルフィドは選択的に相当するスルホキシドへ変換することができる（図4）[8]。

　フラビン触媒の持つ過酸化水素との親和性とヘテロ原子化合物への酸素添加能力を利用して，温和な酸化剤である N-オキシドを発生させることで，フラビン自身では行えない酸化反応を N-オキシドを介して別触媒系で実現する多元触媒系も開発されている。これにより，従来は N-メチルモルホリン N-オキシド（NMO）などの高価な酸化剤を必要としていたオレフィンの cis-ジヒドロキシル化を，フラビン—第三アミン—OsO_4 の三元触媒系で過酸化水素を酸化剤として簡便に行うことができる（図5）[9]。この三元触媒系はシンコナアルカロイド誘導体（(DHQD)$_2$PHAL）を不斉配位子とする不斉 cis-ジヒドロキシル化反応へと展開されている（式(8)）[10]。

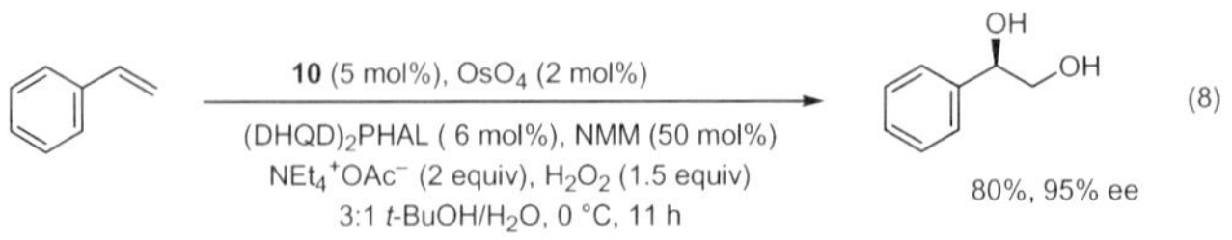

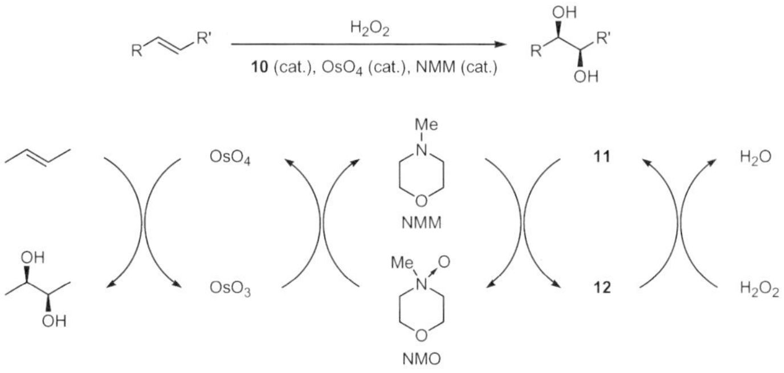

第21章 フラビン分子触媒によるグリーン酸化反応

図5 フラビン-NMM-OsO₄三元触媒系による過酸化水素を酸化剤とする
オレフィンのジヒドロキシル化反応

　フラビン酵素は活性中心周辺の蛋白質による不斉環境を利用してスルフィドやケトンの不斉酸化反応を行っている[11]。フラビン分子触媒反応では触媒となるフラビン分子に単純な面不斉を導入することにより，フラビン酵素の不斉認識能を再現することができる。フラビン環の一方の面を炭素鎖あるいはベンゼン環で覆った面不斉フラビノファン **13**[12]あるいは **14**[13]を触媒とするスルフィドの過酸化水素酸化により光学活性スルホキシドが得られる（式(9), (10)）。2つのフラビン環の re 面が外側を向いた面不斉ビスフラビン **15** はシクロブタノンの不斉 Baeyer-Villiger 反応において良好な触媒として働き，光学活性 γ-ブチロラクトンを与える（式(11)）[14]。これらの面不斉フラビン触媒では過酸化水素の付加が一方の面からのみ起こることで光学活性 4a-ヒドロペルオキシフラビンが生成し，引き続いて基質の反応面選択を経由して不斉酸化が達成されている。面選択の過程では基質分子とフラビン分子との間に働く疎水性相互作用が重要である。

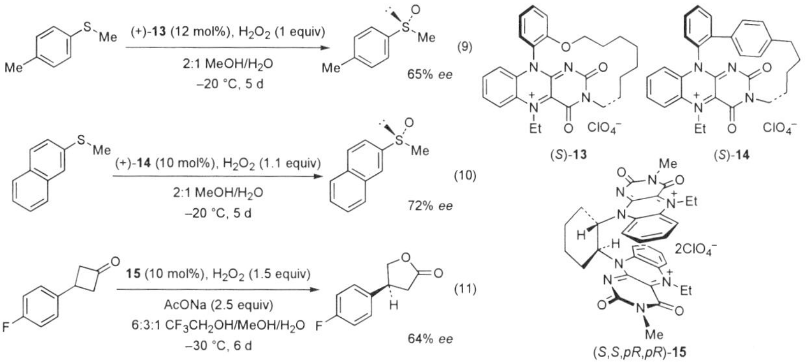

3 分子状酸素を用いる酸化反応

フラビン酵素の行う分子状酸素を使うプロセスでは，NAD(P)Hによる還元型フラビン 4 の生成と，これによる分子状酸素の取り込みによるヒドロペルオキシフラビン 1 の発生が鍵となる（図1）。上述の過酸化水素による触媒プロセスの知見に基づくと，図6に示すように，何らかの還元剤でフラビン中間体 5 から還元型フラビン 16 を発生できれば，フラビン分子触媒による酸素酸化が実現できることになる。

この酸素酸化触媒サイクルを構築する際の問題点は，フラビン 5 を還元するための還元剤（ZH）が系中に共存する酸化活性種のヒドロペルオキシフラビン 6 と反応して酸化活性種を失活する点にある。5 を還元することはできるが，酸化活性種 6 とは反応しない還元剤の選択が酸素酸化触媒サイクル構築のポイントである。

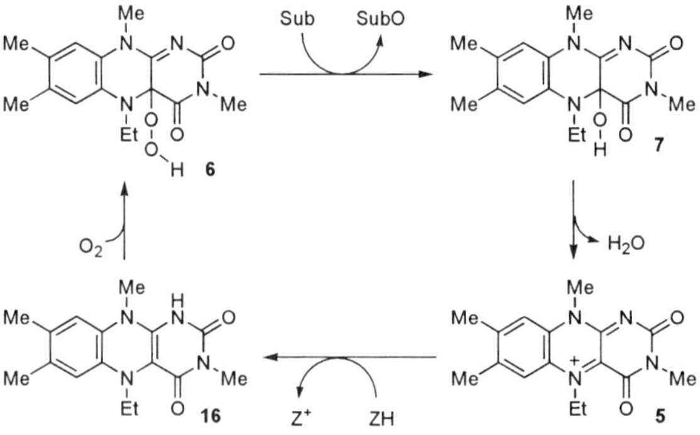

図6 フラビン分子触媒による酸素酸化触媒サイクル

3.1 アミン，スルフィドの酸素酸化反応

ヒドラジンがこの条件を満足する還元剤であることが明らかになり，これによりフラビン触媒存在下による酸素酸化反応が構築された[15]。たとえば，2,2,2-トリフルオロエタノール（TFE）溶媒中，1当量の抱水ヒドラジンと 1 mol％のフラビン触媒 8 を用いると，1気圧の酸素雰囲気下，スルフィドを相当するスルホキシドへと定量的に酸化することができる（式(12)）。フラビン触媒は反応条件下で極めて安定であり失活しないため，触媒濃度を極めて低く抑えても反応は効率よく進行する。0.005 mol％の触媒を用いた反応では触媒回転数は 19,000 以上にも達する。

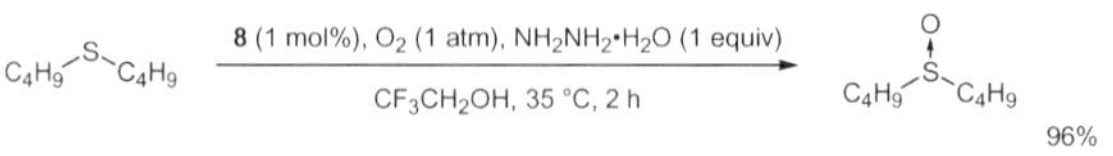

$$C_4H_9\text{-S-}C_4H_9 \xrightarrow[\text{CF}_3\text{CH}_2\text{OH, 35 °C, 2 h}]{\text{8 (1 mol\%), O}_2\text{ (1 atm), NH}_2\text{NH}_2\cdot\text{H}_2\text{O (1 equiv)}} C_4H_9\text{-S(=O)-}C_4H_9 \quad (12)$$

96%

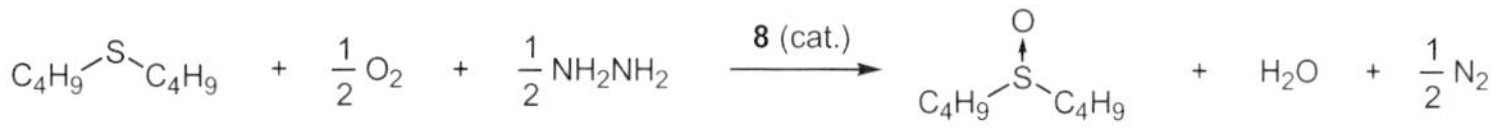

第21章　フラビン分子触媒によるグリーン酸化反応

図7　フラビン触媒によるスルフィドの酸素酸化反応における等量関係

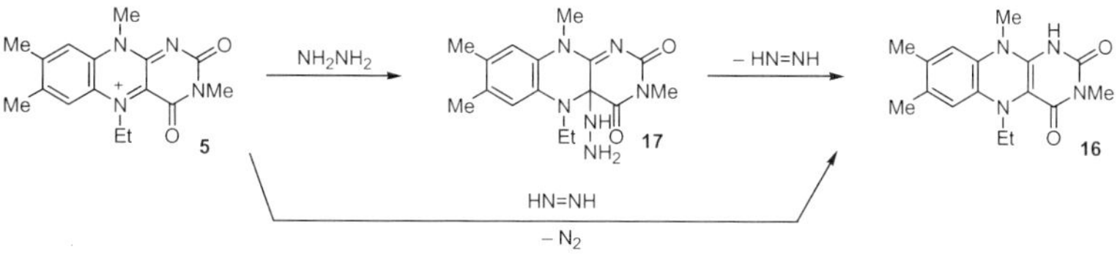

図8　ヒドラジンによる酸化型フラビン5の還元過程

　本反応の当量関係を詳細に調べると，1当量のスルフィドの酸化にヒドラジンは0.5当量で充分であり，反応終了後には1当量の水と0.5当量の窒素が生成していることが明らかになった（図7）。副生成物は水と窒素のみであり，酵素反応に匹敵するクリーンな酸素酸化触媒反応を実現している。ヒドラジンによる還元は酸化型フラビン5の4a位への求核付加によるヒドラジン付加体17の生成と，この付加体からのジイミド（HN＝NH）の脱離により行われる。生成したジイミドは強い還元力を有しておりもう一分子の酸化型フラビン5を還元できるため，基質に対して0.5当量のヒドラジンで反応は完結できる（図8）。

　代表的な結果を表1に示す。本反応はスルフィド（実験1，2）のほかに，アミンの酸化反応にも適用可能で，α水素を有する第二アミンはニトロンへ（実験3），第三アミンは*N*-オキシドへ（実験4）とそれぞれ効率よく酸化される。酸素の代わりに空気を用いてもスルフィドへの酸素添加は効率よく進行する（実験1）。

表1　フラビン触媒8によるヘテロ原子化合物の酸素酸化反応[a]

実験	基質	生成物	反応時間/h	収率/%
1	$(C_4H_9)_2S$	$(C_4H_9)_2S{\rightarrow}O$	4	95[b]
2	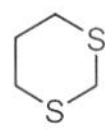 (1,3-ジチアン)	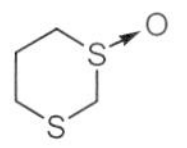 (1,3-ジチアン-1-オキシド)	2	97
3	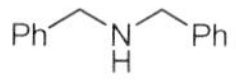 Ph-NH-CH$_2$-Ph	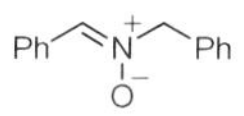 Ph-CH=N$^+$(O$^-$)-CH$_2$-Ph	6	80[c,d]
4	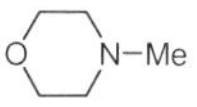 モルホリン-N-Me	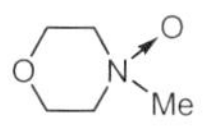 モルホリン-N(O)-Me	2	97[c]

[a] フラビン 8 (1 mol%); $NH_2NH_2 \cdot H_2O$ (1 equiv); TFE; 35 °C; O_2 (1 atm).
[b] 空気 (1 atm).　[c] 8 (5 mol%).　[d] $NH_2NH_2 \cdot H_2O$ (1.1 equiv); 60 °C.

3.2 分子状酸素によるBaeyer-Villiger反応

フラビン触媒による分子状酸素活性化システムはBaeyer-Villiger反応によるケトンのエステルへの変換にも適用できる。アセトニトリル—酢酸エチル—水の混合溶媒中，2 mol％のフラビン触媒 8 あるいは 19 の存在下，還元剤として亜鉛を用い，1気圧の酸素雰囲気下で，シクロブタノンはγ-ブチロラクトンへと酸化される[16]。本反応における副生成物は不溶性の Zn(OH)$_2$ のみであり，生成物の単離操作も簡便である。

酸素酸化 Baeyer-Villiger 反応の代表的な結果を表2に示す。本反応はフラビン触媒 8（実験1）以外に，種々のフラビン化合物を触媒として用いることができる。特にリボフラビン触媒（DMRFlEt$^+$・ClO$_4^-$, 19）は，市販のリボフラビン（ビタミンB$_2$, 18）から図9に示す経路で容易に合成でき，その触媒活性も高い（実験2）。本反応でも空気中の分子状酸素を効率よく利用

表2 フラビン触媒 19 による酸素酸化 Baeyer-Villiger 反応[a]

実験	ケトン	ラクトン	反応時間/h	収率/%
1	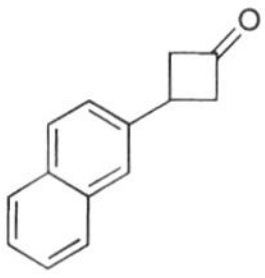 (ナフチルシクロブタノン)	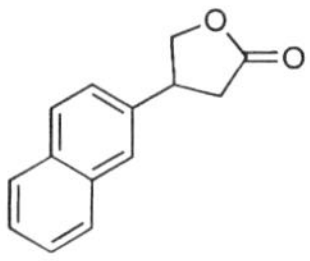 (ナフチルブチロラクトン)	7	91[b]
2			7	94
3			12	88[c]
4	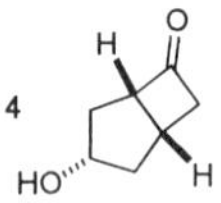 (HO-ビシクロケトン)	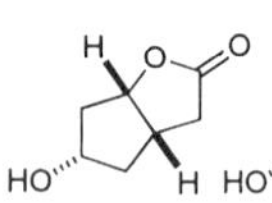 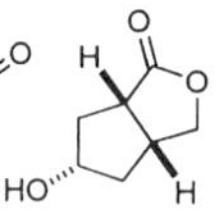 (2種のラクトン)	8	86 (72:28)
5	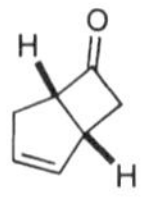 (ビシクロペンテノン)	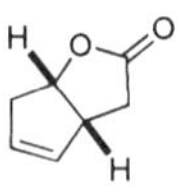 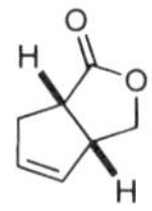 (2種のラクトン)	4	97[d] (57:43)

[a] フラビン 19 (2 mol%); Zn (1.5 equiv); CH$_3$CN/EtOAc/H$_2$O (8:1:1); 60 ℃; O$_2$ (1 atm). [b] 8 (2 mol%). [c] 空気 (1 atm). [d] 19 (4 mol%).

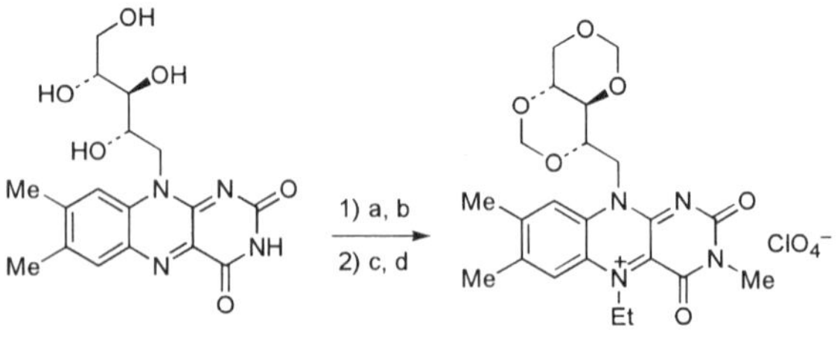

図9 リボフラビン触媒 19 の合成
a) HCHO; b) CH$_3$I; c) CH$_3$CHO, NaBH$_3$CN; d) NaNO$_2$, HClO$_4$

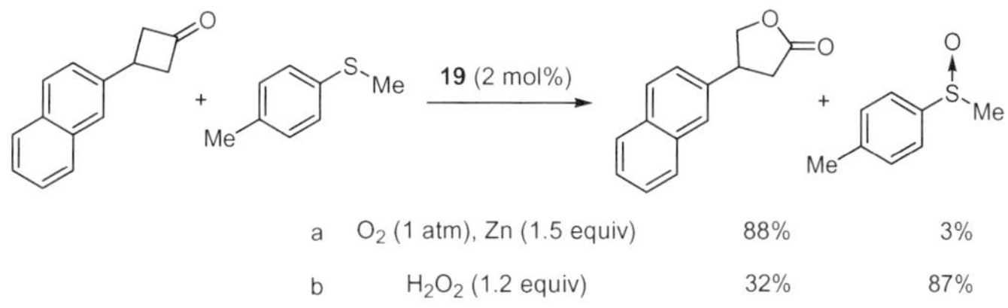

第21章 フラビン分子触媒によるグリーン酸化反応

a	O$_2$ (1 atm), Zn (1.5 equiv)	88%	3%
b	H$_2$O$_2$ (1.2 equiv)	32%	87%

図10 スルフィド共存下でのケトンのBaeyer-Villiger反応

することができ，反応時間を長くすると酸素下の反応と同等の結果が得られる（実験3）。

　Baeyer-Villiger反応では通常は過酸などの強力な酸化剤を用いるため，オレフィン，アルコール，スルフィドなどの酸化され易い官能基に対する酸化が同時に進行し，これらの官能基の存在下でBaeyer-Villiger反応を選択的に行うことはできない。また，通常の酸化剤ではそもそもBaeyer-Villiger反応自体が起こらないため，一般にBaeyer-Villiger反応が他の酸化反応よりも速く，選択的に起こることは考えられない。しかしながら，本フラビン触媒反応は，ケトンに対するこれまでにない特異性を示し，分子内にアルコール（実験4）やオレフィン（実験5）を有する基質ばかりでなく，スルフィド共存下でケトンのBaeyer-Villiger酸化を選択的に進行させる前例のない官能基選択性を発揮する（図10 a）。興味深いことに，この特異性はフラビン触媒で酸素酸化を行う場合にのみ観測され，同じフラビン分子19を触媒とする過酸化水素酸化では，一般的な酸化反応と同様にスルフィドの酸化がBaeyer-Villiger反応に優先する（図10 b）。

　これは酸素酸化と過酸化水素酸化では異なる酸化活性種が生成していることを示唆している。酸素酸化反応では，亜鉛による酸化型フラビン5の2電子還元により生成するフラビンアニオン20が直接酸素を活性化して求核力の強いフラビンペルオキシアニオン21が発生することが，求核的な酸化反応であるBaeyer-Villiger反応を親電子的な他の酸化反応より優先させているものと考えられる（図11）。

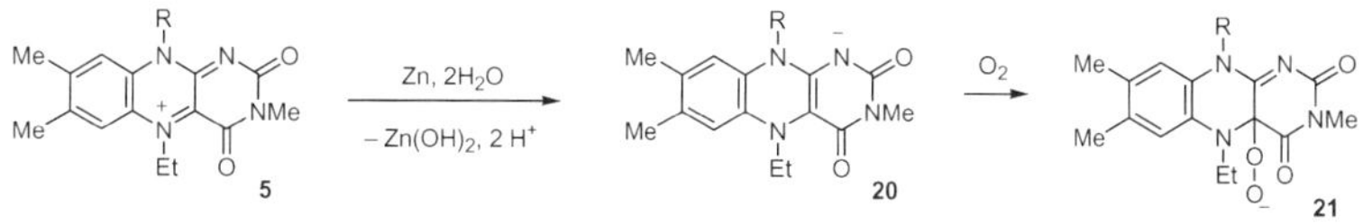

図11 亜鉛による酸化型フラビン5の還元過程と酸素活性化過程

4 分子状酸素によるオレフィンの水素化反応

上述の酸素酸化の原理を応用すると,ヒドラジンを系中で酸化して還元性の高いジイミドを発生させることにより,酸素酸化をトリガーとする新しい還元反応 "aerobic hydrogenation" が行える。オレフィンを水素化する方法には現在までに膨大な報告があるが,これらは金属触媒存在下に分子状水素を用いる方法(式(13))[17)]や金属触媒[18)]あるいは有機分子触媒[19)]の存在下に有機分子(DH_2)を反応させて水素移動させる方法(式(14))に大別することができる。前者の手法では危険性の高い分子状水素を取り扱う安全面での問題点が常に存在し,後者の方法では反応後の廃棄物(D)として,重金属化合物やヘテロ原子化合物が化学量論量発生する環境保全の問題が付きまとう。

$$\text{Sub} + H_2 \xrightarrow{\text{M cat.}} \text{SubH}_2 \quad (13)$$

$$\text{Sub} + DH_2 \xrightarrow{\text{M cat. or org. cat.}} \text{SubH}_2 + D \quad (14)$$

ヒドラジンを触媒的に酸素酸化してジイミドを発生させ,これを水素源とする手法(式(15))は,酸素を用いて窒素と水を副生するグリーンさにおいて理想的な環境調和型プロセスとなりうる。しかしながら,これまでの試み[20)]では発生したジイミドの自己還元反応による不均化反応による失活(式(16))が回避できないため,オレフィンの還元を完結させるためには大過剰のヒドラジンを要していた。フラビン触媒による酸素酸化の原理を適用すると,驚くべきことにほぼ等量のヒドラジンでオレフィンの還元が行え,式(15)に示す究極のグリーン還元法が達成できる[21)]。

$$\text{Sub} + \tfrac{1}{2}O_2 + NH_2NH_2 \xrightarrow{\text{cat.}} \text{SubH}_2 + N_2 + H_2O \quad (15)$$

$$2\ HN=NH \longrightarrow H_2N-NH_2 + N_2 \quad (16)$$

アセトニトリル溶媒中,フラビン触媒8の存在下,オレフィンと1.2当量の抱水ヒドラジンを1気圧の酸素雰囲気下で反応させると,アルカンが定量的に生成する。表3に代表的な結果を示す。本反応は酸素酸化条件での反応ではあるが,アルコール(実験1,2),エステル(実験3),アミド(実験4)などの官能基の存在下でもオレフィンの水素化が効率よく進行する。1.2当量の重水素化ヒドラジン($ND_2ND_2 \cdot D_2O$)による重水素化は,金属触媒反応で問題となるH/D交換が観測されず,重水素化合物の合成法としてきわめて実用性が高い(実験3)。スルフィドは金属触媒による水素化反応では触媒毒となるが,フラビン触媒反応ではスルフィドを含むオレ

第21章 フラビン分子触媒によるグリーン酸化反応

表3 フラビン触媒8によるオレフィンの水素添加反応[a]

実験	オレフィン	アルカン	反応時間/h	収率/%
1	〜(CH₂)₈OH	〜(CH₂)₈OH	4	99
2	ノルボルネンジオール	ノルボルナンジオール	5	96
3	ジアセトキシノルボルネン	ジアセトキシノルボルナン-D₂	6	93[b]
4	クロトンアミド(N-Et, N-o-Tol)	ブチルアミド(N-Et, N-o-Tol)	5	98[c]
5	Ph-S-アリル	Ph-S-プロピル	6	86[d]
6	Ph-S-アリル	Ph-S(O)-プロピル	9	95[e]

[a]フラビン 8 (1 mol%); $NH_2NH_2 \cdot H_2O$ (1.2 equiv); CH_3CN; 25 °C; O_2 (1 atm). [b]$ND_2ND_2 \cdot D_2O$ (1.2 equiv). [c] at 50 °C. [d]$NH_2NH_2 \cdot H_2O$ (2 equiv). [e] TFE.

フィンも効率よく水素化される（実験5）。同様の反応をTFE溶媒中で行うと，オレフィンの水素化と同時にスルフィドの酸化も効率よく進行する（実験6）。

触媒反応の基礎研究より，本フラビン触媒反応は，酸化型フラビン5が還元型フラビン16に変換される際に生成するジイミドがオレフィンを還元する嫌気過程と，還元型フラビン16への分子状酸素の取り込みで生成するヒドロペルオキシ体6がヒドラジンを酸化して生成するジイミドが還元に関与する好気過程の2つのプロセスで反応が進行することがわかった（図12）。この反応において，ヒドラジンが等量で進行する効率の良さは，生成するジイミドが遊離せず中間体22, 23を経てフラビン分子近傍でオレフィンとの反応が進行するためと考えられる。

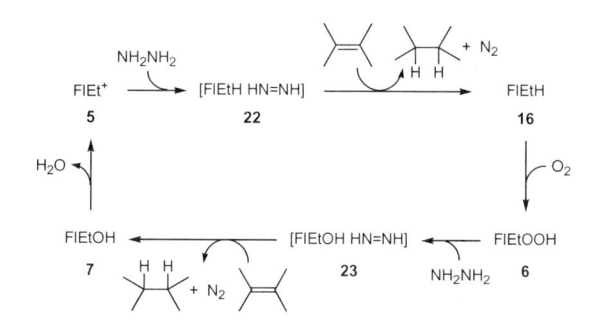

図12 ヒドラジンによるオレフィンのフラビン触媒水素化反応

5 おわりに

フラビン分子の特異的な電子的因子を活用することで，従来の金属触媒酸化反応にはない酵素類似の高い活性と選択性を備えた環境調和型の酸化触媒反応が開発されてきた。金属ポルフィリン触媒によるP-450酵素モデルに次ぐ酵素機能をシミュレートした触媒反応開拓の数少ない成功例であろう。有機分子触媒の持つ分子設計の容易さと高い発展性を考えると，今後の新しい機能を有する触媒と新反応の開拓に大いなる発展が期待される。

文　　献

1) Ballou, D. P., Flavoprotein Monooxygenases. In Flavins and Flavoproteins, Massey, V., Williams, C. H., Eds. Elsevier: New York, 1982, pp 301-310
2) Ball, S., Bruice, T. C., *J. Am. Chem. Soc.*, **101**, 4017-4019 (1979)
3) Murahashi, S.-I., Oda, T., Masui, Y., *J. Am. Chem. Soc.*, **111**, 5002-5003 (1989)
4) For reviews, see: Lombardo, M., Trombini, C., *Synthesis*, 759-774 (2000) ; Gothelf, K. V., Jørgensen, K. A., *Chem. Commun.*, 1449-1458 (2000)
5) Mazzini, C., Lebreton, J., Furstoss, R., *J. Org. Chem.*, **61**, 8-9 (1996)
6) Bergstad, K., Bäckvall, J.-E., *J. Org. Chem.*, **63**, 6650-6655 (1998)
7) Minidis, A. B. E., Bäckvall, J.-E., *Chem. Eur. J.*, **7**, 297-302 (2001)
8) Lindén, A. A., Krüger, L., Bäckvall, J.-E., *J. Org. Chem.*, **68**, 5890-5896 (2003)
9) Bergstad, K., Jonsson, S. Y., Bäckvall, J.-E., *J. Am. Chem. Soc.*, **121**, 10424-10425 (1999)
10) Jonsson, S. Y., Färnegårdh, K., Bäckvall, J.-E., *J. Am. Chem. Soc.*, **123**, 1365-1371 (2001)
11) For a review, see: Kamerbeek, N. M., Janssen, D. B., van Berkel, W. J. H., Fraaije, M. W., *Adv. Synth. Catal.*, **345**, 667-678 (2003)
12) Shinkai, S., Yamaguchi, T., Manabe, O., Toda, F., *J. Chem. Soc., Chem. Commun.*, 1399-1401 (1988)
13) Murahashi, S.-I., *Angew. Chem. Int. Ed.*, **34**, 2443-2465 (1995)
14) Murahashi, S.-I., Ono, S., Imada, Y., *Angew. Chem. Int. Ed.*, **41** 2366-2368 (2002)
15) Imada, Y., Iida, H., Ono, S., Murahashi, S.-I., *J. Am. Chem. Soc.*, **125**, 2868-2869 (2003)
16) Imada, Y., Iida, H., Murahashi, S.-I., Naota, T., *Angew. Chem. Int. Ed.*, **44**, 1704-1706 (2005)
17) Chaloner, P. A., Esteruelas, M. A., Joó, F., Oro, L. A. Homogeneous

Hydrogenation, Kluwer Academic Publishers: Dordrecht, 1994.
18) Zassinovich, G., Mestroni, G., Gladiali, S., *Chem. Rev.*, **92**, 1051-1069 (1992) ; Noyori, R., Hashiguchi, S., *Acc. Chem. Res.*, **30**, 97-102 (1997)
19) Yang, J. W., Fonseca, M. T. H., List, B., *Angew. Chem. Int. Ed.*, **43**, 6660-6662 (2004) ; Ouellet, S. G., Tuttle, J. B., MacMillan, D. W. C., *J. Am. Chem. Soc.*, **127**, 32-33 (2005) ; Yang, J. W., Fonseca, M. T. H., Vignola, N., List, B., *Angew. Chem. Int. Ed.*, **44**, 108-110 (2005)
20) For reviews, see: Hünig, S., Müller, H. R., Thier, W., *Angew. Chem. Int. Ed.*, **4**, 271-280 (1965) ; Pasto, D. J., Taylor, R. T., *Org. React.*, **40**, 91-155 (1991)
21) Imada, Y., Iida, H., Naota, T., *J. Am. Chem. Soc.*, **127**, 14544-14545 (2005)

第22章　有機ニトロキシルラジカル型高活性アルコール酸化触媒 1-Me-AZADO の開発

岩渕好治[*]

1　はじめに

　環境調和性と効率性をキーワードとして有機合成反応の開発を考えるとき，生体分子触媒：酵素は有機化学者に示唆と勇気を与えてくれる。生体が利用する元素は毒性が低く，優れた素材となり，これらを組み合わせて反応の遷移状態を認識・安定化する場をつくれば，反応加速の獲得のみならず選択性をも制御できるのである[1]。

　当研究室では低分子有機化合物の合成反応触媒としての可能性に興味を抱き研究を行っているが，最近，TEMPO [2,2,6,6-tetramethyl-1-piperidinyoxy (1)] に代表される有機ニトロキシルラジカルの活用性開発研究の途上で，1-methyl-2-azaadamantane-N-oxyl (2)（以下，1-Me-AZADO と略記）を創製し，このものがアルコール酸化反応において既存の触媒を凌駕する活性を発揮することを確認した[30]ので紹介したい。

2　研究の背景：TEMPO 酸化

　アルコール類の酸化反応は，有機合成の主骨格とも例えられるカルボニル化合物への直截的な到達を可能とする重要反応であり，医薬，農薬，香粧品，電子材料をはじめとする高付加価値有機化合物の合成に汎用されている。そのため古くからアルコールの酸化に関する膨大な研究が蓄積され，その結果として幾多の優れた手法が開発され利用されている[2]。近年，地球環境への負荷の軽減を求める社会的要請を背景として，アルコールの酸化反応についても一層の進化が求められ，今なお活発な研究が展開されている[3]。

　TEMPO (1) に代表される有機ニトロキシルラジカルを触媒とする酸化手法は，安価で毒性の低いバルク酸化剤の使用を可能とすることから，近年注目を集め，天然物合成や医薬品の探索合成といったミリグラムスケールでの合成から医薬品のバルク合成まで，広範な領域で高い実績を挙げている[4]。

---

[*]　Yoshiharu Iwabuchi　東北大学大学院　薬学研究科　教授

第22章　有機ニトロキシルラジカル型高活性アルコール酸化触媒 1-Me-AZADO の開発

3　ニトロキシルラジカルの化学

　TEMPO 酸化の礎を成すニトロキシルラジカル種の化学は，1845 年，E. Fremy による無機ニトロキシルラジカルである Fremy's salt (**3**) の発見に始まる[5]。その後，ESR 測定技術の発達と共に多くの N-オキシル化合物が知られるようになった。1900 年代前半にはポルフェレキシド (**4**)[6] やジフェニルニトロキシド (**5**)[7] など多くの共役安定型有機ニトロキシルラジカルが合成され，「ラジカル＝不安定＝単離不可能」という常識を覆した。**4** や **5** の安定性は不対電子が π-電子系に共役して非局在化することによる安定化に拠っていると説明された[8]。1960 年代には，そのような π-電子系と共役していないジアルキルアミン-N-オキシド (**6**)[9] が合成，単離され一層の注目を集めた（図 1）。

　中でも 1960 年 O. L. Levedev, S. N. Kazamovski ら[10]が合成した TEMPO (**1**) は，空気中でも結晶として長期間安定に存在し得る性質を有することから，特に注目を集めた。また，1962 年，

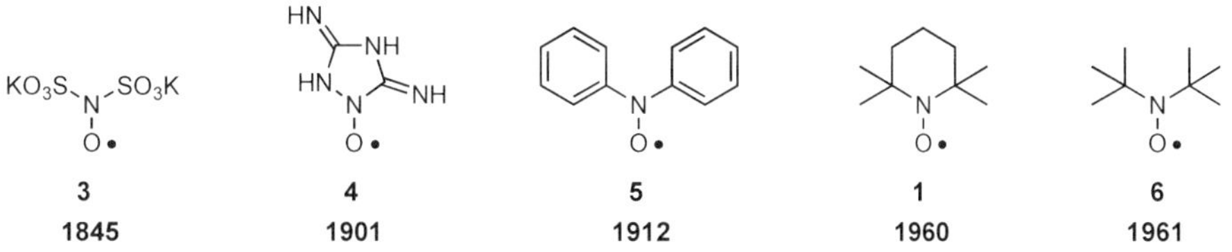

図 1　安定ニトロキシルラジカル種：発見の歴史

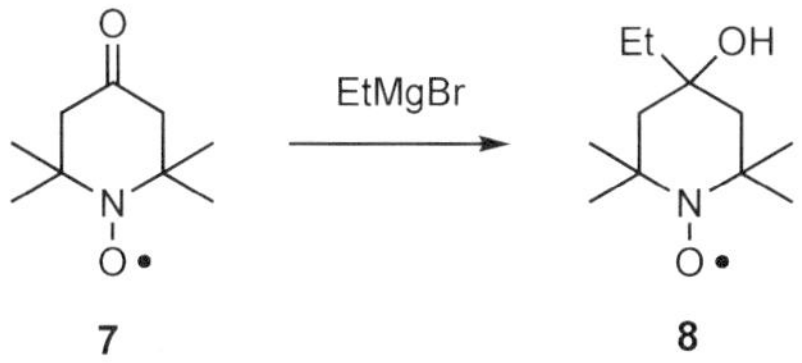

(M. B. Neiman, E. G. Rozantsev, *Nature*, **196**, 472 (1962))

スキーム 1

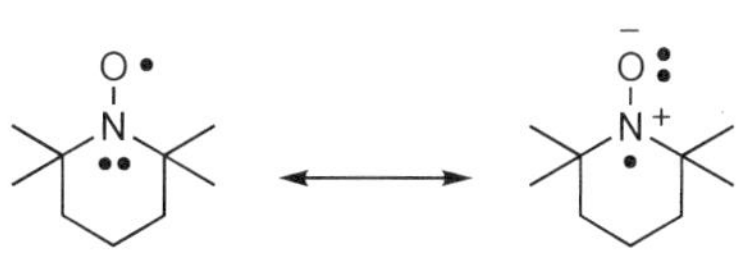

図 2

M. B. Neiman, E. G. Rozantzev ら[11]は 4-oxo-TEMPO (**7**) が，Grignard 反応など種々のイオン反応などに対しても安定性を示すことを報告した（スキーム1）。この種のニトロキシルラジカルの安定性には図2のような N–O 間での共鳴が大きく寄与していると推察されている。

4 アルコール酸化能の発見と TEMPO 酸化の発展

1965 年 V. A. Golubev ら[12]は，4-hydroxyl-TEMPO (**9**) が塩素によって酸化されて生成するオキソアンモニウムイオン **10** がアルコール類に対して酸化力を示し，対応するカルボニル化合物を与えることを見出した（スキーム2）。これを契機として，オキソアンモニウムイオン種を酸化剤として活用する途が拓かれることとなった。

ニトロキシルラジカル種は，このものを中心としてオキソアンモニウムイオンおよびヒドロキシルアミンへと可逆的に一電子酸化，還元を行うことがその後の研究によって明らかにされた[13]（図3）。このユニークな酸化還元特性を利用し，1975 年，J. A. Cella ら[14]および B. J. Ganem ら[15]は mCPBA を用いて初めてのアルコールの触媒的酸化に成功している。以来，TEMPO を用いた触媒的アルコール酸化反応の研究が盛んに行われるようになり多くのバルク酸化剤が開発されてきた。1987年には，現在工業プロセスにおいて最も汎用されている安価で環境負荷の少

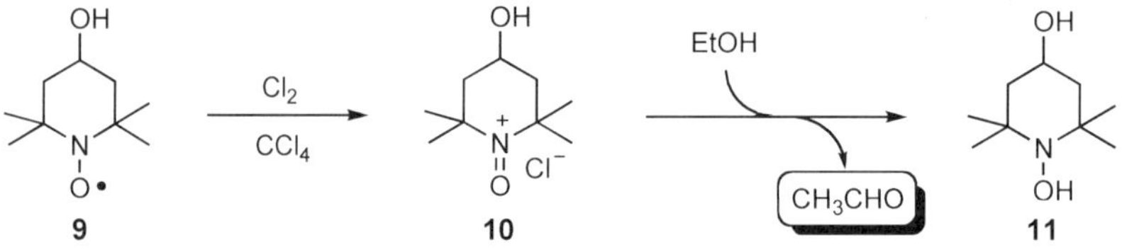

(V. A. Golubev, E. G. Rozantsev, M. B. Neiman, *Bull. Acad. Sci. USSR*, 1898 (1965))

スキーム 2

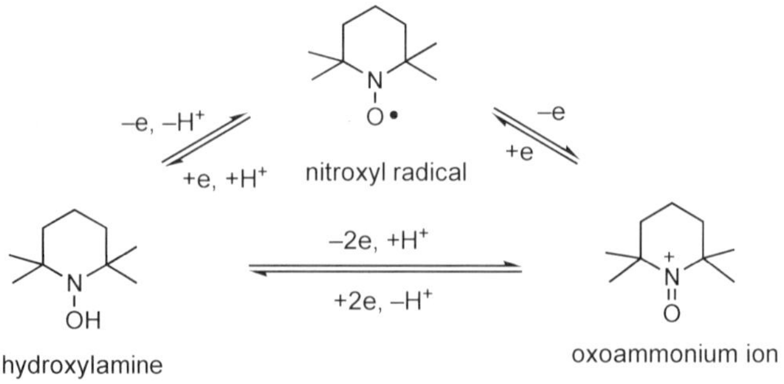

図 3

第22章 有機ニトロキシルラジカル型高活性アルコール酸化触媒 1-Me-AZADO の開発

ない NaOCl が P. L. Anelli ら[16]によって報告された。また 1997 年には，Margarita ら[17]によって幅広い官能基共存性を実現する超原子価ヨウ素試薬 PhI(OAc)$_2$ の活用性が見い出された。

5　TEMPO 酸化の特性と反応機構

TEMPO は優れた 1 級アルコール選択性を発現することが知られている。このユニークな特性は 1983 年，M. F. Semmelhack ら[18]によって初めて指摘され，その後，NaOCl や PhI(OAc)$_2$ を始めとする実用性の高い共酸化剤が開発・普及するに伴って急速に精密有機合成化学の領域に浸透していった。特に糖化学分野において，2 級水酸基を保護することなく 1 級水酸基のみを選択的にカルボン酸へと酸化して，ウロン酸単位を合成する手段として頻繁に利用されている[19]。最近では，天然物合成の重要な局面において TEMPO 酸化を活用している例も多々報告されるようになってきた[20]（スキーム 3）。

(J. Skarzewski et al., *Tetrahedron lett.* **31**, 2177 (1990))

(S. L. Flitsch et al., *Tetrahedron lett.* **34**, 1181 (1993))

Guanacastepene A

(S. J. Danishefsky et al., *J. Org. Chem.* **70**, 10629 (2005))

スキーム 3　TEMPO 酸化の応用例

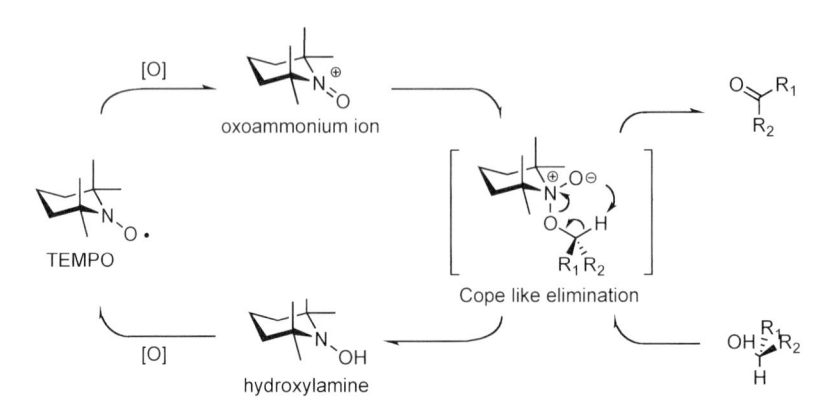

図4 TEMPOによるアルコール酸化の触媒サイクル

　TEMPO酸化の反応機構は以下のように提唱されている[21]（図4）。まずTEMPOがバルク酸化剤によって酸化され活性本体であるオキソアンモニウムイオンを与える。ここに基質のアルコールが結合した後，Cope型の分解を経てカルボニル化合物とヒドロキシルアミンを与える。このヒドロキシルアミンが酸化されTEMPOが再生することで触媒サイクルが完成する。

6　有機ニトロキシルラジカルの安定性

　一般的にニトロキシルラジカルの α 位炭素に水素が置換している場合，以下に示すようにヒドロキシルアミン 13 とニトロン 14 へと速やかに不均化[22]することが知られている。従って，TEMPOの N-オキシル基 α 位の4つのメチル基はTEMPOの安定ラジカルとしての存在を保障する構造化学的要素といえる（スキーム4）。そのためTEMPOの活性中心近傍には適度な立体要求性が発現し，1級アルコールの選択的酸化を可能とする。しかし，このことは逆説的に立体障害の大きなアルコールの酸化を困難なものにすることになる。

　TEMPO型ニトロキシルラジカルには他にも特徴的な分解反応がいくつか知られている。4-Oxo-TEMPO（7）はスキーム5で示す熱的な分解を起こし，ヒドロキシルアミン体 15 とニトロ

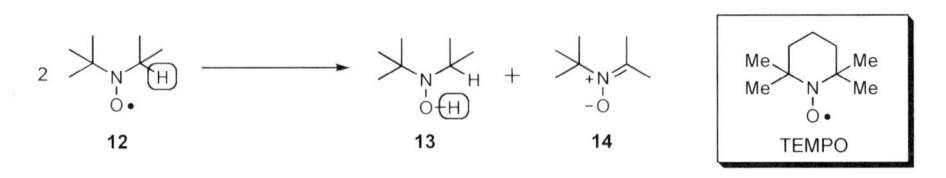

スキーム4　α-水素を有するニトロキシルラジカルの不均化反応

第22章　有機ニトロキシルラジカル型高活性アルコール酸化触媒 1-Me-AZADO の開発

スキーム 5　TEMPO 誘導体の熱分解反応

スキーム 6　オキソアンモニウムイオンの分解反応

ソ体 16 を与えることが報告されている[23]。また，TEMPO 由来のオキソアンモニウムイオン 1a は塩基性条件下でスキーム 6 のような分解を起こすことが知られており[24]，触媒強度という点で改善の余地を残している。

このように，TEMPO は安価で環境負荷の少ない NaOCl 水溶液をバルク酸化剤として用いて，バルク合成へも適用可能な触媒的アルコール酸化プロセスを成立させる一方で，嵩高い基質の酸化を苦手としていることやその酸化体の構造的安定性に不満を残している。

7　アザアダマンタン型ニトロキシルラジカルの潜在的機能性

上述の知見を踏まえ，著者らはアザアダマンタン型ニトロキシルラジカルのアルコール酸化触媒としての潜在的機能性に興味を抱いた。2-azaadamantane-N-oxyl［以下，AZADO（19）と略記］は N-オキシル基の α 位に水素原子を有するが，Bredt 則[25]によってニトロンへの異性化が阻まれることとなり，安定ラジカルとして存在が保障されるはずである。もし，これらのラジカル種が TEMPO と同様のレドックス特性を示すならばオキソアンモニウム種 21 は TEMPO に比べメチル基二つ分広い反応場を与えることとなり，TEMPO では酸化困難な立体障害の大きいアルコール類の酸化も可能とするのではないか。加えて，アダマンタン骨格ならではの堅牢性[26]故の耐久性も期待される（図 5）。早速，文献調査を行ったところ，19 は 1978 年，フランスの化学者 A. Rassat らのグループによって合成され，安定ラジカルとして存在することが実証されていた[27]。しかし，彼らの研究はラジカルそのものとしての物理化学的性質に関する検討に留ま

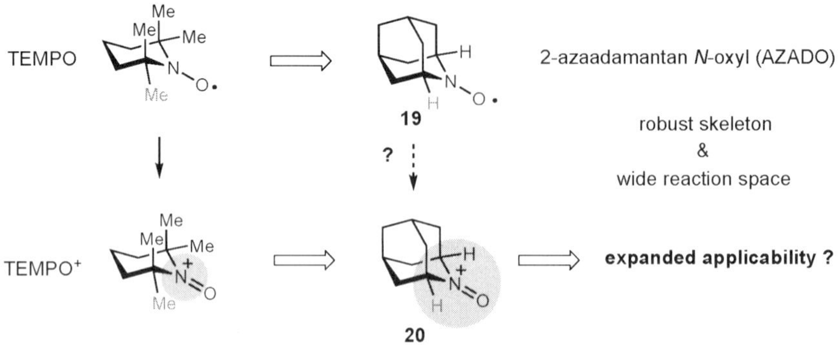

図 5

るものであり，オキソアンモニウムイオン 20 の生成や酸化触媒としての機能性に関する検討は全くなされていなかった。そこで AZADO (19) の合成を目指して，J. G. Henkel らの報告[28a]に従い 2-azaadamantane の調製を試みたが，ジケトン 21 の還元的アミノ化反応の再現が困難であり，目的のアザアダマンタン 23 は低収率でしか得ることができなかった（スキーム 7）。そこで AZADO (19) の合成を一時保留し，比較的合成が容易と考えられる 1 位にメチル基を残した 1-MeAZADO (2) を目指して合成検討を重ねた。その結果，1-adamantanol から 2 工程で導かれるビシクロ体 24[29]より，再現性良く合成する経路を確立できた（スキーム 8）[30]。

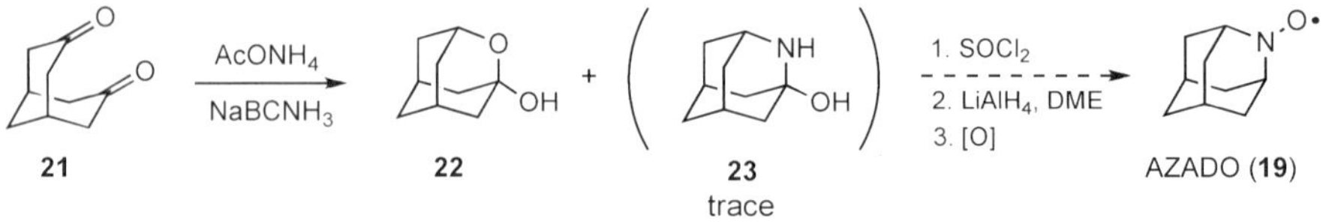

スキーム 7

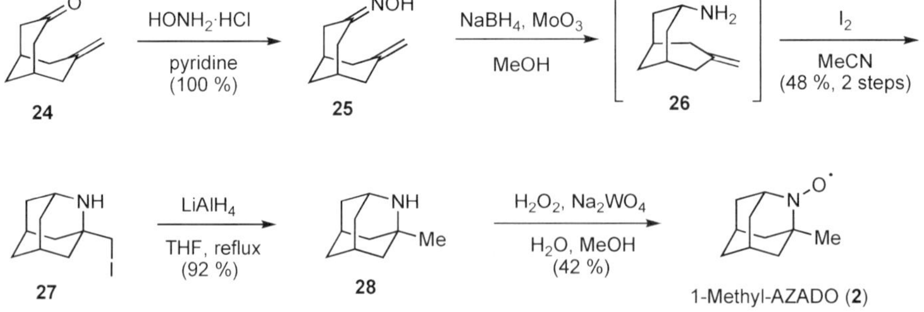

スキーム 8

第22章　有機ニトロキシルラジカル型高活性アルコール酸化触媒 1-Me-AZADO の開発

表1　Anelli 条件下での TEMPO と 1-Me-AZADO の触媒活性の比較

Ph～～OH
→ TEMPO or 1-Me-AZADO
NaOCl (130 mol%), KBr (10 mol%),
Bu$_4$NBr (5 mol%)
CH$_2$Cl$_2$, aq. NaHCO$_3$, 0 °C, 20 min
→ Ph～～CHO

loading amount (mol%)	yield (%)	
	TEMPO	1-Me-AZADO
0.1	96	95
0.01	23	91
0.004	n.d.	88[a]
0.001	n.d.	62[b]

[a] The run time was 30 min.　[b] The run time was 60 min.

　合成した 1-MeAZADO (**2**) のアルコール酸化触媒としての性能を評価した。まず，NaOCl をバルク酸化剤とする Anelli 条件下[16]，基質として1級アルコールを用いて検討した。その結果，1-MeAZADO (**2**) は TEMPO の10倍以上の触媒活性を発揮することが判明した（表1）。ところで Anelli 条件下での酸化では，分子内に炭素—炭素二重結合を有する基質はアルコールの酸化と同時にクロルカチオンによる副反応が競合し収率が低下することが知られている。この化学選択性に関する問題は，PhI(OAc)$_2$ をバルク酸化剤とする Margarita 条件[17]を採用することによって回避できる。**2** は，この条件においても TEMPO に比べ高い触媒効率を示すことが確認された（表2）。次に，2級アルコールに対する **2** の適応性を検証した。その結果，TEMPO では酸化することが困難な立体障害の大きいアルコールにおいて，**2** を用いた場合では20分という短時間で酸化が完結し，ほぼ定量的に対応するケトンを与えることという予想以上の結果を得ることができた（表3）。残念ながら，分子内に塩基性アミノ基が存在する基質の酸化には困難であることが明らかとなった。

表2　Margarita 条件下での TEMPO と 1-Me-AZADO の触媒活性の比較

Ph～～OH
→ TEMPO or 1-Me-AZADO
PhI(OAc)$_2$, CH$_2$Cl$_2$ (1M), rt
→ Ph～～CHO

loading amount (mol%)	yield (%) / time (h)	
	TEMPO	1-Me-AZADO
10	95 / 1.5	96 / 0.1
1	42 / 6	93 / 0.7
0.1	n.d.	39 / 3

表3　2級アルコールの酸化における TEMPO と 1-Me-AZADO の触媒活性の比較

entry	substrate	method	yield[a] (%) TEMPO	yield[a] (%) 1-Me-AZADO
1		A	83	94
2		A	84	99
3		A	68	97
4		A	0	94
5		A	16	99
6		A	5	95
7		A	15	93
8		A	57	87
9		A A[b]	8	99 90
10		A B	n.d.[c] 12[d]	19 100
11		A B	n.d.[c] 27[e]	10 46[e]

Method A: reactions were catalyzed by TEMPO or 1-Me-AZADO (1 mol%) with NaOCl (150 mol%), KBr (10 mol%), Bu$_4$NBr (5 mol%), aq. NaHCO$_3$ in CH$_2$Cl$_2$ at 0 °C for 20 min. Method B: reactions were catalyzed by TEMPO or 1-Me-AZADO (1 mol%) with 1.1. equiv. of PhI(OAc)$_2$ in CH$_2$Cl$_2$ for 9 h at rt. a Isolated yield. b reaction was run using 20 g of substrate. c Not determined. d Reaction was run using 3.3 equiv. of PhI(OAc)$_2$ for 14 h at rt. e Reaction was run using 5.1 equiv. of PhI(OAc)$_2$ for 30 h at rt.

8　アザアダマンタン型ニトロキシルラジカルの構造―活性相関

上述のように TEMPO を凌駕するアルコール酸化触媒活性を有する有機ニトロキシルラジカル 1-Me-AZADO (2) を開発することができたが，1位メチル基と触媒活性の相関に対する疑問

第22章　有機ニトロキシルラジカル型高活性アルコール酸化触媒 1-Me-AZADO の開発

が残った。そこで，触媒活性部近傍の環境が異なる AZADO (**19**)，1,3-DiMeAZADO (**29**) を合成し，それぞれのアルコール酸化能を検証した。興味深いことに，これらの触媒は1級アルコールの酸化反応については，ほぼ同程度の触媒効率を示した。立体的に嵩高い基質の場合，AZADO (**19**) と 1-MeAZADO (**2**) はほぼ同程度の活性を示したが，1,3-DiMeAZADO (**29**) では反応が殆ど進行しないことが確認された。1,3-DiMeAZADO (**29**) の基質受容性は TEMPO のそれと同等であると理解される。

各種ニトロキシルラジカル類のサイクリックボルタンメトリー (CV) の測定を行った。その結果，酸化の受けやすさの指標となる $E^{o\prime}$ 値は 1,3-DiMeAZADO (136 mV) ＞ 1-MeAZADO (186 mV) ＞ AZADO (236 mV) ＞ TEMPO (294 mV) となることが判った。この序列は Anelli 条件下並びに Margarita 条件下で観測されたアルコール酸化活性の序列 (AZADO ＞ 1-Me-AZADO ≫ 1,3-DiMeAZADO ～ TEMPO) とは相関性がない。この結果は，これらニトロキシルラジカルの酸化触媒活性が速度論的因子によって影響を受けていることを示唆している[30]。

9　おわりに

TEMPO の機能—構造相関にヒントを得て，アザアダマンタン型ニトロキシルラジカルに潜在するアルコール酸化触媒としての有用性を開発できた。1-Me-AZADO はアルコール類の酸化において TEMPO と相補的な活用性を提供する。1-Me-AZADO は㈱和光純薬工業から近日販売される運びとなっており，今後，有機合成の多様な局面での活用が期待される。上記の研究で得られた，触媒中心近傍に位置するメチル基と触媒活性の相関に関する知見は有機ニトロキシルラジカルに潜在する合成化学的可能性への有用な示唆を含むものと受け止め，鋭意研究を進めている。

謝辞

本研究は当研究室の澁谷正俊助手と富澤正樹君を始めとする大学院学生諸君の創意工夫と不断の努力により推進された。著者をアダマンタノイド化学との邂逅に導いて下さった恩師・東北大学名誉教授小笠原國郎先生に心より感謝申し上げます。

文　　献

1) (a) Jencks, W. P. Catalysis in Chemistry and Enzymology; McGraw-Hill: New York, 1967, 288 ; (b) Tanaka, F. *Chem. Rev.* **102**, 4885 (2002)
2) (a) Schlecht, M. F. In Comprehensive Organic Synthesis; Trost, B. M., Fleming, I., Ley, S. V., Eds.; Pergamon: Oxford, 1991; Vol. 7, pp 251-327 ; (b) Modern Oxidation Methods, Bäckvall, J.-E., Ed; Willey-VCH. Weinheim, Germany, 2004.
3) (a) Noyori, R., Aoki, M., Sato, K. *Chem. Commun.* 1977-1980 (2003) ; (b) Mallat, T., Baiker, A. *Chem. Rev.* **104**, 3037-3058 (2004) ; (c) Uozumi, Y., Nakao, R. *Angew. Chem. Int. Ed.* **42**, 194-197 (2003) ; (d) Nishide, K., Patra, P. K., Matoba, M., Shanmugasundaram, K., Node, M, *Green Chem.* **6**, 142-146 (2004)
4) (a) de Nooy, A. E., Besemer, A. C., van Bekkum, H. *Synthesis*, 1153-1174 (1996) ; (b) Sheldon, R. A., Arends, I. W. C. E. *Adv. Synth. Catal.* **346**, 1051-1071 (2004) ; (c) Dugger, R. W., Ragan, J. A., Ripin, D. H. B. *Org. Process Res. Dev.* **9**, 253 (2005)
5) Fremy, E. *Ann. Chim. Phys.* **15**, 459 (1845)
6) Piloty, O., Schwerin, B. G. *Chem. Ber.* **34**, 1870 (1901)
7) Wieland, H., Roseeu, A. *Chem. Ber.* **45**, 494 (1912)
8) Deguchi, Y. *Bull. Chem. Soc. Jpn.* **35**, 260 (1965)
9) Hoffmann, A. K., Henderson, A. T. *J. Am. Chem. Soc.* **83**, 4671 (1961)
10) (a) Lebeder, O. L., Kazarnovskii, S. N. *Zh. Obshch. Khim.* **30**, 1631 (1960) ; (b) Lebeder, O. L., Kazarnovskii, S. N. *Chem. Abstr.* **55**, 1473 (1961)
11) (a) Neiman, M. B, Rozantsev, E. G., Mamedova, Y. G. *Nature*, **196**, 472 (1962) ; (b) Rozantsev, E. G. Free Nitroxyl Radicals; Engl. transl., (Ed.: H. Ulrich), Plenum Press, New York (1970)
12) Golubev, V. A., Rozantsev, E. G., Neiman, M. B. *Izv. Akad. Nauk USSR, Ser. Khim.* 1898 (1965)
13) Golubev, V. A., Rozantsev, E. G., Neiman, M. B. *Bull. Acad. Sci. USSR, Div. Chem. Sci.* 1927 (1965)
14) Cella, J. A., Kelley, J. A., Kenehan, E. F. *J. Org. Chem.* **40**, 1860 (1975)
15) Ganem, B. *J. Org. Chem.* **40**, 1998 (1975)
16) (a) Anelli, P. L., Biffi, C., Montanari, F., Quici, S. *J. Org. Chem.* **52**, 2559 (1987) ; (b) Anelli, P. L., Banfi, S., Montanari, F., Quici, S. *J. Org. Chem.* **54**, 2970 (1989) ; (c) Anelli, P. L., Montanari, F., Quici, S. *Org. React.* **61**, 212 (1990)
17) Mico, A. D., Margarita, R., Parlanti, L., Vescovi, A., Piancatelli, G. *J. Org. Chem.* **62**, 6974 (1997)
18) Semmelhack, M. F., Chou, C. S., Cortes, D. *J. Am. Chem. Soc.* **105**, 4492 (1983)
19) (a) Davis, N. J, Flitsch, S. L. *Tetrahedron Lett.* **34**, 1181 (1993) ; (b) de Nooy, A. E. J., Basemer, A. C. *Tetrahedron*, **51**, 8023 (1995) ; (c) de Nooy, A. E. J., Besemer, A. C., van Bekkum, H. *Reef. Truv. Chim. Pays&s,*

113, 165 (1994); (d) de Nooy, A. E. J., Besemer, A. C., van Bekkum, H. *Carbohydr. Res.* **269**, 89 (1995)
20) (a) Mandal, M., Yun, H., Dudley, G. B., Lin S., Tan, D. S., Danishefsky, S. J. *J. Org. Chem.* **70**, 10619 (2005); (b) Paterson, I., Delgado, O., Florence, G. J., Lyothier, I., Scott, J. P., Sereinig, N. *Org. Lett.* **5**, 35 (2003)
21) (a) Semmelhack, M. F., Schmid, C. R., Cortes, D. A. *Tetrahedron Lett.* **27**, 1119 (1986); (b) Ma, Z., Bobbit, J. M. *J. Org. Chem.* **56**, 6110 (1991); (c) de Nooy, A. E., Besemer, A. C., Bekkum, V. H. *Tetrahedron*, **51**, 8023 (1995)
22) (a) Adamic, K., Bowman, D. F., Gillan, T., Ingold, K. U. *J. Am. Chem. Soc.* **93**, 902 (1971); (b) Bowman, D. F., Gillan, T., Ingold, K. U. *J. Am. Chem. Soc.* **93**, 6555 (1971); (c) Hombrouck, M. J., Rassat, A. *Tetrahedron*, **30**, 433 (1974)
23) Murayama, K., Yishioka, T. *Bull. Chem. Soc. Jpn.* **42**, 2307 (1969)
24) Moad, G., Rizzardo, E., Solomon, D. H., *Tetrahedron Lett.*, **22**, 1165 (1981)
25) (a) Bredt, J. *Justus Liebigs Ann. Chem.*, **437**, 1 (1924); (b) F. S. Fawcett, *Chem. Rev.*, **47**, 219 (1950)
26) Dupeyre, R. M., Rassat, A. *Tetrahedron*, **34**, 1501 (1978)
27) (a) Farooq, O., Farnia, F., Stephenson, M., Olah, G. A. *J. Org. Chem.*, **53**, 2840 (1988); (b) Dahl, J. E., Liu, S. G., Carlson, R. M. K. *Science*, **299**, 96 (2003)
28) (a) Henkel, J. G., Faith, W. C., Hane, J. T. *J. Org. Chem.*, **46**, 3483 (1981); (b) Stetter, H., Tacke, P., Gartner, *J. Chem. Ber.*, **97**, 3480 (1964)
29) Muraoka, O., Wang, Y., Okamura, M., Nishimura, S., Tanabe, G., Momose, T. *Synth. Commn.*, **26**, 1555 (1996)
30) Shibuya, M., Tomizawa, M., Suzuki, I., Iwabuchi, Y. *J. Am. Chem. Soc.*, **128**, 8412 (2006)

第23章　有機超強塩基触媒を用いる分子変換反応

根東義則*

1　はじめに

　有機塩基は有機合成において様々な選択的変換反応に脱プロトン化剤（プロトン捕捉剤）あるいはルイス塩基として用いられ，欠かすことのできない重要な反応剤である。有機塩基としては従来図1に示すようなアミン類が用いられてきたが，その塩基性の強さは金属性の塩基に比べある程度限られていた。かっこ内にはアセトニトリル中におけるpK_{BH}の値を示したが，従来の塩基ではその値が30を超えるものは知られていなかった。

　近年この常識を破る有機超強塩基[1]が開発され，有機合成に活用されるようになってきた。なかでもSchwesingerらにより合成されたフォスファゼン塩基[2]とVerkadeらが合成したプロアザフォスファトラン塩基[3]は金属塩基に匹敵する極めて強い塩基性を示すことが知られている。これら二つの種類の塩基はそれぞれ独自に開発されたものであり，構造的な特徴，反応性には違いがあるが，いずれも強いブレンステッド塩基性を示し，様々な有機分子の変換反応に用いられる。フォスファゼン塩基の中でも特にt-Bu-P4塩基は有機リチウム化合物に匹敵する強塩基性を示すことが知られており，その有機合成における活用が期待されている。

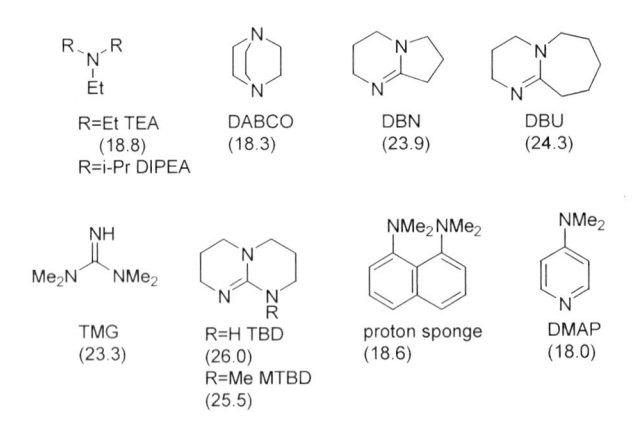

図1　従来用いられている有機塩基

* Yoshinori Kondo　東北大学大学院　薬学研究科　教授

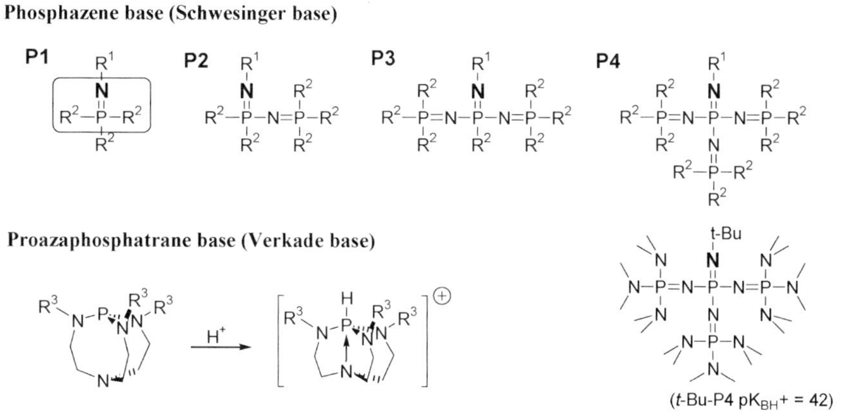

第23章　有機超強塩基触媒を用いる分子変換反応

図2　フォスファゼン塩基とプロアザフォスファトラン塩基

フォスファゼン塩基の中心の窒素原子は5価のリンに二重結合で結合している。トリアミノイミノフォスフォラン単位が連結するに従い塩基性は増大し，4個以上で塩基性はほぼ閾値に達する。フォスファゼン塩基は通常の有機溶媒（ヘキサン，トルエン，THFなど）に高い溶解性を示し，酸性度の弱い化合物を良く溶かす性質を持つ。また立体的に嵩高いフォスファゼン塩基は親電子剤の攻撃を受けにくく，酸素との反応や加水分解に対しても安定であるとされている。フォスファゼン塩基の化学構造と塩基性の関係については，①プロトン化される部位はイミン窒素，②ユニット数が増えるに従い塩基性が増加，③ユニット数が同じ場合リン原子により多くのユニットが結合した化合物のほうが強塩基ということがすでに明らかになっている。t-Bu-P4塩基はフォスファゼン塩基の中でもより強塩基性を有しておりまた立体的にも嵩高く求核性を抑えた強塩基としての利用が期待できる。

2　脱プロトン化反応

フォスファゼン塩基はその高い塩基性により脱プロトン化に有利であるのみならず，生成するフォスファゼニウム塩は共役系を通じて正電荷を広範囲に拡散できるためイオン性が高く，対アニオンは遊離のアニオンに近い状態となり高い求核性を示すことが知られている[4]。

このことを利用して，種々の求核的な変換反応を容易にすることが可能である。通常の金属塩基により生成されるアルコキシドは，電子求引基を持たないアルキンへの求核付加反応は遅いことが知られている。t-Bu-P4塩基により脱プロトン化した求核性の高いアルコキシドを用いてアルキンとの反応を検討したところ，付加反応が触媒的に円滑に進行することが明らかになった[4]。本反応では，求核種にアミン類を用いても収率良く付加体であるエナミン誘導体を得ることがで

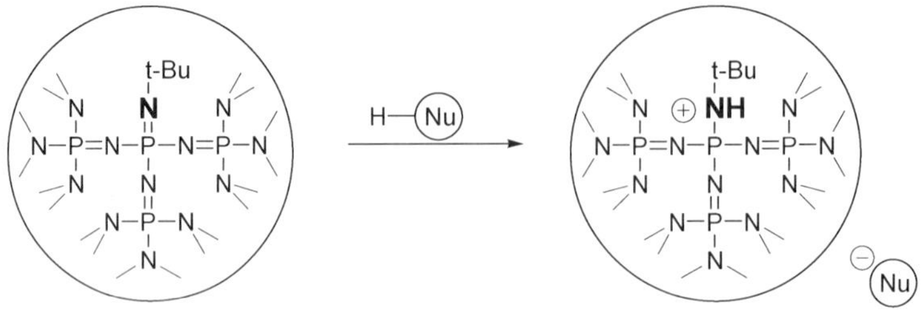

図3　フォスファゼン塩基と求核性

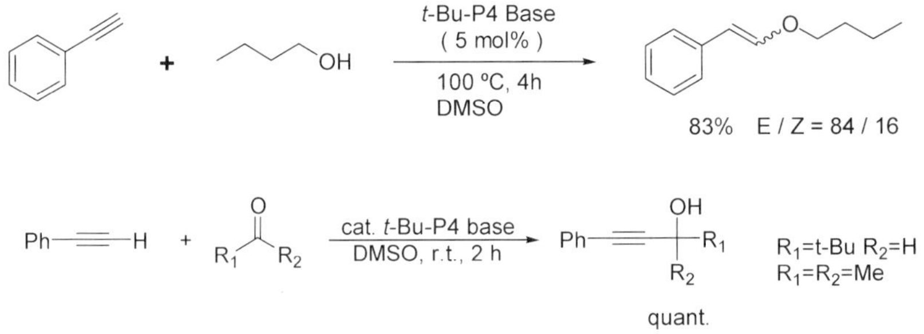

図4　t-Bu-P4塩基触媒を用いる求核剤の活性化

きる。また，末端アセチレンの水素も触媒量の t-Bu-P4 塩基の作用によりアセチリドを発生させることができ，カルボニル化合物共存下にて反応を行うことにより付加体であるプロパルギルアルコール誘導体へと変換することができる[5]。

従来，芳香族の脱プロトン化反応には，アルキルリチウムや LDA などの金属性強塩基が用いられてきた。この場合金属カチオンに配向性の置換基が配位することにより，置換基の隣接位での脱プロトン化が促進される。また含窒素複素環などの脱プロトン化は環内窒素の α 位で進行する。これに対して t-Bu-P4 塩基を用いて π 電子不足系ヘテロ環化合物であるピリミジンに対して脱プロトン化反応を行うと，反応は環内窒素から離れた部位で進行することが判明した[6]。t-Bu-P4 塩基それ自体は求核性が低いので親電子剤であるカルボニル化合物を共存させて変換反応を行うことができる。またこの脱プロトン化反応は ZnI_2 の添加によって顕著に反応が加速された。この金属塩基とは異なるユニークな脱プロトン化の位置選択性は環内窒素の孤立電子対と生成する炭素アニオンとの反発に起因すると考えられる。

いままでに有機塩基を用いたベンゼン誘導体の脱プロトン化反応は知られていなかったが，有機超強塩基である t-Bu-P4 塩基を用いることによりはじめて達成可能であることが明らかとなっ

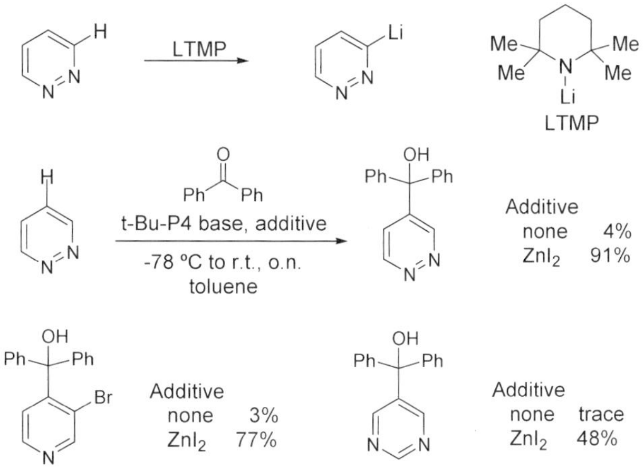

図5　*t*-Bu-P4塩基によるアジン類の脱プロトン化反応

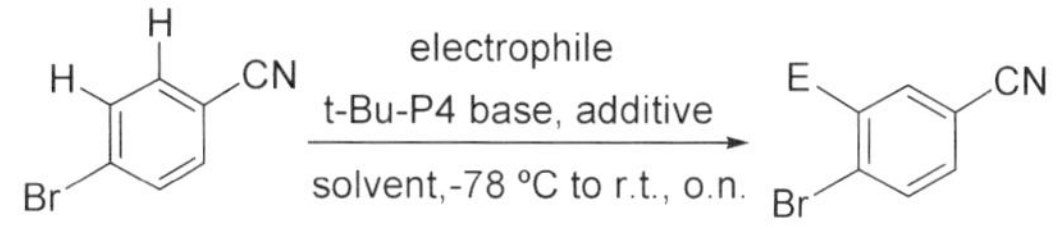

Electrophile	Solvent	Additive	Product	Yield(%)
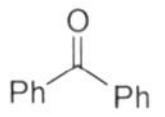	Toluene	none	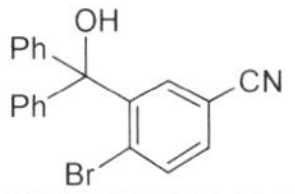	0
	Toluene	ZnI_2		55
	THF	ZnI_2		60
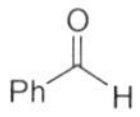	THF	ZnI_2	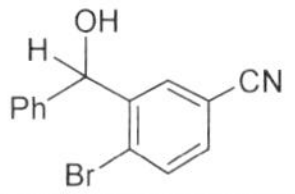	86
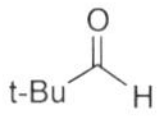	THF	ZnI_2	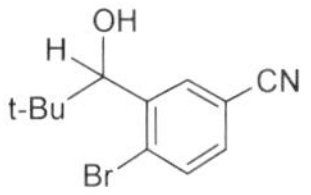	87

図6　*t*-Bu-P4塩基によるベンゼン誘導体の脱プロトン化反応

た。このベンゼン環上における脱プロトン化反応においても反応部位について特異な選択性が見られ，通常の金属性塩基とは異なる部位で反応が進行している。*t*-Bu-P4塩基を金属塩基と相補的に用いることにより芳香環の多様な修飾が可能となると考えられる。

3　ケイ素化求核剤の触媒的活性化

有機ケイ素化合物は通常の有機化合物と同様に比較的安定に取り扱うことができるため，多種

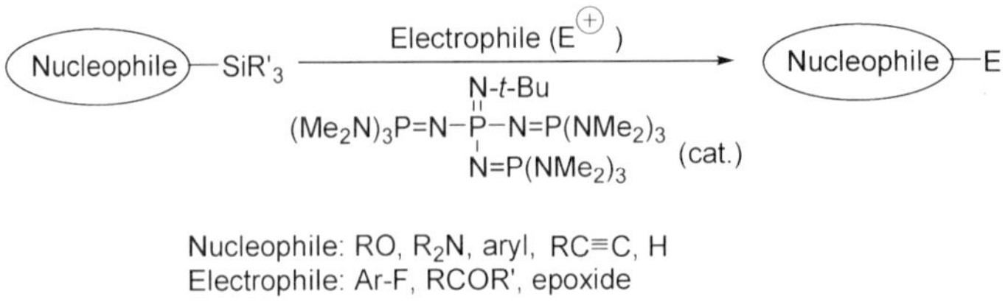
Electrophile (E⊕)
Nucleophile—SiR'3
Nucleophile—E
N-t-Bu
(Me2N)3P=N-P-N=P(NMe2)3
N=P(NMe2)3
(cat.)
Nucleophile: RO, R2N, aryl, RC≡C, H
Electrophile: Ar-F, RCOR', epoxide

図7　t-Bu-P4塩基によるケイ素化求核剤の触媒的活性化

多様な化合物が合成され，また有機合成に用いられてきた[7]。しかしその安定性のため合成化学に用いるためには何らかの活性化が必要である。従来，有機ケイ素化合物の活性化には当量のフッ化物アニオンにより有機ケイ素基を攻撃してアニオンを発生させる手法が幅広く用いられてきた。しかしこの方法で活性化できる有機ケイ素化合物は比較的安定なアニオンを生じるものに限られており，また触媒的に活性化させるためには新たな方法論の開発が必要であった。フォスファゼン塩基はプロトンに対して高い親和性を示すとともに，有機ケイ素基に対しても何らかの相互作用を示すことが見出された。その結果有機ケイ素化合物の触媒的活性化が可能となり，フォスファゼン塩基との相互作用により発生する反応性の高いアニオンを用いる選択的な求核置換反応を達成することができるようになった（図7）。この触媒反応により幅広い有機ケイ素化合物の活性化が可能である。

3.1　酸素―ケイ素結合の活性化

シリルエーテル類は従来アルコール類の保護基として用いられ，有機合成において汎用されている。その切断にはフッ化物アニオンがよく用いられるが，脱保護の条件として利用されること

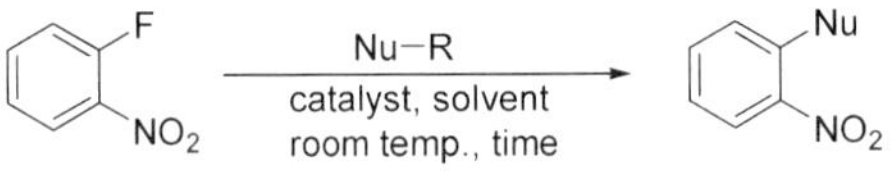
F
NO2
Nu−R
catalyst, solvent
room temp., time
Nu
NO2

entry	Nu	R	catalyst (mol%)	solvent	time(h)	Yield (%)
1	PhO	H	tBu-P4 base (10)	DMF	1	1.6
2	PhO	TMS	tBu-P4 base (10)	DMF	6	quant
3	PhO	TBDMS	tBu-P4 base (10)	DMF	1	96
4	PhO	TBDMS	tBu-P4 base (10)	DMSO	1	96
5	2-tBu-C_6H_4O	TBDMS	tBu-P4 base (10)	DMSO	1	99
6	2-Br-C_6H_4O	TBDMS	tBu-P4 base (10)	DMSO	6	95
7	2-I-C_6H_4O	TBDMS	tBu-P4 base (10)	DMSO	8	87
8	4-MeOC_6H_4O	TBDMS	tBu-P4 base (10)	DMSO	1	98
9	PhO	TBDMS	TBAF[c] (10)	DMF	1	trace
10	n-HexO	TBDMS	tBu-P4 base (10)	DMSO	24	72

図8　シリルエーテル類の活性化と芳香族求核置換反応

第23章 有機超強塩基触媒を用いる分子変換反応

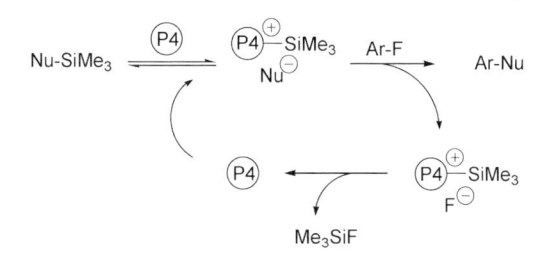

図9 推定反応機構

が多く，生成するアニオンをさらに求核剤として用いる例は少なかった。フォスファゼン塩基はその高いプロトン親和性はよく知られていたが，有機ケイ素に対する親和性については全く知られていなかった。フェノール類のシリルエーテルを t-Bu-P4 塩基触媒の存在下，電子求引基をもつフルオロベンゼン誘導体と反応を行ったところ，円滑に置換反応が進行することが明らかとなった（図8）。シリル基としては TMS 基のみならずより安定な TBDMS 基を用いたシリルエーテル類に対しても高い反応性を示した[8]。

ここで，シリル基で保護されていないフェノールはほとんど置換反応が進行しないことからその触媒サイクルにはシリル基が重要な役割を果たしていることがわかる。フェノール類以外にも脂肪族アルコールのシリルエーテル類も同様に求核置換反応が進行する。またフッ化物アニオンを用いた場合にはほとんど反応は進行せず，t-Bu-P4 塩基が特異的に高い触媒活性を示すことが明らかとなった。酸素―ケイ素結合の活性化以外にも，窒素―ケイ素結合の活性化も進行し，シリルアミド誘導体を用いることによりアミノ側鎖を導入することができる。またアジド基もシリルアジドを用いて導入することができる。また炭素―ケイ素結合の活性化も可能であり，エチニル基もシリルアセチレン誘導体を用いることにより芳香環への導入が可能である。これらの反

entry	X	Y	catalyst	solvent	temp (°C)	time (h)	Yield (%)
1	H	COOEt	tBu-P4 base	DMSO	80	2	92
2	H	COOEt	BEMP	DMSO	80	2	1
3	H	COOEt	DBU	DMSO	80	2	0
4	H	CN	tBu-P4 base	DMSO	100	4	92
5	H	CF$_3$	tBu-P4 base	DMSO	100	10	93
6	Br	H	tBu-P4 base	DMF	100	48	85
7	I	H	tBu-P4 base	DMF	100	48	43

図10 ビアリールエーテル合成

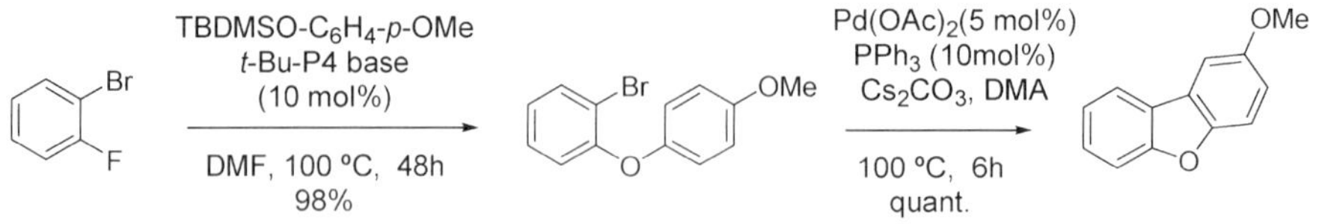

図11 ジベンゾフラン誘導体の合成

応の反応溶媒としてはDMFやDMSOなどの非プロトン性極性溶媒が優れていることが判明した。反応機構は図9のように推定され t-Bu-P4塩基とケイ素との何らかの可逆的な相互作用が示唆される。求核置換反応により生じるフッ化物アニオンにより t-Bu-P4塩基が触媒として再生し触媒サイクルが成立するものと推測される。

ニトロ基以外にも比較的弱い電子求引基であるアルコキシカルボニル基，シアノ基でも円滑に求核置換反応が進行しており反応系内で求核性の高いアニオンが発生していることが示唆される。さらに興味深いことに反応点であるフッ素基の隣接位にブロモ基のような弱い電子求引基がある場合にも置換反応が進行することは注目すべき高い反応性と考えられる（図10）。

このビアリール合成は図11に示すようにさらにパラジウム触媒反応と組み合わせることによりジベンゾフラン誘導体の合成に用いることができる。ジベンゾフラン誘導体の中には種々の生理活性を示すものが知られており，この求核置換反応とパラジウム触媒閉環反応との組み合わせはこのような縮合ヘテロ環化合物の合成に有用と考えられる。

またこの酸素―ケイ素結合の活性化は芳香族置換反応だけではなく，エポキシドの開環反応にも有効であり，t-Bu-P4塩基触媒存在下，フェノールのシリルエーテルを用いてスチレンオキシドへの開環付加反応が進行する。高い位置選択性を示し，生成物はそのシリルエーテル体として得られる。この反応を分子内にシリルエーテルとエポキシドを持つ基質を用いて行うことによりヘテロ環化合物の合成に応用することができる（図12）。生成する化合物もシリルエーテル体

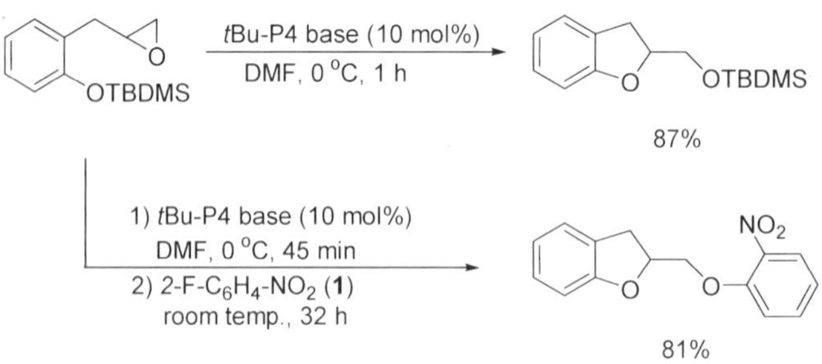

図12 分子内エポキシド開環反応

第23章　有機超強塩基触媒を用いる分子変換反応

図13　アルコール類のシリル化反応

であり，さらに次の置換反応を行うことも可能である。この連続する反応は中間体を取り出すことなく次の親電子剤を加えることにより多段階の反応を一つの反応容器の中で行うことができる。

ここでシリルエーテル類は従来アルコール類を塩基の存在下ハロゲン化トリアルキルシリルと処理することにより調製されていた。このアルコール類のシリル化反応を t-Bu-P4 塩基触媒存在下にトリアルキルシラン類と反応させることにより行うこともできることが見出された。この反応は固相反応においても利用可能であり，固相合成において有用なシリルリンカーへのアルコール類の固定化にも使うことができる（図13）。

3.2　系内にケイ素化剤を添加する求核置換反応の新触媒システム

さまざまな有機ケイ素化合物を t-Bu-P4 塩基により活性化することで，種々の求電子剤とのカップリングが可能になった。しかし，求核種をケイ素化する煩雑さが伴うこと，また基質によってはケイ素化が困難な化合物もあるなど問題も少なくない。そこでこの t-Bu-P4 塩基触媒を用いる求核置換反応の汎用性を拡張するためには，ケイ素化されていない求核種を用いても円滑に反応する工夫が求められる。そこで図14に示すように反応系中にケイ素化求核剤の代わりに求核剤とケイ素化剤を共存させて求核置換反応を行う方法を考案した。

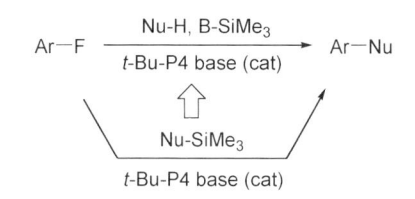

図14　芳香族求核置換反応の新触媒システム

entry	base	B-SiR$_3$	time (h)	Yield (%)
1	t-Bu-P4 base	HSiEt$_3$	33	76
2	t-Bu-P4 base	Et$_2$NSiMe$_3$	0.5	96
3	TBAF	Et$_2$NSiMe$_3$	0.5	4
4	CsF	Et$_2$NSiMe$_3$	0.5	5
5	DBU	Et$_2$NSiMe$_3$	0.5	0

図15　芳香族求核置換反応と触媒システム

　先に示したトリアルキルシランによるアルコール類のシリル化反応に着目し，非ケイ素化合物を用いても反応系中にシリル化剤を添加することで求核置換反応が触媒的に円滑に進行する方法を開発した。はじめに，ジアリールエーテル合成の反応条件を検討したところ，シリル化剤となりうるトリエチルシランあるいはジエチルアミノトリメチルシランを共存させることで，短時間，高収率にて目的物が得られた（図15）。t-Bu-P4塩基の代わりに，DBUなどの有機強塩基，TBAFやCsFなどのフッ化物を用いても反応はほとんど進行しないかあるいは極めて低収率であった。この新触媒システムにおいてもt-Bu-P4塩基触媒の優位性が確認された。

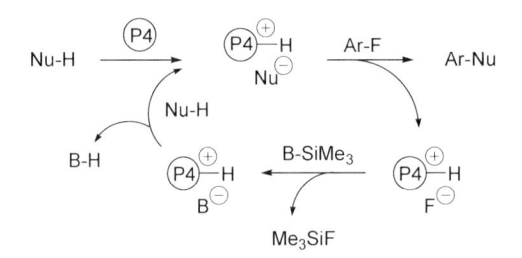

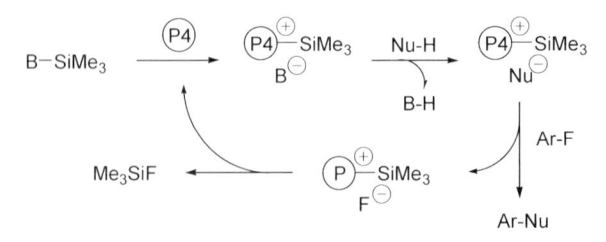

図16　推定反応機構

第23章　有機超強塩基触媒を用いる分子変換反応

この反応の機構についてはいくつかの推定機構が考えられるが，求核剤からの脱プロトン化反応から始まる触媒サイクルと有機ケイ素化合物の活性化から始まる機構の二つを仮定している。現在その機構について各種スペクトルを用いる検討が行われている。

3.3 芳香族ケイ素化合物の触媒的活性化

芳香族ケイ素化合物の活性化については生成するアニオンが比較的安定と考えられるベンゾチアゾールの2位でまず検討した。2-トリメチルシリルベンゾチアゾールとベンゾフェノンの反応を t-Bu-P4 塩基触媒存在下にて行うと 1,2-付加反応が円滑に進行した。従来電子求引基が置換されていないトリメチルシリルベンゼン誘導体の場合にはフッ化物アニオンではアリールアニオンを発生させることが困難とされていた。しかし t-Bu-P4 塩基を触媒として用いることによりフェニルトリメチルシランにおいても反応が進行し，t-Bu-P4 塩基触媒の高い反応性が示された（図17）。

このアリールシラン類の活性化反応は芳香環上に電子求引基がある場合に進行しやすく，隣接位にアミノカルボニル基があるアリールシラン類とアルデヒドとの反応では 1,2-付加反応の後，酸で処理することにより容易にラクトン環へと導くことができる（図18）。フタリド誘導体はベンゾキノン類を合成する前駆体として重要である。

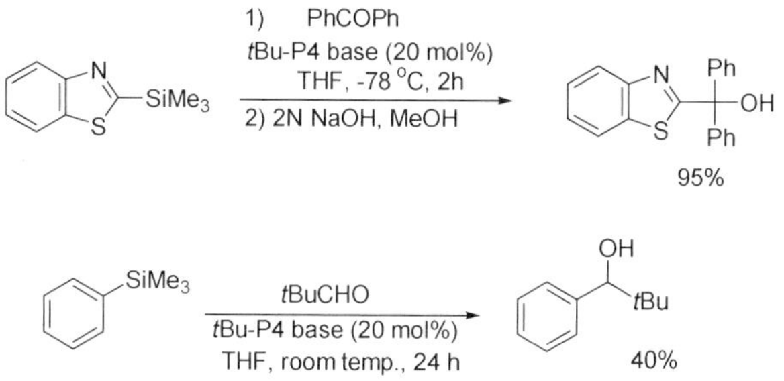

図17　芳香族ケイ素化合物の活性化

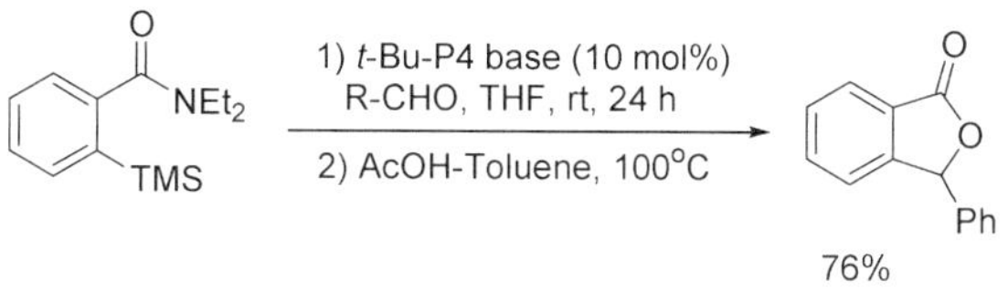

図18　フタリド誘導体の合成

3.4 触媒的 Peterson 型縮合反応

Peterson 反応はアルケン類を合成する方法として Wittig 反応などと相補的な手法として広く用いられてきた[9]。従来は，トリメチルシリルアルキル誘導体の α 水素を LDA などで引き抜き，カルボニル化合物と反応後，脱離反応を行うことで二重結合の形成が行われてきた。したがって，いままでは当量の塩基が必要であり，この反応を触媒量の塩基で行う例は知られていなかった。トリメチルシリル酢酸エチルとベンゾフェノンの反応を触媒量の種々の有機塩基存在下にて行ったところ，t-Bu-P4 塩基を用いたときに良好な収率で不飽和エステルが得られることが明らか

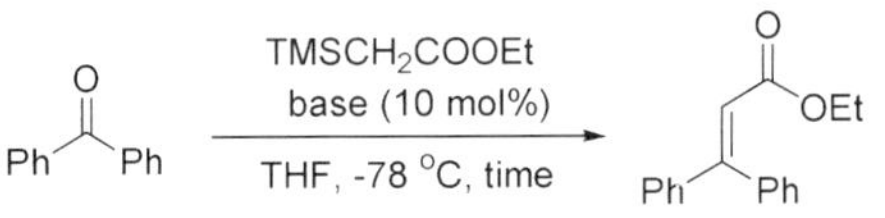

entry	base	time (h)	Yield (%)
1	t-Bu-P4 base	6	94
2	t-Bu-P2 base	24	0
3	BEMP	24	0
4	DBU	24	0
5	TBAF	6	0 (38)[a]

a) β-Trimethylsilyloxy ester was obtained in 38% yield.

図19　有機塩基と Peterson 型縮合反応

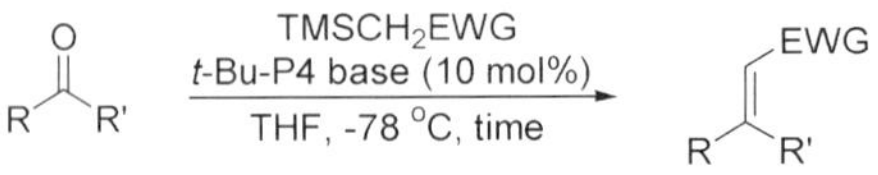

entry	R	R'	EWG	time (h)	Yield (%)
1	Ph	Ph	CONEt$_2$	12	87[a]
2	Ph	Ph	CN	6	78
3	Ph	H	COOEt	6	89
4	4-MeC$_6$H$_4$	H	COOEt	6	91
5	4-MeOC$_6$H$_4$	H	COOEt	6	69
6	2-furyl	H	COOEt	6	85
7	Ph	Me	COOEt	6	(29)[b]
8	Ph	Me	CN	13	63[c]
9	Ph	CH=CHPh(E)	COOEt	6	81
10	Ph	CH=CHPh(E)	CN	13	80[c]
11	n-Pentyl	H	COOEt	6	35

a) The reaction was carried out at room temperature followed by at 50 °C.
b) The 1,2-adduct, β-trimethylsilyloxy ester was isolated in 29% yield.
c) The reaction was carried out at -78 °C followed by at 50 °C.

図20　t-Bu-P4 塩基触媒を用いる Peterson 型縮合反応

第23章 有機超強塩基触媒を用いる分子変換反応

になった（図19）[10]。フッ化物アニオンを用いてこの反応を行うと低収率ながら1,2-付加体は得られるものの脱離したアルケン誘導体は得られなかった。他の有機塩基は触媒として全く機能しなかった。t-Bu-P4塩基がこの縮合反応を触媒的に行うために極めて有効であることが示された。

この反応は，ほかにもトリメチル酢酸アミド類，トリメチルアセトニトリルを用いても進行し，また他のケトン，アルデヒド類との反応も円滑に進行した。エノン類との反応においてはジエン類が選択的に得られた。エノール化しうるアセトフェノンの反応ではアルケン類が得られずに1,2-付加体で反応が停止する場合もある。また脂肪族アルデヒドについて収率は低いもののアルケン類が得られた（図20）。

また従来Peterson反応ではホルムアミド類との反応は知られていなかったが，t-Bu-P4塩基を触媒とすることにより円滑に縮合反応が進行し，エナミン類が良好な収率で得られた。エナミン類は合成化学的に有用な反応性中間体であり，エナミン類の新しい型の合成法として活用が期待される（図21）。

反応機構については，炭素―ケイ素結合を活性化する機構と炭素―水素結合を活性化する機構の二つが考えられ現時点ではまだ推定の段階であるが，このいずれかの機構により進行しているものと考えられる。

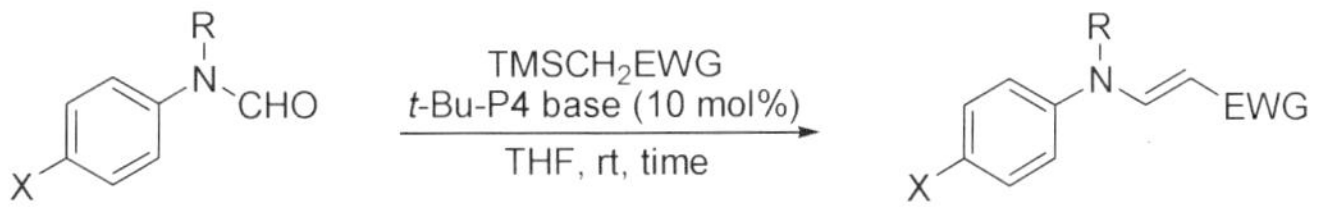

entry	X	R	EWG	time (h)	Yield (%)
1	H	Me	COOEt	24	90
2	H	Me	COOEt	24	92[a]
3	H	Me	CN	24	78[a]
4	Me	Me	COOEt	48	74
5	OMe	Me	COOEt	48	47
6	COOEt	Me	COOEt	24	85
7	COOEt	Me	CN	48	87
8	CN	Me	COOEt	20	80
9	CN	Me	CN	48	80
10	H	$CH_2CH=CH_2$	COOEt	24	83[a]
11	H	$CH_2CH=CH_2$	CN	24	42[a]
12	H	CH_2Ph	COOEt	24	99[a]
13	H	CH_2Ph	CN	24	88[a]

a) Solvent free reaction

図21　Peterson型縮合反応を用いるエナミン合成

4 おわりに

　フォスファゼン塩基のなかでも最も強い塩基性を示す t-Bu-P4 塩基は，その高いプロトン親和性により新しい選択的な炭素—水素結合の活性化を可能とすることができ，またフォスファゼニウム対アニオンの強い求核性も利用価値が高いと考えられる。炭素—ケイ素結合の活性化の機構には不明な点が多く，さらに詳細な検討が必要であるが，フォスファゼン塩基と有機ケイ素基が何らかの直接的な相互作用をしていることが示唆される。t-Bu-P4 塩基を触媒として様々な有機ケイ素化合物を反応性の高い求核剤へと変換することにより多彩な分子変換が可能である。また最近 t-Bu-P4 塩基が有機亜鉛化合物の反応性を著しく向上させることも明らかになりつつあり[11]，様々な有機金属化合物の活性化にも t-Bu-P4 塩基を利用しうるものと考えられる。フォスファゼン塩基触媒は今後さらにさまざまな化学結合の触媒的な活性化に幅広く活用されることが期待される。

文　　献

1） 根東義則ほか，有機合成化学協会誌，**63**，No.5，453（2005）
2） R. Schwesinger *et al., Angew. Chem. Int. Ed. Engl.*, **26**, 1167 (1987) ; **32**, 1361 (1993)
3） J. G. Verkade *et al., Tetrahedron*, **59**, 7819 (2003)
4） R. Schwesinger *et al., Liebigs Ann.*, 1055 (1996)
5） T. Imahori *et al., Adv. Synth. Cat.*, **346**, 1090 (2004)
6） T. Imahori *et al., J. Am. Chem. Soc.*, **125**, 8082 (2003)
7） E. W. Covin, *Silicon in Organic Synthesis*, Butterworths, 1981
8） M. Ueno *et al., Eur. J. Org. Chem.*, 1965 (2005)
9） D. J. Ager, *Organic Reactions*, **38**, 1 (1990)
10） Kobayashi *et al., Chem. Commun.*, 3128 (2006)
11） M. Ueno *et al., Chem. Commun.*, 3549 (2006)

第24章 アミン触媒の特徴を活かした汎用反応の実用的合理化

御前智則[*1], 田辺 陽[*2]

1 はじめに

プロセス化学[1)]において有機触媒の実用的利用が注目されている。すなわち金属反応剤や触媒の使用は，廃棄物の環境に対する負荷や，医薬品などファインケミカルズの最終製品に残存する危険があるなどの問題を含み，それを回避するような動向が日ごとに高まっている。一方，有機触媒はそれ自身の安全性が高く，cost-effective なものも多い点で，より環境調和型といえる。

ここでは，除草剤のプロセス開発から始まった，有機アミン触媒の特性を活かした汎用反応の実用的合理化[2)]についての展開について述べる。

2 アミン触媒を用いるアルコールの効率的スルホニル化

2.1 発端

住友化学有機合成研究所は，現在アメリカを中心に拡販を続けている除草剤スミソーヤ®（Flumioxadine）[3)]の工業化を行った。著者の一人（田辺）は2つの工程を担当したが，その一つがプロパルギルアルコールのメタンスルホニル（メシル）化である。創薬レヴェルでは，プロパルギルハライドを用いていたが，この化合物は金属との接触や衝撃による爆発の危険があることが従来から指摘されており[4)]，今後も，少なくとも安全対策を重視する一流企業は使用しないであろう（実は，私たちの再三の指摘にもかかわらず使用を続ける企業がある）。除草剤であるから，製造コストを相当低減する必要があり，最も安価な第三級アミン塩基である Et_3N でさえこの目的のためには高価である。従って，K_2CO_3 を主塩基として Et_3N を触媒量（0.05当量）に削減する方法を考案した[5a, b)]。この方法の利点として，環境負荷の大きい第三級アミンを触媒量に削減しただけでなく，Cl^- の KCl としての捕捉・不活性化により危険なプロパルギルクロリドの副生を抑制（ガステックで分析）できた点にもある。

[*1] Tomonori Misaki　京都大学大学院　理学研究科　講師（研究機関研究員）
[*2] Yoo Tanabe　関西学院大学　理工学部　化学科　教授

Flumioxadine

この方法は現在プラントが安定稼動しているが，次に私は，これまで研究が不十分であったアルコールのトシル化やメシル化の一般合理化に取り組んだ。この反応はすでに確立した方法であるため，誰もこのような地味な研究をやらなかったのであろう。以下，その詳細を述べる。

2.2 立体的嵩高さの小さい第三級アミンが有効

アルコールに RSO_2Cl を脱塩酸剤存在下に作用させるスルホニル化は，トシル化（R = p-Tol）やメシル化（R = CH_3）に代表される様に，有機合成上，基本的な汎用反応である。トシル化の常法は，ピリジン法であるが，反応性が高いとは言えず，ピリジンを過剰量（約10当量）必要とする。また，その量や反応温度を十分に制御しないと一旦できたトシラートがクロリドに転化する副反応を併発し易い問題があった。実は，著者（田辺）は，卒業研究で天然物の全合成をテーマとして取り組んだが，その途中でアルコールのトシル化反応があった。ここで，迂闊にもピリジンの量を間違えて，目的のトシラートが得られず，全てクロリドに転化したという苦い経験がある。

私たちは，立体的嵩高さの小さい第三級アミン（$Me_3N \cdot HCl$, $Me_2N(CH_2)_nNMe_2$ など）を脱酸剤として用いると，スルホニル化の反応性が格段に向上する「ピリジン・フリー法」を見出した[5a~d]。方法は以下の4つ（Methods A～D）に分類できる。Method A に関して，反応機構を例示するが，詳細は，原文献を参照されたい。

Method A: Et_3N / cat. $Me_3N \cdot HCl$
Method B: K_2CO_3 / cat. Et_3N / cat. $Me_3N \cdot HCl$
Method C: $Me_2N(CH_2)_nNMe_2$
Method D: cat. amine / H_2O (pH ~10)

これらのピリジン・フリー法は反応の切れ味に優れた方法として，天然物合成やファインケミカルズの合成で既に用いられており，プラントが安定稼動しているものもある。すなわち，反応性・官能基選択性・経済性・操作性・環境負荷低減等の点でグリーンケミカルな方法である。例えば，Fukuyama，Tokuyama らは Vinblastine の全合成[6]，Nau らは蛍光アミノ酸誘導体の合成[7]にこの方法を利用した。

第24章　アミン触媒の特徴を活かした汎用反応の実用的合理化

$R^1OH \xrightarrow{R^2SO_2Cl\ (1.5\ eq.)} R^1OSO_2R^2$

Method A-1: Et$_3$N (2.0 eq.), cat. Me$_3$N・HCl (0.1 eq.), 0 - 5 ℃.
Method A-2: KOH or Ca(OH)$_2$, cat. Et$_3$N (0.1 eq.),
　　　　　　　cat. Me$_3$N・HCl (0.1 eq.), 0 - 5 ℃, 1h; rt, 3h.
Method B: K$_2$CO$_3$ (1.0 eq.), cat. Me$_3$N・HCl (0.1 eq.), 0 - 5 ℃.
Method C: Me$_2$N(CH$_2$)$_3$NMe$_2$ (1.5 eq.), 0 - 5 ℃.
Method D: cat. BnNMe$_2$ (0.1 eq.) / 20 - 25 ℃, H$_2$O (pH~10)

R^{1}OH	R^2	solv.	Time / h	Method	Yield / %
CH$_3$(CH$_2$)$_7$OH	p-Tol	toluene	1	A-1	98
	p-Tol	CH$_3$CN	4	A-2	92[a]
	p-Tol	CH$_3$CN	1	C	94
	p-Tol	H$_2$O	2	D	93
	Me	H$_2$O	2	D	98
^{n}Pr-≡-CH$_2$OH	p-Tol	toluene	1	A-1	93
	p-Tol	CH$_2$Cl$_2$	4	A-2	97[b]
	p-Tol	CH$_2$Cl$_2$	1	B	83
	p-Tol	H$_2$O	2	D	93
CH$_2$=C(Me)CH$_2$OH	p-Tol	toluene	1	A-1	94
	p-Tol	MIBK[c]	1	B	81
menthol	p-Tol	CH$_3$CN	1	A-1	92
	p-Tol	CH$_3$CN	1	C	92
pinacolyl alcohol	p-Tol	CH$_2$Cl$_2$	1	A-1	92
	Me	toluene	1	C	94

a) KOH (1.5 eq.) was used.
b) Ca(OH)$_2$ (3.0 eq.) was used.
c) methyl isobutyl ketone.

ROH → ROTs catalytic cycle (Method A-1, Method A-2 shown with Me$_3$N・HCl, Me$_3$N, TsN$^+$Me$_3$・Cl$^-$, TsCl, Et$_3$N, Et$_3$N・HCl, Inorg. base, Inorg. base・HCl)

(+)-vinblastine synthesis scheme with p-TsCl, Me$_2$N(CH$_2$)$_3$NMe$_2$ / CH$_3$CN - toluene, R = H → R = Ts

3　アミン触媒の特性を活かした実用的エステル化・アミド化・チオエステル化反応

3.1　はじめに

　当量ずつのカルボン酸とアルコール・アミン・チオールを用い，中性に近い温和な条件化，高収率でエステル化・アミド化・チオエステル化する反応は，天然物合成，プロセス化学において非常に重要な課題である。これまで多くの縮合剤が開発されてきた。最近，反応性，基質一般性，経済性，操作性に優れる2つの方法を開発した。

　最近，エステル・ラクトンの合成に関する実験化学講座（日本化学会編，丸善）の執筆を担当した[8]。ほぼ10年に一度改訂されるこの本には，著者なりの「実用性から」という観点を盛り込んだつもりである。必ずしも最近の合成法だけでなく，温故知新，つまり古いが有用で実績のある反応を限られた紙面で選定してある。

3.2 Me₂NSO₂Cl / Me₂NR (R = Me, Bu) 縮合剤を用いるエステル化・アミド化

比較的安価で入手容易な Me₂NSO₂Cl / Me₂NR (R = Me, Bu) 縮合剤を用いて，カルボン酸とアルコール (= 1:1) を基質として高収率でエステルが得られる[9]。この方法は，カルボン酸とアルコールが共存下でも選択的にカルボン酸と反応し混合酸無水物を形成し反応が進行し，アルコールはスルファモイル化されない。すなわち，官能基選択的であり，反応性は従来法に匹敵する。また，当然ながら同様の条件で反応しやすいアミド化反応も高収率で進行する。この方法は，発ガン抑制天然物クマペリンの鍵段階の合成に利用できた。

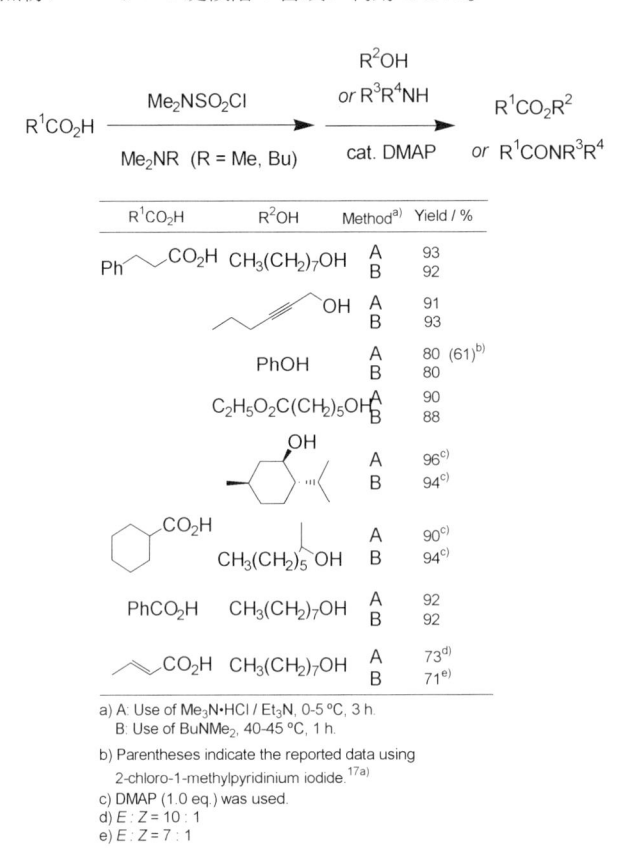

$$R^1CO_2H \xrightarrow[\text{Me}_2\text{NR (R = Me, Bu)}]{\text{Me}_2\text{NSO}_2\text{Cl}} \xrightarrow[\text{cat. DMAP}]{R^2\text{OH or }R^3R^4\text{NH}} R^1CO_2R^2 \text{ or } R^1CONR^3R^4$$

R¹CO₂H	R²OH	Method[a]	Yield / %
Ph(CH₂)₂CO₂H	CH₃(CH₂)₇OH	A / B	93 / 92
	(pentynol) OH	A / B	91 / 93
	PhOH	A / B	80 (61)[b] / 80
	C₂H₅O₂C(CH₂)₅OH	A / B	90 / 88
	(menthol) OH	A / B	96[c] / 94[c]
cyclohexyl-CO₂H	CH₃(CH₂)₅OH (i-Pr)	A / B	90[c] / 94[c]
PhCO₂H	CH₃(CH₂)₇OH	A / B	92 / 92
(crotonic) CO₂H	CH₃(CH₂)₇OH	A / B	73[d] / 71[e]

a) A: Use of Me₃N·HCl / Et₃N, 0-5 ℃, 3 h.
   B: Use of BuNMe₂, 40-45 ℃, 1 h.
b) Parentheses indicate the reported data using 2-chloro-1-methylpyridinium iodide.[17a]
c) DMAP (1.0 eq.) was used.
d) E : Z = 10 : 1
e) E : Z = 7 : 1

3.3 *p*-TsCl/*N*-methylimidazole 縮合剤を用いるエステル化・アミド化・チオエステル化

TsCl/*N*-メチルイミダゾール縮合剤を用いる実用的エステル化反応を見出した[10]。この方法はアミド化，チオエステル化も同様に進行する。反応性は高く，条件は温和で操作性も簡便で，両反応剤は従来剤に比べ非常に安価である。種々の官能基を損なうことなく，*N*-Boc アミノ酸のエステル化においてもラセミ化を全く伴わない。さらに，1β-メチルカルバペネム重要中間体のエステル化・チオエステル化が可能で，ピレスロイド殺虫剤プラレスリン®も高収率で合成でき

第24章　アミン触媒の特徴を活かした汎用反応の実用的合理化

た。類型のアミド化はエステル化よりむしろスムーズに進行する。高活性アシルアンモニウム反応中間体の存在を ^{1}H NMR でモニタリングできた。

　この方法は，現在，cost-effective な方法として，医薬プロセス分野で使われており，将来，天然物や高付加価値ファインケミカルズの合成への利用が期待される。

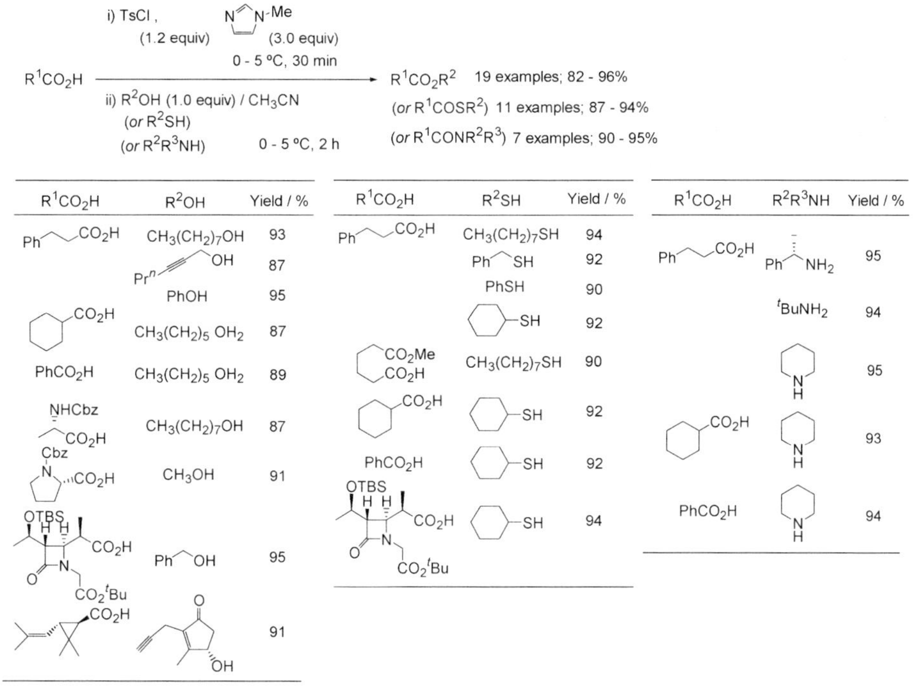

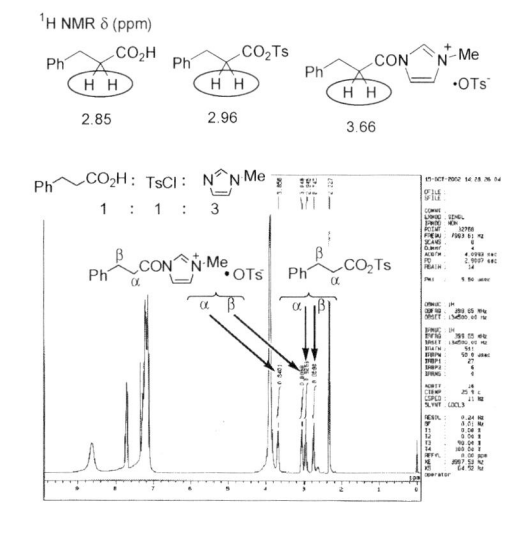

3.4　水溶媒中でエステル化・アミド化：TMEDA/*N*-methylimidazole のシナジー作用

　近年，水溶媒中での反応が注目されている。酸クロリドとアミンを用いる水系でのアミド化反応は，古くから Schotten-Baumann 型反応として知られている[11]。しかし，アミンに比べアルコールの求核力が劣るため，エステル化に関して知る限り一般性の高い報告は無い。ところで，スルホニル化の Method D の方法（2 節）の新たな展開として，この Schotten-Baumann 型エステル化を最近見出した[12]。

　pH コントローラーを用いる手法が特徴で，これで pH を 11 付近に保てば，酸クロリドの加水分解を防ぎ，目的のエステル化が円滑に進行する。興味あることに，アミン触媒である TMEDA/*N*-methylimidazole にシナジー効果が見られる。つまり，各々のアミンを単独使用では収率がかなり劣るが，共用すると格段に向上する。すなわち，両者の役割が異なり，TMEDA は脱酸剤，*N*-methylimidazole は酸クロリドと反応して高活性なアシルアンモニウム中間体を形成するためである。この事実は，^{1}H NMR のモニタリングで確認しており，推定反応機構を支持する。同様にアミド化にも適用可能で，Weinreb amide や *o*-クロロアニリンのように求核性の劣るアミンにも適用できる。水溶性のアルコール・アミンの場合，酢酸エチルを共溶媒として用いれば，収率が向上する。

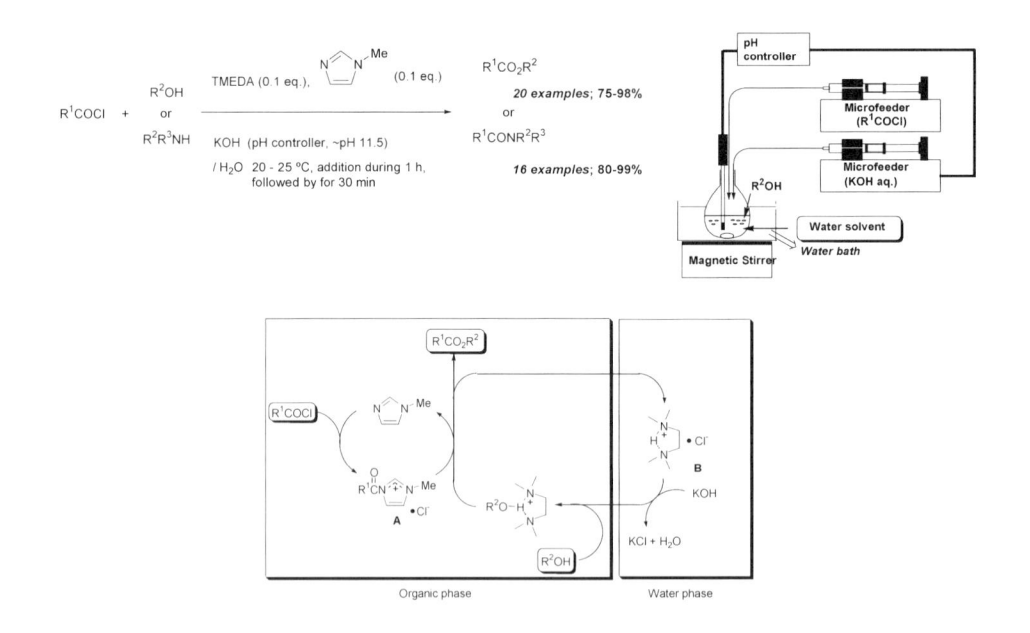

3.5 アンモニウムトリフラート触媒（PFPAT）を用いる接触的エステル化・チオエステル化・マクロラクトン化反応

以前，筆者らは，非金属的で合成容易なジフェニルアンモニウムトリフラート（DPAT）が有効なエステル化触媒（0.01〜0.1当量）であることを報告した[13a]。これはカルボン酸とアルコールが１：１での理想的なエステル化有機触媒の最初の例であるが，最近では，名古屋大学の石原・坂倉グループが精力的にアンモニウムスルホナート触媒法を開発中で，格段に性能が向上している[14]。

このような背景の下，筆者らは，DPAT触媒の対アミン塩基を2,3,4,5,6-ペンタフルオロアニリンに変換した改良触媒PFPATを用いる方法を見出した[13b]。

この方法は，(i) アミンの塩基性を低減させ，結果として反応性が格段に向上する，(ii) 触媒の脂溶性が増大し耐水性が増し，触媒寿命もある，(iii) アミンを低沸点化（$C_6F_5NH_2$：bp 153 ℃/760 mmHg）することで，DPATと比べ触媒の分離・除去が格段に容易になる，(iv) Dean-Stark装置のような特別な脱水操作を必要とせず，40-80 ℃付近で反応が進行する，などの利点を有する。チオエステル化，エステル交換も可能であるが，反応速度はエステル化よりやや劣る。無溶媒やトルエンやパラフィン系溶媒中で使用できる。

さらに，PFPAT触媒法は有機合成上重要なマクロラクトン化にも適用できた。これまで接触的マクロラクトン化として，Sn錯体触媒を用いる方法があるが[15]，それらに比べ，単純なヒドロキシカルボン酸の場合，低温・短時間・高収率で目的のラクトンを得ることができた。

以上のように，PFPAT触媒法は基本的なエステル化能がかなり高いといえる。触媒分離・除去が容易である点で，トータルな意味でのcost-effectiveな方法として，油脂・香料・機能性分子

の合成分野での利用が期待できる。このように，当量同士のカルボン酸とアルコールを効率良く縮合させる方法の開発は，エステル化における究極の課題といえるので，今後さらなる研究が望まれる。

4 アルコール・ケトンの効率的シリル化におけるアミン触媒

アルコールのシリル化は有機合成で信頼される保護基として有用であり，また，ケトンのシリル化は重要なエノールシリルエーテルの合成として基本的に重用である。著者らは，汎用反応の実用的合理化のテーマの一環として，これらのシリル化を検討してきた。アミン触媒法とは言えないが，関連するシラザン法を開発しているので，その具体例を示す。

4.1 TBAF触媒を用いる接触的シリル化

シラザン（R_3Si-N）・ヒドロシラン（R_3Si-H）・ジシラン［$(R_3Si)_2$］に対し，本来脱シリル化剤として汎用されている TBAF を添加すると，むしろシリル化を強力に促進することをすでに報告した[16]。種々のシラザンが適応できる点で一般性があり，N-シリルイミダゾール，アニリノシラン（TMS, TES, TBS）（試薬会社から販売予定）などが特に優れる。複雑な構造を有する Lazalocide 誘導体なども高収率でシリル化できる。高活性のシリカート中間体を経由する機構で進行すると考えられる。

第24章 アミン触媒の特徴を活かした汎用反応の実用的合理化

4.2 *O*-シリルベンズアミド（*Si*-BEZA）/PyH$^+$・OTf$^-$ 触媒を用いる接触的シリル化

シラザンをシリル化剤とし，TBAF 触媒の代わりにピリジニウムトリフラート（PyH$^+$・OTf$^-$）を用いる温和で強力な触媒的シリル基転移型の反応を見出した[17]。シラザンの中で *O*-シリルベンズアミド（*Si*-BEZA）が特に効果的である。TMS，TES，TBS，TIPS（*i*-Pr$_3$Si-）および TBDPS（*t*-BuPh$_2$Si-）化が可能で一般性が高い。*Si*-BEZA はベンズアニリドとシリルクロリドから容易に合成でき，比較的安定で長期保存が可能（TBS-BEZA は東京化成から市販）であり，PyH$^+$・OTf$^-$ 触媒（同市販）が誘発剤として働くため実験が簡便である。この方法の反応性は，最強のシリル化方法として汎用されているシリルトリフラート（*Si*-OTf）/2,6-ルチジン法に比べ，リナロール及び *o*-クレゾールの TIPS 化において匹敵または凌駕する。

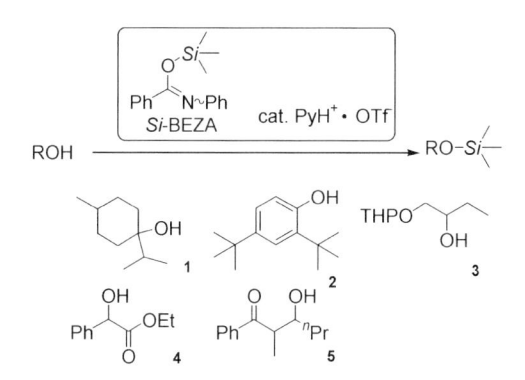

Si	alcohol	cat. / eq.	solv.	temp. /°C	time /min	yield /%
TMS	1	0.05	THF	25	5	95
TES	1	0.1	THF	25	10	99
TBS	1	0.2	THF	50	150	97
TBS	2	0.2	BTF[a]	50	60	99
TBDPS	3	0.1	THF	25	30	97
TBDPS	4	0.1	THF	25	30	99
TBDPS	5	0.1	THF	25	60	90

a) benzotrifluoride

4.3 TiCl$_4$-AcOEt or CH$_3$NO$_2$ 錯体を用いる効率的脱 TBS 化

最近，補完的な効率的脱シリル化法（TiCl$_4$-AcOEt or CH$_3$NO$_2$ 錯体）を見出した[18]。この方法の最大の特徴は，(i) TiCl$_4$ 単独法にくらべ錯体の方が反応性・選択性とも高い，(ii) カルボニルの隣接基関与による明瞭な促進効果がある，(iii) 困難な 1β-メチルカルバペネムの TBS 基の脱保護に利用できることである。この知見は，別途開発した脱水型 Ti-Claisen 縮合による 1β-メチルカルバペネムの骨格形成反応[19]とともに，この分野の研究者に寄与できると考えられる。

4.4 シラザン／塩基触媒（NaH または DBU）を用いるケトンのシリル化：エノールシリルエーテルの触媒的合成

エノールシリルエーテルは，有機合成上非常に重要な中間体であり，ケトン・アルデヒドに対し塩基反応剤（Et_3N や LDA）存在下，クロロシランを作用させ合成する。この伝統的な当量反応に対し，最近，ケトンやアルデヒドに塩基（NaH or DBU）触媒（0.05 eq.）存在下，シラザンを作用させる温和で効率的な方法を見出した[20]。初めての塩基触媒法であるが，反応性が非常に高い。

ケトンには NaH 触媒が，アルデヒドには DBU 触媒が適している。従って，DBU を用いるとケトンとアルデヒドが共存下，アルデヒドのみ選択的にシリル化できる。溶媒はシクロヘキサンや DMF など多様で，塩基は触媒量で後処理も簡便である。NaH を用いる場合の反応機構を提

第24章　アミン触媒の特徴を活かした汎用反応の実用的合理化

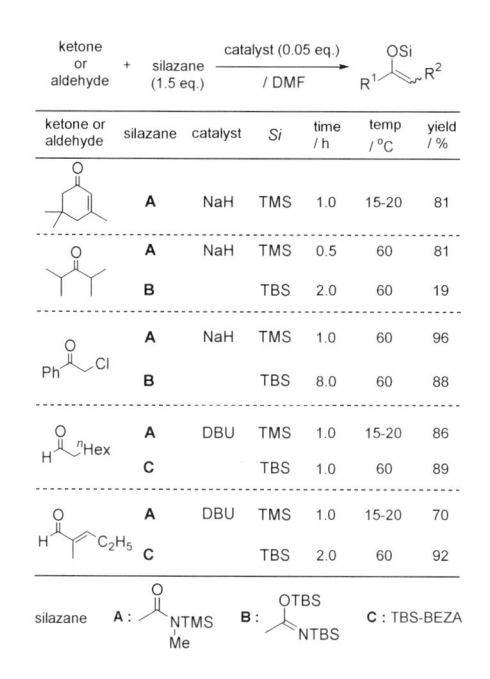

案している。

5　Ti-Claisen縮合を機軸とする効率的アシル化反応におけるアミン触媒の効果

5.1　はじめに

著者らは，独自のTi-Claisen縮合を開発してきた[21]。この方法は，従来塩基法に比べ様々な長所を有する。発明から100年以上経つが，類型のアルドール付加反応が，今日，爆発的に発展したのとは対照的に研究例は驚くほど少なく，イノヴェーションのある研究は無いといってよい。アミン触媒法とは言えないが，TsCl/N-メチルイミダゾール縮合剤を用いる実用的エステル化（3.3項）に密接に関連するので，簡単に述べる。すなわち，エステル化はO-アシル化であるが，Ti-Claisen縮合はエステルのα-位でのC-アシル化といえる。

5.2　交差型Ti-Claisen縮合の開発とその応用

当量ずつのエステル（求核剤）および酸クロリド（求電子剤）間の基質一般性の高い交差型Ti-Claisen縮合を開発した[21b]。ここで，Bu$_3$Nはエステルエノラートの発生に関与し，N-メチルイミダゾールが非常に有効なアシル活性化剤である。この方法は，代表的天然香料である(R)-muscone, cis-jasmoneの最短段階・最高通算収率の合成に応用できた。なお，関連するα,α-二置換エステルのZr-Claisen縮合[22]のエステルエノラートの発生には，i-Pr$_2$NEtが適している

[Scheme: TiCl₄-Bu₃N-N-methylimidazole system for cross Claisen condensation with acyl chloride and methyl ester, giving 19 examples; 48-95%, cross/self = 96/9 - 99/1, via Acylammonium intermediate. Alternative: carboxylic acid + methyl ester, i) NaH, Cl₃CCOCl; ii) TiCl₄-Bu₃N-N-methylimidazole, 6 examples; 70-92%, cross/self = 91/9 - 99/1.]

点が興味深い(後述,5.4項)。

5.3 不斉交差型 Ti-Claisen 縮合への展開

最近,求核剤基質として光学活性 1,4-ジオキサン-2,5-ジオン[23]),求電子剤として酸クロリドを用いる不斉 Ti-Claisen 縮合を開発した。非常に高いジアステレオ選択性(>95% ee)で目的のβ-ケトエステルを合成することに成功した[24])。不斉補助基は入手容易であり,しかも反応後ラセミ化することなく,簡便な方法(NaOMe/MeOH)でほぼ完全に回収可能である。

[Scheme: R²COCl + chiral dioxanedione with R¹, TiCl₄-amine-imidazole → product; then NaOMe/MeOH → chiral α-hydroxy β-keto ester and recovery of chiral auxiliary. all 6 examples; >95% de, 58-84% yield]

ここでも N-メチルイミダゾールが活性化触媒として重要な役割を持っている。この反応を利用し,天然物である植物毒素 Alternaric acid の短段階形式不斉全合成を達成した[25])。さらに,現在,血管新生抑制剤として注目されている(−)-Azaspirene の不斉全合成を進行中である[26])。

[Scheme: R¹COCl + chiral dioxanedione → Ti-Crossed Asymmetric Claisen condensation → intermediates A and B. A → (i) Stereocontrolled reduction → diol-ester → i) alkyne-CO₂R, ii) dihydropyranone → Alternaric acid. B → → → (-)-Azaspirene]

第24章　アミン触媒の特徴を活かした汎用反応の実用的合理化

　この反応によって得られる光学活性α-ヒドロキシ-β-ケトカルボン酸誘導体，さらに誘導可能な第3級アルコール類は，医農薬，機能性分子などのファインケミカルズや生理活性天然物の部分骨格に多く見られるため，今後これらの実現合成への応用が期待できる。

5.4　α,α-ジアルキル置換エステルの Claisen 縮合

　α,α-ジアルキル置換エステルを基質とするClaisen縮合は，生成物であるβ-ケトエステルの金属エノラートが形成できないため一般に反応は進行せず，むしろ retro-Claisen 縮合が優先することが教科書に記載されている。このα,α-ジアルキル置換エステルの Claisen 縮合を可能にする二つの方法を開発した。

　まず，$ZrCl_4$-$^i Pr_2 NEt$ 反応剤を用いる Zr-Claisen 縮合である。エステルとして酸性度のやや高いアリールエステルを用いると首尾よく反応が進行する[22]。生成した Zr-エノラートをアルデヒドで捕捉すると，Claisen-aldol-tandem 反応が進行しピラン-2,4-ジオンが合成できる。この方法は初めてα,α-ジアルキル置換エステルの Claisen 縮合を可能にした方法であるが，自己縮合に限られる問題がある。

　最近，エステルの活性化体であるケテンシリルアセタールを用いるα,α-ジアルキル置換エステルの"交差型"Claisen 縮合を開発した[27]。得られる中間体を利用して Ti-直接および間接 aldol 反応も可能である。初めての触媒的 Claisen 縮合であり，新しい型の同方法を提出できた。

今後，独自の不斉交差 Claisen 縮合・aldol・Mannich 反応の開発に注力し，効率的な天然物合成への展開も計りたい。

6　おわりに

　大学における研究は，当然基礎研究が中心になる。私たちはプロセス化学につながり役立つコンセプトを矢継ぎ早に提供することを心がけている。当然，全てが受け入れられるわけではなく，試行錯誤の連続であるが，社会へのコミットを果たすべく，関学のスクールモットー"Mastery for Service"にのっとり研究を続けている。そこには，これまでのプロダクトアウトのみならずマーケットイン指向で，ニーズにアンテナを張り業界のトレンドとすりあわせることが重要である。3つのコアビジネスである，(i) *gem*-ジハロ（ハロ）シクロプロパンの高選択的骨格変換反応と生理活性リグナンラクトン天然物合成への応用[28]，(ii) チタン・ジルコニウムを利用するクライゼン縮合・アルドール付加の開発と有用ファインケミカルズ合成への応用，(iii) エステル化・アミド化・スルホニル化・シリル化：汎用反応の実用的合理化を行っている。(i) は，プロダクトアウト指向，(iii) はマーケットイン指向，(ii) はその中間に位置する研究といえる。

　今後，これらの研究テーマをハイブリッドしながら臨みたい。

謝辞

　この研究は著者をはじめとする関西学院大学理工学部化学科・田辺研究室の学生諸君の献身的な努力，スクールモットー"Mastery for Service"によって文字通りなされたことをここに感謝いたします。また，住友化学・高砂香料工業・大日本住友製薬・カネカ・三菱ウェルファーマ・ジャパンエナジー・理研ビタミン・NTT-AT の多くの諸氏との有益な議論・助言・協力に対し感謝申し上げます。

　最後に，文科省科研費基盤研究 B「ルイス酸─アミン反応剤を用いる革新的有機反応の開発と有用化合物合成への応用」，特定領域 A「多元素環状化合物の創製」（奈良坂特定），「生体機能分子の創製」（福山特定），「炭素資源の高度分子変換」（丸岡特定），萌芽研究「テトラヘドラル異性からアトロプ異性への不斉変換と軸性不斉化合物合成への応用」の一部補助により行われたことをここに記します。

第24章　アミン触媒の特徴を活かした汎用反応の実用的合理化

文　　献

1) 日本プロセス化学会ホームページ：http://130.54.101.80/tomioka/process/index.html
2) 田辺陽, 御前智則, 飯田聖, 西井良典,「エステル化・スルホニル化・アミド化・シリル化：汎用反応の実用的合理化」, 有機合成化学協会誌, **62**, 1248-1259（2004）
3) Yoshida, R., Sakai, M., Sato, R., Haga, T., Nagano, E., Oshio, H., Kamoshita, K. *Brighton Crop Protection Conference －Weeds－*. 1991, 69.
4) Sax, N. I., R. J. Lewis Sr. "Dangerous Properties of Industrial Materials" & Hawley's "Condensed Chemical Dictionary", van Nostrand Reinhold, New York (1996)
5) a) Yoshida, Y., Sakakura, Y., Aso, N., Okada, S., Tanabe, Y. *Tetrahedron*, **55**, 2183 (1999) ; b) Tanabe, Y., Yamamoto, H., Yoshida, Y., Miyawaki, T., Utsumi, N. *Bull. Chem. Soc. Jpn*, **68**, 297 (1995) ; c) Yoshida, Y., Shimonishi, K., Sakakura, Y., Okada, S., Aso, N., Tanabe, Y. *Synthesis*, 1633 (1999) ; d) Morita, J., Nakatsuji, H., Misaki, T., Tanabe, Y. *Green Chem.*, **7**, 711 (2005) Hot Article.
6) Fukuyama, T., Tokuyama, H. *et al. J. Am. Chem. Soc.*, **124**, 2137（2002）
7) Nau W. M. *et al., J. Am. Chem. Soc.*, **124**, 556（2002）
8) 田辺陽（共著）,『実験化学講座』「エステル，ラクトン，オルトエステル」丸善, pp. 35-99 (2005)
9) a) Wakasugi, K., Nakamura, A., Tanabe, Y. *Tetrahedron Lett.*, **42**, 7427 (2001) ; b) Wakasugi, K., Nakamura, A., Iida, A., Nishii, Nakatani, N., Fukushima, S., Tanabe, Y. *Tetrahedron*, **59**, 5337（2003）
10) Tanabe, Y., Manta, N., Nagase, R., Misaki, T., Nishii, Y., Sunagawa, M., Sasaki, A. *Adv. Synth. Catal.*, **345**, 967 (2003) Commentary Article. この論文は, *Org. Proc. Res. Dev.* 誌の Highlight [**8**, 138 (2004)] に掲載
11) a) Schottenn, C. *Ber.*, **17**, 2544 (1884) ; b) Baumann, E. *Ber.*, **19**, 3218 (1884) ; c) Smith, M. B., March, J. March's Advanced Organic Chemistry, Reactions, Mechanisms, and Structure 5th ed. Wiley, New York, 2001, p. 482 and 506 ; d) Warren, S., Wothers, P., Clayden, J., Greeves, N. *Organic Chemistry* ; Oxford: New York, p. 285（2001）
12) Nakatsuji, H., Morita, J., Misaki, T. Tanabe, Y. *Adv. Synth. Catal.* in press.
13) a) Wakasugi, K., Misaki, T., Yamada, K., Tanabe, Y. *Tetrahedron Lett.*, **41**, 5249 (2000) この論文は, *Angew. Chem. Int. Ed. Engl.* 誌のHighlight として紹介：Otera, J. *Angew. Chem. Int. Ed*. 誌の Highlight [**40**, 2044 (2001)] ; b) T. Funatomi, K. Wakasugi, T. Misaki, Y. Tanabe, *Green Chem*. in press, Front cover article.
14) a) Ishihara, K., Nakagawa, S., Sakakura, A. *J. Am. Chem. Soc*, **127**, 4168 (2005) ; b) Sakakura, A., Nakagawa, S., Ishihara, K. *Tetrahedoron*, **62**, 422（2006）
15) Otera, J., Yano, T., Himeno, Y., Nozaki, H. *Tetrahedron Lett.*, **27**, 4501 (1986)
16) a) Tanabe, Y., Murakami, M., Kitaichi, K., Yoshida, Y. *Tetrahedron Lett.*, **35**, 8409 (1994) ; b) Tanabe, Y., Okumura, H., Maeda, A., Murakami, M. *Tetrahedron Lett.*,

35, 8413 (1994) ; c) Iida, A., Horii, A., Misaki, T., Tanabe, Y. *Synthesis*, 2677 (2005)

17) Misaki, T., Kurihara, M., Tanabe, Y. *Chem. Commun.*, 2478 (2001)
18) Iida, A., Okazaki, H. Misaki, T., Sunagawa, M., Sasaki, A., Tanabe, Y. *J. Org. Chem.*, **71**, 5380 (2006)
19) Tanabe, Y., Manta, N., Nagase, R., Misaki, T., Nishii, Y., Sunagawa, M., Sasaki, A. *Adv. Synth. Catal.*, **345**, 967 (2003)
20) Tanabe, Y., Misaki, T., Kurihara, M. Iida, A. *Chem. Commun.*, 1628 (2002)
21) a) Tanabe, Y. *Bull. Chem. Soc. Jpn.*, **62**, 1917 (1988) ; b) Misaki, T., Nagase, R., Matsumoto, K., Tanabe, Y. *J. Am. Chem. Soc.*, **127**, 2854 (2005) Other references cited theirin.
22) Tanabe, Y., Hamasaki, R., Funakoshi, S. *Chem. Commun.*, 1674 (2001)
23) a) Misaki, T., Ureshino, S., Nagase, R., Oguni, Y., Tanabe, Y. *Org. Proc. Res. Dev.*, **10**, 500 (2006) ; b) Nagase, R., Oguni, Y., Misaki, T., Tanabe, Y. *Synthesis* (PSP) in press.
24) 田辺陽, 文科省科研費特定領域研究（丸岡特定）第一回公開シンポジウム要旨集, 6. 22. （岡山ママカリホール）(2006)
25) a) Isolation : Brian, P. W., Curtis, P. J., Hemming, H. G., Unwin, C. H., Wright, J. M. *Nature*, **164**, 534 (1949) ; b) First total synthesis : Tabuchi, H., Hamamoto, T., Miki, S., Tejima, T., Ichihara, A. *Tetrahedron Lett.*, **34**, 2327 (1993) ; c) Formal synthesis : Trost, B. M., Probst, G. D., Schoop, A. *J. Am. Chem. Soc.*, **120**, 9228 (1998)
26) a) Isolation : Kakeya, H., Osada, H. *et al., Org. Lett.*, **4**, 2845 (2002) ; b) Total syntheses : (i) Hayashi, Y., Shoji, M. *et al., J. Am. Chem. Soc.*, **124**, 12078 (2002) and (ii) Tadano, K. *et al., Bull. Chem. Soc. Jpn.*, **77**, 1703 (2004) ; c) 田辺陽, 文科省科研費特定領域研究（福山特定）成果報告書 (2006)
27) a) Iida, A., Takai, K., Okabayashi, T., Misaki, T., Tanabe, Y. *Chem. Commun.*, 3171 (2005) ; Iida, A., Nakazawa, S., Okabayashi, T., Horii, A., Misaki, T., Tanabe, Y. *Org. Lett.*, accepted.
28) a) 田辺陽, 西井良典, 「*gem*-ジハロシクロプロパンの特徴を活かした反応と合成：カチオン的ベンズアヌレーション」, 有機合成化学協会誌, **57**, 170-180 (1999) ; b) Nishii Y., Tanabe, Y. *et al., J. Am. Chem. Soc.*, **126**, 5358 (2004) ; c) Nishii Y., Tanabe, Y. *et al., J. Org. Chem.*, **70**, 2667 (2005). Other references cited therein.

第25章　有機酸触媒含有イオン液体を用いた糖質の合成反応

戸嶋一敦*

1　はじめに

　現在，イオン液体がさまざまな分野で注目されている。イオン液体は，イオン状態で存在する塩であり，しかも，低い融点を有する液体である（図1）[1]。通常，食塩（NaCl）は，非常に高い融点を有し，常温では固体として存在する。これに対して，イオン液体の融点は低く，常温で液体のものも数多く存在する。さらに，イオン液体は，塩であるため，①不揮発性である，②不燃性である，③ある種の有機溶媒と混ざらないなど，従来の有機溶媒に見られない特徴を有している。また，イオン液体の中には，水とも混ざらないものもあり，その場合，「有機溶媒―イオン液体―水」から成る3相系を構築することが可能である。さらに，イオン液体は，有機化合物であることから，さまざまな修飾が可能であるデザイン性を有する。このことからデザイナー溶媒として注目されている。したがって，イオン液体は，目的に応じて，さまざまな性質を付与することが可能である。現在，これらのイオン液体の特徴を，環境調和型および高効率な反応媒体として利用する新たな有機合成反応の開発が活発に展開されている[2]。

　一方，糖質は，光合成によって再生産が可能であることから，将来において，その枯渇が懸念されている石油資源に替わる次世代の持続型資源として期待されている。また，糖質は，生命活動において，そのエネルギー源としてだけではなく，生体分子間の情報伝達に重要な役割を担う物質として注目されており，糖を構成成分に含む医薬品などの生理活性物質も多い[3]。さらに，

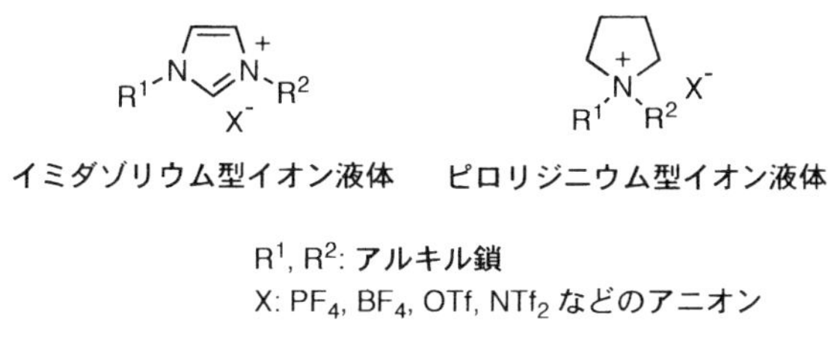

イミダゾリウム型イオン液体　　ピロリジニウム型イオン液体

R^1, R^2: アルキル鎖
X: PF_4, BF_4, OTf, NTf_2 などのアニオン

図1　代表的イオン液体の例

＊　Kazunobu Toshima　慶應義塾大学　理工学部　応用化学科　教授

糖質は，アルキルグリコシドに見られるように，生分解性を有する界面活性剤などの新機能材料の素材としての利用も検討されている[4]。これらのことから，糖質は，化学のみならず，生命科学や材料科学の分野においても，現在，大きな注目を集めていると言える。このような背景の中，これら糖質の精密合成において，その根幹を成す重要な合成反応に，グリコシル化反応があげられる。グリコシル化反応は，いわゆる「配糖化法」であり，ある糖を，別の糖あるいは糖以外の分子へ結合させる合成手法である。これまでに，そのグリコシル化反応の収率および立体選択性の向上を目的とした研究が精力的に行われてきたが[5]，近年，これらの要素に加えて，環境へ配慮した「環境にやさしい」新たな手法の開発の重要性が，グリコシル化反応に限らず，有機合成反応全体に強く求められるようになってきた。その機運は，「グリーンサステイナブルケミストリー」として，世界的に急速に高まっている[6]。我々は，グリーンサステイナブルケミストリーの重要な一分野として，再生産可能な資源である糖質を原料にし，環境調和型のプロセスにより有用物質を合成および創製する化学を「グリーングリコケミストリー」と定義・提唱し，これまでに，グリコシル化反応の触媒に，環境高負荷型の重金属やルイス酸を用いず，再利用が可能な固体酸無機触媒を利用した環境低負荷型のグリコシル化反応を世界に先駆けて開発してきた[7]。さらに，近年，有機溶媒を反応溶媒に用いず，しかも，反応の触媒と溶媒を，いずれも再利用が可能な新たなグリコシル化反応の開発を，有機酸触媒を含むイオン液体を活用することで行っている（図2）[8]。本稿では，こうした「有機酸触媒含有イオン液体」を用いた環境調和型グリコシル化反応の開発とその糖質合成における有用性について解説する。

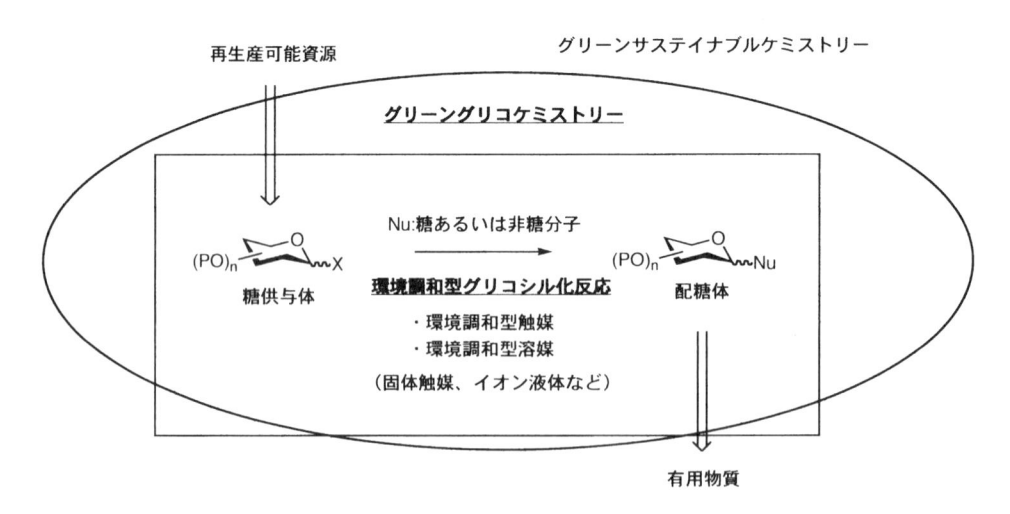

図2　グリーングリコケミストリーと環境調和型グリコシル化反応

第25章　有機酸触媒含有イオン液体を用いた糖質の合成反応

2　グリコシル化反応に適した有機酸触媒含有イオン液体の調製

我々は，本研究を行った当初，イオン液体が本来有するルイス酸性あるいはブレンステッド酸性を利用するグリコシル化反応の開発を試みた。すなわち，グリコシル化反応の糖供体として，弱いルイス酸あるいはブレンステッド酸で効果的に活性化されることが知られているグリコシル亜リン酸エステル1を用いたアルコール2とのグリコシル化反応を，当時，購入可能であった種々のイオン液体を反応媒体に用いて検討した。その結果，ある同じメーカーから購入した同じ種類のイオン液体を用いた場合でも，そのロットNo.の違いにより，まったく異なる結果が得られた。すなわち，グリコシル亜リン酸エステル1とアルコール2とのイオン液体1-ブチル-3-メチルイミダゾリウムヘキサフルオロホスフェート（C_4mim[PF_4]）中でのグリコシル化反応は，あるロットのイオン液体では，本反応が効果的に進行するのに対して，別のロットのものでは，本反応がまったく進行しないという結果が得られた（表1）。そこで，我々は，この原因を突き止めるため種々検討した結果，純粋な1-ブチル-3-メチルイミダゾリウムヘキサフルオロホスフェート（C_4mim[PF_4]）と，その合成中間体の1-ブチル-3-メチルイミダゾリウムクロリド（C_4mimCl）を不純物として含むそれとでは，^{1}H-NMRなどでは大変区別しにくく，イミダゾール部分のH-2プロトンのケミカルシフトがわずかに違うだけであることが分かった。さらに，イオン液体1-ヘキシル-3-メチルイミダゾリウムトリフルオロメタンスルホンイミダイド（C_6mim[NTf_2]）の系において，1-ヘキシル-3-メチルイミダゾリウムトリフルオロメタンスルホンイミダイド（C_6mim[NTf_2]）中に，その合成中間体である1-ヘキシル-3-メチルイミダゾリウムクロリド（C_6mimCl）を不純物として含む場合，その不純物の濃度に比例して，本反応の進行が顕著に阻害

表1　イオン液体を用いたグリコシル化反応の再現性の検討

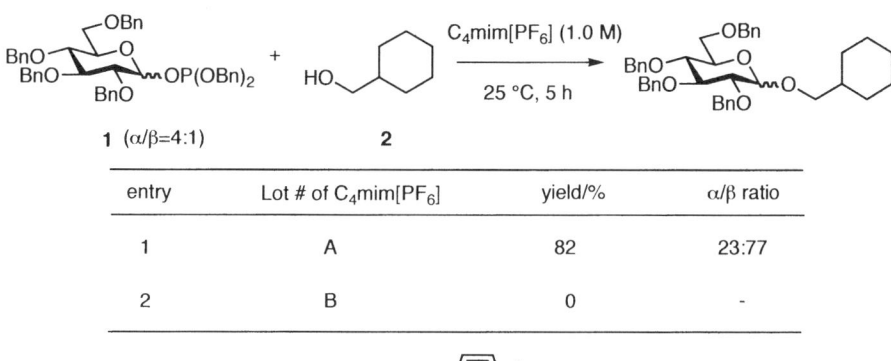

entry	Lot # of C_4mim[PF_6]	yield/%	α/β ratio
1	A	82	23:77
2	B	0	-

表2 有機酸触媒含有イオン液体を用いたグリコシル化反応における塩化物塩の影響

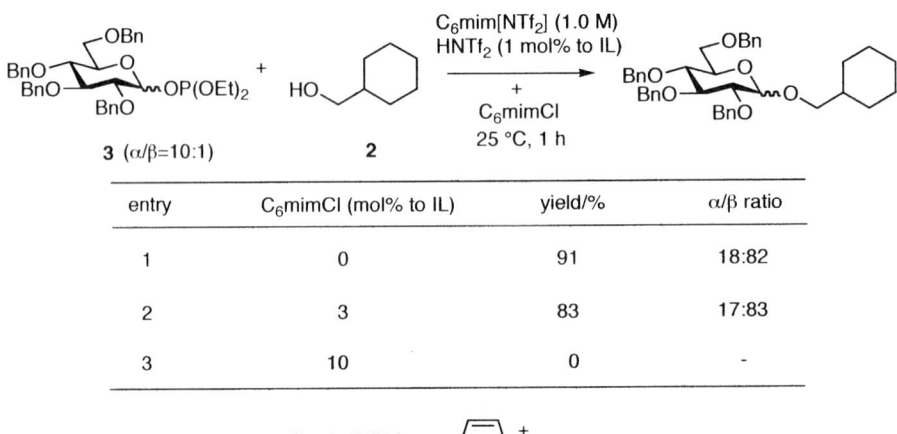

entry	C_6mimCl (mol% to IL)	yield/%	α/β ratio
1	0	91	18:82
2	3	83	17:83
3	10	0	-

されることを確認した（表2）。

　そこで，我々はまず，グリコシル化反応に用いるイオン液体を自ら合成することとした。そして，この行程において，アニオン交換時の精製に用いた洗浄水に硝酸銀水溶液を滴下し，塩化銀の白色沈殿が生じなくなるまで水での洗浄を繰り返す行程を導入することで，塩化物塩フリーのイオン液体を，再現性良く合成する方法を確立した。さらに，グリコシル化反応の再現性をより確かなものとするため，イオン液体のアニオンを共役塩基に持つプロトン酸を有機酸触媒として添加した「有機酸触媒含有イオン液体」を新たに調製し，これをグリコシル化反応の新たな反応触媒かつ反応媒体として用いることとした（図3）。

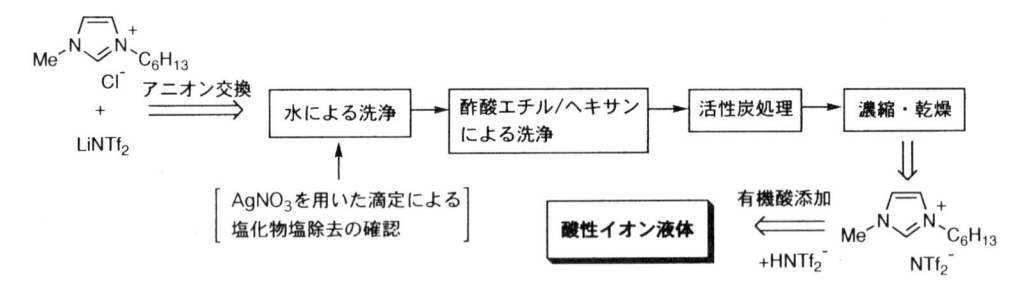

図3 有機酸触媒含有イオン液体の調整法の例

第25章　有機酸触媒含有イオン液体を用いた糖質の合成反応

3　有機酸触媒含有イオン液体の環境調和性を活用したグリコシル化反応

　上記の方法に従い調製した種々の有機酸触媒含有イオン液体を用い，グルコシル亜リン酸エステル3を糖供与体とした種々のアルコール2，4～8とのグリコシル化反応を再度検討した。すなわち，プロトン酸としてテトラフルオロホウ酸（HBF$_4$）を含有するイオン液体1-ヘキシル-3-メチルイミダゾリウムテトラフルオロボレート（C$_6$mim[BF$_4$]），プロトン酸としてトリフルオロメタンスルホン酸（HOTf）を含有するイオン液体1-ヘキシル-3-メチルイミダゾリウムトリフルオロメタンスルホネート（C$_6$mim[OTf]）およびプロトン酸としてトリフルオロメタンスルホンイミド（HNTf$_2$）を含有するイオン液体1-ヘキシル-3-メチルイミダゾリウムトリフルオロメタンスルホンイミダイド（C$_6$mim[NTf$_2$]）を用いて検討した。この際，イオン液体を構成するイミダゾリウムのアルキル側鎖として，ブチル基よりもヘキシル基の場合の方が，室温での粘性および吸水性が低く，グリコシル化反応により適していることが確認された。上述の検討の

表3　有機酸触媒含有イオン液体を用いたグリコシル化反応

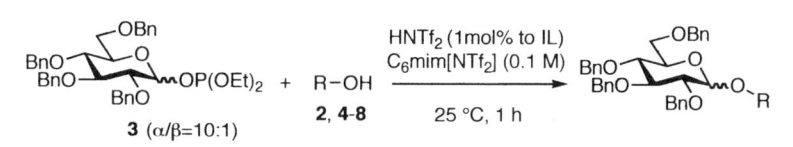

entry	alcohol (R-OH)		yield/%	α/β ratio
1	シクロヘキシルメタノール	2	91	18/82
2	HO-(CH$_2$)$_6$-Me	4	99	17/83
3	HO-CH(Me)$_2$	5	99	25/75
4	シクロヘキサノール	6	88	20/80
5	糖誘導体(OH, BnO, BnO, BnO, OMe)	7	84	23/77
6	糖誘導体(HO, BnO, OBn, BnO, OMe)	8	63	57/43

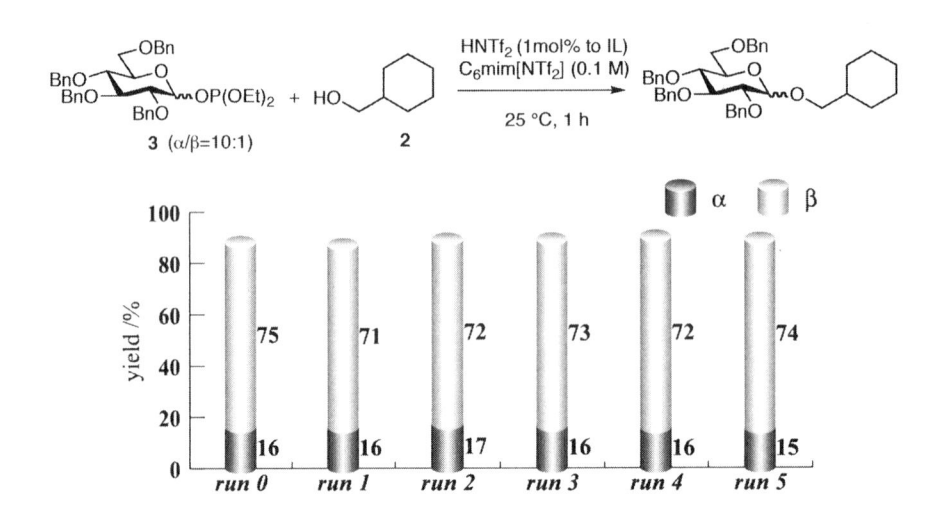

図4 グリコシル化反応における有機酸触媒含有イオン液体のリサイクル

結果，本グリコシル化反応は，いずれの場合も進行し，中でも，プロトン酸として有機酸であるトリフルオロメタンスルホンイミド（HNTf$_2$）を含有するイオン液体1-ヘキシル-3-メチルイミダゾリウムトリフルオロメタンスルホンイミダイド（C$_6$mim [NTf$_2$]）を用いた場合に最も効果的に進行し，相当する配糖体（グリコシド）が，高収率かつβ-立体選択的に得られることを見出した（表3）。さらに，グリコシル化反応は無水反応であるため，用いる反応溶媒をあらかじめ乾燥剤で乾燥後に蒸留し，グリコシル化反応に適した無水環境を作る必要がある。これに対して，本有機酸触媒含有イオン液体は，蒸気圧が小さいため，減圧下で乾燥することで，グリコシル化反応に十分な無水環境を実現できることが確かめられた。また，本グリコシル化反応の終了

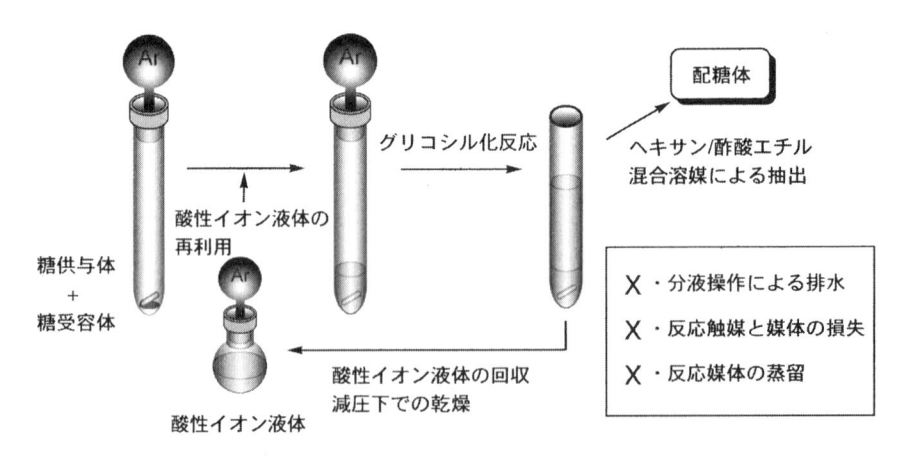

図5 有機酸触媒含有イオン液体を用いたグリコシル化反応のグリーンプロセス

第25章　有機酸触媒含有イオン液体を用いた糖質の合成反応

後，目的の配糖体を分液操作などの後処理をすることなく，ヘキサン：酢酸エチル＝5：1の混合溶媒で抽出が可能であることを見出した。さらに，本反応後に回収される有機酸触媒含有イオン液体は，新たに有機酸としてのHNTf$_2$を添加することなく，そのまま再利用が可能であることを見出した（図4）。また，本反応の効率は，従来のグリコシル化反応に用いられる有機溶媒（アセトニトリルやジクロロメタンなど）を用いた場合と比較しても，同等あるいはそれ以上であることが確かめられた。このようにして，有機酸触媒含有イオン液体を反応触媒かつ反応媒体とする本グリコシル化反応は，従来のグリコシル化反応には見られない優れた環境調和性と効率を有することが明らかになった（図5）[9]。

4　有機酸触媒含有イオン液体のデザイン性を活用したグリコシル化反応

　イオン液体の環境調和性に加えて，もう一つの重要な特徴に，そのデザイン性が挙げられる。そこで，このデザイン性を活用したグリコシル化反応について検討した。イオン液体は有機化合物であるため，望む構造のものを設計，合成できることから，デザイナー溶媒として注目されている。しかし，これまでに，有機合成反応の立体制御に関するデザインの指針となるような系統的な研究は行われていなかった。そこで本研究においては，イオン液体のデザイン性を活かしたグリコシル化反応の立体制御に関する検討を行った。ここで，グリコシル化反応の中間体であるオキソニウムカチオン中間体に，イオン液体のアニオンが，ある方向性を持って相互作用すれば，グリコシル化反応の立体選択性は，イオン液体の種類によって制御可能であると考えた。このためには，①グリコシル化反応が，オキソニウムカチオン中間体を経由して進行すること，②イオン液体のカチオンとアニオンが，ある程度の解離状態にあること，さらに，③オキソニウムカチオン中間体とイオン液体のアニオンが，ある方向性をもって相互作用することが必要である（図6）。これらのことを考慮に入れ，フッ化糖9とアルコール2とのグリコシル化反応を検討した。その結果，HNTf$_2$を含有するC$_6$mim［NTf$_2$］を反応媒体に用いた場合には，相当するα-配糖体

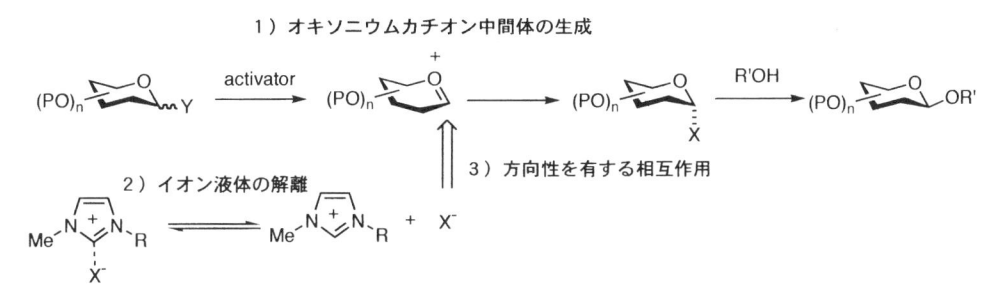

図6　有機酸触媒含有イオン液体によるグリコシル化反応の立体制御

表4　有機酸触媒含有イオン液体を用いたグリコシル化反応における立体選択性

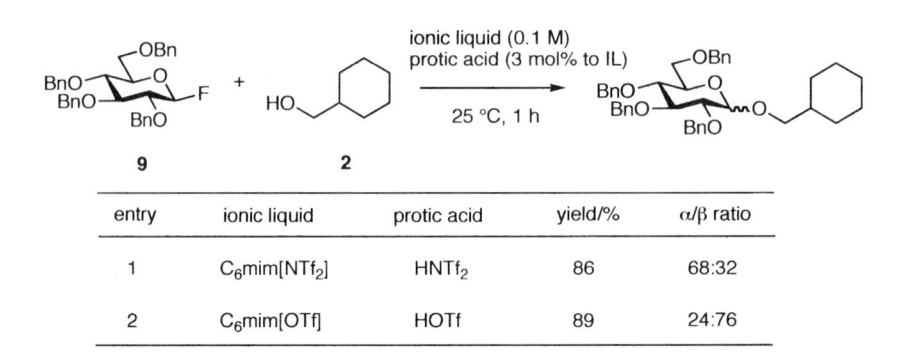

entry	ionic liquid	protic acid	yield/%	α/β ratio
1	$C_6mim[NTf_2]$	$HNTf_2$	86	68:32
2	$C_6mim[OTf]$	HOTf	89	24:76

が選択的に得られたのに対し，イオン液体のアニオン部分にトリフラートアニオンを有するイオン液体である $C_6mim[OTf]$ を用いた場合には，相当する $β$-配糖体が選択的に得られることを見出した（表4）。また，これらの立体選択性の発現は，糖供与体9の脱離基の立体化学に依存しないことが確かめられ，本グリコシル化反応は，オキソニウムカチオン中間体を経る S_N1 反応であることが確認された。さらに，本グリコシル化反応の立体選択性は，プロトン酸が有するアニオンより，イオン液体が有するアニオンに大きく依存することが見出された（表5）。これらの事実によって，グリコシル化反応の立体選択性が，イオン液体，特に，イオン液体のアニオンの種類によって，制御可能であることを初めて見出した。また，イオン液体のカチオン部分に修飾を加えることで，グリコシル化反応の立体選択性を制御する試みを種々検討した。その結果，イオン液体のイミダゾリウム側鎖部分にシアノ基を有する置換基を導入した新たなイオン液体1-

表5　有機酸触媒含有イオン液体を用いたグリコシル化反応における立体選択性発現因子

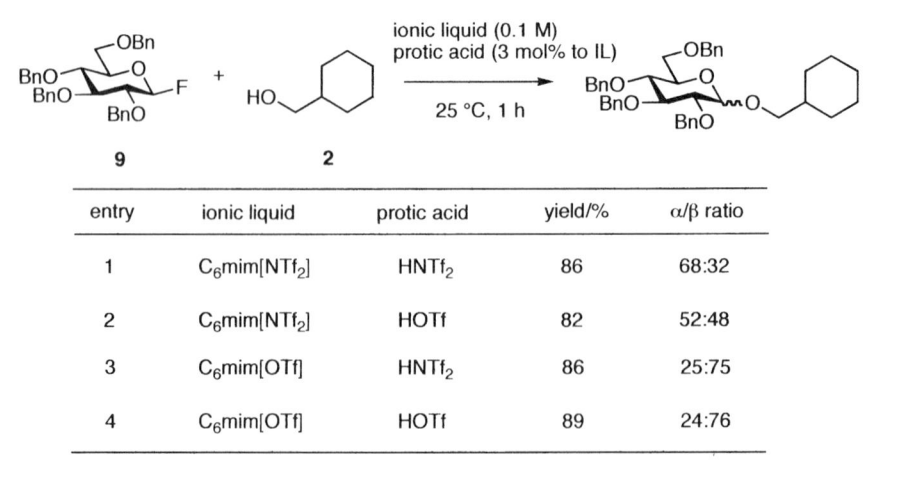

entry	ionic liquid	protic acid	yield/%	α/β ratio
1	$C_6mim[NTf_2]$	$HNTf_2$	86	68:32
2	$C_6mim[NTf_2]$	HOTf	82	52:48
3	$C_6mim[OTf]$	$HNTf_2$	86	25:75
4	$C_6mim[OTf]$	HOTf	89	24:76

第25章 有機酸触媒含有イオン液体を用いた糖質の合成反応

図7 有機酸触媒含有イオン液体 CNC₃mim [NTf₂] を用いたグリコシル化反応

(3-シアノプロピル)-3-メチルイミダゾリウムトリフルオロメタンスルホンイミダイド（CNC₃mim [NTf₂]）をデザイン，合成し，これを用いた場合にも，相当する β-配糖体が選択的に得られることを見出した（図7）。これらのことから，本グリコシル化反応における α-立体選択性は，アノメリック効果により，また，β-立体選択性の発現は，フッ化糖 9 から生じるオキソニウムカチオン中間体 10 が，イオン液体由来のトリフラートアニオンあるいはシアノ基と相互作用した中間体 11 あるいは 12 を経てグリコシル化反応が進行しているためであることが確認された（図8）。さらに，本反応におけるさらなる立体選択性の向上を目的とし，中間体 11 をより安定に存在させるため，より低温下（0 ℃）での反応を検討した。その結果，β-立体選択性を発現する C₆mim [OTf] は，0 ℃では固体のため，これとより低い融点を有する C₆mim [NTf₂] を

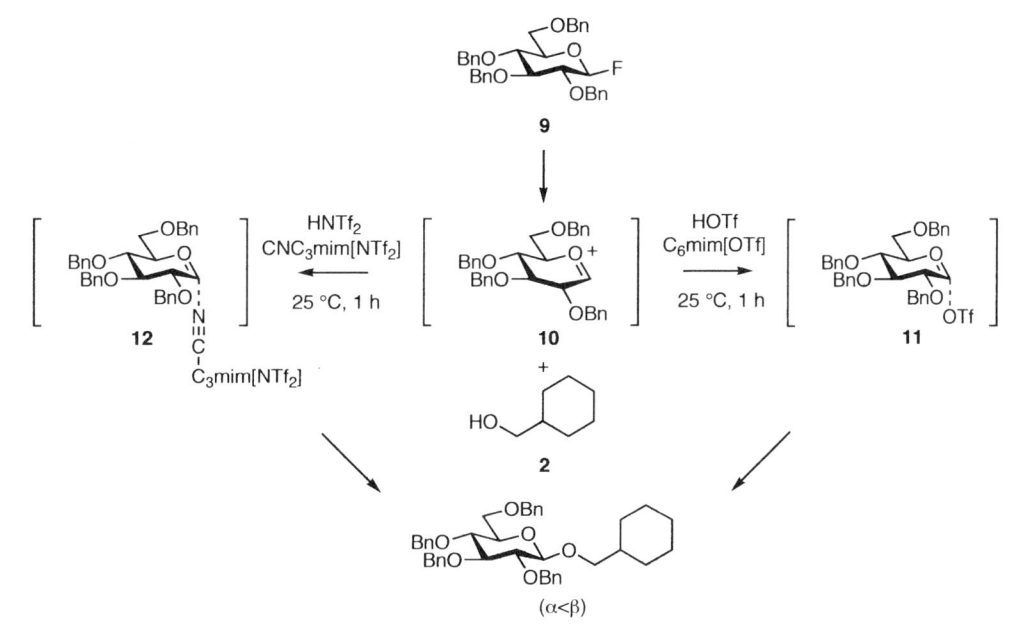

図8 有機酸触媒含有イオン液体を用いた立体選択的グリコシル化反応

図9 有機酸触媒含有混合イオン液体を用いた立体選択的グリコシル化反応

7：3で混合することで，0℃においても液体の反応媒体として用いることが可能であり，有機酸としてHOTfを含有するこの混合イオン液体中で，9と種々のアルコールとのグリコシル化反応を行うことにより，相当する配糖体が，高収率かつβ-立体選択的に得られることを明らかにした（図9）[10]。

5 有機酸触媒含有イオン液体を用いた C-グリコシル化反応

有機酸を含むプロトン酸を含有するイオン液体を用いたグリコシル化反応は，上述のO-グリコシル化反応に限らず，C-グリコシル化反応にも適応可能であることを見出した。すなわち，糖供与体として種々のフッ化糖9, 13, 14とトリメトキシフェノール15とのアリールC-グリコシル化反応を，種々のイオン液体中で検討した結果，プロトン酸であるテトラフルオロホウ酸（HBF_4）を含有するイオン液体1-ヘキシル-3-メチルイミダゾリウムテトラフルオロボレート

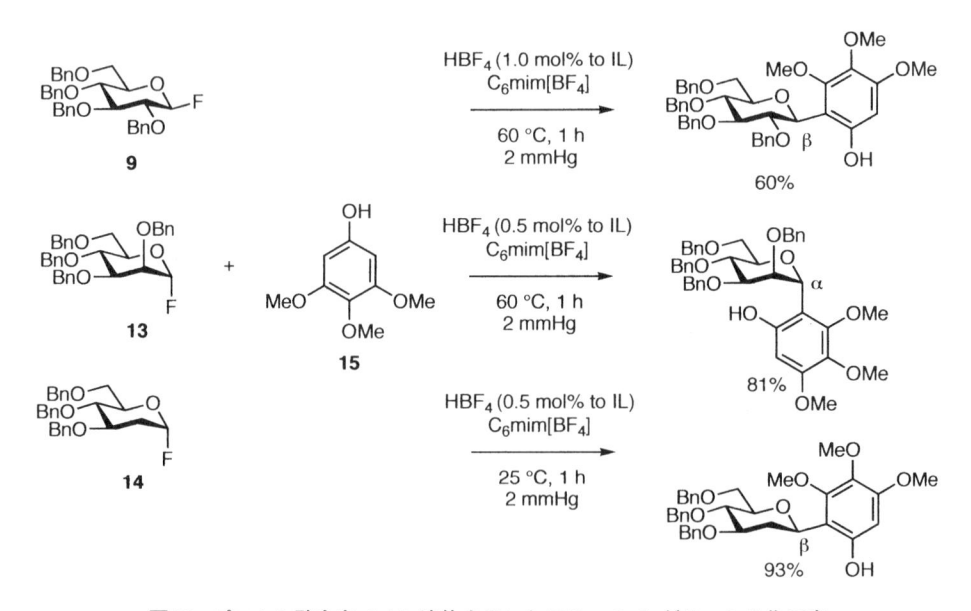

図10 プロトン酸含有イオン液体を用いたアリール C-グリコシル化反応

第25章　有機酸触媒含有イオン液体を用いた糖質の合成反応

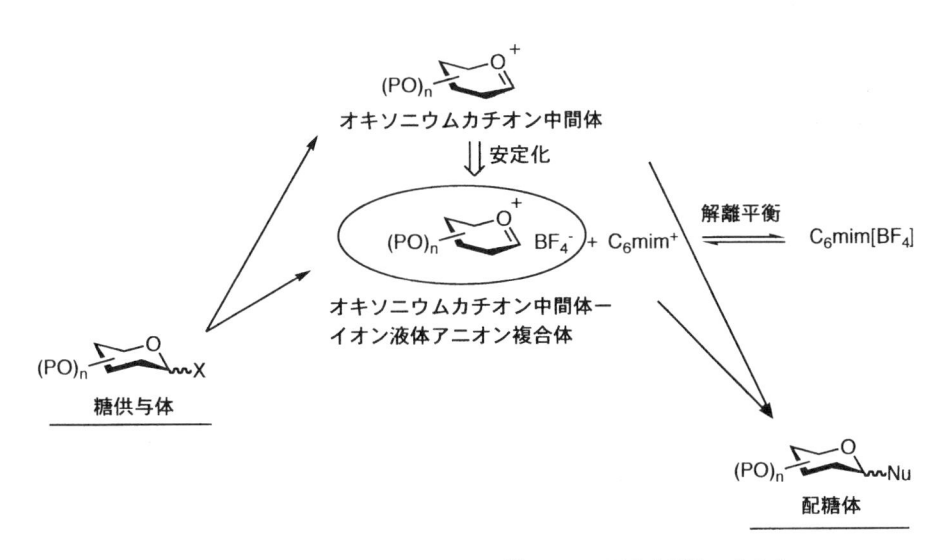

図11　イオン液体のアニオンによるグリコシル反応中間体の安定化

(C_6mim[BF_4])中で，効果的に進行することを見出した（図10）。この際，9および14を用いた場合には，相当するβ-配糖体のみが，一方，13を用いた場合には，相当するα-配糖体のみが，いずれも高い立体選択性で生成することが確認された。また，イオン液体が不揮発性であることを利用し，減圧下（2 mmHg）で反応を行うことにより，本グリコシル化反応がより効果的に進行することを見出した。さらに，興味深いことに，これらのグリコシル化反応は，従来の有機溶媒を用いた時より効果的に進行し，目的の配糖体を高収率で与えることが確認された。こ

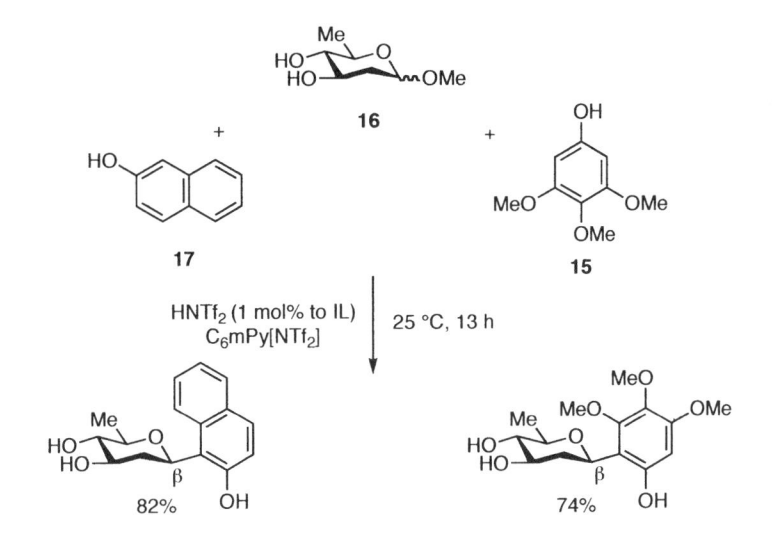

図12　有機酸触媒含有イオン液体中での無保護糖のアリールC-グリコシル化反応

のことは，グリコシル化反応の中間体として生成するオキソニウムカチオン中間体の安定化に，イオン液体のアニオンの相互作用が関与していることを強く示唆する事実であった（図11）。また，水酸基が無保護の糖16（メチルオリボシド）のアリール C-グリコシル化反応が，有機酸であるプロトン酸 $HNTf_2$ を含有するイオン性液体1-ヘキシル-1-メチルピロリジニウムトリフルオロメタンスルホンイミダイド（$C_6mPy\,[NTf_2]$）および1-ヘキシル-1-メチルイミダゾリウムトリフルオロメタンスルホンイミダイド（$C_6mim\,[NTf_2]$）中で効果的に進行し，目的とする無保護の配糖体が，直接，高収率で得られることを見出した（図12）[11]。なお，ここで得られるオリボシド構造は，アリール C-グリコシド型抗生物質に多く見られる構造単位であることから，これらの合成において極めて有効な手法である。

6　おわりに

本研究において，糖質合成の根幹をなすグリコシル化反応の反応触媒かつ反応媒体として機能する有機酸含有イオン液体の簡便かつ効果的な調製法を確立した。また，本有機酸含有イオン液体が，種々のグリコシル化反応において，従来の有機溶媒に替わる環境調和型の反応媒体として有用であること，また，イオン液体のデザイン性を活用することで，グリコシル化反応で生成する配糖体の立体制御が可能であることを初めて明らかにした。さらに，配糖体として，O-グリコシドに限らず C-グリコシドなど，さまざまな配糖体の合成に有効であることが確かめられた。今後，再生産可能な持続型資源である糖質を利用し，有機酸含有イオン液体などを用いた環境にやさしいプロセスによって，さまざまな有用物質が合成及び創製されることが期待される。

文　献

1) 大野弘幸，イオン性液体―開発の最前線と未来―，シーエムシー出版（2002）
2) (a) P. Wasserscheid *et al.*, Ionic Liquids in Synthesis, Wiley-Vch, Weinheim（2003）; (b) 北爪智哉ほか，イオン液体―常識を覆す不思議な塩―，コロナ社（2005）
3) (a) B. Fraser-Reid *et al.*, Glycocience, Springer, Berlin（2001）; (b) B. Ernst *et al.*, Carbohydrates in Chemistry and Biology, Wiley-Vch, Weinheim（2000）
4) C. G. Biliaderis *et al.*, Functional Carbohydrates, CRC Press, Boca Raton（2006）
5) K. Toshima *et al.*, *Chem. Rev.*, **93**, 1503（1993）
6) 御園生誠ほか，グリーンケミストリー：持続型社会のための化学，講談社サイエンティフィッ

ク（2001）
7) (a) K. Toshima *et al., Synlett*, 643 (1998)；(b) K. Toshima *et al., Synlett*, 813 (1999)；(c) K. Toshima *et al., Tetrahedron*, **60**, 5331 (2004)；(d) H. Nagai *et al., Tetrahedron Lett.*, **43**, 847 (2002)；(e) H. Nagai *et al., Chem. Lett.*, 1100 (2002)；(f) H. Nagai *et al., Tetrahedron Lett.*, **43**, 847 (2002)；(g) H. Nagai *et al., Carbohydr. Res.*, **338**, 1531 (2003)；(h) H. Nagai *et al., Carbohydr. Res.*, **340**, 337 (2005)；(i) K. Toshima *et al., Synlett*, 306 (1995)；(j) T. Jyojima *et al., Tetrahedron Lett.*, **40**, 5023 (1999)；(k) K. Toshima *et al., Green Chem.*, **4**, 27 (2002)；(l) 戸嶋一敦, 機能材料, **17**, 3, p. 22, シーエムシー出版 (1997)
8) (a) J. S. Yadav *et al., J. Chem. Soc., Perkin Trans. 1*, 2309 (2002)；(b) L. Poletti *et al., Synlett*, 2297 (2003)；(c) A. Rencurosi *et al., J. Org. Chem.*, **70**, 7765 (2005)；(d) Z. Pakulski, *Synthesis*, 2074 (2003)
9) K. Sasaki *et al., Tetrahedron Lett.*, **44**, 5605 (2003)
10) K. Sasaki *et al., Tetrahedron Lett.*, **45**, 7043 (2004)
11) C. Yamada *et al.*, manuscript in preparation.

有機分子触媒の新展開

2006年11月22日　第1刷発行

監　修　　柴﨑　正勝　　　　　　　　　　　　　　　　（B0806）
発行者　　島　健太郎
発行所　　株式会社　シーエムシー出版
　　　　　東京都千代田区内神田1-13-1
　　　　　電話 03 (3293) 2061
　　　　　大阪市中央区南新町1-2-4
　　　　　電話 06 (4794) 8234
　　　　　http://www.cmcbooks.co.jp

［印刷　株式会社ニッケイ印刷］　　　　　　　　　©M.Shibasaki, 2006

定価はカバーに表示してあります。

落丁・乱丁本はお取替えいたします。

本書の内容の一部あるいは全部を無断で複写（コピー）することは，法律で認められた場合を除き，著作者および出版社の権利の侵害になります。

ISBN4-88231-913-6 C3043 ¥8000E